国家出版基金资助项目

现代数学中的著名定理纵横谈丛书

丛书主编　王梓坤

BIRTH AND DEATH PROCESS WITH MARKOV CHAIN

生灭过程与Markov链

王梓坤 著

哈尔滨工业大学出版社
HARBIN INSTITUTE OF TECHNOLOGY PRESS

内 容 简 介

本书叙述生灭过程与马尔科夫链的基本理论并介绍近年来的一些研究进展.

第1章随机过程的一般概念是预备性的概述;第2,3,4章讲述马尔科夫链;第5,6章介绍生灭过程.后三章基本上是我国概率论工作者,特别是作者本人的研究成果.

读者对象是科学技术工作者、高等院校理工科师生.

图书在版编目(CIP)数据

生灭过程与Markov链/王梓坤著.—哈尔滨:哈尔滨工业大学出版社,2017.3

(现代数学中的著名定理纵横谈丛书)

ISBN 978-7-5603-6469-8

Ⅰ.①生… Ⅱ.①王… Ⅲ.①生灭过程 ②马尔柯夫链 Ⅳ.①O211.6

中国版本图书馆CIP数据核字(2017)第024995号

策划编辑　刘培杰　张永芹
责任编辑　张永芹　陈雅君
封面设计　孙茵艾
出版发行　哈尔滨工业大学出版社
社　　址　哈尔滨市南岗区复华四道街10号　邮编150006
传　　真　0451-86414749
网　　址　http://hitpress.hit.edu.cn
印　　刷　哈尔滨市石桥印务有限公司
开　　本　787mm×960mm　1/16　印张23.5　字数241千字
版　　次　2017年3月第1版　2017年3月第1次印刷
书　　号　ISBN 978-7-5603-6469-8
定　　价　98.00元

⊙代序

读书的乐趣

你最喜爱什么——书籍.

你经常去哪里——书店.

你最大的乐趣是什么——读书.

这是友人提出的问题和我的回答.真的,我这一辈子算是和书籍,特别是好书结下了不解之缘.有人说,读书要费那么大的劲,又发不了财,读它做什么?我却至今不悔,不仅不悔,反而情趣越来越浓.想当年,我也曾爱打球,也曾爱下棋,对操琴也有兴趣,还登台伴奏过.但后来却都一一断交,“终身不复鼓琴”.那原因便是怕花费时间,玩物丧志,误了我的大事——求学.这当然过激了一些.剩下来唯有读书一事,自幼至今,无日少废,谓之书痴也可,谓之书橱也可,管它呢,人各有志,不可相强.我的一生大志,便是教书,而当教师,不多读书是不行的.

读好书是一种乐趣,一种情操;一种向全世界古往今来的伟人和名人求教的方法，一种和他们展开讨论的方式；一封出席各种活动、体验各种生活、结识各种人物的邀请信；一张迈进科学宫殿和未知世界的入场券；一股改造自己、丰富自己的强大力量．书籍是全人类有史以来共同创造的财富，是永不枯竭的智慧的源泉．失意时读书，可以使人重整旗鼓；得意时读书，可以使人头脑清醒；疑难时读书，可以得到解答或启示；年轻人读书，可明奋进之道；年老人读书，能知健神之理．浩浩乎！洋洋乎！如临大海，或波涛汹涌，或清风微拂，取之不尽，用之不竭．吾于读书，无疑义矣，三日不读，则头脑麻木，心摇摇无主．

潜能需要激发

我和书籍结缘，开始于一次非常偶然的机会．大概是八九岁吧，家里穷得揭不开锅，我每天从早到晚都要去田园里帮工．一天，偶然从旧木柜阴湿的角落里，找到一本蜡光纸的小书，自然很破了．屋内光线暗淡，又是黄昏时分，只好拿到大门外去看．封面已经脱落，扉页上写的是《薛仁贵征东》．管它呢，且往下看．第一回的标题已忘记，只是那首开卷诗不知为什么至今仍记忆犹新：

日出遥遥一点红，飘飘四海影无踪．

三岁孩童千两价，保主跨海去征东．

第一句指山东，二、三两句分别点出薛仁贵（雪、人贵）．那时识字很少，半看半猜，居然引起了我极大的兴趣，同时也教我认识了许多生字．这是我有生以来独立看的第一本书．尝到甜头以后，我便千方百计去找书，向小朋友借，到亲友家找，居然断断续续看了《薛丁山征西》《彭公案》《二度梅》等，樊梨花便成了我心中的女英雄.我真入迷了.从此,放牛也罢,车水也罢,我总要带一本书,还练出了边走田间小路边读书的本领,读得津津有味,不知人间别有他事.

当我们安静下来回想往事时,往往会发现一些偶然的小事却影响了自己的一生.如果不是找到那本《薛仁贵征东》,我的好学心也许激发不起来.我这一生,也许会走另一条路.人的潜能,好比一座汽油库,星星之火,可以使它雷声隆隆、光照天地;但若少了这粒火星,它便会成为一潭死水,永归沉寂.

抄,总抄得起

好不容易上了中学,做完功课还有点时间,便常光顾图书馆.好书借了实在舍不得还,但买不到也买不起,便下决心动手抄书.抄,总抄得起.我抄过林语堂写的《高级英文法》,抄过英文的《英文典大全》,还抄过《孙子兵法》,这本书实在爱得狠了,竟一口气抄了两份.人们虽知抄书之苦,未知抄书之益,抄完毫末俱见,一览无余,胜读十遍.

始于精于一,返于精于博

关于康有为的教学法,他的弟子梁启超说:"康先生之教,专标专精、涉猎二条,无专精则不能成,无涉猎则不能通也."可见康有为强烈要求学生把专精和广博(即"涉猎")相结合.

在先后次序上,我认为要从精于一开始.首先应集中精力学好专业,并在专业的科研中做出成绩,然后逐步扩大领域,力求多方面的精.年轻时,我曾精读杜布(J. L. Doob)的《随机过程论》,哈尔莫斯(P. R. Halmos)的《测度论》等世界数学名著,使我终身受益.简言之,即"始于精于一,返于精于博".正如中国革命一样,必须先有一块根据地,站稳后再开创几块,最后连成一片.

丰富我文采,澡雪我精神

辛苦了一周,人相当疲劳了,每到星期六,我便到旧书店走走,这已成为生活中的一部分,多年如此.一次,偶然看到一套《纲鉴易知录》,编者之一便是选编《古文观止》的吴楚材.这部书提纲挈领地讲中国历史,上自盘古氏,直到明末,记事简明,文字古雅,又富于故事性,便把这部书从头到尾读了一遍.从此启发了我读史书的兴趣.

我爱读中国的古典小说,例如《三国演义》和《东周列国志》.我常对人说,这两部书简直是世界上政治阴谋诡计大全.即以近年来极时髦的人质问题(伊朗人质、劫机人质等),这些书中早就有了,秦始皇的父亲便是受害者,堪称"人质之父".

《庄子》超尘绝俗,不屑于名利.其中"秋水""解牛"诸篇,诚绝唱也.《论语》束身严谨,勇于面世,"己所不欲,勿施于人",有长者之风.司马迁的《报任少卿书》,读之我心两伤,既伤少卿,又伤司马;我不知道少卿是否收到这封信,希望有人做点研究.我也爱读鲁迅的杂文,果戈理、梅里美的小说.我非常敬重文天祥、秋瑾的人品,常记他们的诗句:"人生自古谁无死,留取丹心照汗青""休言女子非英物,夜夜龙泉壁上鸣".唐诗、宋词、《西厢记》《牡丹亭》,丰富我文采,澡雪我精神,其中精粹,实是人间神品.

读了邓拓的《燕山夜话》,既叹服其广博,也使我动了写《科学发现纵横谈》的心.不料这本小册子竟给我招来了上千封鼓励信.以后人们便写出了许许多多的“纵横谈”.

从学生时代起,我就喜读方法论方面的论著.我想,做什么事情都要讲究方法,追求效率、效果和效益,方法好能事半而功倍.我很留心一些著名科学家、文学家写的心得体会和经验.我曾惊讶为什么巴尔扎克在51年短短的一生中能写出上百本书,并从他的传记中去寻找答案.文史哲和科学的海洋无边无际,先哲们的明智之光沐浴着人们的心灵,我衷心感谢他们的恩惠.

读书的另一面

以上我谈了读书的好处,现在要回过头来说说事情的另一面.

读书要选择.世上有各种各样的书:有的不值一看,有的只值看20分钟,有的可看5年,有的可保存一辈子,有的将永远不朽.即使是不朽的超级名著,由于我们的精力与时间有限,也必须加以选择.决不要看坏书,对一般书,要学会速读.

读书要多思考.应该想想,作者说得对吗?完全吗?适合今天的情况吗?从书本中迅速获得效果的好办法是有的放矢地读书,带着问题去读,或偏重某一方面去读.这时我们的思维处于主动寻找的地位,就像猎人追找猎物一样主动,很快就能找到答案,或者发现书中的问题.

有的书浏览即止,有的要读出声来,有的要心头记住,有的要笔头记录.对重要的专业书或名著,要勤做笔记,“不动笔墨不读书”.动脑加动手,手脑并用,既可加深理解,又可避忘备查,特别是自己的灵感,更要及时抓住.清代章学诚在《文史通义》中说:“札记之功必不可少,如不札记,则无穷妙绪如雨珠落大海矣.”

许多大事业、大作品，都是长期积累和短期突击相结合的产物. 涓涓不息，将成江河；无此涓涓，何来江河？

爱好读书是许多伟人的共同特性，不仅学者专家如此，一些大政治家、大军事家也如此. 曹操、康熙、拿破仑、毛泽东都是手不释卷，嗜书如命的人. 他们的巨大成就与毕生刻苦自学密切相关.

王梓坤

◎ 序

本书的目的在于叙述生灭过程与马尔科夫链(Birth-death Processes and Markov Chains)的基本理论,并介绍近年来的一些研究进展.所谓马尔科夫链是指时间连续、状态可列、时齐的马尔科夫过程.这种链之所以重要,一是由于它的理论比较完整深入,可以作为一般马尔科夫过程及其他随机过程的借鉴,二是它在自然科学和许多实际问题(例如物理、生物、化学、规划论、排队论等)中有着越来越多的应用.关于这些,可以参看书末所引K. L. Chung、侯振挺、郭青峰以及Bharucha-Reid等人的优秀著作.

生灭过程是一种特殊的马尔科夫链,虽然有关的资料已相当丰富,但迄今国内外似乎还没有一本系统的专著来阐述它们.一些著名的学者如 D. G. Kendall, G. E. H. Reuter, W. Feller, 特别是 S. Karlin, J. McGregor 等人,在这方面做过许多深入而重要的研究,他们用的大都是分析数学的方法.作者深愧未能遍尝百味之鲜,只能在曾涉猎过的若干问题上粗尽其力.我们用的主要是概率方法,即从考察运动的轨道出发,提取直观形象,然后辅以数学计算和测度论的严格证明.此法的优点是概率意义比较清楚,但可能失之于冗长.

第 1 章是预备性的.第 2,3 章讨论马尔科夫链的分析性质与轨道行为,这些研究主要应归功于 K. L. Chung, P. Л. Добрушин, J. L. Doob, A. H. Колмогоров, P. Lévy 等人.第 4 章讲一些专题,第 5,6 章讲述生灭过程;这后三章基本上是国内近年来的一些研究成果.详见书末"关于各节内容的历史的注".

本书可以视为作者前两本书《概率论基础及其应用》《随机过程论》的姊妹篇,三者遥相呼应而又互不依赖.为了阅读本书,只需要一般概率论的知识,并不是必须看过前两本书.

作者衷心感谢吴荣、杨向群、刘文、杨振明等同志,他们仔细阅读了底稿并提出了许多改进意见.

限于水平,书中一定有不少缺点和错误,恳请批评指正.

◎ 目录

第1章 随机过程的一般概念

1.1 随机过程的定义

（一）概率空间. 设已给由点 ω 所组成的集 $\Omega=(\omega)$，以及由 Ω 中的一些子集 A 所组成的集 $\mathscr{F}$，如果集 $\mathscr{F}$ 具有下列性质，那么就称它是一个 σ 代数：

(1) $\Omega\in\mathscr{F}$；

(2) 如果 $A\in\mathscr{F}$，那么 $\overline{A}=\Omega\setminus A\in\mathscr{F}$；

(3) 如果 $A_n\in\mathscr{F}, n=1,2,\cdots$，那么 $\bigcup\limits_{n=1}^{\infty}A_n\in\mathscr{F}$.

定义在 σ 代数 $\mathscr{F}$ 上的集函数 P 称为概率，如果 P 满足下列条件：

(1) 对任意 $A\in\mathscr{F}$，有 $P(A)\geqslant 0$；

(2) $P(\Omega)=1$；

(3) 若 $A_n\in\mathscr{F}, n=1,2,\cdots, A_nA_m=\varnothing$（空集），$n\neq m$，则

$$P(\bigcup_{n=1}^{\infty} A_n) = \sum_{n=1}^{\infty} P(A_n)$$

我们称三元的总体$(\Omega,\mathscr{F},P)$为概率空间，并称点ω为基本事件，Ω为基本事件空间，$\mathscr{F}$中的集A为事件，称$P(A)$为A的概率.

例 1 设$\Omega=(1,2,\cdots,n)$，$\mathscr{F}$是由Ω中一切子集所构成的集，$P(A)=\dfrac{k}{n}$，k为A中所含点的个数.

例 2 设$\Omega=(0,1,2,\cdots)$，即一切非负整数的集，$\mathscr{F}$是由Ω中一切子集所构成的集，$P(A)=\sum_{k\in A}\dfrac{\lambda^k}{k!}\mathrm{e}^{-\lambda}$，其中$\lambda>0$为某常数.

例 3 设$\Omega=[0,1]$，即0与1之间一切数的集，$\mathscr{F}$是由Ω中一切 Borel 集所组成的σ代数，$P(A)$等于A的 Lebesgue 测度.

这三个例中的$(\Omega,\mathscr{F},P)$都是概率空间.

有时为了方便，需要设概率空间$(\Omega,\mathscr{F},P)$为完全的. 所谓完全是指：如果$P(A)=0$，又$B\subset A$，那么$B\in\mathscr{F}$，从而$P(B)=0$. 这就是说，一切概率为0的集A的子集B也是事件，其概率为0. 以后无特别声明时，总设此条件满足.

（二）随机变数. 设$x(\omega)$是定义在Ω上的实值函数，若对任意实数λ，有

$$\{\omega \mid x(\omega)\leqslant\lambda\}\in\mathscr{F}$$

则称$x(\omega)$是一个随机变数. 令

$$F(\lambda)=P(x\leqslant\lambda),\lambda\in\mathbf{R}^1=(-\infty,\infty) \qquad (1)$$

其中$(x\leqslant\lambda)$表示满足条件$x(\omega)\leqslant\lambda$的点$\omega$的集，即$(x\leqslant\lambda)=\{\omega \mid x(\omega)\leqslant\lambda\}$. 我们称$F(\lambda)$为$x(\omega)$的分布函数. 显然，$F(\lambda)$不下降，右连续. 以后无特别声明

时，我们总设 $x(\omega)$ 取 $\pm\infty$ 为值的概率为 0，因而

$$\lim_{\lambda\to-\infty}F(\lambda)=0,\ \lim_{\lambda\to+\infty}F(\lambda)=1$$

定义在同一概率空间 $(\Omega,\mathscr{F},P)$ 上的 n 个随机变数 $x_1(\omega),\cdots,x_n(\omega)$ 构成一个 n 维随机向量 $\boldsymbol{X}(\omega)$，即

$$\boldsymbol{X}(\omega)=(x_1(\omega),\cdots,x_n(\omega)) \tag{2}$$

并称 n 个元 $(\lambda_1,\cdots,\lambda_n)\in\mathbf{R}^n$（$n$ 维实数空间）的函数

$$F(\lambda_1,\cdots,\lambda_n)=P(x_1(\omega)\leqslant\lambda_1,\cdots,x_n(\omega)\leqslant\lambda_n) \tag{3}$$

为 $\boldsymbol{X}(\omega)$ 的 n 维分布函数. 由式(3)可见 $F(\lambda_1,\cdots,\lambda_n)$ 具有下列性质：

(1) 对每个 λ_j 是不下降的右连续函数；

(2) $\lim\limits_{\lambda_j\to-\infty}F(\lambda_1,\cdots,\lambda_n)=0(j=1,\cdots,n)$，

$$\lim_{\lambda_1,\cdots,\lambda_n\to+\infty}F(\lambda_1,\cdots,\lambda_n)=1;$$

(3) 若 $\lambda_j<\mu_j,j=1,\cdots,n$，则

$$F(\mu_1,\cdots,\mu_n)-\sum_{j=1}^{n}F(\mu_1,\cdots,\mu_{j-1},\lambda_j,\mu_{j+1},\cdots,\mu_n)+\sum_{j,k=1}^{n}F(\mu_1,\cdots,\mu_{j-1},\lambda_j,\mu_{j+1},\cdots,\mu_{k-1},\lambda_k,\mu_{k+1},\cdots,\mu_n)-\cdots+(-1)^nF(\lambda_1,\cdots,\lambda_n)\geqslant 0$$

（此条件的直观意义当 $n=2$ 时最明显. 一般地，此式右方是 $x(\omega)$ 取值于 n 维空间 $\mathbf{R}^n$ 中长方体内的概率，故它大于或等于 0. 此长方体是 $(\lambda_1,\mu_1]\times(\lambda_2,\mu_2]\times\cdots\times(\lambda_n,\mu_n]$，即是由 $\mathbf{R}^n$ 中如下的点所组成的集，它的第 j 个坐标位于 $(\lambda_j,\mu_j]$ 中，$j=1,\cdots,n$.）

现在可以脱离随机变数来定义分布函数. 我们称任一具有性质(1)(2)(3)的 n 元函数 $F(\lambda_1,\cdots,\lambda_n)$ $(\lambda_j\in\mathbf{R}^1,j=1,\cdots,n)$ 为 n 元分布函数. 以 $\mathscr{B}_n$ 表示由 n

维空间 $\mathbf{R}^n$ 中全体 Borel 集所组成的 σ 代数，则由实变函数论知，$F(\lambda_1,\cdots,\lambda_n)$ 在 $\mathscr{B}_n$ 上产生一个概率测度 $F(A)$，即

$$F(A)=\int_A \mathrm{d}F(\lambda_1,\cdots,\lambda_n)\quad (A\in\mathscr{B}_n)$$

称 $F(A)(A\in\mathscr{B}_n)$ 为由 $F(\lambda_1,\cdots,\lambda_n)$ 所产生的 n 维分布. 特别地，若$(\lambda_1,\cdots,\lambda_n)$ 由式(3) 产生，则称 $F(A)$ 为 $x(\omega)$ 的分布.

（三）随机过程. 设 T 为 $\mathbf{R}^1$ 的某子集，例如 $T=[0,\infty)$ 或 $T=(0,1,2,\cdots)$. 如果对每个 $t\in T$，有一个随机变数 $x_t(\omega)$ 与它对应，那么我们就称随机变数的集合 $X(\omega)$，即

$$X(\omega)=\{x_t(\omega),t\in T\}$$

为一个随机过程，或简称过程. 有时也记它为$\{x(t,\omega),t\in T\}$，或$\{x_t,t\in T\}$，或$\{x(t),t\in T\}$，或 $X(\omega)$，或 X.

特别地，当 $T=(1,2,\cdots,n)$ 时，X 化为 n 维随机向量. 像对后者定义分布函数一样，也可对随机过程来定义有穷维分布函数. 对任意有限多个 $t_j\in T,j=1,\cdots,n$，令

$$F_{t_1,\cdots,t_n}(\lambda_1,\cdots,\lambda_n)=P(x_{t_1}\leqslant\lambda_1,\cdots,x_{t_n}\leqslant\lambda_n)\tag{4}$$

它是 $x_{t_1}(\omega),\cdots,x_{t_n}(\omega)$ 的分布函数. 当 n 在一切正整数中变动而 t_j 在 T 中变动时，我们就得到多元分布函数的集合为

$$\begin{aligned}F=\{&F_{t_1,\cdots,t_n}(\lambda_1,\cdots,\lambda_n),\\&n=1,2,\cdots,t_j\in T,j=1,\cdots,n\}\end{aligned}\tag{5}$$

并称 F 为随机过程 X 的有穷维分布函数族. 由式(4)

可见 F 满足下列两个条件(相容性条件):

(1) 对$(1,\cdots,n)$的任一排列$(\alpha_1,\cdots,\alpha_n)$,有

$$F_{t_1,\cdots,t_n}(\lambda_1,\cdots,\lambda_n)=F_{t_{\alpha_1},\cdots,t_{\alpha_n}}(\lambda_{\alpha_1},\cdots,\lambda_{\alpha_n})$$

(2) 若 $m<n$,则

$$F_{t_1,\cdots,t_m}(\lambda_1,\cdots,\lambda_m)=\lim_{\lambda_{m+1},\cdots,\lambda_n\to\infty}F_{t_1,\cdots,t_n}(\lambda_1,\cdots,\lambda_n)$$

现在来研究反面的问题. 上面是先给出随机过程 X,从而得到一族相容的有穷维分布函数. 现在反过来,假定先给出的是参数集 T 及一族满足相容性条件的有穷维分布函数族(5),试问是否存在随机过程,它的有穷维分布函数族恰好与 F 重合? 答案是肯定的. 更精确些,这就是下面的定理:

定理 1　设已给参数集 T 及满足相容性条件的有穷维分布函数族(5),则必存在概率空间$(\Omega,\mathscr{F},P)$及定义于其上的随机过程 $X(\omega)=\{x_t(\omega),t\in T\}$,使对任意自然数 n,任意 $\lambda_j\in\mathbf{R}^1,t_j\in T,j=1,\cdots,n$,有

$$F_{t_1,\cdots,t_n}(\lambda_1,\cdots,\lambda_n)=P(x_{t_1}\leqslant\lambda_1,\cdots,x_{t_n}\leqslant\lambda_n) \tag{6}$$

证　取 $\Omega=\mathbf{R}_T$,因而 $\omega=\lambda(\cdot)$,$\lambda(\cdot)$表示定义在 T 上的实值函数 $\lambda(t),t\in T,\mathscr{F}=\mathscr{B}_T$. 这里 $\mathscr{B}_T$ 为 $\mathbf{R}_T$ 中包含一切形如$\{\lambda(\cdot)\mid\lambda(t)\leqslant c\}$的集的最小 σ 代数,其中 $t\in T,c\in\mathbf{R}^1$ 任意. 根据测度论中关于在无穷维空间中产生测度的 Колмогоров 定理以及式(5)中 F 满足相容性条件的假定,知 F 产生唯一一个定义于 $\mathscr{B}_T$ 上的概率测度 P_F,满足

$$P_F\{\lambda(\cdot)\mid\lambda(t_1)\leqslant\lambda_1,\cdots,\lambda(t_n)\leqslant\lambda_n\}=F_{t_1,\cdots,t_n}(\lambda_1,\cdots,\lambda_n) \tag{7}$$

取 $P=P_F$. 最后,定义

$$x_t(\omega)=\lambda(t)\quad(\omega=\lambda(\cdot))\tag{8}$$

换句话说，$x_t(\omega)$ 是 t—坐标函数，即 x_t 在 $\omega=\lambda(\cdot)$ 上的值等于 $\lambda(\cdot)$ 在 t 上的值 $\lambda(t)$. 容易看出：$(\mathbf{R}_T,\mathscr{B}_T,P_F)$ 及由式(8) 定义的 $\{x_t(\omega),t\in T\}$ 满足定理的要求式(6). 实际上，由式(7) 及式(8) 得

$$\begin{aligned}&P_F(x_{t_1}(\omega)\leqslant\lambda_1,\cdots,x_{t_n}(\omega)\leqslant\lambda_n)\\=&P_F\{\lambda(\cdot)\mid\lambda(t_1)\leqslant\lambda_1,\cdots,\lambda(t_n)\leqslant\lambda_n\}\\=&F_{t_1,\cdots,t_n}(\lambda_1,\cdots,\lambda_n)\end{aligned}$$

(四) 几个常用的概念. (1) 随机过程 $\{x_t(\omega),t\in T\}$ 可以看成 (t,ω) 的二元函数，自变量 $t\in T,\omega\in\Omega$. 如上所述，当 t 固定而看成 ω 的函数时，得到一个随机变数 $x_t(\omega)$. 当 ω 固定而看成 t 的函数时，得到一个定义在 T 上的函数 $x_t(\omega)$，我们称此函数为(对应于基本事件 ω 的) 样本函数或轨道.

(2) 设 $\varXi=\{\xi(\omega)\}$ 是一些随机变数 $\xi(\omega)$ 的集合，考虑 ω 的集 $\{\omega\mid\xi(\omega)\leqslant\lambda\}$，当 $\xi(\omega)$ 在 $\varXi$ 中变动而 λ 在 $\mathbf{R}^1$ 中变动时，得到一个子集系 $\{(\xi(\omega)\leqslant\lambda)\}$. 包含这个子集系的最小 σ 代数记为 $\mathscr{F}\{\varXi\}$，称它为由 $\varXi$ 所产生的 σ 代数，因而 $\mathscr{F}\{x_t,t\in T\}$ 是由随机过程 $\{x_t(\omega),t\in T\}$ 所产生的 σ 代数.

(3) 定义在同一概率空间 $(\Omega,\mathscr{F},P)$ 上的两个随机过程 $\{x_t(\omega),t\in T\}$，$\{\xi_t(\omega),t\in T\}$ 称为等价的，如果对任一固定的 $t\in T$，有

$$P(x_t(\omega)=\xi_t(\omega))=1\tag{9}$$

由式(9) 推知，对有穷或可列多个 $t_i\in T,i=1,2,\cdots$，有

$$P(x_{t_i}(\omega)=\xi_{t_i}(\omega),i=1,2,\cdots)=1\tag{10}$$

由此可见：等价的两个过程具有相同的有穷维分布函

数族.

(4) 称随机过程$\{x_t(\omega), t \in T\}$(T 为区间) 在 $t_0 \in T$ 是随机连续的,如果

$$P\lim_{t \to t_0} x_t(\omega) = x_{t_0}(\omega) \tag{11}$$

这里$P\lim$表示依测度P收敛意义下的极限. 如果在任一$t_0 \in T$都随机连续,那么我们就说过程随机连续. 把式(11)中$t \to t_0$换为$t \to t_0 + 0$(或$t \to t_0 - 0$),就得到右(或左)随机连续的定义.

(5) 以后我们说几乎一切(或者说:以概率1)样本函数具有某性质A是指:存在Ω_0,$P(\Omega_0)=1$,使对每个$\omega \in \Omega_0$,样本函数$x(\cdot,\omega)$具有性质A("$\cdot$"表示T上的流动坐标). 例如,几乎一切样本函数右下半连续(性质A)是说:存在概率为1的集Ω_0,当$\omega \in \Omega_0$时,对任一$t \in T$,有$\underline{\lim}_{s \downarrow t} x(s,\omega) = x(t,\omega)$. 必须把此概念和下一概论区别开来:几乎一切样本函数在固定点t右下半连续,后者只表示

$$P\{\omega \mid \underline{\lim}_{s \downarrow t} x(s,\omega) = x(t,\omega)\} = 1$$

而前者则表示更强的结论

$$P\{\omega \mid \underline{\lim}_{s \downarrow t} x(s,\omega) = x(t,\omega), \text{一切 } t \in T\} = 1$$

(6) 如果构成过程$\{x_t, t \in T\}$的每个随机变数都取值于同一集$I(\in \overline{\mathbf{R}}^1)$,那么称$I$为此过程的状态空间,$I$中的元$i$称为一个状态. 状态空间一般不是唯一的,因为任一含I的集也是状态空间. 称I为最小状态空间,如果它是一个状态空间,而且对每个$i \in I$,存在$t \in T$,使$P(x_t = i) > 0$. 以后无特别声明时,凡是说到状态空间都是指最小的. 状态空间有时也叫作相空间,以后用E或I来表示.

（五）以上我们只讨论了取实数为值的过程. 如果 $x_t(\omega)=y_t(\omega)+\mathrm{i}z_t(\omega)$，其中 $\{y_t(\omega),t\in T\}$ 及 $\{z_t(\omega),t\in T\}$ 是定义在同一概率空间上的两个实值过程，我们便称 $\{x_t(\omega),t\in T\}$ 为复值随机过程. 以后如不特别声明，讨论的都是实值过程.

其实随机过程的定义还可如下一般化：记已给概率空间 $(\Omega,\mathscr{F},P)$ 及另一可测空间 $(E,\mathscr{B})$（$E=(e)$ 为点 e 的集，而 $\mathscr{B}$ 是由其中子集所组成的 σ 代数，E 与 $\mathscr{B}$ 合称为可测空间），定义于 Ω 上而取值于 E 中的变量 $x(\omega)$ 称为随机变量，如果对任一集 $A\in\mathscr{B}$，有 $\{\omega\mid x(\omega)\in A\}\in\mathscr{F}$. 现设已给参变量集 T，如果对任意 $t\in T$，有如上的随机变量 $x_t(\omega)$ 与它对应，那么我们便称 $\{x_t(\omega),t\in T\}$ 为取值于 $(E,\mathscr{B})$ 中的随机过程. 特别地，当 $(E,\mathscr{B})$ 化为 $(\mathbf{R}^1,\mathscr{B}_1)$（实数及其中 Borel 集全体）时，就得到实值随机过程. 当它化为 $(\mathbf{R}^n,\mathscr{B}_n)$（$\mathscr{B}_n$ 为 n 维空间 $\mathbf{R}^n$ 中全体 Borel 集），就得到 n 维随机过程.

随着 T 与 E 是离散（即最多只含可数多个元）或连续，可能出现四种情况：

（1）T 与 E 皆离散；

（2）T 离散，E 连续；

（3）T 连续，E 离散；

（4）T 与 E 皆连续.

当 T 离散时也称随机过程为随机序列.

1.2 随机过程的可分性

（一）设已给概率空间 $(\Omega,\mathscr{F},P)$ 上的随机过程

$\{\xi_t(\omega), t\in T\}$. 回忆我们已将$(\mathscr{F},P)$完全化. 在实际问题中,常常要讨论一些$\omega$一集,它们涉及非可列多个$t$. 例如,要研究

$$A\equiv\{\omega\mid|\xi_t(\omega)|\leqslant\lambda, \text{一切 } t\in T\} \tag{1}$$

的概率,其中$\lambda\in\mathbf{R}^1$. 由于

$$A=\bigcap_{t\in T}(|\xi_t(\omega)|\leqslant\lambda)$$

如果T既非可列集又非有穷集,那么,作为多于可列多个事件的交,A一般不是事件,即一般地,$A\notin\mathscr{F}$,因而谈不上A的概率.

于是产生困难:一方面,在实际中很需要研究A的概率;另一方面,理论上甚至不能保证A有概率.

类似地,ω一集

$$B\equiv\{\omega\mid\text{样本函数 } x_t(\omega) \text{ 在 } T \text{ 上连续}, T=[0,\infty)\}$$

$$C\equiv\{\omega\mid\text{样本函数 } x_t(\omega) \text{ 在 } T \text{ 上单调不减}\}$$

等也未必是事件.

解决这种困难的一种方法是假定过程具有可分性(定义如下),利用可分性,可以把涉及全体参数t的某性质A的研究,化为只涉及可列多个参数的相应性质的研究.

为了叙述时记号简单,设T是$\mathbf{R}^1$中的区间. 其实下面的结论对任意$T\subset\mathbf{R}^1$成立,只要作明显的修改.

设$x(t), t\in T$是任一普通函数,可取$\pm\infty$为值,二维点集$\{(t,x(t)), t\in T\}$记为X_T(它的图形是平面上一条曲线). 又设R为T中任一可列子集,在T中稠密,记$X_R=\{(r,x(r)), r\in R\}$,它也是二维点集. 显然,$X_R\subset X_T$.

X_R 在通常距离[①]下的闭包记为 $\overline{X}_R$，因而 $\overline{X}_R$ 由 X_R 及 X_R 的极限点所构成.

定义 1 函数 $x(t), t \in T$ 关于 R 是可分的，如果 $X_T \subset \overline{X}_R$，也就是说，对任一 $t \in T$，可找到点列 $\{r_i\} \subset R$(r_i 可等于 r_j)，使同时有

$$r_i \to t, x(r_i) \to x(t)$$

此 R 称为函数的可分集.

定义 2 随机过程 $\{x_t(\omega), t \in T\}$ 关于 R 是可分的，如果存在 0 测集 N，使对任意 $\omega \notin N$，样本函数 $x_t(\omega)(t \in T)$ 关于 R 是可分的. 此时称 R 为过程的可分集，N 为例外集.

随机过程为可分的，如果存在于 T 中到处稠密的可列子集 R，使它关于 R 是可分的.

随机过程为完全可分的，如果它关于任一如上的 R 是可分的.

例 1 连续函数关于 T 中有理数点集 R 是可分的，实际上它还是完全可分的.

例 2 设 $s \in T$，s 为任一无理点，函数 $x(t)=0$，$t \in T\backslash s$，$x(s)=1$. 则此函数关于 T 中有理点集 R 是不可分的，但关于 $R \cup \{s\}$ 却是可分的.

例 3 以 F 表示有理点集，$x(t)=\begin{cases}1, \text{当 } t \in F \\ 0, \text{当 } t \notin F\end{cases}$，此函数关于 F 不可分；若任取一可列、稠于 $\mathbf{R}^1$、由无理点所构成的集 E，则此函数关于 $F \cup E$ 可分.

显然，若过程 $\{\xi_t(\omega), t \in T\}$ 关于 R 可分，则式(1)

---

① 即两点 $P_1=(x_1, y_1)$，$P_2=(x_2, y_2)$ 间的距离为

$$d(P_1, P_2)=\sqrt{(x_1-x_2)^2+(y_1-y_2)^2}$$

中集 A 与事件

$$A' \equiv \{\omega \mid |\xi_r(\omega)| \leqslant \lambda, \text{一切 } r \in R\}$$
$$= \bigcap_{r \in R} (|\xi_r(\omega)| \leqslant \lambda) \in \mathscr{F}$$

最多只相差一 0 测集(它是 N 的子集). 由于$(\mathscr{F}, P)$ 的完全性,可见 A 也是一个事件.

(二) **定理 1**　对任一定义在$(\Omega, \mathscr{F}, P)$ 上的随机过程 $\{\xi_t(\omega), t \in T\}$, 必存在可分的等价的过程 $\{x_t(\omega), t \in T\}$.

这个定理说明,虽然一个给定的过程$\{\xi(t), t \in T\}$ 未必是可分的,但在与它等价的过程中,必存在一个可分的代表. 因此,对已给的一族相容的有穷维分布,由 1.1 节定理 1 及本节的定理 1,必存在一可分的过程,它的有穷维分布族与已给的相重合. 换言之,只要所研究的问题只涉及有穷维分布族时,可以假定所考虑的过程是可分的. 先证下述引理:

引理 1　对任意两区间 J 及 G, $J \subset T$, 存在数列 $\{s_n\} \subset J$, 使对任一固定的 $t \in J$, 有

$$P(\xi_t \in G, \xi_{s_n} \notin G, n = 1, 2, \cdots) = 0 \tag{2}$$

证　用归纳法选$\{s_n\}$. 任取 $s_1 \in J$, 若在 J 中已选出 $s_1, \cdots, s_n$, 则令

$$P_n = \sup_{t \in J} P(\xi_t \in G, \xi_{s_1} \notin G, \cdots, \xi_{s_n} \notin G) \tag{3}$$

于是必存在 $s_{n+1} \in J$, 使

$$P(\xi_{s_{n+1}} \in G, \xi_{s_1} \notin G, \cdots, \xi_{s_n} \notin G) \geqslant P_n\left(1 - \frac{1}{n}\right) \tag{4}$$

但各个事件 $G_n = (\xi_{s_{n+1}} \in G, \xi_{s_1} \notin G, \cdots, \xi_{s_n} \notin G)(n = 1, 2, \cdots)$ 互不相交,故

$$\sum_{n=1}^{\infty} P(G_n) \leqslant 1$$

从而式(4) 右方值 $P_n(1-\frac{1}{n})\to 0$. 此表示

$$\lim_{n\to\infty} P_n = 0 \tag{5}$$

其次,既然对任一固定的 t 有

$$(\xi_t \in G, \xi_{s_i} \notin G, i=1,2,\cdots,n) \supset$$

$$(\xi_t \in G, \xi_{s_i} \notin G, i=1,2,\cdots,n+1) \supset \cdots$$

这些事件的交就是式(2) 中的事件,故由式(3) 及式(5) 即得证式(2).

定理 1 的证 称任两个以有理数点为端点的区间 J 及 $G(J\subset T)$ 为一"对偶". 全体对偶成一可列集. 对每一对偶(J,G),可得一个具有引理 1 中性质的数列$\{s_n\}$. 把全体这种数列与 T 中全体有理数合并,得到一个在 T 中稠密的可列子集 R. 如果在$\{s_n\}$ 中增加新点,式(2) 中的事件不能加大,因此,R 具有性质:

对任一固定的$t\in T$及任一固定的对偶(J,G),使 $t\in J$,有

$$P(\xi_t \in G, \xi_s \notin G, \text{对一切 } s\in JR \text{ 成立}) = 0 \tag{6}$$

现在固定 t 而以 A_t 表示事件"至少存在一对偶(J,G),$t\in J$,使得 $\xi_t\in G$,$\xi_s\notin G$, 对一切 $s\in JR$ 成立",则由式(6) 得

$$P(A_t) \leqslant \sum_{J,G} P(\xi_t \in G, \xi_s \notin G, \text{对一切 } s\in JR \text{ 成立}) = 0$$

故 $P(\overline{A}_t)=1$. 以下任意固定$\omega\in\overline{A}_t$,任取G使$\xi_t(\omega)\in G$. 由 $\overline{A}_t$ 的定义,对任意含 t 的 J,必存在 $s\in JR$,使 $\xi_s(\omega)\in G$,否则此 $\omega\in A_t$. 由于 J 的任意性,当 J 缩小时,可找到$\{u_j\}\subset R$,使 $u_j\to t$,而且每个 $\xi_{u_j}(\omega)\in G$.

现取 $G_n\supset G_{n+1}$,使 $\xi_t(\omega)\in G_n$,又使 G_n 的长趋于

0. 如上所述，对每个 G_n，可以找到 $\{u_j^{(n)}\} \subset R$，使得

$$u_j^{(n)} \to t \quad (j \to \infty)$$

$$\xi_{u_j^{(n)}} \in G_n$$

选点列 $\{v_j\} \subset R$，如下：

令 $v_1 = u_1^{(1)}$，v_n 为满足 $|u_k^{(n)} - t| < \frac{1}{n}$ 的任一 $u_k^{(n)}$。显然，$v_n \to t$，$\xi_{v_n}(\omega) \to \xi_t(\omega)(n \to \infty)$，这表示二维点

$$(t, \xi_t(\omega)) \in \overline{\Xi_R(\omega)} = \overline{((r, \xi_r(\omega)), r \in R)}$$

由于 $\omega \in \overline{A}_t$ 任意，故证明了：对任意固定的 $t \in T$，有

$$P((t, \xi_t(\omega)) \in \overline{\Xi_R(\omega)}) \geqslant P(\overline{A}_t) = 1 \tag{7}$$

创造一个新过程 $\{x_t(\omega), t \in T\}$：对任一 $\omega \in \Omega$，当 $t \in R$ 时，令

$$x_t(\omega) = \xi_t(\omega) \tag{8}$$

当 $t \notin R$ 时，令

$$\begin{cases} x_t(\omega) = \xi_t(\omega), \text{若}(t, \xi_t(\omega)) \in \overline{\Xi_R(\omega)} \\ x_t(\omega) = \delta_t(\omega), \text{若}(t, \xi_t(\omega)) \notin \overline{\Xi_R(\omega)} \end{cases} \tag{8'}$$

这里 $\delta_t(\omega)$ 应选择使得 $(t, \delta_t(\omega)) \in \overline{\Xi_R(\omega)}$. 这样的 $\delta_t(\omega)$ 总可用下面的方法找到：任取一列 $\{s_i\} \subset R$，$s_i \to t$，在集合 $\{\xi_{s_i}\}$ 中，任意选一收敛（但极限可为 $+\infty$ 或 $-\infty$）的子列 $\{\xi_{r_i}(\omega)\} \subset \{\xi_{s_i}(\omega)\}$，于是令

$$\delta_t(\omega) = \lim_{i \to \infty} \xi_{r_i}(\omega)$$

即可.

剩下要证 $\{x_t(\omega), t \in T\}$ 是与 $\{\xi_t(\omega), t \in T\}$ 随机等价的可分过程.

由式(7)与式(8)及式(8′)可见，对任一固定的 t，我们至多只在一 0 测集上修改了 $\xi_t(\omega)$ 的值以得

$x_t(\omega)$，故

$$P(x_t(\omega)=\xi_t(\omega))=1 \quad (t\in T)$$

其次，由式(8) 知对每个 $\omega\in\Omega$，有

$$\overline{X_R(\omega)}=\overline{\Xi_R(\omega)}$$

再由式(8′) 知

$$X_T\subset\overline{X_R(\omega)}$$

通常称定理 1 中的 $\{x_t(\omega),t\in T\}$ 为 $\{\xi_t(\omega),t\in T\}$ 的可分修正. 式(8) 中的 $\delta_t(\omega)$，必须允许它可能为 $+\infty$ 或 $-\infty$ 时才能保证存在. $\delta_t(\omega)$ 的选择可能不唯一，但这并不影响结果，因为由式(7)，有

$$P(x_t(\omega)=\delta_t(\omega))=0$$

(三) 在实际中运用可分性时，困难之一是：如何找 R? 如果对过程稍加条件，问题极易解决.

定理 2 若可分过程 $\{x_t(\omega),t\in T\}$ 随机连续，则此过程是完全可分的.

证 由假定，对任一列 $\{t_i\}\subset T,t_i\to t_0$，有

$$P\lim_{i\to\infty}x_{t_i}=x_{t_0}$$

故存在子列 $\{t_i'\}\subset\{t_i\}$，使

$$P(\lim_{i\to\infty}x_{t_i'}=x_{t_0})=1 \tag{9}$$

由过程是可分的假定，存在可分集 V，使

$$P(X_T\subset\overline{X}_V)=1$$

现设 R 为任一稠于 T 的可列集，任取 $t_0\in V$ 及 $\{t_i\}\subset R,t_i\to t_0$，由式(9) $P((t_0,x_{t_0})\in\overline{X}_R)=1$，再由 V 的可列性得

$$P(X_V\subset\overline{X}_R)=1,P(\overline{X}_V\subset\overline{X}_R)=1$$

既然，$P(X_T\subset\overline{X}_V)=1$，即得

$$P(X_T\subset\overline{X}_R)=1$$

若 $T=[0,\infty)$，则由上述证明可见：首先，对可分

的右随机连续过程，定理 1 的结论仍正确；其次，可分性涉及极限点 $\delta_t(\omega)$，因而涉及 $\mathbf{R}^1$ 中的拓扑，我们这里用的是欧氏距离产生的拓扑，如果采用其他的拓扑，$\delta_t(\omega)$ 的选择也随之而异.

1.3　随机过程的可测性

（一）设 $\{x_t(\omega), t \in T\}$ 为 $(\Omega, \mathscr{F}, P)$ 上的随机过程，T 为 $\mathbf{R}^1$ 中任一 Borel 集，有时候，我们需要考虑样本函数 $x_t(\omega)$ 对 t 的积分，因而有必要引进过程可测性的概念.

以 $\mathscr{B}_1$ 表示由 T 中全体 Borel 子集所组成的 σ 代数，$\mu = L \times P$ 表示 Lebesgue 测度与 P 的独立乘积测度，μ 定义在乘积 σ 代数 $\mathscr{B}_1 \times \mathscr{F}$ 上，最后，$\mathscr{B}_1 \times \mathscr{F}$ 关于 μ 完全化的 σ 代数记为 $\overline{\mathscr{B}_1 \times \mathscr{F}}$.

称过程 $\{x_t(\omega), t \in T\}$ 为可测的，如果对任意实数 λ，有

$$\{(t,\omega) \mid x_t(\omega) \leqslant \lambda\} \in \overline{\mathscr{B}_1 \times \mathscr{F}} \tag{1}$$

注意式(1) 中左方是 (t,ω) 的二维点集.

有些问题中需要一种更强的可测性，称过程 $\{x_t(\omega), t \in T\}$ 为 Borel 可测的，如果对任意实数 λ，有

$$\{(t,\omega) \mid x_t(\omega) \leqslant \lambda\} \in \mathscr{B}_1 \times \mathscr{F} \tag{2}$$

显然，Borel 可测过程必为可测的. 至于何时需要哪一种可测性，则视问题而异.

以下为简单起见，设 T 为区间，其实下列定理对任意 Borel 集 T 正确，只要在证明中作明显的修改.

（二）**定理 1**　设 $\{\xi_t(\omega), t \in T\}$ 是随机连续的过

程,则必存在与它等价的,完全可分、可测的过程$\{x_t(\omega), t \in T\}$.

证 (1) 不失一般性,可设存在常数 $C < \infty$,使

$$|\xi(t,\omega)| < C \tag{3}$$

否则,令

$$\tilde{\xi}(t,\omega) = \tan^{-1}\xi(t,\omega) \tag{4}$$

显然$\{\tilde{\xi}(t,\omega)\}$是有界的. 若对它存在等价的,完全可分、可测的过程$\{\tilde{x}(t,\omega), t \in T\}$,则过程

$$x(t,\omega) = \tan \tilde{x}(t,\omega) \tag{5}$$

即为所求的过程.

(2) 现设 T 为有穷区间(开或闭、半开半闭均可),来证明本定理.

不妨设式(3) 成立. 由假定,还可以假定此过程关于 T 中任一可列稠子集R 可分. 固定 R,将 R 中前 n 个元排为

$$s_1^{(n)} < s_2^{(n)} < \cdots < s_n^{(n)}$$

设 $T = [a,b]$,而令 $a = s_0^{(n)}, b = s_{n+1}^{(n)}$,令

$$x_n(t,\omega) = \xi(s_{j-1}^{(n)},\omega) \quad (s_{j-1}^{(n)} \leqslant t < s_j^{(n)})$$

易见过程 $x_n(t,\omega), t \in [a,b]$ 是 Borel 可测的,因为

$$\begin{aligned}&\{(t,\omega) \mid x_n(t,\omega) \leqslant c\}\\ =&\bigcup_{j=1}^{n} [s_{j-1}^{(n)}, s_j^{(n)}] \times (\xi(s_{j-1}^{(n)},\omega) \leqslant c) \cup [s_n^{(n)}, s_{n+1}^{(n)}] \times\\ &(\xi(s_n^{(n)},\omega) \leqslant c) \in \mathscr{B}_1 \times \mathscr{F}\end{aligned} \tag{6}$$

对任意固定的 $t_0 \in T$,由随机连续性假定,有

$$P \lim_{n\to\infty} x_n(t_0,\omega) = \xi(t_0,\omega) \tag{7}$$

因对均匀有界随机变量列,依概率收敛等价于平均收敛,故

$$\begin{aligned}&\lim_{n\to\infty} E \mid x_n(t_0,\omega)-\xi(t_0,\omega)\mid=0\\&\lim_{m,n\to\infty} E\mid x_n(t_0,\omega)-x_m(t_0,\omega)\mid=0\end{aligned}\tag{8}$$

由 $x_n(t,\omega)$ 的有界性、T 的有界性及 Fubini 定理,得

$$\lim_{m,n\to\infty}\int_{T\times\Omega}\mid x_n(t,\omega)-x_m(t,\omega)\mid \mu(\mathrm{d}t,\mathrm{d}\omega)$$

$$=\lim_{m,n\to\infty}\int_T E\mid x_n(t,\omega)-x_m(t,\omega)\mid \mathrm{d}t=0$$

由此可见,$\{x_n(t,\omega)\}$ 关于 μ 平均收敛,故更依测度 μ 收敛,从而存在一个子列 $\{x_{n_j}(t,\omega)\}$ 及 $y(t,\omega)$,使关于 μ 几乎处处地有

$$\lim_{j\to\infty} x_{n_j}(t,\omega)=y(t,\omega)\tag{9}$$

而且 $\{y(t,\omega),t\in T\}$ 是 Borel 可测过程. 若以 M 表示式(9)不成立的 (t,ω) 集,则 $\mu(M)=0$. 由 Fubini 定理,存在 t — 集 $T_0\subset T,L(T_0)=0$,使得若固定 $t\in T\backslash T_0$,则以概率 1 有

$$y(t,\omega)=\lim_{j\to\infty} x_{n_j}(t,\omega)\tag{10}$$

由式(7)知,若 $t\in T\backslash T_0$,则有

$$P(y(t,\omega)=\xi(t,\omega))=1\tag{11}$$

现定义 $\{x(t,\omega),t\in T\}$,使得

$$\begin{cases}x(t,\omega)=y(t,\omega),\text{若 } t\in T\backslash(T_0\cup R)\\ \qquad\text{而且在此}(t,\omega)\text{上式(9)成立}^{①}\\ x(t,\omega)=\xi(t,\omega),\text{反之}\end{cases}\tag{12}$$

由于式(9)关于 μ 几乎处处成立,而且 $\mu((T_0\cup R)\times\Omega)=0$,故 $x(t,\omega)$ 与 $y(t,\omega)$ 不重合的点必构成某个 $\mu-0$ 测集的子集. 既然 $y(t,\omega)$ 为 $\mathscr{B}_1\times\mathscr{F}$ 可测,那么

① 即如果 $(t,\omega)\in\{(T-(T_0\cup R))\times\Omega\}\cap\bar{M}$.

$\{x(t,\omega),t\in T\}$ 是可测过程.

由式(11) 和式(12) 知$\{\xi(t,\omega),t\in T\}$ 与$\{x(t,\omega),t\in T\}$ 等价.

试证$\{x(t,\omega),t\in T\}$ 完全可分. 由式(12), 有 $X_R(\omega)=\Xi_R(\omega)$, 故$\overline{X_R(\omega)}=\overline{\Xi_R(\omega)}$(一切 $\omega\in\Omega$). 如果任取一点 $(t,x(t,\omega))$, $\omega\in\overline{N}$, N 表示原可分过程 $\{\xi_t(\omega),t\in T\}$ 的例外集, 那么, 它或者重合于$(t,\xi(t,\omega))$, 此时由于 $\xi(t,\omega)$ 关于 R 的可分性, 有

$$(t,x(t,\omega))=(t,\xi(t,\omega))\in\overline{\Xi_R(\omega)}=\overline{X_R(\omega)}$$

或者它重合于$(t,y(t,\omega))$. 由式(9) 及 $x_{n_j}(t,\omega)$ 的定义仍知

$$(t,x(t,\omega))=(t,y(t,\omega))\in\overline{\Xi_R(\omega)}=\overline{X_R(\omega)}$$

于是得证$\{x(t,\omega),t\in T\}$ 关于 R 可分, 由 1.2 节定理 2, 即知它完全可分.

(3) 若 T 为无穷区间, 则可表示 $T=\bigcup_m T_m$, 这里 T_m 为有穷区间, $T_n\cap T_m=\varnothing(n\neq m)$. 对$\{\xi_t(\omega),t\in T_m\}$, 由(2) 得其等价的完全可分、可测修正$\{x_t^{(m)}(\omega),t\in T_m\}$. 于是$\{x_t(\omega),t\in T\}$ 即所求, 其中

$$x_t(\omega)=x_t^{(m)}(\omega)\quad(t\in T_m)$$

定理 2 设$\{\xi_t(\omega),t\in T\}$ 为可分过程, 而且对每个固定的 $t\in T$, 有

$$P(\lim_{s\downarrow t}\xi(s,\omega)=\xi(t,\omega))=1 \tag{13}$$

则必存在等价的可分、Borel 可测过程$\{x_t(\omega),t\in T\}$, 它的几乎一切样本函数是右下半连续的.

证 设$\{\xi_t(\omega),t\in T\}$ 的可分集为 R, 对每个固定的 t, 令 $\zeta_t(\omega)=\lim_{s\downarrow t}\xi_s(\omega)$. 由可分性及式(13), 知存在 Ω_0, 有 $P(\Omega_0)=1$, 使对任意的 $\omega\in\Omega_0$, 有:

(1) 样本函数 $\xi(\cdot,\omega)$ 关于 R 可分；

(2) $\xi(r,\omega)=\zeta(r,\omega), r\in R$.

任取一实数 c，定义

$$\begin{cases} x(t,\omega)\equiv\zeta(t,\omega), \text{若 } \omega\in\Omega_0 \\ x(t,\omega)\equiv c, \text{若 } \omega\in\bar{\Omega}_0 \end{cases} \tag{14}$$

则 $\{x_t(\omega), t\in T\}$ 即为所求的过程. 实际上，由式(13)和式(14)知 $\{x_t(\omega), t\in T\}$ 与 $\{\xi_t(\omega), t\in T\}$ 等价. 其次，以 r 表示 R 中的元，若 $\omega\in\Omega_0$，则

$$\zeta(t,\omega)=\lim_{r\downarrow t}\xi(r,\omega)=\lim_{r\downarrow t}\zeta(r,\omega)=\lim_{s\downarrow t}\zeta(s,\omega) \tag{15}$$

其中第一个等号成立是由于(1)，第二个等号成立是由于(2)，第一、三项相等说明 $\zeta(\cdot,\omega)$ 关于 R 可分，由此可分性得第三个等号，从而 $\zeta(\cdot,\omega)$ 右下半连续. 因此由式(14)知对一切 ω，$x(\cdot,\omega)$ 也关于 R 可分而且也右下半连续. 最后，由于对任意实数 λ 有

$$\{(t,\omega)\mid \inf_{t<r<t+\frac{1}{n}}\xi(r,\omega)<\lambda\}$$

$$=\bigcup_{r\in R}\left\{t\mid t<r<t+\frac{1}{n}\right\}\times\{\omega\mid\xi(r,\omega)<\lambda\}$$

而右方每一被加项中第一因子集属于 $\mathscr{B}_1$，第二因子集属于 $\mathscr{F}$，故 $\inf\limits_{t<r<t+\frac{1}{n}}\xi(r,\omega)$ 为 $\mathscr{B}_1\times\mathscr{F}$ 可测，从而

$$\zeta(t,\omega)=\lim_{n\to\infty}\inf_{t<r<t+\frac{1}{n}}\xi(r,\omega)\quad(\omega\in\Omega_0)$$

在 $T\times\Omega_0$ 上为 $\mathscr{B}_1\times\mathscr{F}$ 可测，故 $x(t,\omega)$ 在 $T\times\Omega$ 上也为 $\mathscr{B}_1\times\mathscr{F}$ 可测.

1.4 条件概率与条件数学期望

（一）在初等概率论中，事件 A 关于事件 D 的条件概率（有时也称为“在事件 D 出现的条件下，事件 A 的条件概率”）定义为

$$P(A \mid D)=\frac{P(AD)}{P(D)}$$

但需假定 $P(D)>0$，否则无定义. 随机变量 $y(\omega)$，如果 $|y|$ 的数学期望 $E|y|<\infty$，那么它关于 D 的条件数学期望定义为

$$E(y \mid D)=\frac{1}{P(D)}\int_{D} y(\omega) P(\mathrm{d}\omega)=\int_{D} y(\omega) P(\mathrm{d}\omega \mid D)$$

但需假定 $P(D)>0$.

这两个定义在实用中很不方便，因为我们往往事先不知 $P(D)$ 是否大于 0，于是有必要重新定义它们. 任何一个概念需要推广或重新定义时，新的定义至少应满足两个要求：它必须起旧概念所起的作用而且能避免后者的缺点；它是旧概念的一般化，使得在一定的特殊情况下，新概念与旧概念相重合，或与旧概念有密切的联系.

取 $y(\omega)=\chi_A(\omega)$，$\chi_A(\omega)$ 是 A 的示性函数，即当 $\omega \in A$ 时等于 1，$\omega \notin A$ 时等于 0. 则因定义

$$E(\chi_A \mid D)=P(A \mid D)$$

故条件概率是条件数学期望的特殊情况，自然在新定义中也应如此. 所以，我们从重新定义条件数学期望开始.

概率空间仍记为$(\Omega,\mathscr{F},P)$，$\mathscr{B}$ 是 $\mathscr{F}$ 的某一子 σ 代数，$\mathscr{B}\subset\mathscr{F}$，$y(\omega)$ 是满足$E|y|<\infty$ 的随机变量. 在新定义中，不是定义 y 关于某一事件，而是关于某 σ 代数 $\mathscr{B}$ 的条件数学期望. 因此，不好说新定义是旧定义的直接推广，然而，以后会看到(例 1)，两者之间有着紧密的关系.

定义 1　具有下列两个性质的随机变量 $E(y\mid\mathscr{B})$ 称为 $y(\omega)$ 关于 $\mathscr{B}$ 的条件数学期望①(简称条件期望)，如果：

(1)$E(y\mid\mathscr{B})$ 是 $\mathscr{B}$ 可测函数；

(2) 对任意 $A\in\mathscr{B}$，有

$$\int_A E(y\mid\mathscr{B})P(\mathrm{d}\omega)=\int_A yP(\mathrm{d}\omega) \tag{1}$$

定义 2　设 $C\in\mathscr{F}$ 为任一事件，则它的示性函数，即

$$\begin{cases}\chi_C(\omega)=1,\omega\in C\\ \chi_C(\omega)=0,\omega\notin C\end{cases}$$

关于 $\mathscr{B}$ 的条件期望称为 C 关于 $\mathscr{B}$ 的条件概率，记为 $P(C\mid\mathscr{B})$.

换言之，$P(C\mid\mathscr{B})$ 是满足下面两个条件的随机变量：

$(1')P(C\mid\mathscr{B})$ 为 $\mathscr{B}$ 可测函数；

$(2')$ 对任意 $A\in\mathscr{B}$，有

$$\int_A P(C\mid\mathscr{B})P(\mathrm{d}\omega)=P(AC) \tag{2}$$

---

①　明确些应将 $E(y\mid\mathscr{B})$ 写为 $E(y\mid\mathscr{B})(\omega)$，以表明它是 ω 的函数，这里及以后都略去了 ω，关于下面的 $P(C\mid\mathscr{B})$ 也如此.

既然条件概率是条件期望的特殊情况，故只要讨论后者就够了.

为使定义合理，必须保证满足条件(1) 及(2) 的随机变量存在. 为此，注意式(1) 的右方值$\int_A yP(\mathrm{d}\omega)$ 是 $\mathscr{B}$ 上的广义测度，而且在 $\mathscr{B}$ 上，它关于测度 P 是绝对连续的，即当 $P(A)=0$ 时，有

$$\int_A yP(\mathrm{d}\omega)=0$$

因此，由 Radon-Nikodym 定理，可见满足(1) 及(2) 的随机变量 $E(y\mid\mathscr{B})$ 的确存在，而且，一般地有许多个. 但如果有两个随机变量 $E_1(y\mid\mathscr{B})$ 及 $E_2(y\mid\mathscr{B})$ 都满足(1) 及(2)，那么

$$P\{\omega\mid E_1(y\mid\mathscr{B})=E_2(y\mid\mathscr{B})\}=1 \tag{3}$$

既然 $y(\omega)$ 关于 $\mathscr{B}$ 的条件期望一般不唯一，我们以后所说的条件期望 $E(y\mid\mathscr{B})$ 只是指它们中的一个代表.

例 1 设 $\mathscr{B}=(\varnothing,D,\overline{D},\Omega)$，$D\in\mathscr{F}$，$0<P(D)<1$，$\overline{D}=\Omega-D$. 试证此时

$$E(y\mid\mathscr{B})=\begin{cases}\dfrac{1}{P(D)}\displaystyle\int_D y(\omega)P(\mathrm{d}\omega)=E(y\mid D),\omega\in D\\ \dfrac{1}{P(\overline{D})}\displaystyle\int_{\overline{D}} y(\omega)P(\mathrm{d}\omega)=E(y\mid \overline{D}),\omega\in \overline{D}\end{cases} \tag{4}$$

$$P(C\mid\mathscr{B})=\begin{cases}\dfrac{1}{P(D)}P(CD)=P(C\mid D),\omega\in D\\ \dfrac{1}{P(\overline{D})}P(C\overline{D})=P(C\mid \overline{D}),\omega\in \overline{D}\end{cases} \tag{5}$$

实际上，为使性质(1) 成立，$E(y\mid\mathscr{B})$ 必须且只需成下形，即

$$E(y \mid \mathscr{B})=\begin{cases}C_1, \omega \in D \\ C_2, \omega \in \overline{D}\end{cases} \quad (C_1, C_2 \text{ 为常数})$$

以此代入式(1)，并令 $A=D$，即得

$$C_1 P(D)=\int_D y P(\mathrm{d}\omega)$$

或

$$C_1=\frac{1}{P(D)}\int_D y P(\mathrm{d}\omega)=E(y \mid D)$$

同样证明 $C_2=E(y \mid \overline{D})$，而且这样决定的 C_1, C_2 使性质(2) 对一切 $A \in \mathscr{B}$ 成立.

（二）试研究 $E(y \mid \mathscr{B})$（特别地 $P(C \mid \mathscr{B})$）的性质. 由于 $E(y \mid \mathscr{B})$ 是用可测性(1) 及积分性质(2) 来定义的，这使人想到 $E(y \mid \mathscr{B})$ 也具有一些类似积分的性质.

以下的等式、不等式或极限关系式都是以概率 1 成立的，又 $y(\omega), y_i(\omega)$ 都是随机变量，而且 $E|y|<\infty, E|y_i|<\infty$，不再一一声明.

(A) 对任意 $C_1 \in \mathbf{R}^1, C_2 \in \mathbf{R}^1$，有

$$E(C_1 y_1+C_2 y_2 \mid \mathscr{B})=C_1 E(y_1 \mid \mathscr{B})+C_2 E(y_2 \mid \mathscr{B})$$

证　由定义只要证明：$C_1 E(y_1 \mid \mathscr{B})+C_2 E(y_2 \mid \mathscr{B})$ 是关于 $\mathscr{B}$ 可测的随机变量；而且对任意 $A \in \mathscr{B}$ 有

$$\int_A [C_1 E(y_1 \mid \mathscr{B})+C_2 E(y_2 \mid \mathscr{B})] P(\mathrm{d}\omega)=\int_A (C_1 y_1+C_2 y_2) P(\mathrm{d}\omega) \tag{6}$$

这里，由 $E(y_i \mid \mathscr{B})$ 的定义，知它们都是 $\mathscr{B}$ 可测的，故 $C_1 E(y_1 \mid \mathscr{B})+C_2 E(y_2 \mid \mathscr{B})$ 也 $\mathscr{B}$ 可测；又因对 $A \in \mathscr{B}$，故有

$$\int_A E(y_i \mid \mathscr{B}) P(\mathrm{d}\omega)=\int_A y_i P(\mathrm{d}\omega) \quad (i=1,2)$$

以 C_i 乘上式两边后，对 $i=1,2$ 求和，即得式(6).

(B) 若 $y \geqslant 0$,则 $E(y \mid \mathscr{B}) \geqslant 0$(a. s.).

证 令

$$A=\{\omega \mid E(y \mid \mathscr{B})<0\}$$

$$A_m=\{\omega \mid E(y \mid \mathscr{B}) \leqslant -\frac{1}{m}\}$$

则

$$A=\bigcup_m A_m$$

$$-\frac{1}{m}P(A_m) \geqslant \int_{A_m} E(y \mid \mathscr{B})P(\mathrm{d}\omega)$$

$$=\int_{A_m} yP(\mathrm{d}\omega) \geqslant 0$$

故

$$P(A_m)=0, P(A) \leqslant \sum_m P(A_m)=0$$

(C) $|E(y \mid \mathscr{B})| \leqslant E(|y| \mid \mathscr{B})$.

证 由(B),有

$$E(|y|-y \mid \mathscr{B}) \geqslant 0, E(|y|+y \mid \mathscr{B}) \geqslant 0$$

由此及(A),得

$$E(y \mid \mathscr{B}) \leqslant E(|y| \mid \mathscr{B})$$

故

$$-E(y \mid \mathscr{B})=E(-y \mid \mathscr{B}) \leqslant E(|y| \mid \mathscr{B})$$

(D) 设 $0 \leqslant y_n \uparrow y, E|y|<\infty$,则

$$E(y_n \mid \mathscr{B}) \uparrow E(y \mid \mathscr{B})$$

特别地[①],若集 $A_n \in \mathscr{F}, A_n \uparrow A$,则

$$P(A_n \mid \mathscr{B}) \uparrow P(A \mid \mathscr{B})$$

---

① $A_n \uparrow A$ 表示 $A_n \subset A_{n+1}, A=\bigcup_n A_n$, $A_n \downarrow A$ 表示 $A_n \supset A_{n+1}$, $A=\bigcap_n A_n$.

证　由(B)，有

$$0 \leqslant E(y_1 \mid \mathscr{B}) \leqslant E(y_2 \mid \mathscr{B}) \leqslant \cdots$$

故几乎处处存在极限 $\lim\limits_{n\to\infty} E(y_n \mid \mathscr{B})$. 在极限不存在的 ω 上补定义为 0，经这样补定义后的极限是 $\mathscr{B}$ 可测的. 为证它等于 $E(y \mid \mathscr{B})$，只要注意，用积分单调收敛定理两次，对任意 $A \in \mathscr{B}$，有

$$\begin{aligned}\int_A \lim_{n\to\infty} E(y_n \mid \mathscr{B}) P(\mathrm{d}\omega) &= \lim_{n\to\infty} \int_A E(y_n \mid \mathscr{B}) P(\mathrm{d}\omega) \\ &= \lim_{n\to\infty} \int_A y_n P(\mathrm{d}\omega) \\ &= \int_A \lim_{n\to\infty} y_n P(\mathrm{d}\omega) \\ &= \int_A y P(\mathrm{d}\omega)\end{aligned}$$

(E) 设 $y_n \to y$，$|y_n| \leqslant x$，$Ex < \infty$，则

$$E(y_n \mid \mathscr{B}) \to E(y \mid \mathscr{B})$$

证　定义

$$z_n^+ = \sup_{k\geqslant 0} y_{n+k}, z_n^- = \inf_{k\geqslant 0} y_{n+k}$$

显然 $0 \leqslant x - z_n^+ \uparrow x - y$，$0 \leqslant x + z_n^- \uparrow x + y$，故由(D)，有

$$E(x - z_n^+ \mid \mathscr{B}) \uparrow E(x - y \mid \mathscr{B})$$

$$E(x + z_n^- \mid \mathscr{B}) \uparrow E(x + y \mid \mathscr{B})$$

从而

$$E(z_n^+ \mid \mathscr{B}) \downarrow E(y \mid \mathscr{B}), E(z_n^- \mid \mathscr{B}) \uparrow E(y \mid \mathscr{B})$$

最后只要注意，由于(B)，得

$$E(z_n^- \mid \mathscr{B}) \leqslant E(y_n \mid \mathscr{B}) \leqslant E(z_n^+ \mid \mathscr{B})$$

(F) 若 $z(\omega)$ 对 $\mathscr{B}$ 可测，$E|yz| < \infty$，$E|y| < \infty$，则

$$E(zy \mid \mathscr{B}) = zE(y \mid \mathscr{B}) \tag{7}$$

证 令[①]

$$\mathscr{L}=\{z(\omega)\mid E\mid yz\mid<\infty\}$$
$$L=\{z(\omega)\mid \text{使式(7)成立}\}$$

由(A)和(D)知 L 为 $\mathscr{L}$ 一系，当 $z=\chi_M(M\in\mathscr{B})$ 时，有

$$\int_A zyP(\mathrm{d}\omega)=\int_A\chi_M yP(\mathrm{d}\omega)=\int_{AM}yP(\mathrm{d}\omega)$$
$$=\int_{AM}E(y\mid\mathscr{B})P(\mathrm{d}\omega)$$
$$=\int_A\chi_M E(y\mid\mathscr{B})P(\mathrm{d}\omega)$$
$$=\int_A zE(y\mid\mathscr{B})P(\mathrm{d}\omega)\quad(A\in\mathscr{B})$$

既然，$zE(y\mid\mathscr{B})$ 明显是 $\mathscr{B}$ 可测的，那么

$$\chi_M\in L\quad(M\in\mathscr{B})$$

利用 $\mathscr{L}$ 一系方法即得所欲证.

(G) 若 $y(\omega)$ 为 $\mathscr{B}$ 一可测，则 $E(y\mid\mathscr{B})=y$.

证 因此时 y 具备性质(1)及性质(2)中对 $E(y\mid\mathscr{B})$ 所需的性质.

(H) 若 $\mathscr{B}_1\subset\mathscr{B}_2\subset\mathscr{F}$，则

$$E[E(y\mid\mathscr{B}_2)\mid\mathscr{B}_1]=E(y\mid\mathscr{B}_1)=E[E(y\mid\mathscr{B}_1)\mid\mathscr{B}_2]$$

证 为证前一个等式，只要注意若 $A\in\mathscr{B}_1$，则 $A\in\mathscr{B}_2$，故

$$\int_A yP(\mathrm{d}\omega)=\int_A E(y\mid\mathscr{B}_2)P(\mathrm{d}\omega)$$

为证后一个等式，注意 $E(y\mid\mathscr{B}_1)$ 为 $\mathscr{B}_2$ 可测，然后应用(G)即可.

在上述各性质中取随机变量为事件的示性函数，

---

① 参看书末附录 2.

就得到相应的条件概率的性质. 例如，在(D) 中取 $y_n(\omega)=\chi_{A_n}(\omega)$，$y(\omega)=\chi_A(\omega)$，$A_n\uparrow A$，即得

$$P(A_n\mid\mathscr{B})\uparrow P(A\mid\mathscr{B})\tag{8}$$

最后我们还说明一个常用的记号，设 $\{x_t,t\in T\}$ 是一随机过程，$y(\omega)$ 关于 σ 代数 $\mathscr{F}\{x_t,t\in T\}$ 的条件数学期望 $E(y\mid\mathscr{F}\{x_t,t\in T\})$ 简记为 $E(y\mid x_t,t\in T)$，因而事件 A 关于 $\mathscr{F}\{x_t,t\in T\}$ 的条件概率记为 $P(A\mid x_t,t\in T)$. 由于 $E(y\mid x_t,t\in T)$ 关于 $\mathscr{F}\{x_t,t\in T\}$ 可测，根据测度论知存在无穷元 Borel 可测函数 $f(z_1,z_2,\cdots)(z_i\in\mathbf{R}^1)$ 及 $t_i\in T,i=1,2,\cdots$，使

$$E(y(\omega)\mid x_t(\omega),t\in T)=f(x_{t_1}(\omega),x_{t_2}(\omega),\cdots)\tag{9}$$

特别地，当 T 只含 n 个点 $(1,2,\cdots,n)$ 时，上式化为

$$E(y(\omega)\mid x_1(\omega),\cdots,x_n(\omega))=f(x_1(\omega),\cdots,x_n(\omega))\tag{10}$$

这里 $f(z_1,\cdots,z_n)$ 是某 n 元 Borel 可测函数.

1.5　马尔科夫性

(一) 马尔科夫链(简称马氏链) 是一种特殊的随机过程，它的特征是具有马尔科夫性(简称马氏性)，亦称无后效性.

设 $(\Omega,\mathscr{F},P)$ 是一概率空间，定义于其上的随机过程 $X=\{x_t(\omega),t\in T\}$ 的状态空间为 E，我们假定 E 是 $\mathbf{R}^1$ 中一可列集. 称 X 为马氏链，如果它具有马氏性：对任意有穷多个 $t_i\in T$，$t_1<t_2<\cdots<t_n(n>1)$，任意使 $P(x_{t_1}=i_1,\cdots,x_{t_{n-1}}=i_{n-1})>0$ 的 $i_1,\cdots,i_n\in E$，有

$$P(x_{t_n}=i_n \mid x_{t_1}=i_1,\cdots,x_{t_{n-1}}=i_{n-1})$$
$$=P(x_{t_n}=i_n \mid x_{t_{n-1}}=i_{n-1}) \tag{1}$$

马氏性的直观解释如下：设想有一个做随机运动的质点Σ，在t时Σ的位置记为x_t，把时刻t_{n-1}看成"现在"，从而t_n属于"将来"，而$t_1,\cdots,t_{n-2}$都属于"过去". 于是式(1)表示：在已知过去"$x_{t_1}=i_1,\cdots,x_{t_{n-2}}=i_{n-2}$"及现在"$x_{t_{n-1}}=i_{n-1}$"的条件下，将来的事件"$x_{t_n}=i_n$"的条件概率，只依赖于现在发生的事件"$x_{t_{n-1}}=i_{n-1}$". 简单地说，在已知"现在"的条件下："将来"与"过去"是独立的. 下面的讨论表明，式(1)中的"将来"与"过去"的内容可以大大充实，而不仅限于"$x_{t_n}=i_n$"等的形式.

（二）马氏性有许多等价的形式，下面定理 1 的(A)(B)(C)中，用的是关于事件的古典的条件概率，而(D)(E)中则采用关于σ代数的条件概率或条件数学期望. 表面上看，(A)(D)含义最少，其实它们都等价. 引进下列三个σ代数

$$\mathscr{N}_t^s=\mathscr{F}\{x_u,s\leqslant u\leqslant t,u\in T\}$$
$$\mathscr{N}_t=\mathscr{F}\{x_u,u\leqslant t,u\in T\}$$
$$\mathscr{N}^t=\mathscr{F}\{x_u,t\leqslant u,u\in T\}$$

定理 1　下列诸条件等价：

(A) 马氏性(1)成立；

(B) 对任意$t\in T,i\in E$及$A\in\mathscr{N}^t,B\in\mathscr{N}_t,P(B,x_t=i)>0$，有

$$P(A\mid B,x_t=i)=P(A\mid x_t=i) \tag{2}$$

(C) 对任意$t\in T,i\in E$及$A\in\mathscr{N}^t,B\in\mathscr{N}_t$，$P(x_t=i)>0$，有

$$P(AB\mid x_t=i)=P(A\mid x_t=i)P(B\mid x_t=i) \tag{3}$$

(D) 对任意 $t_1 < t_2 < \cdots < t_n, t_i \in T, n > 1, i \in E$,有

$$P(x_{t_n} = i \mid x_{t_1}, \cdots, x_{t_{n-1}}) = P(x_{t_n} = i \mid x_{t_{n-1}}) \quad (\text{a.s.})^{①} \tag{4}$$

(E) 对任意 $t \in T$,如果函数 $\xi(\omega)$ 为 $\mathscr{N}^t$ 可测,而且 $E|\xi| < \infty$,那么

$$E(\xi \mid \mathscr{N}_t) = E(\xi \mid x_t) \quad (\text{a.s.}) \tag{5}$$

证　(A) → (D):注意 $P(x_{t_n} = i \mid x_{t_{n-1}})$ 关于 $\mathscr{F}(x_{t_1}, \cdots, x_{t_{n-1}})$ 可测,故为证(D),只要证对任意 $B \in \mathscr{F}\{x_{t_1}, \cdots, x_{t_{n-1}}\}, P(B) > 0$,有

$$\int_B P(x_{t_n} = i \mid x_{t_{n-1}}) P(\mathrm{d}\omega) = P(B, x_{t_n} = i) \tag{6}$$

先设 $B = (x_{t_1} = i_1, \cdots, x_{t_{n-1}} = i_{n-1})$. 在此 B 上

$$P(x_{t_n} = i \mid x_{t_{n-1}}) = P(x_{t_n} = i \mid x_{t_{n-1}} = i_{n-1}) \tag{6'}$$

此式可如下证明:根据1.4节式(10),知存在某函数 $f(j)$,使

$$P(x_{t_n} = i \mid x_{t_{n-1}}) = f(x_{t_{n-1}})$$

在 ω—集 $\{\omega \mid x_{t_{n-1}}(\omega) = i_{n-1}\}$ 上,$f(x_{t_{n-1}}) = f(i_{n-1})$ 是常数. 由条件概率的定义,得

$$\begin{aligned} & P(x_{t_{n-1}} = i_{n-1}, x_{t_n} = i) \\ = & \int_{(x_{t_{n-1}} = i_{n-1})} P(x_{t_n} = i \mid x_{t_{n-1}}) P(\mathrm{d}\omega) \\ = & f(i_{n-1}) P(x_{t_{n-1}} = i_{n-1}) \end{aligned}$$

于是

$$f(i_{n-1}) = P(x_{t_n} = i \mid x_{t_{n-1}} = i_{n-1})$$

---

① (a.s.)表示左式对关于 P 的几乎一切的 ω 成立,亦即左式成立的概率为1.

而式(6′)得证.

以式(6′)代入式(6),得

$$P(x_{t_n}=i\mid x_{t_{n-1}}=i_{n-1})\cdot P(x_{t_1}=i_1,\cdots,x_{t_{n-1}}=i_{n-1})$$
$$=P(x_{t_1}=i_1,\cdots,x_{t_{n-1}}=i_{n-1},x_{t_n}=i)$$

而此式由马氏性(1)是成立的,于是式(6)对上面形状的 B 得证,从而对形如

$$B=(x_{t_1}\in A_1,\cdots,x_{t_{n-1}}\in A_{n-1})\tag{7}$$

的 B 也得证,这里 $A_j\subset E$ 任意.

使式(6)成立的全体 B 构成一系 Λ,它是 λ 一系,一切形如式(7)的 B 构成 π 一系 Π,由上知 $\Lambda\supset\Pi$,故由 λ 一系方法知

$$\Lambda\supset\sigma(\Pi)=\mathscr{F}\{x_{t_1},\cdots,x_{t_{n-1}}\}$$

(D) → (E):首先,对任意 $u>t$,$A\subset E$,由 λ 一系方法易见

$$P(x_u\in A\mid\mathscr{N}_t)=P(x_u\in A\mid x_t)\quad(\text{a.s.})\tag{8}$$

其次,设 $\xi(\omega)$ 为 $\mathscr{F}\{x_u\}$ 可测,且 $E\mid\xi\mid<\infty$,有

$$E(\xi\mid\mathscr{N}_t)=E(\xi\mid x_t)\quad(\text{a.s.})\tag{9}$$

实际上,当 $\xi=\chi_A(x_u)$,即$(x_u\in A)$的示性函数时,式(9)化为式(8).令

$$\mathscr{L}=\{\text{全体可积函数 }\xi(\omega)\}$$
$$H=\{\text{使式(9)成立的全体 }\xi(\omega)\}$$

则 H 是 $\mathscr{L}$一系.既然 $\chi_A(x_u)\in H$,而各个集$(x_u\in A)$,$A\subset E$ 产生 $\mathscr{F}\{x_u\}$,故由 $\mathscr{L}$ 一系方法知 $H\supset\mathscr{F}\{x_u\}$.

然后,试证对任意 $t\leqslant u_1<\cdots<u_m$,$u_i\in T$,$A_i\subset E$,有

$$P(x_{u_i}\in A_i,i=1,\cdots,m\mid\mathscr{N}_t)$$
$$=P(x_{u_i}\in A_i,i=1,\cdots,m\mid x_t)\quad(\text{a.s.})\tag{10}$$

实际上,当 $m=1$ 时,式(10)化为式(8).下面用归纳法

而设式(10)对 $m-1$ 个 A_i 成立.简记

$$B_1=(x_{u_1}\in A_1)$$

$$B_2=(x_{u_2}\in A_2,\cdots,x_{u_m}\in A_m)$$

$$B=B_1B_2$$

则由条件数学期望的性质得

$$\begin{aligned}P(B\mid \mathscr{N}_t)&=E(\chi_{B_1}\chi_{B_2}\mid \mathscr{N}_t)\\&=E[E(\chi_{B_1}\chi_{B_2}\mid \mathscr{N}_{u_1})\mid \mathscr{N}_t]\\&=E[\chi_{B_1}E(\chi_{B_2}\mid \mathscr{N}_{u_1})\mid \mathscr{N}_t]\\&=E[\chi_{B_1}P(B_2\mid \mathscr{N}_{u_1})\mid \mathscr{N}_t]\quad(\text{a. s.})\end{aligned}\tag{11}$$

由归纳法前提假定

$$P(B_2\mid \mathscr{N}_{u_1})=P(B_2\mid x_{u_1})\quad(\text{a. s.})\tag{12}$$

代入式(11)得

$$P(B\mid \mathscr{N}_t)=E[\chi_A(x_{u_1})P(B_2\mid x_{u_1})\mid \mathscr{N}_t]\quad(\text{a. s.})$$

但$\chi_A(x_{u_1})P(B_2\mid x_{u_1})$对 $\mathscr{F}\{x_{u_1}\}$ 可测且可积,故由式(9)得

$$\begin{aligned}P(B\mid \mathscr{N}_t)&=E[\chi_{A_1}(x_{u_1})P(B_2\mid x_{u_1})\mid x_t]\\&=E[\chi_{B_1}P(B_2\mid \mathscr{N}_{u_1})\mid x_t]\\&=E[P(B_1B_2\mid \mathscr{N}_{u_1})\mid x_t]\\&=P(B\mid x_t)\quad(\text{a. s.})\end{aligned}\tag{13}$$

最后,从式(10)出发用 $\mathscr{L}$－系方法,像从式(8)出发证明式(9)一样,即可证式(5)对任意 $\mathscr{N}^t$ 可测的ξ成立,只要 $E\mid\xi\mid<\infty$.

(E)→(B):取 $\xi=\chi_A(A\in\mathscr{N}^t)$,则式(5)化为

$$P(A\mid \mathscr{N}_t)=P(A\mid x_t)\quad(\text{a. s.})\tag{14}$$

因$(B\mid x_t=i)\in\mathscr{N}_t$,故由式(14),得

$$P(AB \mid x_t=i)=\int_{(B\mid x_t=i)} P(A \mid x_t)P(\mathrm{d}\omega)$$
$$=P(A \mid x_t=i)P(B \mid x_t=i) \tag{15}$$

由此即得式(2).

(B)⇒(A)：在式(2)中取 $t=t_{n-1}, i=i_{n-1}, A=(x_{t_n}=i_n), B=\{x_{t_1}=i_1,\cdots,x_{t_{n-2}}=i_{n-2}\}$，即得式(1).

(B)⇒(C)：只要利用等式

$$P(AB \mid x_t=i)=P(B \mid x_t=i)P(A \mid x_t=i,B)$$

即可(补定义 $P(A \mid x_t=i,B)=0$，如果 $P(x_t=i,B)=0$).

(三) 一般状态空间中马尔科夫过程(简称马氏过程)的定义如下：设$(\Omega,\mathscr{F},P)$是一概率空间，定义于其上的随机过程 $X=\{x_t(\omega),t\in T\}$ 的状态空间为某可测空间$(E,\mathscr{B})$，如果对任意 $t_1<t_2<\cdots<t_n, t_i\in T, n>1$，任意 $A\in\mathscr{B}$，有

$$P(x_{t_n}\in A \mid x_{t_1},\cdots,x_{t_{n-1}})$$
$$=P(x_{t_n}\in A \mid x_{t_{n-1}}) \quad \text{(a. s.)} \tag{16}$$

那么称此过程为马氏过程.

注意式(16)是式(4)的直接一般化. 不需要改变定理1中(D)→(E)的证明，可见式(16)与式(5)在一般状态空间也是等价的.

1.6 转移概率

(一) 本节中只讨论离散情况. 设已给$(\Omega,\mathscr{F},P)$上的马氏链 $X=\{x_t(\omega),t\in T\}$，以后我们只考虑两种

T：$T=[0,\infty)$，或$(0,1,2,\cdots)$，于是可分别记 X 为$\{x_t, t\geqslant 0\}$，$\{x_n, n\geqslant 0\}$. 在后一种情形中，n 表示非负整数，并称$\{x_n, n\geqslant 0\}$ 为具有离散参数的马氏链.

若 $P(x_s=i)>0$，可定义

$$p_{ij}(s,t)=P(x_t=j\mid x_s=i)\quad (s\leqslant t)\tag{1}$$

称 $p_{ij}(s,t)$ 为 s 时在 i 的条件下，t 转移至 j 的 X 的转移概率，并称以 $p_{ij}(s,t)$ 为元的矩阵

$$\boldsymbol{P}(s,t)=(p_{ij}(s,t))$$

为 X 的(s,t) 转移矩阵，当 $s\leqslant t$ 遍历 T 时，便得到 X 的转移矩阵族 $\boldsymbol{P}(s,t)$，$s,t\in T$.

引理 1　X 的转移矩阵有下列性质：

(a)$0\leqslant p_{ij}(s,t)\leqslant 1$；

(b) $\sum\limits_{j}p_{ij}(s,t)=1$；

(c) 对 $s\leqslant t\leqslant u$，$s,t,u\in T$，有

$$p_{ij}(s,u)=\sum_{k}p_{ik}(s,t)p_{kj}(t,u)\tag{2}$$

亦即（采用矩阵的记号）

$$\boldsymbol{P}(s,u)=\boldsymbol{P}(s,t)\boldsymbol{P}(t,u)\tag{2'}$$

(d)$p_{ij}(s,s)=\delta_{ij}$，其中 δ_{ij} 为 Kronecker 记号：$\delta_{ij}=0(i\neq j)$，$\delta_{ii}=1$.

证　(a)(b)(c) 直接由式(1)及概率的性质推出.

理解$\dfrac{0}{0}=0$，得

$$\begin{aligned}p_{ij}(s,u)&=P(x_u=j\mid x_s=i)=\frac{P(x_u=j,x_s=i)}{P(x_s=i)}\\&=\sum_{k}\frac{P(x_u=j,x_t=k,x_s=i)}{P(x_t=k,x_s=i)}\cdot\\&\quad\frac{P(x_t=k,x_s=i)}{P(x_s=i)}\end{aligned}$$

$$= \sum_k P(x_u = j \mid x_s = i, x_t = k) \cdot$$
$$P(x_t = k \mid x_s = i)$$

利用马氏性,上式

$$= \sum_k P(x_u = j \mid x_t = k) P(x_t = k \mid x_s = i)$$
$$= \sum_k p_{ik}(s,t) p_{kj}(t,u)$$

通常称式(2)为 Колмогоров-Chapman 方程.

利用转移概率可以表达 X 的联合分布:

引理 2 对任意 $0 \leqslant s_1 < s_2 < \cdots < s_n, i_0, i_1, \cdots, i_n \in E$,有

$$P(x_0 = i_0, x_{s_1} = i_1, \cdots, x_{s_n} = i_n)$$
$$= q_{i_0} \prod_{k=0}^{n-1} p_{i_k i_{k+1}}(s_k, s_{k+1}) \tag{3}$$

其中 $q_i = P(x_0 = i)$.

证

$$P(x_0 = i_0, x_{s_1} = i_1, \cdots, x_{s_n} = i_n)$$
$$= P(x_0 = i_0) \cdot P(x_{s_1} = i_1 \mid x_0 = i_0) \cdot$$
$$P(x_{s_2} = i_2 \mid x_0 = i_0, x_{s_1} = i_1) \cdot \cdots \cdot$$
$$P(x_{s_n} = i_n \mid x_0 = i_0, \cdots, x_{s_{n-1}} = i_{n-1})$$

利用马氏性即得式(3).

称马氏链 X 为齐次的,如果它的转移概率为齐次的,即如果对一切 $0 \leqslant s \leqslant t, i, j \in E, p_{ij}(s,t)$ 只依赖于差 $t-s$. 这时记

$$p_{ij}(s, s+t) = p_{ij}(t), \boldsymbol{P}(s, s+t) = \boldsymbol{P}(t) \tag{4}$$

于是(a)(b)(c)(d)分别化为:

(A) $0 \leqslant p_{ij}(t) \leqslant 1$;

(B) $\sum_j p_{ij}(t) = 1$;

(C) $p_{ij}(s+t)=\sum_k p_{ik}(s)p_{kj}(t)(\boldsymbol{P}(s+t)=\boldsymbol{P}(s)\boldsymbol{P}(t))$;

(D) $p_{ij}(0)=\delta_{ij}$.

这时 X 的转移矩阵族 $\boldsymbol{P}(t)$ 只含一个参数 t.

当 $T=(0,1,2,\cdots)$ 时,由式(2′)得知对非负整数 $m<n$,有

$$\boldsymbol{P}(m,n)=\boldsymbol{P}(m,m+1)\cdot\boldsymbol{P}(m+1,m+2)\cdot\cdots\cdot\boldsymbol{P}(n-1,n) \tag{5}$$

故多步的转移概率可通过一步的来表达,特别地,如果此时 $\boldsymbol{P}(m,n)$ 还是齐次的,那么由式(5)并注意 $\boldsymbol{P}(n)=\boldsymbol{P}(0,n)$ 得

$$\boldsymbol{P}(n)=[\boldsymbol{P}(1)]^n \tag{6}$$

因此,对具有离散参数的马氏链 X,它的转移概率矩阵族完全由一步的转移概率矩阵 $\boldsymbol{P}(1)$ 所决定.

以上我们从事先已给定的 X 得到它的转移概率,并得到了 $\boldsymbol{P}(s,t)$ 的性质(a) ~ (d).

(二)现在考虑反面问题.设对每一对 $i,j\in E$,已给实值函数 $p_{ij}(s,t),0\leqslant s\leqslant t$,满足条件(a)(b)(c)(d),称这种函数为转移函数.称(q_i)为 E 上的分布,如果

$$q_i\geqslant 0,\sum_{i\in E}q_i=1$$

定理 1　设已给 E 上一分布$\{q_i\}$及转移函数 $p_{ij}(s,t)(i,j\in E)$,则存在概率空间$(\Omega,\mathscr{F},P)$及定义于其上的马氏链 $X=\{x_t(\omega),t\in T\}$,使 X 的开始分布为$\{q_i\}$,转移矩阵为$(p_{ij}(s,t))$,即

$$q_i=P(x_0(\omega)=i) \tag{7}$$

$$p_{ij}(s,t)=P(x_t(\omega)=j\mid x_s(\omega)=i)\quad(i,j\in E,s,t\in T) \tag{8}$$

证　对任意 n 个参数 $t_j \in T$，把它们排成 $t_1 \leqslant t_2 \leqslant \cdots \leqslant t_n$，由于引理 2 的启发，我们定义 n 维空间上的离散分布

$$\begin{aligned} & P_{t_1 \cdots t_n}(i_1, \cdots, i_n) \\ & = \sum_i q_i p_{ii_1}(0, t_1) p_{i_1 i_2}(t_1, t_2) \cdots p_{i_{n-1} i_n}(t_{n-1}, t_n) \end{aligned} \tag{9}$$

由(a) ～ (d) 易见有穷维分布族 $P_{t_1, \cdots, t_n}(i_1, \cdots, i_n)$ 是相容的，故据 1.1 节定理 1，存在概率空间$(\Omega, \mathscr{F}, P)$ 及定义于其上的过程$\{x_t(\omega), t \in T\}$，满足

$$P(x_{t_1} = i_1, \cdots, x_{t_n} = i_n) = P_{t_1, \cdots, t_n}(i_1, \cdots, i_n) \tag{10}$$

由式(9) 和式(10) 得

$$\begin{aligned} & P(x_{t_n} = i_n \mid x_{t_1} = i_1, \cdots, x_{t_{n-1}} = i_{n-1}) \\ & = \frac{P_{t_1, \cdots, t_n}(i_1, \cdots, i_n)}{P_{t_1, \cdots, t_{n-1}}(i_1, \cdots, i_{n-1})} \\ & = \frac{\sum_i q_i p_{ii_1}(0, t_1) \cdots p_{i_{n-2} i_{n-1}}(t_{n-2}, t_{n-1}) p_{i_{n-1} i_n}(t_{n-1}, t_n)}{\sum_i q_i p_{ii_1}(0, t_1) \cdots p_{i_{n-2} i_{n-1}}(t_{n-2}, t_{n-1})} \\ & = p_{i_{n-1} i_n}(t_{n-1}, t_n) = \frac{\sum_i q_i p_{ii_{n-1}}(0, t_{n-1}) p_{i_{n-1} i_n}(t_{n-1}, t_n)}{\sum_i q_i p_{ii_{n-1}}(0, t_{n-1})} \\ & = P(x_{t_n} = i_n \mid x_{t_{n-1}} = i_{n-1}) \end{aligned} \tag{11}$$

这得证 X 是满足式(8) 的马氏链. 最后，在式(10) 中取 $i_1 = \cdots = i_n = i, t_1 = \cdots = t_n = 0$，得

$$P(x_0 = i) = q_i$$

（三）在马氏链理论中，重要的是另一概率 $P_{t,i}(A)$，它定义在 σ 代数 $\mathscr{F}\{x_u, u \geqslant t, u \in T\}$ 上，它是满足下列条件的概率：对任意 $t_1 \leqslant t_2 \leqslant \cdots \leqslant t_n (t \leqslant t_1), i_1, \cdots, i_n \in E$，有

$$P_{t,i}(x_{t_1}=i_1,x_{t_2}=i_2,\cdots,x_{t_n}=i_n)$$
$$=p_{ii_1}(t,t_1)p_{i_1i_2}(t_1,t_2)\cdots p_{i_{n-1}i_n}(t_{n-1},t_n) \tag{12}$$

其中 $p_{ij}(s,t)$ 是 X 的转移概率. 根据测度论中关于在无穷维空间中产生测度的 Колмогоров 定理，满足式(12) 的概率唯一存在.

$P_{t,i}(A)$ 的直观意义如下：设 $P(x_t=i)>0$，则

$$P_{t,i}(x_{t_1}=i_1,\cdots,x_{t_n}=i_n)$$
$$=P(x_{t_1}=i_1,\cdots,x_{t_n}=i_n \mid x_t=i) \tag{13}$$

实际上，由引理 2，得右方值等于

$$\frac{P(x_t=i,x_{t_1}=i_1,\cdots,x_{t_n}=i_n)}{P(x_t=i)}$$

$$=\frac{\sum_k q_k p_{ki}(0,t)p_{ii_1}(t,t_1)\cdots p_{i_{n-1}i_n}(t_{n-1},t_n)}{\sum_k q_k p_{ki}(0,t)}$$

$$=p_{ii_1}(t,t_1)p_{i_1i_2}(t_1,t_2)\cdots p_{i_{n-1}i_n}(t_{n-1},t_n)$$

$$=P_{t,i}(x_{t_1}=i_1,\cdots,x_{t_n}=i_n)$$

根据式(13)，我们自然称 $P_{0,i}(A)$ 为开始分布集中在 i 时 A 的条件概率.

如果 X 是齐次的，那么由式(12) 及式(4) 得

$$P_{t,i}(x_{t+t_1}=i_1,\cdots,x_{t+t_n}=i_n)$$
$$=P_i(x_{t_1}=i_1,\cdots,x_{t_n}=i_n) \tag{14}$$

其中 $P_i(A)=P_{0,i}(A)$. 式(14) 表明对时间推移的不变性，其实还可以把式(14) 作如下推广：

定义在 T 上而取值于 E 中的函数记为 $e(\cdot)$，全体这种函数构成空间 E^T，包含全体形如

$$C=\{e(\cdot) \mid e(t_1)=i_1,\cdots,e(t_n)=i_n\} \tag{15}$$

的集的最小 σ 代数记为 $\mathscr{B}^T$，$\mathscr{B}^T$ 是 E^T 中的 σ 代数. 设任意给出一个定义在 E^T 上的函数 $f(e(\cdot))$，我们假定

$f(e(\cdot))$ 有界而且关于 $\mathscr{B}^T$ 可测. 其次,对每个固定的 $\omega \in \Omega, t \geqslant 0, t \in T$,以 $x(t+\cdot,\omega)$ 表示 s 的函数 $x(t+s,\omega)$,它可视为自样本函数 $x(\cdot,\omega)$ 经"t — 推移"而得. 由于 $x(\cdot,\omega)$ 及 $x(t+\cdot,\omega)$ 都属于 E^T,故 $f(x(\cdot,\omega))$ 及 $f(x(t+\cdot,\omega))$ 都有定义,我们证明

$$E_{t,i}[f(x(t+\cdot,\omega))] = E_i[f(x(\cdot,\omega))] \quad (16)$$

实际上,由 f 的 $\mathscr{B}^T$ 可测性知 $f(x(t+\cdot,\omega))$ 为 $\mathscr{N}^t$ 可测. 当 f 为式(15) 中集 C 的示性函数时,式(16) 左方化为

$$P_{t,i}(x(t+t_1)=i_1,\cdots,x(t+t_n)=i_n)$$

由式(12) 及齐次性,此值等于

$$\begin{aligned} & p_{ii_1}(t_1)p_{i_1i_2}(t_2-t_1)\cdots p_{i_{n-1}i_n}(t_n-t_{n-1}) \\ = & P_i(x(t_1)=i_1,\cdots,x(t_n)=i_n) \\ = & E_i f(x(\cdot,\omega)) \end{aligned}$$

故式(16) 对 $f=\chi_c$ 正确. 利用 $\mathscr{L}$ — 系方法即知式(16) 对任意有界而且 $\mathscr{B}^T$ 可测的函数 $f(e(\cdot))$ 都正确.

引进依赖于 ω 的概率 $P_{t,x_t(\omega)}(A)$,有

$$P_{t,x_t(\omega)}(A) = P_{t,i}(A) \quad (x_t(\omega)=i)$$

因而当 ω 固定时,$P_{t,x_t(\omega)}(A)$ 是一普通的概率 $P_{t,i}(A)$. 在 1.5 节式(5) 中取 $\xi(\omega)=f(x(t+\cdot,\omega))$,并注意式(13),得

$$\begin{aligned} & E[f(x(t+\cdot,\omega)) \mid \mathscr{N}_t] \\ = & E_{t,x_t} f(x(t+\cdot,\omega)) \quad (\text{a. s.}) \end{aligned} \quad (17)$$

如果 X 是齐次的,那么由式(16) 和式(17) 得

$$E[f(x(t+\cdot,\omega)) \mid \mathscr{N}_t] = E_{x_t} f(x(\cdot,\omega)) \quad (\text{a. s.}) \quad (18)$$

(四) 转移函数的概念可稍许推广. 称实值函数 $p_{ij}(s,t)(i,j \in E, s \leqslant t, s,t \in T)$ 为广转移函数,如果

它满足(一)中条件(A)(C)(D)及(B′),此时(B′)为 $\sum_j p_{i,j}(s,t) \leqslant 1$.

广转移函数可通过扩大状态空间而化为转移函数.实际上,任取一点 $a \notin E$,把 $\widetilde{E}=E \cup \{a\}$ 看成新状态空间,在其上定义函数

$$
\begin{cases}
\widetilde{p}_{ij}(s,t)=p_{ij}(s,t), \text{若 } i,j \in E \\
\widetilde{p}_{ij}(s,t)=1-\sum_{k\in E} p_{ik}(s,t), \text{若 } i \in E, j=a \\
\widetilde{p}_{ij}(s,t)=\delta_{ij}, \text{若 } i=a
\end{cases}
\tag{19}
$$

容易看出,$\widetilde{p}_{ij}(s,t)$ 是 $\widetilde{E}$ 中的转移函数.

根据定义 1,可以找到马氏链 $\widetilde{X}=\{\widetilde{x}_t(\omega), t \in T\}$,它的状态空间是 $\widetilde{E}$ 而转移概率是 $\widetilde{p}_{ij}(s,t)$. 由式(19)知 a 是 $\widetilde{X}$ 的吸引状态;就是说,a 具有性质:若 $\widetilde{x}_t(\omega)=a$,则有 $\widetilde{x}_{t+h}(\omega) \equiv a(h \geqslant 0)$. 直观地说,质点到达 a 后便永远被 a 吸引而不能离开.令

$$
\zeta(\omega)=\inf\{t \mid \widetilde{x}_t(\omega)=a\} \tag{20}
$$

则 $\zeta(\omega)$ 是首达 a 的时刻,亦即被 a 开始吸引的时刻,有时也称 $\zeta(\omega)$ 为中断时间.

马尔科夫链的解析理论

第2章

2.1 可测转移矩阵的一般性质

（一）设 $p_{ij}(t)(i,j\in E,t\geqslant 0)$ 是齐次转移函数，如第1章所述，它是满足下列条件的实值函数：

(A) $p_{ij}\geqslant 0$；

(B) $\sum_j p_{ij}(t)=1$；

(C) $p_{ij}(s+t)=\sum_k p_{ik}(s)p_{kj}(t)$；

(D)[①] $p_{ij}(0)=\delta_{ij}$.

为了研究转移函数的解析性质，需要对它逐步地补加条件，以下简记 $(p_{ij}(t))$ 为 (p_{ij}) 或 $\boldsymbol{P}(t)$.

称转移矩阵 (p_{ij}) 为可测的，如果它的每一元 $p_{ij}(t)$ 是 $t\in(0,\infty)$ 的 Lebesgue 可测函数.

① 若只讨论 $\boldsymbol{P}(t)$ 在 $(0,\infty)$ 上的性质，则条件(D)可不考虑.

可测性条件导致深远的后果. 下面的定理表示，可测性等价于每个 $p_{ij}(t)$ 在 $(0,\infty)$ 上的连续性，也等价于每个 $p_{ij}(t)$ 在 0 点存在极限 $\lim\limits_{t\to 0^+} p_{ij}(t)$.

定理 1　对任意转移矩阵 (p_{ij})，下列五个条件等价：

(i) (p_{ij}) 可测；

(ii) 对任意固定的 $a>0$，有

$$\lim_{h\to 0^+}\ \sup_{t\geqslant a}\sum_j |p_{ij}(t+h)-p_{ij}(t)|=0 \tag{1}$$

(iii) 对任意固定的 $a>0$，每个 $p_{ij}(t)$ 对 $t\in(a,\infty)$ 一致连续，而且这个一致性对 j 也成立；精确地说，对任给 $\varepsilon>0$，存在 $\delta(=\delta(a))>0$，当 $|h|<\delta$ 时，有

$$|p_{ij}(t+h)-p_{ij}(t)|<\varepsilon \quad (\text{一切 } t\geqslant\delta, j\in E)$$

(iv) 每个 $p_{ij}(t)$ 在 $(0,\infty)$ 上连续；

(v) 对任意 $i,j\in E$，存在极限

$$\lim_{t\to 0^+} p_{ij}(t)=u_{ij}$$

而且极限矩阵 $\boldsymbol{U}=(u_{ij})$ 具有下列性质：

(a) $\boldsymbol{U}\geqslant\boldsymbol{0}\,(u_{ij}\geqslant 0)$；

(b) $\boldsymbol{U}\boldsymbol{I}\leqslant\boldsymbol{I}\left(\sum\limits_j u_{ij}\leqslant 1\right)$；

(c) $\boldsymbol{U}=\boldsymbol{U}^2\left(u_{ij}=\sum\limits_k u_{ik}u_{kj}\right)$.

其中 $\boldsymbol{0}$ 表示元皆为 0 的矩阵，而 $\boldsymbol{I}$ 表示单位直行矢量(其元皆为 1).

证　(i) → (ii)：由(C) 及(B)，对 $0\leqslant s<t$，有

$$
\begin{aligned}
&\sum_j \mid p_{ij}(t+h)-p_{ij}(t)\mid \\
=&\sum_j \mid \sum_k [p_{ik}(s+h)-p_{ik}(s)]p_{kj}(t-s)\mid \\
\leqslant&\sum_k \mid p_{ik}(s+h)-p_{ik}(s)\mid \sum_j p_{kj}(t-s) \\
=&\sum_k \mid p_{ik}(s+h)-p_{ik}(s)\mid
\end{aligned}
\tag{2}
$$

这说明级数的和 $\sum\limits_j \mid p_{ij}(t+h)-p_{ij}(t)\mid$ 是 t 的不增函数. 由可测性，若 $t \geqslant a$，则可将式(2)双方对 s 自 0 积分到 a 而得

$$
\begin{aligned}
&\sum_j \mid p_{ij}(t+h)-p_{ij}(t)\mid \\
\leqslant&\sum_k \frac{1}{a}\int_0^a \mid p_{ik}(s+h)-p_{ik}(s)\mid \mathrm{d}s
\end{aligned}
$$

既然右方与 t 无关，故

$$
\begin{aligned}
&\sup_{t\geqslant a}\sum_j \mid p_{ij}(t+h)-p_{ij}(t)\mid \\
\leqslant&\sum_k \frac{1}{a}\int_b^a \mid p_{ik}(s+h)-p_{ik}(s)\mid \mathrm{d}s
\end{aligned}
\tag{3}
$$

若 $0 < h < a$，则式(3)的右方级数被收敛级数 $\frac{2}{a}\sum\limits_k \int_0^{2a} p_{ik}(s)\mathrm{d}s$ 所控制，故可在求和号下对 h 取极限. 因此，若能证明

$$
\lim_{h\to 0^+}\int_0^a \mid p_{ik}(s+h)-p_{ik}(s)\mid \mathrm{d}s=0 \tag{4}
$$

则在式(3)中令 $h \to 0^+$ 后即得证(i).

由实变函数论中 Лузин 定理，对任意 $\varepsilon > 0$，存在有界连续函数 $g_{ik}(s)$，满足

$$
L(A) < \frac{\varepsilon}{8}, A=\{s \mid 0 \leqslant s \leqslant 2a, g_{ik}(s) \neq p_{ik}(s)\}
$$

其中 L 表示 Lebesgue 测度. 对 $0 \leqslant h \leqslant a$，令

$$B=\{s \mid 0 \leqslant s \leqslant a, g_{ik}(s+h) \neq p_{ik}(s+h)\}$$

因为对于 $s \in B$ 有 $s+h \in A$，所以 $L(B) \leqslant L(A)$，故

$$\begin{aligned}
&\int_0^a \mid p_{ik}(s+h)-p_{ik}(s) \mid \mathrm{d}s \\
\leqslant &\int_{(0,a)\overline{AB}} \mid g_{ik}(s+h)-g_{ik}(s) \mid \mathrm{d}s+ \\
&\int_{(0,a)A} \mid p_{ik}(s+h)-p_{ik}(s) \mid \mathrm{d}s+ \\
&\int_{(0,a)B} \mid p_{ik}(s+h)-p_{ik}(s) \mid \mathrm{d}s
\end{aligned}$$

由 $g_{ik}(s)$ 的连续性，当 h 充分小时，右方第一积分小于 $\frac{\varepsilon}{2}$；第二积分不大于 $2L(A)<\frac{\varepsilon}{4}$；第三积分不大于 $2L(B) \leqslant 2L(A)<\frac{\varepsilon}{4}$，这就得证(iv).

(ii) → (iii) → (iv)：显然.

(iv) → (v)：设

$$\boldsymbol{U}=\lim_{t_n \to 0^+} \boldsymbol{P}(t_n), \boldsymbol{V}=\lim_{s_n \to 0^+} \boldsymbol{P}(s_n)$$

是任意两个极限矩阵，上面两式中的收敛表示逐元收敛. 改写(C) 为矩阵的形式

$$\boldsymbol{P}(s+t)=\boldsymbol{P}(s)\boldsymbol{P}(t) \tag{5}$$

在式(5) 中令 t 沿 $t_n \to 0^+$，利用式(4) 及控制收敛定理，再改写 s 为 t 后得

$$\boldsymbol{P}(t)=\boldsymbol{P}(t)\boldsymbol{U} \tag{6}$$

此式中第 i 横行之和为

$$1=\sum_k p_{ik}(t)=\sum_j p_{ij}(t) \cdot \sum_k u_{jk} \tag{7}$$

由(B) 显然 $\sum\limits_k u_{jk} \leqslant 1$. 若对某 j，有 $\sum\limits_k u_{jk}<1$，则由式(7) 对此 j 有 $p_{ij}(t)=0\ (t>0)$，从而 $u_{ij}=v_{ij}=0$. 在式(6) 中令 t 沿 $s_n \to 0^+$，利用 Fatou 引理得

$$v_{ik} \geqslant \sum_j v_{ij} u_{jk} \tag{8}$$

对 k 求和,并注意刚才所证的结果:若 $\sum_k u_{jk} < 1$,则 $v_{ij} = 0$,可见式(8) 双方对 k 求和后都等于 $\sum_k v_{ik}$,因此式(8) 中必取等式,亦即有

$$\boldsymbol{V} = \boldsymbol{VU} \tag{9}$$

另一方面,在式(5) 中令 s 沿 $s_n \to 0^+$,由 Fatou 引理得

$$\boldsymbol{P}(t) \geqslant \boldsymbol{VP}(t) \tag{10}$$

于式(10) 中令 t 沿 $t_n \to 0^+$,我们有

$$\boldsymbol{U} \geqslant \boldsymbol{VU} \tag{11}$$

比较式(9) 和式(11) 得 $\boldsymbol{U} \geqslant \boldsymbol{V}$;由对称性 $\boldsymbol{V} \geqslant \boldsymbol{U}$,于是 $\boldsymbol{U} = \boldsymbol{V}$,而得证极限的存在. 由此及式(9) 得证(c). (a) 与(b) 则分别由(A) 和(B) 而显然.

(v) → (i):由

$$\begin{aligned}\lim_{h \to 0^+} p_{ij}(t+h) &= \lim_{h \to 0^+} \sum_k p_{ik}(t) p_{kj}(h) \\ &= \sum_k p_{ik}(t) u_{kj}\end{aligned} \tag{12}$$

知 $p_{ij}(t)$ 在每个 t 上有右极限. 由函数论知,这种函数的不连续点集至多可数[①],因而 $p_{ij}(t)$ 可测.

注 1　可测性只能导致每个 $p_{ij}(t)$ 在$(0,\infty)$ 连

① 实际上,对任意有理数 r,令

$$D_r = \{t \mid \overline{\lim_{h \to 0}} p_{ij}(t+h) > r > \lim_{h \to 0^+} p_{ij}(t+h)\}$$

$$E_r = \{t \mid \underline{\lim_{h \to 0}} p_{ij}(t+h) < r < \lim_{h \to 0^+} p_{ij}(t+h)\}$$

显见若 $s \in D_r$,则 s 是 D_r 的右孤立点,故 D_r 至多可数,从而 $\bigcup_r D_r$ 也至多可数. 同理,$\bigcup_r E_r$ 也至多可数. 于是 $p_{ij}(t)$ 的不连续点集也至多可数.

续，而不能保证在 0 点的连续性，即不能保证 $u_{ij}=\delta_{ij}$. 实际上，$u_{ij}=\delta_{ij}$ 将作为一个更强的条件而引进，见 2.2 节.

（二）现在来研究 $p_{ij}(t)$ 在 0 点的极限 $\lim\limits_{t\to 0^+} p_{ij}(t)$. 为此，由定理 1 中式(5)，只要讨论具有性质(a)(b)(c) 的一般矩阵 $\boldsymbol{U}$（不必一定是 $\lim\limits_{t\to 0^+}\boldsymbol{P}(t)$）. 定理 2 给出了这种矩阵的表达式；或者，从解方程的观点看，它给出了方程(a)(b)(c) 的全部解.

定理 2　设 $\boldsymbol{U}=(u_{ij})$ 为任意满足(a)(b)(c) 的矩阵，则参数集 $E=(i)$ 可分解为互不相交的子集 $F,I,J,\cdots$，使：

(i) $u_{ij}=0$，若 $j\in F$；

(ii) 存在实数 $u_j(j\in E-F)$，具有性质

$$u_j>0,\ \sum_{j\in J}u_j=1 \tag{13}$$

使得

$$u_{ij}=\delta_{IJ}u_j\quad (i\in I, j\in J) \tag{14}$$

(iii) 存在非负数 $\rho_{iI},\rho_{iJ},\cdots(i\in F)$，具有性质①

$$\sum_J \rho_{iJ}\leqslant 1 \tag{15}$$

使得

$$u_{ij}=\rho_{iJ}u_j\quad (i\in F, j\in F) \tag{16}$$

反之，设已给 E 的任一分割，它将 E 分解为不相交的子集 $F,I,J,\cdots$，并且已给满足式(13) 的实数 $u_j(j\in I-F)$ 及满足式(15) 的非负数 $\rho_{iI},\rho_{iJ},\cdots$

---

① 集类$(I,J,\cdots)$ 记为 C，$\sum\limits_J=\sum\limits_{J\in C}$.

($i \in F$)，则由(i)，式(14)及式(16)所定义的$\boldsymbol{U}=(u_{ij})$满足(a)(b)(c).

证 令 $u_j = \sup_i u_{ij}$，由(a)和(c)得

$$u_{ij} \leqslant \sum_k u_{ik} u_j + u_{ij}(u_{jj} - u_j)$$

故由(b)，有

$$u_{ij}(1 + u_j - u_{jj}) \leqslant \left(\sum_k u_{ik}\right) u_j \leqslant u_j$$

两边对 i 取上确界，有

$$u_j(1 + u_j - u_{jj}) \leqslant u_j$$

因 $u_j > 0$，由上式知 $u_j - u_{jj} \leqslant 0$，故由 u_j 的定义得

$$u_{jj} = u_j \tag{17}$$

若 $u_j = 0$，则式(17)显然成立. 由式(17)及(b)和(c)得

$$u_{jj} \leqslant \sum_k u_{jk} u_{jj} + u_{ji}(u_{ij} - u_{jj}) \leqslant u_{jj} + u_{ji}(u_{ij} - u_{jj})$$

因而

$$u_{ij} = u_{jj} \quad (u_{ji} > 0) \tag{18}$$

现定义 $F = \{j \mid u_{jj} = 0\}$. 若 $j \in F$，则对任意 i，有 $0 \leqslant u_{ij} \leqslant u_j = u_{jj} = 0$，故(i)成立.

在 $E-F$ 中引进一个关系"～"：记 $i \sim j$，若 $u_{ij} > 0$. 由式(17)知此关系是反射的(即 $j \sim j$)；由式(18)知它对称(即若 $i \sim j$，则 $j \sim i$)；由(a)和(c)得 $u_{ij} \geqslant u_{ik} u_{kj}$，故它还是推移的(即若 $i \sim k, k \sim j$，则 $i \sim j$). 从而此关系将 $E-F$ 分为不相交子集 $I, J, \cdots$，使当且仅当 $u_{ij} > 0$ 时，i, j 属于同一子集.

现证式(14)：由分类法，若 $i \in I, j \in J$，则当 $I \neq J$ 时，有 $u_{ij} = 0$；当 $I = J$ 时，有 $u_{ji} > 0$，由式(18)得 $u_{ij} = u_j$，合并这两种情形即得式(14).

现证式(13)：其中第一式显然，任取 $j \notin F$，有

$$0 < u_{jj} = \sum_k u_{jk} u_{kj} \leqslant \left(\sum_k u_{jk}\right) u_j \tag{19}$$

以 $u_j = u_{jj}$ 除两边，并注意(b) 及式(14)，得

$$1 = \sum_j u_{ij} = \sum_{j \in J} u_j \quad (i \notin F) \tag{20}$$

现定义

$$\rho_{iJ} = \sum_{k \in J} u_{ik} \tag{21}$$

若 $j \in J$，则

$$u_{ij} = \sum_{k \in J} u_{ik} u_{kj} = \left(\sum_{k \in J} u_{ik}\right) u_j = \rho_{iJ} u_j$$

由此得证式(16)，由(b) 得式(15).

反面的结论是平凡的，只需直接验证由(i)，式(14) 及式(16) 定义的 $\boldsymbol{U}$ 满足(a)(b)(c).

(三) 现在回到可测转移矩阵(p_{ij}) 在 0 点的极限矩阵 $\boldsymbol{U} = (u_{ij})$，由 $u_{ij} = \lim\limits_{t \to 0^+} p_{ij}(t)$，利用它可以将 $\boldsymbol{P}(t)$ 的元通过较简单的函数表达出来. 对于根据矩阵 $\boldsymbol{U}$，应用定理 2 而得 $u_j, F, I, J, \cdots, C$.

定理 3　设(p_{ij}) 为任意可测转移矩阵，$\boldsymbol{U}$ 由上式定义，又 E 按定理 2 的方式对 $\boldsymbol{U}$ 分解为

$$E = F \cup I \cup J \cup \cdots \tag{22}$$

则 $\boldsymbol{P}(t)(t > 0)$ 可如下表达：

(i) $p_{ij}(t) = 0$，若 $j \in F (t > 0)$；　(23)

(ii) 存在转移矩阵(Π_{IJ})，$I, J \in C$，满足

$$\lim_{t \to 0^+} \Pi_{IJ}(t) = \delta_{IJ} \tag{24}$$

使对 $t > 0$，有

$$p_{ij}(t) = \Pi_{IJ}(t) u_j \quad (i \in I, j \in J) \tag{25}$$

其中 $u_j = u_{jj}$；

(iii) 可以找到在$(0, \infty)$ 上的连续函数 Π_{iJ}，$i \in F$，

$J \in C$,满足

$$\begin{cases} \Pi_{iJ}(t) \geqslant 0, \sum_J \Pi_{iJ}(t) = 1 \\ \sum_k \Pi_{ik}(s)\Pi_{kJ}(t) = \Pi_{iJ}(s+t) \end{cases} \tag{26}$$

使得

$$p_{ij}(t) = \Pi_{iJ}(t)u_j \quad (i \in F, j \in J) \tag{27}$$

反之,设任给 E 的一个分割,它将 E 分解为不相交的子集 $F, I, J, \cdots$,并且已给任一满足式(24)的转移矩阵(Π_{IJ}),$I, J \in C$,任意满足式(26)的$(0,\infty)$上的连续函数$\{\Pi_{iJ}, i \in F, J \in C\}$及任意满足式(13)的 u_j,$j \in E-F$,则由式(23)(25)和(27)定义的 $\boldsymbol{P}(t)$(在 $t=0$ 点补定义 $p_{ij}(0)=\delta_{ij}$)是可测转移矩阵.

证 由式(6)与式(10)得

$$\sum_k u_{ik} p_{kj}(t) \leqslant \sum_k p_{ik}(t) u_{kj} = p_{ij}(t)$$
$$(t > 0, i, j \in E) \tag{28}$$

若 $j \in F$,则由定理 2 中(d)知,$u_{kj}=0$($k \in E$,故由式(28)得式(23)).

设 $i \in I, j \in J$,由式(14)及式(28)得

$$p_{ij}(t) = \Big(\sum_{k \in J} p_{ik}(t)\Big) u_j \tag{29}$$

故 $p_{ij}(t)u_j^{-1}$ 只依赖于 i 及 J.另一方面,由式(10)得

$$p_{ij}(t) \geqslant \sum_k u_{ik} p_{kj}(t) \tag{30}$$

若说对某 $j=j_0$,上式取严格不等式“>”,则在式(30)中对 j 求和,由式(20)得

$$1 > \sum_k u_{ik} \sum_j p_{kj}(t) = \sum_k u_{ik} = 1$$

矛盾,故式(30)应取等式.再由式(14)得

$$p_{ij}(t) = \sum_k u_{ik} p_{kj}(t) = \sum_{k \in I} u_{ik} p_{kj}(t)$$

这表明 $p_{ij}(t)u_j^{-1}$ 又只依赖于 I 及 j，与上面事实联合后知 $p_{ij}(t)u_j^{-1}$ 只依赖于 I 及 J，从而可定义

$$\Pi_{IJ}(t)=p_{ij}(t)u_j^{-1}\quad(t>0)$$

式(25)显然成立.

现证(Π_{IJ})是满足式(24)的转移矩阵，$\Pi_{IJ}(t)\geqslant 0$ 显然. 设 $i\in I$，由式(13)得

$$I=\sum_{j\notin F}p_{ij}(t)=\sum_{J}\sum_{j\in J}\Pi_{IJ}(t)u_j=\sum_{J}\Pi_{IJ}(t)$$

$$\begin{aligned}\Pi_{IJ}(s+t)&=p_{ij}(s+t)u_j^{-1}=\sum_{k\notin F}p_{ik}(s)p_{kj}(t)u_j^{-1}\\&=\sum_{k\notin F}\Pi_{IK}(s)u_k\Pi_{KJ}(t)\\&=\sum_{K}\Pi_{IK}(s)\Pi_{KJ}(t)\sum_{k\in K}u_k\\&=\sum_{K}\Pi_{IK}(s)\Pi_{KJ}(t)\end{aligned}$$

再由式(14)得

$$\lim_{t\to 0^+}\Pi_{IJ}(t)=\lim_{t\to 0^+}p_{ij}(t)u_j^{-1}=u_{ij}u_j^{-1}=\delta_{IJ}\tag{31}$$

现证(iii)，注意式(29)对一切 i 也成立. 定义

$$\Pi_{iJ}(t)=\sum_{k\in J}p_{ik}(t)\quad(i\in F,J\in C)$$

式(29)化为式(27). 显然 $\Pi_{iJ}(t)\geqslant 0$，于是有

$$\sum_{J}\Pi_{iJ}(t)=\sum_{J}\sum_{j\in J}p_{ij}(t)=\sum_{j\notin F}p_{ij}(t)=1$$

$$\begin{aligned}\Pi_{iJ}(s+t)&=p_{ij}(s+t)u_j^{-1}\\&=\sum_{k}p_{ik}(s)p_{kj}(t)u_j^{-1}\\&=\sum_{K}\sum_{k\in K}\Pi_{iK}(s)u_k\Pi_{KJ}(t)\\&=\sum_{K}\Pi_{iK}(s)\Pi_{KJ}(t)\end{aligned}$$

从而得证式(26). 由 $p_{ij}(t)$ 的连续性及式(27)，知 $\Pi_{iJ}(t)$ 在$(0,\infty)$上连续.

反面的结论只需直接验证即可.

（四）可测转移矩阵的另一重要性质是下面的定理 4. 先证下述引理：

引理 1 设(p_{ij})为可测转移矩阵，若 $i \notin F$，则级数 $\sum_j p_{ij}(t)$ 在任一闭区间$[0,T]$中对 t 一致收敛于 1.

证 要用到 Dini 关于一致收敛的定理：设级数 $\sum_n u_n(t)=S(t)(a\leqslant t\leqslant b)$ 的项 $u_n(t)\geqslant 0$ 而且连续，则 $S(x)$ 连续的充要条件是此级数在$[a,b]$中一致收敛①.

定义

$$\overline{p}_{ij}(t)=\begin{cases}p_{ij}(t), t>0\\ u_{ij}, t=0\end{cases} \tag{32}$$

由(B)及式(20)，若 $i\notin F$，则 $\sum_j \overline{p}_{ij}(t)=1$. 由 Dini 定理，$\sum_j \overline{p}_{ij}(t)$ 在$[0,T]$上一致收敛，从而 $\sum_j p_{ij}(t)$ 亦然.

引理 2 设(p_{ij})为可测转移矩阵，则有：

(i) 若 $j\in F$，则 $p_{ij}(t)=0$，一切 $t>0, i\in E$；

(ii) 若 $j\notin F$，则 $p_{jj}(t)>0$，一切 $t\geqslant 0$；

(iii) 若对某 $t_0>0$，有 $p_{ij}(t_0)>0$，则 $p_{ij}(t)>0$，一切 $t\geqslant t_0$.

证 (i) 即式(23). 若 $j\notin F$，则 $\lim\limits_{t\to 0^+} p_{jj}(t)=u_j>0$，故对任意固定的 $t>0$，当 n 充分大时，有 $p_{jj}\left(\frac{t}{n}\right)>0$；

---

① 证明见 E. C. Titchmarsh,《函数论》.

从而由(A)和(C)得

$$p_{jj}(t) \geqslant \left[p_{jj}\left(\frac{t}{n}\right)\right]^n > 0 \qquad (33)$$

$p_{jj}(0)=1>0$. 下证(iii),若 $p_{jj}(t_0)>0$ 对某 $t_0>0$ 成立,则 $j \notin F$;对 $t>t_0$,由(ii)得

$$p_{ij}(t) > p_{ij}(t_0)p_{jj}(t-t_0) > 0$$

引理 2 的深化是定理 4.

定理 4　可测转移矩阵的每一个元 $p_{ij}(t)$ 在 $(0,\infty)$ 上或恒等于 0,或恒大于 0.

证　先设 $i \notin F$. 若说定理结论对某 p_{il} 不正确,则必存在 $t_0>0$,使得

$$p_{il}(t)=0 \quad (0<t\leqslant t_0)$$

$$p_{il}(2t_0)=c>0$$

由引理 1 知,存在 N,使

$$\sum_{j>N} p_{ij}(t) < \frac{c}{4} \quad (\text{一切 } 0<t\leqslant 2t_0) \qquad (34)$$

令 $s=\dfrac{t_0}{2N}$,定义

$$A_m=\{k \mid p_{ik}(ms)>0\} \quad (m=1,2,\cdots)$$

由引理 2 得 $A_m \subset A_{m+1}$,令 $B_1=A_1, B_m=A_m-A_{m-1}$, $m\geqslant 2$. 若 $k \notin A_m$,则

$$0=p_{ik}(ms)=\sum_j p_{ij}((m-1)s)p_{jk}(s)$$

$$=\sum_{j\in A_{m-1}} p_{ij}((m-1)s)p_{jk}(s)$$

因此

$$p_{jk}(s)=0 \quad (j\in A_{m-1}, k\notin A_m) \qquad (35)$$

现证 $B_m(1\leqslant m\leqslant 2N)$ 非空而且互不相交,否则设 $A_m=A_{m-1}$ 对某 $m(1\leqslant m\leqslant 2N)$ 成立. 由式(35)得

$$p_{ik}((m+1)s)=\sum_{j\in A_m}p_{ij}(ms)p_{jk}(s)=0\quad(k\notin A_m)$$

因此 $A_{m+1}=A_m$，重复下去得 $A_{m'}=A_m$，一切 $m'\geqslant m$. 这是不可能的，因为 $l\notin A_{2N}$，但由对 p_{il} 的假定 $l\in A_{4N}$.

令 $1\leqslant m\leqslant 2N$，若 $k\notin A_m$，则由式(35)，对 $n\geqslant 1$，有

$$p_{ik}((n+1)s)=\Big(\sum_{j\notin A_m}+\sum_{j\in B_m}+\sum_{j\in A_{m-1}}\Big)p_{ij}(ns)p_{jk}(s)$$

$$=\Big(\sum_{j\notin A_m}+\sum_{j\in B_m}\Big)p_{ij}(ns)p_{jk}(s)$$

$$\sum_{j\notin A_m}p_{ik}((n+1)s)\leqslant\sum_{j\notin A_m}p_{ij}(ns)+\sum_{j\in B_m}p_{ij}(ns)$$

对 n 自 0 至 $4N-1$ 求和，得

$$\sum_{j\notin A_m}p_{ik}(4Ns)\leqslant\sum_{n=1}^{4N}\sum_{j\in B_m}p_{ij}(ns)\tag{36}$$

因 $l\notin A_{2N}$，l 更不属于 A_m，故左方值至少等于 $p_{il}(4Ns)=c$. 于是

$$c\leqslant\sum_{n=1}^{4N}\sum_{j\in B_m}p_{ij}(ns)\quad(1\leqslant m\leqslant 2N)$$

因为集 $B_1,\cdots,B_{2N}$ 非空不交，故其中至少存在 N 个集与集$(1,\cdots,N)$ 不相交，此 N 个集之和记为 B，我们有

$$Nc\leqslant\sum_{n=1}^{4N}\sum_{j\in B}p_{ij}(ns)\tag{37}$$

但另一方面，由式(34) 有

$$\sum_{j\in B}p_{ij}(ns)\leqslant\sum_{j>N}p_{ij}(ns)<\frac{c}{4}$$

$$\sum_{n=1}^{4N}\sum_{j\in B}p_{ij}(ns)<Nc$$

此与式(37) 矛盾. 于是定理对 $i\notin F$ 得证.

现设 i 任意而且对某 t_1 有 $p_{ij}(t_1)>0$. 由(C) 及引理 2(i) 必存在 $k\notin F$，使得

$$p_{ik}\left(\frac{t_1}{2}\right)>0, p_{kj}\left(\frac{t_1}{2}\right)>0$$

由上所证 $p_{kj}\left(\frac{t_1}{4}\right)>0$,故

$$p_{ij}\left(\frac{3}{4}t_1\right)\geqslant p_{ik}\left(\frac{t_1}{2}\right)p_{kj}\left(\frac{t_1}{4}\right)>0$$

重复此推理知 $p_{ij}\left(\left(\frac{3}{4}\right)^n t_1\right)>0$,一切 $n=1,2,\cdots$. 由引理 2(iii) 得知 $p_{ij}(t)$ 在 $(0,\infty)$ 上恒大于 0.

(五) 上面已研究了 $\boldsymbol{P}(t)$ 当 $t\to 0^+$ 时的极限,现在来研究它当 $t\to\infty$ 时的极限.

引理 3　设 (p_{ij}) 为可测转移矩阵,则对任意 $i\notin F$ 及 j, $p_{ij}(t)$ 在 $(0,\infty)$ 上一致连续.

证　对 $h>0$ 有

$$p_{ij}(t+h)-p_{ij}(t)=\sum_k p_{ik}(h)p_{kj}(t)-p_{ij}(t)$$

$$=\sum_{k\neq j} p_{ik}(h)p_{kj}(t)-p_{ij}(t)[1-p_{ii}(h)]$$

右方两项皆非负,而且都不大于 $1-p_{ii}(h)=\sum_{k\neq i}p_{ik}(h)$,故

$$|p_{ij}(t+h)-p_{ij}(t)|\leqslant 1-p_{ii}(h) \tag{38}$$

注意,上式对任意(不必可测) 转移矩阵成立.

由上式知,若条件

$$\lim_{h\to 0^+} p_{ii}(h)=1$$

满足,则 $p_{ij}(t)$ 在 $[0,\infty)$ 上一致连续,而且这一致性对 $j\in E$ 也成立.

若 $i\in I, j\in J$,则因 $\Pi_{IJ}(t)$ 满足上面条件,故由式(25),知 $p_{ij}(t)$ 在 $(0,\infty)$ 上一致连续(注意式(25) 只对 $t>0$ 成立);若 $j\in F$,则由式(23) 知引理结论仍成立.

设$X=\{x,t\geqslant 0\}$是可列马氏链，以(p_{ij})为转移概率矩阵，对任意$h>0$，考虑随机变数的集合

$$X_h=\{x_{nh},n=0,1,2,\cdots\}$$

它是一个具有离散参数的马氏链，一步转移概率矩阵为$\{p_{ij}(h)\}$，n步则为$\{p_{ij}(nh)\}$，称X_h为X的有单位为h的离散骨架，或简称为h—骨架. 在一些问题中，它可用来作为研究X的工具，如下定理所示：

定理 5 设(p_{ij})是可测转移矩阵，则对每个i，$j\in E$，存在极限

$$\lim_{t\to\infty}p_{ij}(t)=v_{ij} \tag{39}$$

极限矩阵$\boldsymbol{V}=(v_{ij})$具有性质(a)(b)(c)，而且

$$\boldsymbol{V}=\boldsymbol{VP}(s)=\boldsymbol{P}(s)\boldsymbol{V}\quad(s>0\text{ 任意}) \tag{40}$$

$$\sum_j v_{ij}=1\quad(v_{ii}\neq 0) \tag{41}$$

证 先证极限存在，由式(23)只要考虑$j\notin F$.

设$i\notin F$，由引理2(ii)知：i关于X_h而言有周期1，故由离散参数马氏链的极限定理，有

$$\lim_{n\to\infty}p_{ij}(nh)=v_{ij}(h) \tag{42}$$

存在，因而对$\varepsilon>0$，存在N，当$n,m\geqslant N$时，有

$$|p_{ij}(nh)-p_{ij}(mh)|<\frac{\varepsilon}{3}$$

由引理3知，$p_{ij}(t)$在$(0,\infty)$上一致连续，故存在$h>0$，使对一切满足$|s-t|\leqslant h$的$s>0$，$t>0$，有

$$|p_{ij}(t)-p_{ij}(s)|<\frac{\varepsilon}{3}$$

现对$t>0$定义正整数n_t，使$|t-n_th|\leqslant h$，则当u及v都大于$(N+1)h$时，有

$$|p_{ij}(u)-p_{ij}(v)|\leqslant|p_{ij}(u)-p_{ij}(n_uh)|+$$
$$|p_{ij}(n_uh)-p_{ij}(n_vh)|+|p_{ij}(n_vh)-p_{ij}(v)|<$$

$$\frac{\varepsilon}{3}+\frac{\varepsilon}{3}+\frac{\varepsilon}{3}=\varepsilon$$

从而得证 $i \notin F$ 时式(39) 中极限的存在.

特别地,对定理 3 中的(Π_{IJ}),由式(24),有 $\Pi_{KK}(t)$ 在$(0,\infty)$ 上不恒为 0,又(Π_{IJ}) 由式(25) 可测,故由引理 2(i) 及刚才所证知极限$\lim\limits_{t\to\infty}\Pi_{KJ}(t)$ 存在.

设 $i \in F$,由式(26) 和式(27),知存在极限

$$\begin{aligned}\lim_{t\to\infty} p_{ij}(t) &= \lim_{t\to\infty}\Pi_{iJ}(t)u_j \\ &= \sum_k \Pi_{ik}(s)\lim_{t\to\infty}\Pi_{kJ}(t)u_j\end{aligned}$$

其中 $s>0$ 任意.

$\boldsymbol{V}$ 显然有性质(a),由(B) 及 Fatou 引理得(b),由(C) 及 Fatou 引理得

$$v_{ij} \geqslant \sum_k v_{ik} p_{kj}(s)$$

对 j 求和,$\sum\limits_j v_{ij} \geqslant \sum\limits_k v_{ik}\sum\limits_j p_{kj}(s)=\sum\limits_k v_{ik}$,故上式应取等式而得

$$v_{ij}=\sum_k v_{ik} p_{kj}(s) \tag{43}$$

此即 $\boldsymbol{V}=\boldsymbol{VP}(s)$. 于此式中令 $s\to\infty$,并注意右方级数被级数 $\sum\limits_k v_{ik}\leqslant 1$ 所控制,即得 $\boldsymbol{V}=\boldsymbol{V}^2$,即(C). 在

$$p_{ij}(s+t)=\sum_k p_{ik}(s)p_{kj}(t)$$

中令 $t\to\infty$,得 $\boldsymbol{V}=\boldsymbol{P}(s)\boldsymbol{V}$. 最后,式(41) 由式(20) 得到.

定理 6　设(p_{ij}) 是可测转移矩阵,则

$$\lim_{T\to\infty}\frac{1}{T}\int_0^T p_{ij}(t)\mathrm{d}t=v_{ij}\quad (i,j\in E) \tag{44}$$

其中 v_{ij} 由式(39) 定义.

证 由式(39)及L'Hospitale求极限的法则直接推出式(44).

2.2 标准转移矩阵的可微性

(一) 设(p_{ij})为齐次转移矩阵,如果它满足条件

$$\lim_{t\to 0^+} p_{ij}(t)=\delta_{ij} \quad (i,j\in E) \tag{1}$$

就称它为标准的;条件(1)称为标准性条件.

由2.1节定理1中式(5)知:标准转移矩阵必可测.

从概率意义上看,标准性条件是很自然的.它表示:如果t很小,那么从i出发,经过t时后仍在i的概率接近于1.在许多实际问题中出现的马氏链大都满足条件(1).另一方面,根据2.1节式(24)和式(25),可测转移矩阵的某些性质可以通过标准转移矩阵来研究(例如下面的系1),由于这两方面的原因,标准转移矩阵是研究得最多、理论也较完满的一种转移矩阵.

回忆$p_{ij}(0)=\delta_{ij}$,可见条件(1)等价于$p_{ij}(t)$在0点的连续性.

显然,条件(1)还等价于

$$\lim_{t\to 0^+} p_{ii}(t)=1 \quad (i\in E) \tag{2}$$

以后T总表示$[0,\infty)$.

定理1 对任意转移矩阵(p_{ij}),下列四个条件等价:

(i) (p_{ij})是标准的;

(ii) $p_{ij}(t)$ 在 T 上一致连续[①]，而且这个一致性对 j 也成立；

(iii) $p_{ij}(t)$ 在 T 上连续；

(iv) (p_{ij}) 可测，又 E 关于它的按 2.1 节定理 3 的分解

$$E = F \cup I \cup J \cup \cdots \tag{3}$$

中，$F = \varnothing$，而且 I, J 等各只含一点.

证　(i) → (ii)：这在证明 2.1 节引理 3 时已附带证明.

(ii) → (iii)：显然.

(iii) → (iv)：由连续性得可测性. 因 $p_{jj}(t) \to p_{jj}(0) = 1 (t \to 0^+)$，由 2.1 节引理 2(i) 知 $F = \varnothing$，又由同节式(13) 知 J 只含一个元.

(iv) → (i)：由 2.1 节定理 3 推出，参看 2.1 节式(25) 并注意那里的 $u_j = 1$.

(二) 试研究 $p_{ij}(t)$ 在 $(0, \infty)$ 中的可微性. 利用已给的转移矩阵 (p_{ij})，可以定义一族把序列 $\xi = (\xi_i)$ 变为序列 $T_t\xi = ([T_t\xi]_i)$ 的变换 $T_t (t \geqslant 0)$，即

$$\begin{cases} \xi \to T_t\xi \\ [T_t\xi]_i = \sum_j \xi_j p_{ji}(t) \end{cases} \tag{4}$$

只要式(4) 中级数对一切 i 收敛.

引理 1　设 (p_{ij}) 为标准转移矩阵，则对于一切 i，有 $p_{ii}(t)$ 在某区间 $[0, t_i]$ 中具有有界变差.

---

① 在 0 点的连续性自然应理解为右连续性.

证 只对 $p_{00}(t)$ 证明,对其他的 $p_{ii}(t)$ 的证明类似①. 因 $p_{00}(t)$ 在任一有限区间中一致连续,故只要证明

$$\sum_{i=0}^{N-1}\left|p_{00}\left(\frac{it_0}{N}\right)-p_{00}\left(\frac{i+1}{N}t_0\right)\right|\leqslant M<\infty$$

其中上界 M 与正整数 N 无关. 于是 $p_{00}(t)$ 在 $[0,t_0]$ 中的变差也不超过 M. 这里的 $t_0(>0)$ 待定. 令

$$T=T_{\frac{t_0}{N}},f_i=p_{00}\left(\frac{it_0}{N}\right)$$

$$T_1=T,T^s=T(T^{s-1})$$

对任一序列 $v=(v_i)$,以 v^* 表示一个新序列,有

$$v_0^*=0,v_i^*=v_i\quad(i\geqslant 1)$$

现定义一列序列 $v^{(i)}=(v_0^{(i)},v_1^{(i)},\cdots),i=0,1,2,\cdots$,有

$$v^{(0)}=(1,0,0,\cdots)$$

$$v^{(i+1)}=(Tv^{(i)})^*\tag{5}$$

即 $v^{(0)}$ 中除首元为 1 外,其余元皆为 0;而 $v^{(i+1)}$ 中的首元为 0,其余元等于 $Tv^{(i)}$ 的对应元. 以下的证明分成四步.

1. 先证

$$T^sv^{(0)}=\sum_{i=0}^{s}f_{s-i}v^{(i)}\tag{6}$$

实际上,当 $s=1$ 时此式显然成立. 现设它对某 s 正确而欲证

$$T^{s+1}v^{(0)}=\sum_{i=0}^{s+1}f_{s+1-i}v^{(i)}\tag{6'}$$

对式(6) 双方施以变换 T,由 T 的线性,得

---

① 对 $p_{kk}(t)$ 证明时,只要作下列修改:令 $v_k^*=0,v_i^*=v_i(i\neq k)$;$v^{(0)}$ 中 $v_i^{(0)}=\delta_{ki}$ 等.

$$T^{s+1}v^{(0)}=\sum_{i=0}^{s}f_{s-i}Tv^{(i)} \tag{6''}$$

分别考虑其分量. 对 $k\geqslant 1$,由式(6″) 得

$$\begin{aligned}[T^{s+1}v^{(0)}]_k&=\sum_{i=0}^{s}f_{s-i}[Tv^{(i)}]_k\\&=\sum_{i=0}^{s}f_{s-i}v_k^{(i+1)}\\&=\sum_{i=0}^{s+1}f_{s+1-i}v_k^{(i)}\quad（因为\ v_k^{(0)}=0）\end{aligned}$$

故式(6′) 对第 $k(\geqslant 1)$ 个分量成立. 现在考虑第 0 个. 由 T^s 的定义,易见

$$\begin{aligned}[T^{s+1}v^{(0)}]_0&=p_{00}\left(\frac{s+1}{N}t_0\right)\\&=f_{s+1}\\&=\sum_{i=0}^{s+1}f_{s+1-i}v_0^{(i)}\quad（因为\ v_0^{(i)}=0,i\geqslant 1）\end{aligned}$$

2. 现在定义一列正数(β_i),即

$$\beta_0=1-f_1=1-p_{00}\left(\frac{t_0}{N}\right)$$

$$\beta_i=[Tv^{(i)}]_0\quad（即\ Tv^{(i)}\ 的首元,i\geqslant 1）$$

于是

$$[Tv^{(0)}]_0=p_{00}\left(\frac{t_0}{N}\right)=f_1=1-\beta_0$$

比较式(6″) 双方的首元,得

$$\begin{aligned}f_{s+1}&=f_s[Tv^{(0)}]_0+\sum_{i=1}^{s}f_{s-i}[Tv^{(i)}]_0\\&=f_s(1-\beta_0)+\sum_{i=1}^{s}f_{s-i}\beta_i\end{aligned} \tag{7}$$

$$f_{s+1}-f_s=-f_s\beta_0+\sum_{i=1}^{s}f_{s-i}\beta_i$$
$$=f_s\sum_{i=1}^{s}\beta_i-f_s\beta_0+\sum_{i=1}^{s}(f_{s-i}-f_s)\beta_i$$

$$\sum_{s=0}^{N-1}|f_s-f_{s+1}|\leqslant\sum_{s=0}^{N-1}\left|f_s\sum_{i=1}^{s}\beta_i-f_s\beta_0\right|+\sum_{s=0}^{N-1}\sum_{i=1}^{s}|f_{s-i}-f_s|\beta_i \tag{8}$$

但最后一项等于

$$\sum_{j=1}^{N-1}\sum_{k=j}^{N-1}|f_{k-j}-f_k|\beta_j \leqslant\sum_{j=1}^{N-1}\left(j\sum_{s=0}^{N-1}|f_s-f_{s+1}|\right)\beta_j =\left(\sum_{i=1}^{N-1}i\beta_i\right)\left(\sum_{s=0}^{N-1}|f_s-f_{s+1}|\right) \tag{9}$$

由式(8) 和式(9) 得

$$\sum_{i=1}^{N-1}|f_s-f_{s+1}|\leqslant\sum_{i=1}^{N-1}\left|f_s\sum_{i=1}^{s}\beta_i-f_s\beta_0\right|+\left(\sum_{i=1}^{N-1}i\beta_i\right)\left(\sum_{s=0}^{N-1}|f_s-f_{s+1}|\right) \tag{10}$$

由式 (1),可取 $t_0>0$,使得

$$p_{00}(t)>\frac{3}{4}\quad(t\leqslant t_0) \tag{11}$$

下面证明

$$\sum_{i=1}^{N-1}i\beta_i<\frac{1}{2}$$
$$\sum_{s=0}^{N-1}\left|f_s\sum_{i=1}^{s}\beta_i-f_s\beta_0\right|<\frac{1}{2}$$

于是由式(10) 得

$$\sum_{s=0}^{N-1} | f_s - f_{s+1} | < 1 \qquad (11')$$

从而引理 1 得以证明.

3. 令 $|v| = \sum_{i=0}^{\infty} |v_i|$. 为证 $\sum_{i=1}^{N-1} i\beta_i < \frac{1}{2}$,注意

$$\begin{aligned} Tv^{(i)} &= (v_0^{(i)}, v_1^{(i)}, \cdots) P\left(\frac{t_0}{N}\right) \\ &= \left(\sum v_j^{(i)} p_{j0}\left(\frac{t_0}{N}\right), \sum v_j^{(i)} p_{j1}\left(\frac{t_0}{N}\right), \cdots\right) \\ v^{(i+1)} &= [Tv^{(i)}]^* \\ &= \left(0, \sum v_j^{(i)} p_{j1}\left(\frac{t_0}{N}\right), \sum v_j^{(i)} p_{j2}\left(\frac{t_0}{N}\right), \cdots\right) \end{aligned}$$

其中$\sum$ 表示$\sum_{j=0}^{\infty}$. 注意 $v_0^{(i)} = 0 (i \geqslant 1)$,故

$$\begin{aligned} |v^{(i+1)}| &= \sum_{k=1}^{\infty}\sum_{j=1}^{\infty} v_j^{(i)} p_{jk}\left(\frac{t_0}{N}\right) \\ &= \sum_{j=1}^{\infty} v_j^{(i)} \left[1 - p_{j0}\left(\frac{t_0}{N}\right)\right] \\ &= |v^{(i)}| - \sum_{j=1}^{\infty} v_j^{(i)} p_{j0}\left(\frac{t_0}{N}\right) \\ &= |v^{(i)}| - \beta_i \end{aligned}$$

$$\beta_i = |v^{(i)}| - |v^{(i+1)}| \quad (i \geqslant 1) \qquad (11'')$$

$$\sum_{i=1}^{N-1} i\beta_i = \sum_{i=1}^{N-1} i[|v^{(i)}| - |v^{(i+1)}|] < \sum_{i=1}^{N} |v^{(i)}| \qquad (12)$$

其次,由式(6),$T^N v^{(0)} = f_N v^{(0)} + \sum_{i=1}^{N} f_{N-i} v^{(i)}$. 因 $|T^N v^{(0)}| = 1$,故

$$\sum_{i=1}^{N} f_{N-i} |v^{(i)}| = 1 - f_N = 1 - p_{00}(t_0) < \frac{1}{4}$$

又由式(11),因 $f_{N-i}=p_{00}\left(\frac{N-i}{N}t_0\right)>\frac{1}{2}$,故由上式得

$$\frac{1}{2}\sum_{i=1}^{N}|v^{(i)}|<\sum_{i=1}^{N}f_{N-i}|v^{(i)}|<\frac{1}{4}$$

$$\sum_{i=1}^{N}|v^{(i)}|<\frac{1}{2} \qquad (12')$$

由此及式(12) 即得证

$$\sum_{i=1}^{N-1}i\beta_i<\frac{1}{2}$$

4. 因

$$|v^{(1)}|=\sum_{k=1}^{\infty}p_{0k}\left(\frac{t_0}{N}\right)=1-p_{00}\left(\frac{t_0}{N}\right)=\beta_0$$

故由式(11″) 得

$$\begin{aligned}\left|\beta_0-\sum_{i=1}^{s}\beta_i\right|&=\left|\beta_0-\sum_{i=1}^{s}(|v^{(i)}|-|v^{(i+1)}|)\right|\\&=|\beta_0-|v^{(1)}|+|v^{(s+1)}||\\&=|v^{(s+1)}|\end{aligned}$$

因此

$$\begin{aligned}\sum_{s=0}^{N-1}\left|f_s\sum_{i=1}^{s}\beta_i-f_s\beta_0\right|&=\sum_{s=0}^{N-1}f_s|v^{(s+1)}|\\&\leqslant\sum_{s=1}^{N}|v^{(s)}|<\frac{1}{2}\end{aligned}$$

引理 2 设(p_{ij})为标准转移矩阵,则 $p_{ij}(t)$ 在$[0, t_i]$ 中具有有界变差,t_i 与引理 1 中的相同.

证 仍对 $i=0$ 证. 由式(6) 我们有

$$\begin{aligned}&T^{s+1}v^{(0)}-T^{s}v^{(0)}\\&=\sum_{i=0}^{s+1}(f_{s+1-i}-f_{s-i})v^{(i)}\quad (f_{-1}=0)\end{aligned}$$

$$\begin{aligned}&\sum_{s=0}^{N-1}|T^{s+1}v^{(0)}-T^{s}v^{(0)}|\\ \leqslant&\sum_{s=0}^{N-1}\sum_{i=0}^{s+1}|(f_{s+1-i}-f_{s-i})v^{(i)}|\\ \leqslant&\sum_{i=0}^{N}\sum_{s=i-1}^{N-1}|(f_{s+1-i}-f_{s-i})v^{(i)}|\end{aligned}$$

利用式(11′),并注意 $f_0-f_{-1}=1$ 以及式(12′),得

$$\sum_{s=0}^{N-1}|T^{s+1}v^{(i)}-T^{s}v^{(0)}|\leqslant 2\sum_{i=0}^{N}|v^{(i)}|\leqslant 4 \quad (13)$$

然而由定义

$$\begin{aligned}T^{s}v^{(0)}&=(1,0,0,\cdots)P\left(\frac{st_0}{N}\right)\\&=\left(p_{00}\left(\frac{st_0}{N}\right),p_{01}\left(\frac{st_0}{N}\right),\cdots\right)\end{aligned}$$

故式(13) 表示为

$$\sum_{s=0}^{N-1}\sum_{j=0}^{\infty}\left|p_{0j}\left(\frac{s+1}{N}t_0\right)-p_{0j}\left(\frac{s}{N}t_0\right)\right|\leqslant 4 \quad (13')$$

定理 2 标准转移矩阵中每一个元 $p_{ij}(t)$ 在 $(0,\infty)$ 中都有有穷的连续导数 $p'_{ij}(t)$,而且满足方程

$$p'_{ij}(s+t)=\sum_{k=0}^{\infty}p'_{ik}(s)p_{kj}(t)$$
$$(s>0,t>0,i,j\in E) \quad (14)$$

又 $\sum_{j=0}^{\infty}|p'_{ij}(t)|$ 有穷$(t>0)$,而且对 t 不上升.

证 仍对 $i=0$ 证. 由引理 2,知 $p_{0j}(t)$ 在 $[0,t_0]$ 中具有有界变差,因而在 $[0,t_0]$ 中几乎处处有有穷导数. 由于 j 属于可列集,故对任意 $\eta>0$,总存在 t_1,$0<t_1<\min(\eta,t_0)$,使一切 $p_{0j}(t)$ 在 t_1 有有穷导数. 以下分成三步:

1. 先证:对任意 $\varepsilon>0$,存在正整数 k,使对一切 α,

$0<\alpha<\frac{t_1}{4}$,有

$$\sum_{j=k}^{\infty}\frac{|p_{0j}(t_1)-p_{0j}(t_1+\alpha)|}{\alpha}<\varepsilon \tag{15}$$

事实上,对已给的 $0<\alpha<\frac{t_1}{4}$,可取 $t_0'\in\left(\frac{t_1}{2},t_1\right)$ 及正偶数 N,使 $\frac{t_0'}{N}\leqslant\alpha$. 然后以 t_0' 代替 t_0 来定义 T 及 $v^{(i)}$,定义方法仿照引理 1 的证明.

由 2.1 节引理 1,对 $0<\varepsilon_1<\frac{\varepsilon}{8}\cdot\frac{t_1}{2}\cdot\frac{1}{2}$,存在 k_1,使

$$\sum_{j\geqslant k_1}p_{0j}(t)<\varepsilon\quad(\text{一切 }t<t_1) \tag{15'}$$

记 $|v|_k=\sum_{j\geqslant k}|v_j|$,我们有

$$\begin{aligned}
\sum_{i=1}^{N}|v^{(i)}|_{k_1}&=\sum_{i=1}^{N}\sum_{j\geqslant k_1}|v_j^{(j)}|=\sum_{j\geqslant k_1}\sum_{i=1}^{N}|v_j^{(i)}|\\
&\leqslant\frac{4}{3}\sum_{j\geqslant k_1}\sum_{i=0}^{N}f_{N-i}|v_j^{(i)}|\quad(\text{由式(11)})\\
&=\frac{4}{3}\sum_{j\geqslant k_1}p_{0j}(t_0')\quad(\text{由式(6)})\\
&<2\varepsilon_1
\end{aligned}$$

完全仿照式(13) 的证明有

$$\begin{aligned}
&\sum_{s=0}^{N-1}|T^{s+1}v^{(0)}-T^{s}v^{(0)}|_{k_1}\\
=&\sum_{s=0}^{N-1}\left|\sum_{i=0}^{s+1}(f_{s+1-i}-f_{s-i})v^{(i)}\right|_{k_1}\\
\leqslant&\sum_{i=0}^{N}\sum_{s=i-1}^{N-1}|f_{s+1-i}-f_{s-i}||v^{(i)}|_{k_1}
\end{aligned}$$

$$\leqslant 2\sum_{i=1}^{N}|v^{(i)}|_{k_1}<4\varepsilon_1$$

由此即有

$$\sum_{s=1}^{N-1}\sum_{j\geqslant k_1}^{\infty}|p_{0j}([s+1]\alpha)-p_{0j}(s\alpha)|<4\varepsilon_1 \quad (16)$$

于是至少有$\frac{N}{2}$个整数 s,使

$$\sum_{j\geqslant k_1}^{\infty}|p_{0j}([s+1]\alpha)-p_{0j}(s\alpha)|<\frac{8\varepsilon_1}{N} \quad (17)$$

并且由式(13)可见,对其中之一,如 r,有

$$\sum_{j=0}^{k_1}|p_{0j}([r+1]\alpha)-p_{0j}(r\alpha)|<\frac{8}{N} \quad (18)$$

现对正数 $\varepsilon_2<\frac{\varepsilon}{8}\cdot\frac{t_1}{2}\cdot\frac{1}{2}$,存在 $k>k_1$,使

$$\sum_{j=k}^{\infty}p_{ij}(t)<\varepsilon_2 \quad (\text{一切 } t<t_1,i\leqslant k_1) \quad (19)$$

于是

$$\sum_{j=k}^{\infty}|p_{0j}(t_1)-p_{0j}(t_1+\alpha)|$$

$$\leqslant\sum_{m=k}^{\infty}\sum_{j=0}^{\infty}|p_{0j}(r\alpha)-p_{0j}([r+1]\alpha)|p_{jm}(t_1-r\alpha)$$

$$\leqslant\sum_{m=k}^{\infty}\sum_{j=k_1+1}^{\infty}|p_{0j}(r\alpha)-p_{0j}([r+1]\alpha)|p_{jm}(t_1-r\alpha)+$$

$$\sum_{m=k}^{\infty}\sum_{j=0}^{k_1}|p_{0j}(r\alpha)-p_{0j}([r+1]\alpha)|p_{jm}(t_1-r\alpha)$$

右方第一项由式(17)小于$\frac{8\varepsilon_1}{N}$,又由式(18)得

$$\sum_{j=0}^{k_1}|p_{0j}(r\alpha)-p_{0j}([r+1]\alpha)|<\frac{8}{N}$$

再利用(19)，即知右方第二项也小于$\frac{8\varepsilon_2}{N}$，因此

$$\sum_{j=k}^{\infty}\frac{|p_{0j}(t_1)-p_{0j}(t_1+\alpha)|}{\alpha}\leqslant\frac{8(\varepsilon_1+\varepsilon_2)}{N\alpha}<\frac{t_1\varepsilon}{2N\alpha}$$

回忆 $\alpha\geqslant\frac{t_0'}{N}$ 以及 $t_1<2t_0'$，即得证式(15).

2. 对任意 $t_2>0,\alpha>0$，有

$$\frac{p_{0j}(t_1+t_2)-p_{0j}(t_1+t_2+\alpha)}{\alpha}$$

$$=\sum_{k=0}^{\infty}\frac{p_{0j}(t_1)-p_{0j}(t_1+\alpha)}{\alpha}p_{kj}(t_2)$$

由式(15)，当 $\alpha\to 0^+$ 时，有

$$p_{0j}^{+}(t_1+t_2)=\sum_{k=0}^{\infty}p_{0k}'(t_1)p_{kj}(t_2) \tag{20}$$

其中 $p_{0j}^{+}(t)$ 表示 $p_{0j}(t)$ 的右导数，由式(15) 还知

$$\sum_{k=0}^{\infty}|p_{0k}'(t_1)|<\infty \tag{21}$$

故可在式(20) 中求和号下对 t_2 取极限. 回忆 $p_{kj}(t_2)$ 对 $t_2\geqslant 0$ 连续，故由式(20) 知 $p_{0j}^{+}(t_1+t_2)$ 是 t_2 的连续函数. 利用下面事实①：一个连续函数若有连续的右导数，则必有导数，而且导数与右导数一致. 故由式(20) 得

$$p_{0j}(t_1+t_2)=\sum_{k=0}^{\infty}p_{0k}'(t_1)p_{kj}(t_2) \tag{22}$$

由于 $t_1>0$ 可任意小，这表示 $p_{0j}'(t)$ 在$(0,\infty)$ 中存在，有穷而且连续.

对任意的 $s>0,t>0$，总可以找到 $t_1<s$ 使式(22)

---

① 证明见王梓坤[1]，§4.5,13.

成立. 于是

$$\begin{aligned} p'_{0j}(s+t) &= p'_{0j}(t_1+[s-t_1+t]) \\ &= \sum_{k=0}^{\infty} p'_{0k}(t_1)p_{kj}(s-t_1+t) \\ &= \sum_{k=0}^{\infty} p'_{0k}(t_1)\sum_{l=0}^{\infty} p_{kl}(s-t_1)p_{lj}(t) \\ &= \sum_{l=0}^{\infty} p'_{0l}(s)p_{lj}(t) \end{aligned} \tag{23}$$

由此得证式(14).

3. 对 $t>0$,取 $t_1<t$ 使满足式(21). 由式(14) 得

$$p'_{0j}(t)=\sum_{k=0}^{\infty} p'_{0k}(t_1)p_{kj}(t-t_1)$$

$$\sum_{j=0}^{\infty} |p'_{0j}(t)| \leqslant \sum_{k=0}^{\infty} |p'_{0k}(t_1)| < \infty \quad (t>0) \tag{24}$$

仿照式(24) 的证明,即知 $\sum_{j=0}^{\infty} |p'_{0j}(t)|$ 对 t 不上升.

我们虽然证明了 $p'_{ii}(t)$ 在$(0,\infty)$ 中的有穷性及连续性,但在 $t=0$ 却未必如此,可能

$$p'_{ii}(0)=-\infty, \text{但} \lim_{t\to 0} p'_{ii}(t) \neq -\infty$$

甚至 $\overline{\lim_{t\to 0}}\, p_{ii}(t)=\infty$. 详见 G. Smith[1].

系 1　设(p_{ij}) 为可测转移矩阵,又

$$\lim_{t\to 0^+} p_{ii}(t)=u_i>0 \quad (i\in E) \tag{25}$$

则每个 $p_{ij}(t)$ 在$(0,\infty)$ 中有连续有穷导数.

证　利用 2.1 节定理 3 并采用那里的符号,由式(25) 知 $F=\varnothing$,根据

$$p_{ij}(t)=\Pi_{IJ}(t)u_j \tag{26}$$

及(Π_{IJ}) 的标准性,$0<u_j\leqslant 1$,知 $p'_{ij}(t)=\Pi'_{IJ}(t)u_j$ 具

有所需的性质.

系 2 设(p_{ij})为标准转移矩阵,则

$$\lim_{t\to\infty} p'_{ij}(t)=0 \quad (i,j\in E)$$

证 在式(14)中,固定 $s>0$ 而令 $t\to\infty$. 由于 $\sum_j |p'_{ij}(s)|<\infty$,故可在求和号下取极限. 由 2.1 节定理 5 可见存在极限 $b_{ij}=\lim_{t\to\infty} p'_{ij}(t)$. 若说 $b_{ij}>0$,则存在常数 $c>0$,使对 $s\geqslant c$,有

$$\frac{1}{2}b_{ij}<p'_{ij}(s)<\frac{3}{2}b_{ij}$$

故由 $p'_{ij}(s)$ 在$(0,\infty)$的连续性得

$$\frac{1}{2}b_{ij}(t-c)<p_{ij}(t)-p_{ij}(c)$$

$$=\int_c^t p'_{ij}(s)\mathrm{d}s<\frac{3}{2}b_{ij}(t-c)$$

于是$\lim_{t\to\infty} p_{ij}(t)=\infty$ 而与 $0\leqslant p_{ij}(t)\leqslant 1$ 矛盾,故 b_{ij} 不可能大于 0. 类似可证它也不能小于 0. 故 $b_{ij}=0$.

(三) 密度矩阵. 现在来研究 $p_{ij}(t)$ 在 0 点的导数,回忆

$$p_{ij}(0)=\delta_{ij}$$

定理 3 设(p_{ij})为标准转移矩阵,则存在极限(可能无穷)

$$-\infty\leqslant\lim_{t\to 0^+}\frac{p_{ii}(t)-1}{t}=p'_{ii}(0)\leqslant 0 \tag{27}$$

证 由 2.1 节引理 2 及标准性,有

$$p_{ii}(t)>0 \quad (t\in T) \tag{28}$$

故函数

$$f(t)=-\log p_{ii}(t) \tag{29}$$

对一切 $t\geqslant 0$ 有定义,非负有穷,而且由于

$$p_{ii}(s+t) \geqslant p_{ii}(s)p_{ii}(t)$$

有

$$f(s+t) \leqslant f(s)+f(t) \tag{30}$$

对 $t>0, h>0$，取 n 使 $t=nh+\varepsilon, 0 \leqslant \varepsilon < h$，由式(30)得

$$\frac{f(t)}{t} \leqslant \frac{nf(h)}{t}+\frac{f(\varepsilon)}{t}=\frac{nh}{t}\frac{f(h)}{h}+\frac{f(\varepsilon)}{t}$$

令 $h \to 0$，则 $\frac{nh}{t} \to 1, f(\varepsilon)=-\log p_{ii}(\varepsilon) \to 0$，故

$$\frac{f(t)}{t} \leqslant \varliminf_{h \to 0^+} \frac{f(h)}{h}$$

$$\varlimsup_{h \to 0^+} \frac{f(h)}{h} \leqslant \sup_{t>0} \frac{f(t)}{t} < \varliminf_{h \to 0} \frac{f(h)}{h}$$

从而得知存在极限

$$\lim_{h \to 0^+} \frac{f(h)}{h}=q_i=\sup_{t>0} \frac{f(t)}{t} \tag{31}$$

由式(29)和式(31)得

$$\begin{aligned}\frac{1-p_{ii}(h)}{h}&=\frac{1-\mathrm{e}^{-f(h)}}{h}\\&=[1+o(1)]\frac{f(h)}{h} \to q_i \quad (h \to 0^+)\end{aligned}$$

故得证 $p_{ii}(t)$ 在 0 的导数 $p'_{ii}(0)$ 存在，而且

$$0 \leqslant -p'_{ii}(0)=q_i \leqslant \infty \tag{32}$$

其中 q_i 由式(31)定义.

定理 4　设 (p_{ij}) 为标准矩阵，则存在有穷极限

$$0 \leqslant \lim_{t \to 0^+} \frac{p_{ij}(t)}{t}=q_{ij} \leqslant q_i \quad (i \neq j) \tag{33}$$

而且

$$0 \leqslant \sum_{j \neq i} q_{ij} \leqslant q_i \leqslant \infty \quad (i \in E) \tag{34}$$

证 对正数 $\varepsilon < \frac{1}{3}$. 由式(2) 知存在 $\delta > 0$,使

$$p_{ii}(t) > 1-\varepsilon, p_{jj}(t) > 1-\varepsilon \quad (t \leqslant \delta) \tag{35}$$

构造函数列

$$\begin{cases} {}_jp_{ik}(h) = p_{ik}(h) \\ {}_jp_{ik}((l+1)h) = \sum_{r\neq j} {}_jp_{ir}(lh)p_{rk}(h) \end{cases} \tag{36}$$

于是 ${}_jp_{ik}((l+1)h)$ 是自 i 出发,于 $h,2h,\cdots,lh$ 不在 j,但于 $(l+1)h$ 时在 k 的概率,亦即等于

$$P_i(x_{nh} \neq j, n=1,\cdots,l, x_{(l+1)h}=k)$$

其中 $\{x_t, t\geqslant 0\}$ 是以 (p_{ij}) 为转移矩阵的马氏链,因而

$$p_{ik}(mh) = \sum_{l=1}^{m-1} {}_jp_{ij}(lh)p_{jk}((m-l)h) + {}_jp_{ik}(mh) \tag{37}$$

对已给的 h 及 $t(\leqslant \delta)$, $h \leqslant t$,取 $n = \left[\frac{t}{h}\right]$,即 n 为不超过 $\frac{t}{h}$ 的最大整数,则由式(37) 可得下面两个不等式

$$p_{ij}(nh) \geqslant \sum_{l=1}^{n} {}_jp_{ii}((l-1)h)(1-\varepsilon)p_{ij}(h) \tag{38}$$

$$\sum_{l=1}^{n} {}_jp_{ij}(lh) \leqslant \frac{\varepsilon}{1-\varepsilon} \tag{39}$$

实际上,在式(37) 中取 $k=j, m=n$ 得

$$p_{ij}(nh) = \sum_{l=1}^{n} {}_jp_{ij}(lh)p_{jj}((n-l)h) \tag{40}$$

既然

$${}_jp_{ik}(lh) \geqslant {}_jp_{ii}((l-1)h)p_{ik}(h)$$

故

$$p_{ij}(nh) \geqslant \sum_{l=1}^{n} {}_jp_{ii}((l-1)h)p_{ij}(h)p_{jj}((n-1)h)$$

$$\geqslant \sum_{l=1}^{n} jp_{ii}((l-1)h)p_{ij}(h)(1-\varepsilon)$$

此即式(38). 再由式(40),并注意 $nh \leqslant \delta, i \neq j$,得

$$\varepsilon > p_{ij}(nh) \geqslant (1-3\varepsilon)\sum_{l=1}^{n} jp_{ij}(h)$$

由此得式(39).

现在式(37)中令 $k=i, m \leqslant n$,利用式(39)得

$$1-\varepsilon < p_{ii}(mh) \leqslant \sum_{l=1}^{m-1} jp_{ij}(lh) + jp_{ii}(mh)$$

$$\leqslant \frac{\varepsilon}{1-\varepsilon} + jp_{ii}(mh)$$

因而

$$jp_{ii}(mh) = \frac{1-3\varepsilon}{1-\varepsilon}$$

以它代入式(38)得

$$p_{ij}(nh) \geqslant n(1-3\varepsilon)p_{ij}(h)$$

$$\frac{1}{1-3\varepsilon}\frac{p_{ij}(nh)}{nh} \geqslant \frac{p_{ij}(h)}{h} \quad \left(\varepsilon < \frac{1}{3}\right)$$

当 $h \to 0^+$ 时,$nh \to t$,既然 $p_{ij}(t)$ 对 t 连续,故

$$\frac{1}{1-3\varepsilon}\frac{p_{ij}(t)}{t} \geqslant \overline{\lim_{h\to 0^+}}\frac{p_{ij}(h)}{h} \tag{41}$$

$$\frac{1}{1-3\varepsilon}\underline{\lim_{t\to 0^+}}\frac{p_{ij}(t)}{t} \geqslant \overline{\lim_{h\to 0^+}}\frac{p_{ij}(h)}{h}$$

再令 $\varepsilon \to 0^+$,即得证存在极限 $q_{ij} = \overline{\lim_{t\to 0^+}}\frac{p_{ij}(t)}{t} \geqslant 0$. 由式(41)知 $q_{ij} < \infty$,在下式

$$\sum_{j\neq i}\frac{p_{ij}(t)}{t} = \frac{1-p_{ij}(t)}{t}$$

中,令 $t \to 0^+$ 并利用 Fatou 引理,即得式(34).

记 $q_{ii} \equiv p'_{ii}(0) = -q_i$. 称矩阵

$$\boldsymbol{Q} = (q_{ij}) \tag{42}$$

为(p_{ij})的密度矩阵，q_{ij} 是 $p_{ij}(t)$ 在 0 点的(右)导数，$q_{ij}=p'_{ij}(0)$，如果马氏链$X=\{x_t,t\geqslant 0\}$ 的转移概率矩阵是(p_{ij})，我们也说 $\boldsymbol{Q}$ 是 X 的密度矩阵. 在实际问题中，$\boldsymbol{Q}$ 往往比(p_{ij})更容易求到，因为 $\boldsymbol{Q}$ 只决定于(p_{ij})在任意短的时间区间$[0,\varepsilon)$中的值.

(四) 密度矩阵的概率意义. 设 $X=\{x_t,t\geqslant 0\}$ 是以(p_{ij})为转移概率矩阵的马氏链，我们有如下引理：

引理 3 设(p_{ij})标准，则 X 是右随机连续的.

证 对 $t\geqslant 0,h\geqslant 0$，由齐次性及标准性得

$$P_{t,i}(x_t\neq x_{t+h})=P_{0,i}(x_0\neq x_h)$$
$$=1-p_{ii}(h)\to 0\quad(h\to 0)\tag{43}$$

故对任意 $\varepsilon>0$，有

$$P(|x_t-x_{t+h}|>\varepsilon)\leqslant P(x_t\neq x_{t+h})$$
$$=\sum_i P(x_t=i)P_{t,i}(x_t\neq x_{t+h})\to 0\quad(h\to 0)$$

由于 X 右随机连续，故根据 1.2 节(三)，可以假定 X 是完全可分的过程，本节以后永远如此假定.

定理 5 对任意 $s\geqslant 0,i\in E$，有

$$P_{s,i}(x_{s+u}\equiv i,0\leqslant u\leqslant t)=\mathrm{e}^{-q_i t}\tag{44}$$

证 由齐次性只要对 $s=0$ 证明. 根据完全可分性及式(31)得

$$P_i(x_u\equiv i,0\leqslant u\leqslant t)$$
$$=\lim_{n\to\infty}P_i(x_{\frac{kt}{2^n}}=i,0\leqslant k\leqslant 2^n)$$
$$=\lim_{n\to\infty}\left[p_{ii}\left(\frac{t}{2^n}\right)\right]^{2^n}$$
$$=\lim_{t\to\infty}\exp\left(\frac{\log p_{ii}\left(\frac{t}{2^n}\right)}{\frac{t}{2^n}}\cdot\frac{t}{2^n}\cdot 2^n\right)$$
$$=\mathrm{e}^{-q_i t}$$

由定理5可见,若 $q_i=0$,则质点自 i 出发,以概率1永远停留在 i;若 $q_i=\infty$,则自 i 出发立即离开 i,停留的时间不构成任何一个区间;若 $0<q_i<\infty$,则自 i 出发,在 i 停留一段时间然后离开,这段时间的长有参数为 q_i 的指数分布. 由于这些原因,我们称 i 为吸引状态,如果 $q_i=0$;为瞬时状态,如果 $q_i=\infty$;为逗留状态,如果 $0<q_i<\infty$.

可把式(44) 换一种写法:定义

$$\tau(\omega)=\inf\{t \mid x_t(\omega)\neq x_0(\omega)\} \tag{45}$$

由可分性知 $\tau(\omega)$ 是随机变数,取值于 $[0,\infty]$(如果式(45) 右方 $t-$ 集空,那么就令 $\tau=\infty$). 直观上可理解 $\tau(\omega)$ 为离开开始状态的时刻,也就是停留在开始状态的时间长. 由式(44) 可得

$$P_i(\tau>t)=\mathrm{e}^{-q_i t} \tag{46}$$

$$E_i\tau=\frac{1}{q_i} \tag{47}$$

设 $f(t)(t\geqslant 0)$ 是任意实值函数,称 s 是它的跳跃点,如果存在 $\varepsilon>0$,使 $f(t)\equiv c_1(s-\varepsilon<t<s)$,$f(t)\equiv c_2(s\leqslant t<s+\varepsilon)$,而且 $c_1\neq c_2$. 称 $f(t)$ 在 $[0,c)$ 是跳跃函数,如果在任意 $[0,\alpha]$ 中,$\alpha<c$,$f(t)$ 只有有穷多个不连续点 s_i,$0<s_1<s_2<\cdots<s_m\leqslant\alpha$,那么它们都是跳跃点,而且在任一 $[s_i,s_{i+1})$ 中恒等于一常数 c_i $(s_0=0)$. 在 $[0,\infty)$ 中的跳跃函数简称为跳跃函数.

定理 6　设 X 是 Borel 可测过程,又 $0<q_i<\infty$,$q_i<\infty$,$i\neq j$,则有:[①]

(i) P_i(X 在 $[0,\alpha)$ 中有第一个不连续点 $\tau(\omega)$,而

① $x(\tau+0)$ 表示 $\lim\limits_{t\to\tau+0}x(t)$.

且它是跳跃点；$x(\tau+0)=j)=(1-e^{-q_i\alpha})\dfrac{q_{ij}}{q_i}$ (48)

(ii) $P_i(X$ 在 $[0,\infty)$ 中有第一个不连续点 $\tau(\omega)$；而且它是跳跃点；$x(\tau+0)=j)=\dfrac{q_{ij}}{q_i}$ (49)

证 任取 $\beta>0$，定义 ω 一集为

$$D_{n\beta}=\left\{\begin{array}{l}\omega\mid \text{存在整数 } v, 2\leqslant v\leqslant 2^n, \text{使} \\ x_t(\omega)=\begin{cases} i & \text{若 } 0\leqslant t\leqslant \dfrac{v-1}{2^n}\alpha \\ j & \text{若 } \dfrac{v\alpha}{2^n}\leqslant t\leqslant \dfrac{v\alpha}{2^n}+\beta \end{cases}\end{array}\right\}$$

如果 $n_1<n_2<n_3$，又 $\omega\in D_{n_1\beta}$，$\omega\in D_{n_3\beta}$，那么当 n_1 充分大时，有 $\omega\in D_{n_2\beta}$，故

$$D_\beta=\bigcap_{k=1}^{n}\bigcup_{n=k}^{\infty}D_{n\beta}=\bigcup_{k=1}^{n}\bigcap_{n=k}^{\infty}D_{n\beta}=\lim_{n\to\infty}D_{n\beta}$$

当 $\beta\to 0$ 时，D_β 不下降，故可定义

$$D=\lim_{\beta\to 0}D_\beta=\lim_{n\to\infty}D_{\frac{1}{n}}=\bigcup_{\beta>0}D_\beta \tag{50}$$

第二个等号表示 D 可测，由定理 4 及 5 得

$$\begin{aligned}P_i(D_{n\beta})&=\sum_{v=2}^{2^n}e^{-q_i\frac{v-1}{2^n}\alpha}p_{ij}\left(\frac{\alpha}{2^n}\right)e^{-q_j\beta}\\&=\frac{\dfrac{e^{-q_i\frac{\alpha}{2^n}}-e^{-q_i\alpha}}{(1-e^{-q_i\frac{\alpha}{2^n}})}}{\dfrac{\alpha}{2^n}}\cdot\frac{p_{ij}\left(\dfrac{\alpha}{2^n}\right)}{\dfrac{\alpha}{2^n}}\cdot e^{-q_j\beta}\\&\to\frac{1-e^{-q_i\alpha}}{q_i}q_{ij}e^{-q_j\beta}=P_i(D_\beta)\quad(n\to\infty)\\&\to(1-e^{-q_i\alpha})\frac{q_{ij}}{q_i}=P_i(D)\quad(\beta\to 0)\end{aligned} \tag{51}$$

然而当 $\omega\in D$ 时，必存在某 $\tau=\tau(\omega)$，$0<\tau\leqslant\alpha$，使在

$[0,\tau)$ 中，有 $x_t(\omega)\equiv i$，而且在某一个以 τ 为左端点的区间中，$x_t(\omega)$ 恒等于 j，由此推知 D 就是式(48) 左方括号中的 ω－集，故式(48) 得证. 在式(48) 中令 $\alpha\to\infty$ 即得式(49).

注 1　由式(46) 知对任一常数 t，有 $P_i(\tau=t)=0$，故不影响过程的有穷维联合分布及转移概率，可假定 X 在 τ 处右连续，这时式(48) 和式(49) 中的 $x(\tau+0)$ 可换为 $x(\tau)$，以后永远如此假定.

(五)(q_i) 的有界性条件. 由式(46) 和式(47) 可见，q_i 的大小关系到质点的转移速度，即 q_i 越大，则停留在 i 的时间越短，因而转移越快；反之则转移越慢. 如果(q_i) 有界，即存在常数 c，使 $q_i<c$(一切 i) 时，以后会看到，这时在任一有限区间$[0,a]$ 中，以概率 1 只有有穷多个跳跃点，因而过程 X 的样本函数以概率 1 是跳跃函数. 直观地说，式(46) 和式(49) 表示：(q_i) 决定转移速度，而 $\left(\dfrac{q_{ij}}{q_i}\right)$ 则决定在跳跃点的转移概率，$i\neq j$.

试给出(q_i) 有界的一个充要条件：

定理 7　(q_i) 有界的充要条件是条件(2) 对 i 一致成立. 这时式(27) 也对 i 一致成立.

证　由式(29) 和式(31) 得

$$p_{ii}(t)=\mathrm{e}^{-\frac{f(t)}{t}t}\geqslant \mathrm{e}^{-q_it} \tag{51'}$$

故若(q_i) 有上界为 $c\geqslant 0$，则

$$p_{ii}(t)\geqslant \mathrm{e}^{-ct},1-p_{ii}(t)\leqslant 1-\mathrm{e}^{-ct}$$

对 $\varepsilon>0$，存在 $B>0$，使 $1-\mathrm{e}^{-ct}<\varepsilon,0\leqslant t\leqslant B$，故

$$1-p_{ii}(t)<\varepsilon\quad(\text{一切 } i,0\leqslant t\leqslant B) \tag{52}$$

故得证条件(2) 对 i 的一致性.

反之,设式(52)成立.对任意一组常数 $0=\tau_0<\tau_1<\cdots<\tau_n=B$,定义

$$
{}_v p_{ii}=\begin{cases}1, v=0\\ P_i(x_{\tau_j}=i, j=0,1,\cdots,v), n\geqslant v\geqslant 1\end{cases}
$$

则

$$
\begin{aligned}
1-\varepsilon &\leqslant p_{ii}(B)\\
&= {}_n p_{ii}+\sum_{v=0}^{n-2}\sum_{j\neq i} {}_v p_{ii} p_{ij}(\tau_{v+1}-\tau_v) p_{ji}(B-\tau_{v+1})\\
&\leqslant {}_n p_{ii}+\varepsilon\sum_{v=0}^{n-2}\sum_{j\neq i} {}_v p_{ii} p_{ij}(\tau_{v+1}-\tau_v)\\
&\leqslant {}_n p_{ii}+\varepsilon[1-{}_n p_{ii}]
\end{aligned}
$$

因而

$$
(1-\varepsilon)[1-{}_n p_{ii}]\leqslant 1-p_{ii}(B)\leqslant\varepsilon \tag{53}
$$

在以(p_{ij})为转移概率矩阵的马氏链中取一完全可分的修正 X,由式(53)及式(44)得

$$
(1-\varepsilon)[1-\mathrm{e}^{-q_i B}]\leqslant 1-p_{ii}(B)\leqslant\varepsilon \tag{54}
$$

取 $\varepsilon=\frac{1}{3}$,由上式得 $\mathrm{e}^{-q_i B}\geqslant\frac{1}{2}$,故$(q_i)$有界.

最后,当 B 充分小时,由式(51′)及式(54)得

$$
(1-\varepsilon)\frac{1-\mathrm{e}^{-q_i B}}{B}\leqslant\frac{1-p_{ii}(B)}{B}\leqslant\frac{1-\mathrm{e}^{-q_i B}}{B}
$$

若(q_i)有上界 c,则由上式经简单计算后得

$$
\left|\frac{1-p_{ii}(B)}{B}-q_i\right|\leqslant\frac{c^2}{2}B
$$

这得证式(27)对 i 的一致性.

注 2　若 E 只含有穷多个状态,则条件(2)对 i 一致成立,只要标准性条件满足.

注 3　设(p_{ij})为广转移矩阵,如果它是标准的,即如果

$$p_{ii}(t) \to 1 \quad (t \to 0, i \in E) \tag{55}$$

那么引进附加状态 a 后可化它为标准转移矩阵，因而可利用本节的结果. 例如可证 $p'_{ij}(t)$ 存在并于$(0,\infty)$连续，等等.

2.3　向前与向后微分方程组

（一）设(p_{ij})是标准转移矩阵，有密度矩阵为

$$\boldsymbol{Q} = (q_{ij}), q_{ij} = \lim_{t \to 0^+} \frac{p_{ij}(t) - \delta_{ij}}{t} \tag{1}$$

对 $t \geqslant 0, h > 0$，有①

$$\frac{p_{ij}(t+h) - p_{ij}(t)}{h} = \frac{p_{ii}(h) - 1}{h} p_{ij}(t) + \sum_{k \neq i} \frac{p_{ik}(h)}{h} p_{kj}(t) \tag{2}$$

$$\frac{p_{ij}(t+h) - p_{ij}(t)}{h} = p_{ij}(t) \frac{p_{jj}(h) - 1}{h} + \sum_{k \neq j} p_{ik}(t) \frac{p_{kj}(h)}{h} \tag{3}$$

以下总设

$$q_i \equiv - q_{ii} < \infty \quad (i \in E) \tag{4}$$

令 $h \to 0$，得

$$p'_{ij}(t) \geqslant - q_i p_{ij}(t) + \sum_{k \neq i} q_{ik} p_{kj}(t) \tag{5}$$

$$p'_{ij}(t) \geqslant - p_{ij}(t) q_j + \sum_{k \neq j} p_{ik}(t) q_{kj} \tag{6}$$

---

① 在 2.2 节定理 2 中已证明 $p'_{ij}(t)$ 存在，故只要考虑 $p_{ij}(t)$ 的右导数.

如果上面两式取等号，那么我们就得到两组线性微分方程，分别称为向后和向前方程，它们是 Колмогоров 得到的，故也称为 Колмогоров（柯氏）方程，以 $\boldsymbol{P}'(t)$ 表示矩阵（$p'_{ij}(t)$），可把它们写成矩阵方程：对 $t\geqslant 0$ 有

$$\boldsymbol{P}'(t)=\boldsymbol{QP}(t)\quad（向后方程组）\tag{7}$$

$$\boldsymbol{P}'(t)=\boldsymbol{P}(t)\boldsymbol{Q}\quad（向前方程组）\tag{8}$$

对一般的标准转移矩阵，即使一切 $q_i<\infty$，也未必满足式(7)或式(8). 下面分别讨论式(7)及式(8)成立的充要条件.

引理 1 设 $q_i<\infty$，则

$$\sum_j |p'_{ij}(t)|\leqslant 2q_i\quad(t\geqslant 0)\tag{9}$$

证 由 2.2 节式(31)及其下一式得

$$\frac{1}{h}(1-p_{ii}(h))=\frac{1}{h}(1-\mathrm{e}^{-f(h)})\leqslant\frac{f(h)}{h}\leqslant q_i\tag{10}$$

记 $\delta_{ij}(t,t+s)=\dfrac{[p_{ij}(t+s)-p_{ij}(t)]}{s}(t>0,s>0)$，得

$$\delta_{ij}(t,t+s)\geqslant\frac{p_{ii}(s)-1}{s}p_{ij}(t)\geqslant -q_ip_{ij}(t)$$

对 $j\in A(\subset E)$ 求和，得

$$\sum_{j\in A}\delta_{ij}(t,t+s)\geqslant -q_i\tag{11}$$

另一方面，由 $\sum_j\delta_{ij}(t,t+s)=0$，知

$$\sum_{j\in A}\delta_{ij}(t,t+s)=-\sum_{j\notin A}\delta_{ij}(t,t+s)\leqslant q_i$$

在式(11)及上式中取 $A=\{j\mid\delta_{ij}(t,t+s)\geqslant 0\}$，即知

$$\sum_j|\delta_{ij}(t,t+s)|$$
$$=\sum_{j\in A}\delta_{ij}(t,t+s)-\sum_{j\notin A}\delta_{ij}(t,t+s)\leqslant 2q_i$$

令 $s \to 0$ 便得证式(9).

称密度矩阵 $\boldsymbol{Q}$ 为保守的,如果

$$\sum_{j \neq i} q_{ij} = -q_{ii} \equiv q_i < \infty \quad (i \in E) \tag{12}$$

以下设 $X=\{x_t, t \geqslant 0\}$ 是以(p_{ij})为转移概率矩阵的完全可分的马氏链.

定理 1　设 $q_i < \infty (i \in E)$,则下列三个条件等价:

(i) 向后方程组式(7)成立;

(ii) 密度矩阵 $\boldsymbol{Q}$ 保守;

(iii) 如果对任意固定的 $t_0 \geqslant 0$,几乎一切样本函数具有性质:或者 x_t 在$[t_0, \infty)$中恒等于一个常数①;或者 x_t 在$[t_0, \infty)$中有不连续点,那么这时必有第一个不连续点,而且是跳跃点.

证　(i) → (ii):改写式(7)为

$$p'_{ij}(t) = -q_i p_{ij}(t) + \sum_{k \neq i} q_{ik} p_{kj}(t) \quad (i, j \in E) \tag{13}$$

对 i 求和并利用 $\sum_j p_{ij}(t) = 1$,得

$$\sum_j p'_{ij}(t) = -q_i + \sum_{k \neq i} q_{ik} \tag{14}$$

两边对 t 自 0 积分到 s,得

$$\int_0^s \left[\sum_j p'_{ij}(t)\right] \mathrm{d}t = -q_i s + \sum_{k \neq i} q_{ik} s \tag{15}$$

由引理 1 及 Fubini 定理,有

$$\int_0^s \left[\sum_j p'_{ij}(t)\right] \mathrm{d}t = \sum_j \int_0^s p'_{ij}(t) \mathrm{d}t = \sum_j p_{ij}(s) - 1 = 0$$

① 此常数可依赖于 ω.

由此及式(15) 即得 $\boldsymbol{Q}$ 的保守性.

(ii) → (iii):由齐次性只要考虑 $t_0=0$. 如果 $q_i=0$,那么 i 是吸引状态,故 x_t 在$[0,\infty)$ 中以 P_i 概率 1 恒等于常数. 若 $q_i>0$,则由 $\sum\limits_{j\neq i}\dfrac{q_{ij}}{q_i}=1$ 及 2.2 节式(49),以 P_i 概率 1,x_t 在$[0,\infty)$ 有不连续点,其中存在第一个不连续点 τ,它是跳跃点.

(iii) → (i):设 $x_{t_0}=i$. 在 t_0+t 时转移到 j 的方式至少有两种:一是在$[t_0,t_0+t]$ 中没有不连续点而转移到 j,发生这种转移的概率为 $\delta_{ij}\mathrm{e}^{-q_it}$(参看 2.2 节式(44));二是在$[t_0,t_0+t]$ 中有不连续点,而且存在第一个,它是跳跃点,发生这种转移的概率是

$$\sum_{k\neq i}\int_0^t \mathrm{e}^{-q_i(t-s)}q_{ik}p_{kj}(s)\mathrm{d}s$$

因此

$$p_{ij}(t)\geqslant\sum_{k\neq i}\int_0^t \mathrm{e}^{-q_i(t-s)}q_{ik}p_{kj}(s)\mathrm{d}s+\delta_{ij}\mathrm{e}^{-q_it}\tag{16}$$

而两边之差

$$p_{ij}(t)-\sum_{k\neq i}\int_0^t \mathrm{e}^{-q_i(t-s)}q_{ik}p_{kj}(s)\mathrm{d}s-\delta_{ij}\mathrm{e}^{-q_it}\tag{17}$$

则是发生其他种转移的概率;然而在假定(iii) 下,后一概率为 0,故式(17) 中值为 0 而式(16) 取等号,从而

$$p_{ij}(t)=\sum_{k\neq i}\int_0^t \mathrm{e}^{-q_i(t-s)}q_{ik}p_{kj}(s)\mathrm{d}s+\delta_{ij}\mathrm{e}^{-q_it}\tag{18}$$

在此式中对 t 求导数即得式(13).

定理 2 设 $q_i<\infty(i\in E)$,则向前方程组(8) 成立的充要条件是:如果对任意固定的 $t_0>0$,几乎一切样本函数 x_t 在$[0,t_0]$ 中或者恒等于一个常数;或者在$[0,t_0)$ 中有不连续点,那么这时必有最后一个不连续点,而且它是跳跃点.

证　利用定理 1,(iii) → (i) 中同样的想法,不过要把最后的不连续点代替那里的第一个不连续点,设 $0<t_1<t_2$ 而且 $x_0=i$,要在 t_2 时转移到 j 至少有两种方式:一是在 t_1 时到 j,然后在 $[t_1,t_2]$ 中不发生转移(即无不连续点),而在 t_2 时到 j,对应的概率是 $p_{ij}(t_1)\mathrm{e}^{-q_j(t_2-t_1)}$;二是在 $[t_1,t_2]$ 中有不连续点,而且有最后一个,它还是跳跃点,经此次跳跃后来到 j,对应的概率是

$$\sum_{k\neq j}\int_{t_1}^{t_2} p_{ik}(s)q_{kj}\mathrm{e}^{-q_j(t_2-s)}\mathrm{d}s$$

因此

$$p_{ij}(t_2)-p_{ij}(t_1)\mathrm{e}^{-q_j(t_2-t_1)}\geqslant \sum_{k\neq j}\int_{t_1}^{t_2} p_{ik}(s)q_{kj}\mathrm{e}^{-q_j(t_2-s)}\mathrm{d}s \tag{19}$$

显然,定理中所述的充要条件等价于式(19) 取等号. 以 t_2-t_1 除式(19) 两边,并令 t_2 及 t_1 都趋于 t,即得

$$p'_{ij}(t)\geqslant -p_{ij}(t)q_j+\sum_{k\neq j}p_{ik}(t)q_{kj} \tag{20}$$

由于式(20) 中取等号等价于式(19) 中取等号,故得所欲证.

(二) 关于 $\boldsymbol{Q}$ 过程. 柯氏方程式(7) 和式 (8) 的意义,自然不在于去验证已给的 $(p_{ij}(t))$ 满足式(7) 或式(8),而是在于当已知 $\boldsymbol{Q}$ 时,可通过解式(7) 或式(8) 而求出转移矩阵 $(p_{ij}(t))$. 上面已经看到,在实际问题中,$\boldsymbol{Q}$ 往往比 $(p_{ij}(t))$ 容易求到.

因此,自然地提出反面的问题:设已给矩阵 $\boldsymbol{Q}=(q_{ij}),i,j\in E$,满足条件

$$0\leqslant q_{ij}(i\neq j),\ \sum_{j\neq 1}q_{ij}=-q_{ii}\equiv q_i<\infty \tag{21}$$

试求向后方程组(7) 的标准转移函数解(或标准广转

移函数解），亦即求式(7)的满足 2.1 节中条件(A)(B)(C)(D)及标准性条件的解(或满足(A)(B′)：$\sum_i p_{ij}(t) \leqslant 1$,(C)(D)及标准性条件的解). 注意：用微分方程的话说,(D)是开始条件. 对向前方程(8),同样也可提出类似的问题.

这样的解是否存在? 是否唯一? 如不唯一,如何求出全部这样的解?

前两个问题容易解决,下面就来叙述：但求全部解的问题迄今还未完全解决,在第 6 章中将对一类特殊的 $\boldsymbol{Q}$ 来讨论此问题.

方程组(7)的求解问题与 $\boldsymbol{Q}$ 过程的构造问题等价. 这可如下说明.

设已给满足式(21)的矩阵 $\boldsymbol{Q}=(q_{ij})$,如果转移矩阵(或广转移矩阵)(p_{ij})与 $\boldsymbol{Q}$ 有下列关系

$$\lim_{t\to 0}\frac{p_{ij}(t)-\delta_{ij}}{t}=q_{ij} \quad (i,j\in E) \tag{22}$$

就称(p_{ij})为 $\boldsymbol{Q}$ 转移矩阵(或 $\boldsymbol{Q}$ 广转移矩阵),以 $\boldsymbol{Q}$ 转移矩阵(p_{ij})为转移概率的马氏链 $X=\{x_t,t\geqslant 0\}$ 称为 $\boldsymbol{Q}$ 过程.

注意,满足式(22)的(p_{ij})可能不唯一,因此,$\boldsymbol{Q}$ 转移矩阵($\boldsymbol{Q}$ 过程)一般不唯一,即不被 $\boldsymbol{Q}$ 所唯一决定.

如果把具有相同的(p_{ij})的 $\boldsymbol{Q}$ 过程等同起来,就是说,如果两个马氏链 X_1,X_2 具有相同的(p_{ij}),那么就把 X_1,X_2 看成是同一马氏链而不加区别,则 $\mathbf{Q}$ 转移矩阵与 $\mathbf{Q}$ 过程是一一对应的. 于是一个 $\mathbf{Q}$ 过程就是指一个 $\mathbf{Q}$ 转移矩阵(P_{ij}).

下面定理表示,$\boldsymbol{Q}$ 转移矩阵与向后方程组(7)的转移矩阵解也是一一对应的. 这样一来,上面对方程组

(7) 提出的三个问题就分别等价于下列关于 Q 过程的三个问题:满足式(22)的 Q 过程是否存在?是否唯一?如不唯一,如何构造出全部 Q 过程?

定理3　设已给满足式(21)的矩阵 Q,则标准转移矩阵 (p_{ij}) 是 Q 转移矩阵的充要条件是它满足向后方程组(7).

证　设 (p_{ij}) 满足式(22),由于 Q 满足式(21),根据定理1中(i)和(ii)的等价性即知 (p_{ij}) 满足后方程组(7).

反之,设 (p_{ij}) 满足式(13).由标准性知 $p_{ij}(t)$ 在 T 上连续;由 $\sum\limits_{k\neq i}q_{ik}=q_i<\infty$,可在式(13)中求和号下对 t 取极限;由式(13)还知 $p'_{ij}(t)$ 在 T 上连续,在式(13)中令 $t\to 0$,即得 $p'_{ij}(0)=q_{ij}$,此即式(22).

注1　Q 转移矩阵必是标准的,这由式(22)及 $q_i<\infty$ 推出,定理3中标准性假设只在证充分性时用到.

(三)现在来研究唯一性问题,采用概率的方法,这种方法的本质是考察运动的轨道(即样本函数)的性质.

引理2　设 $X=\{x_t,t\geqslant 0\}$ 是具有标准转移矩阵 (p_{ij}) 的完全可分马氏链,$q_i<\infty(i\in E)$,又 τ 是满足下列条件的非负随机变量:

(i) 对每个 $s>0$,$(\tau<s)\in\mathscr{F}'\{x_t,t\leqslant s\}$①;

$$(23)$$

(ii) 若以概率1存在右极限

① σ 代数 $\mathscr{F}\{x_s,s\leqslant t\}$ 关于 P 的完全化 σ 代数记为 $\mathscr{F}'\{x_s,s\leqslant t\}$.

$$x(\tau+0)=\lim_{t\to\tau+0}x(t)$$

则 $Y=\{y_t,t\geqslant 0\}$ 是具有与 X 相同的转移矩阵 (p_{ij}) 的马氏链，其中 $y_t=x_{\tau+t}$，而且 Y 也是完全可分的.

证 由于存在 $x(\tau+0)$ 及 E 的可列性，以概率 1 存在 $\varepsilon=\varepsilon(\omega)>0$，使 $x(t)$ 在 $(\tau,\tau+\varepsilon)$ 中等于常数（此常数依赖于 ω），于是除一个 0 测集外

$$\begin{aligned}&\{x(\tau+0)=j\}\\&=\lim_{n\to\infty}\bigcup_{r=0}^{\infty}\left\{\frac{r}{2^n}\leqslant\tau<\frac{r+1}{2^n},x\left(\frac{r+1}{2^n}\right)=j\right\}\end{aligned}$$

这表示 $x(\tau+0)$ 是一个随机变量而且

$$\begin{aligned}&P\{x(\tau+0)=j\}\\&=\lim_{n\to\infty}\sum_{r=0}^{\infty}P\left\{\frac{r}{2^n}\leqslant\tau<\frac{r+1}{2^n},x\left(\frac{r+1}{2^n}\right)=j\right\}\end{aligned}$$

类似地知，$x(\tau+t)$ 也是随机变量. 由(i)及马氏性得

$$\begin{aligned}&P\{x(\tau+t)=k\}\\&=\lim_{\varepsilon\to 0}\lim_{n\to\infty}\sum_{j}\sum_{r=0}^{\infty}+P\left\{\frac{r}{2^n}\leqslant\tau<\frac{r+1}{2^n},x\left(\frac{r+1}{2^n}\right)=j,\right.\\&\quad\left.x\left(\frac{r+1}{2^n}+s\right)=k,\ |s-t|<\varepsilon\right\}\\&=\lim_{\varepsilon\to\infty}\sum_{j}P\{x(\tau+0)=j\}p_{jk}(t-\varepsilon)\exp\{-q_k 2\varepsilon\}\\&=\sum_{j}P\{x(\tau+0)=j\}p_{jk}(t)\end{aligned}\tag{24}$$

更一般地可得，对 $0\leqslant t_1<\cdots<t_l,k_i\in E$，有

$$\begin{aligned}&P(x(\tau+t_i)=k_i,i=1,\cdots,l)\\&=\sum_{j}P(x(\tau+0)=j)p_{jk_1}(t_1)p_{k_1k_2}(t_2-t_1)\cdot\cdots\cdot\\&\quad p_{k_{l-1}k_l}(t_l-t_{l-1})\end{aligned}\tag{25}$$

由此得证 Y 是具有转移矩阵 (p_{ij}) 的马氏链.

由 2.2 节引理 3，为证 Y 完全可分，只要证它关于

非负有理数集$\{r_i\}$可分，又由于证明开头时所指出的事实，为此只要证明，对几乎一切样本函数 Y，由它作 $\delta\equiv\delta(\omega)>0$ 推移后的函数 $Y_\delta(t)=Y(\delta+t)(t\geqslant 0)$ 关于 $R=\{r_i\}$ 可分，其中 $\delta<\varepsilon$. 因此，不妨设 τ 以概率 1 取有理数为值. 于是根据

$$X\subset\bar{X}_R\quad(\text{a. s.})$$

即得

$$Y\subset\bar{X}_{\tau+R}\subset\bar{Y}_R\quad(\text{a. s.})$$

其中 $\tau+R$ 表示全体形如 $\tau+r_i(r_i\in R)$ 的集. 故得证 Y 关于 R 的可分性.

现在考虑完全可分的马氏链 $X=\{x_t,t\geqslant 0\}$，并设它的密度矩阵是保守的，定义

$$\tau_1(\omega)=\inf\{t\mid x_t(\omega)\neq x_0(\omega)\}\tag{26}$$

它是 X 的第一个跳跃点. 以 R 表示可分集，除一 0 测集外，有

$$\begin{aligned}(\tau_1(\omega)<s)&=\bigcup_{\substack{r_n<s\\ r_n\in R}}\{x(r_n,\omega)\neq x(0,\omega)\}\\&\in\mathscr{F}\{x_t,t\leqslant s\}\end{aligned}\tag{27}$$

故可对 $\tau_1(\omega)$ 应用引理 2，从而知

$$Y_1=\{y_t=x_{r_1+t},t\geqslant 0\}$$

是有相同转移概率的完全可分马氏链，于是 Y_1 也有第一个跳跃点 $r_1(\omega)$，而 $\tau_2(\omega)=\tau_1(\omega)+r_1(\omega)$ 显然是 X 的第二个跳跃点. 如此继续，便得 X 的一列跳跃点 $\tau_i(\omega)$

$$\tau_1\leqslant\tau_2\leqslant\cdots,\tau_n\uparrow\eta\quad(\text{a. s.})\tag{28}$$

称 $\eta=\eta(\omega)$ 为 X 的第一个飞跃点，它几乎处处有定义，而且是跳跃点集的最小的极限点. 显然，在$[0,\eta)$中，X 的样本函数以概率 1 是跳跃函数，如果

$$\eta = \infty \quad (\text{a. s.}) \tag{29}$$

那么 X 的几乎一切样本函数是跳跃函数.

什么时候式(29)成立？一个简单的充分条件是：$\{q_i\}$ 有界(由 2.2 节定理 7 知，这等价于标准性条件对 i 一致成立). 实际上，令 $q = \sup q_i$，则

$$\begin{aligned} & P(\tau_{n+1} - \tau_n \geqslant \alpha) \\ = & \sum_i P(\tau_{n+1} - \tau_n \geqslant \alpha \mid x(\tau_n) = i) \cdot P(x(\tau_n) = i) \\ = & \sum_i \mathrm{e}^{-q_i \alpha} P(x(\tau_n) = i) \geqslant \mathrm{e}^{-q\alpha} \quad (n \geqslant 0, \alpha \geqslant 0) \end{aligned} \tag{30}$$

其中 $\tau_0 \equiv 0$，并理解 $\infty - c = \infty (c \leqslant \infty)$，因而

$$P(\bigcap_{k=1} \bigcup_{n=k} [\tau_{n+1} - \tau_n \geqslant \alpha]) \geqslant \overline{\lim_{n\to\infty}} P(\tau_{n+1} - \tau_n \geqslant \alpha) \geqslant \mathrm{e}^{-q\alpha}$$

这表示有无穷多个 $\tau_{n+1} - \tau_n$ 不小于 α 的概率不小于 $\mathrm{e}^{-q\alpha}$，于是

$$P(\eta = \infty) \geqslant \mathrm{e}^{-q\alpha}$$

令 $\alpha \to 0$，即得证式(29).

这样便证明了下面定理的前半部分：

定理 4 (i) 设可分马氏链 X 的转移矩阵 (p_{ij}) 的密度矩阵 $\boldsymbol{Q}$ 是保守的，则以概率 1 存在一个随机变量 $\eta (\leqslant \infty)$，它是跳跃点的最小的极限点，而且在 $[0, \eta)$ 中，几乎一切样本函数是跳跃函数，特别地，若 $\{q_i\}$ 有界，则几乎一切样本函数是跳跃函数.

(ii) 反之，设已给一矩阵 $\boldsymbol{Q} = (q_{ij})$ 满足式(21)，则至少存在一个 $\boldsymbol{Q}$ 转移矩阵 (p_{ij}). 只有两种可能性：或者这样的 (p_{ij}) 只有一个，发生这种可能性的充要条件是任一可分 $\boldsymbol{Q}$ 过程的第一个飞跃点 $\eta = \infty (\text{a. s.})$；或者

这样的(p_{ij})有无穷多个，发生这种可能性的充要条件是任一可分 $\boldsymbol{Q}$ 过程的第一个飞跃点 η 以正概率小于 ∞.

证(ii)　取 Z_1 为任一随机变量，它只取值于 E，又取非负随机变量 τ_1，使它与 Z_1 的联合分布由下式决定

$$P(\tau_1 \geqslant \alpha \mid Z_1 = i) = \mathrm{e}^{-q_i\alpha}$$
$$(\alpha \geqslant 0, q_i = -q_{ii}) \tag{31}$$

（若 $q_i = 0$，则取 $\tau_1 \equiv \infty$），如果 $Z_1, \cdots, Z_n, \tau_1, \cdots, \tau_n$ 都已取定，则取 Z_{n+1}，使 Z_{n+1} 取值于 E 而且它与 $Z_1, \cdots, Z_n, \tau_1, \cdots, \tau_n$ 的联合分布满足下式

$$P(Z_{n+1} = j \mid \tau_1, \cdots, \tau_n; Z_1, \cdots, Z_n) = \frac{q_{ij}}{q_i}$$
$$(Z_n = i) \tag{32}$$

再取非负随机变数 τ_{n+1}，使对任一 $\alpha \geqslant 0$，有

$$P(\tau_{n+1} - \tau_n \geqslant \alpha \mid \tau_1, \cdots, \tau_n; Z_1, \cdots, Z_{n+1}) = \mathrm{e}^{-q_i\alpha} \tag{33}$$

这里我们假定了：若 $Z_n = i$，则 $q_i > 0$. 若 $q_i = 0$，则应补定义

$$\begin{cases} P(Z_{n+1} = i \mid \tau_1, \cdots, \tau_n; Z_1, \cdots, Z_n) = 1, Z_n = i, q_i = 0 \\ P(\tau_{n+1} = \infty \mid \tau_1, \cdots, \tau_n; Z_1, \cdots, Z_{n+1}) = 1, Z_{n+1} = i, q_i = 0 \end{cases} \tag{34}$$

由定义可见

$$0 \leqslant \tau_1 \leqslant \tau_2 \leqslant \cdots, \tau_n \uparrow \eta^{(1)} \quad (\text{a. s.})$$

现定义

$$x_t(\omega) = \begin{cases} Z_1(\omega), 0 \leqslant t < \tau_1(\omega) \\ Z_2(\omega), \tau_1(\omega) \leqslant t < \tau_2(\omega) \\ \vdots \end{cases} \tag{35}$$

因而对几乎一切 ω，$x_t(\omega)$ 在$[0, \eta^{(1)}(\omega))$中有定义，若

$P(\eta^{(1)}(\omega)=\infty)=1$,则略去一 0 测集后,$x_t(\omega)$ 对一切 $t\geqslant 0$ 完全确定.

如果 $P(\eta^{(1)}(\omega)=\infty)<1$,那么需要补定义 $x_t(\omega)$ 于$[\eta^{(1)},\infty)$. 一种补定义的方法由 Doob 提出如下:任取一与 $Z_n,\tau_n(n=1,2,\cdots)$ 独立的随机变量 $Z_1^{(1)}$,它取值于 E,分布为$\{\pi_i\}(i\in E)$,视 $\eta^{(1)}$ 如同 0,视 $Z_1^{(1)}$ 如同 Z_1 而继续上面的构造方法:取 $\tau_i^{(1)}$ 使

$$P(\tau_1^{(1)}-\eta^{(1)}\geqslant\alpha\mid\tau_1,\tau_2,\cdots,\eta^{(1)};$$
$$Z_1,Z_2,\cdots,Z_1^{(1)})=\mathrm{e}^{-q_i\alpha}\quad(Z_1^{(1)}=i,q_i>0)$$

并定义 $x_t(\omega)=Z_1^{(1)}(\omega),\eta^{(1)}(\omega)\leqslant t<\tau_1^{(1)}(\omega),\cdots$. 如此仿照上面继续,直到第二个极限点 $\eta^{(2)}=\lim\limits_{n\to\infty}\tau_n^{(1)}$,又视 $\eta^{(2)}$ 如同 0,视 $Z_1^{(2)}$ 如同 Z_1,这里 $Z_1^{(2)}$ 有相同的分布 $\{\pi_j\}$,并与 $Z_n,\tau_n,Z_n^{(1)},\tau_n^{(1)},n=1,2,\cdots$ 独立. 这样下去得$\{\eta^{(n)}\}$. 不难看出

$$\lim_{n\to\infty}\eta^{(n)}=\infty\quad(\text{a. s.})\tag{36}$$

因而略去一 0 测集外,对一切 $t\geqslant 0$ 与 ω,$x_t(\omega)$ 有定义. 由于分布 $\pi=\{\pi_i\}$ 有无穷多种取法,这样的过程也有无穷多个.

现在证明所构造出的 $X=\{x_t,t\geqslant 0\}$ 是 $\boldsymbol{Q}$ 过程. 为此利用下面事实:若随机变量 y 有指数分布

$$P(y\geqslant t)=\mathrm{e}^{-ct}\quad(c>0)$$

则对 $s\geqslant 0,t\geqslant 0$ 有

$$P(y\geqslant s+t\mid y>s)=P(y\geqslant t)=\mathrm{e}^{-ct}$$

如此知:在时刻 s 停止上面的构造方法,因而 $x_i(\omega)$ 只定义于 $t\leqslant s$. 然后以 $x_s(\omega)$ 的分布为开始分布,视 s 如同 0 并重新开始上面的构造而得$\{y_u(\omega),u\geqslant 0\}$,则过程

$$\begin{cases}\widetilde{x}_t(\omega)=x_t(\omega),t\leqslant s\\\widetilde{x}_t(\omega)=y_u(\omega),t=s+u\end{cases}$$

与过程$\{x_t(\omega),t\geqslant 0\}$是同一过程，这说明在已知现在$s$时，将来与过去独立，故过程是马氏的，而且$P(x_t=j\mid x_s=i)$只依赖于$t-s$.

所构造的过程的转移矩阵(p_{ij})显然满足

$$p_{ii}(t)\geqslant P_i(\tau_1\geqslant t)=\mathrm{e}^{-q_it}\to 1\quad(t\to 0)\tag{37}$$

$$P_i(x(\tau_1)=j)=\frac{q_{ij}}{q_i}\tag{38}$$

故(p_{ij})是标准的，而且是$\boldsymbol{Q}$转移矩阵. 由于(p_{ij})依赖于$\{\pi_i\}$，而$\{\pi_i\}$有无穷多种取法，故$\boldsymbol{Q}$转移矩阵也有无穷多个.

这样便证明了(ii)中只有两种可能性，而且$\eta=\infty$(a. s.)及$P(\eta=\infty)<1$分别是这两种可能性出现的充分条件，从而分别也是必要条件.

由定理 4 即得：

系 1　对满足式(21)的$\boldsymbol{Q}$，向后方程组(7)恒有标准转移矩阵解. 这种解若不唯一，则必有无穷多个.

在定理 4(ii)的证明中所构造出的$\boldsymbol{Q}$过程称为 Doob 过程，它的转移概率矩阵由矩阵$\boldsymbol{Q}$及$x(\eta)$的分布$\pi=\{\pi_i\}$所决定，故宜记此过程为$(\boldsymbol{Q},\pi)$过程. 今后我们会看到，Doob 过程是一类较简单的$\boldsymbol{Q}$过程，它们远不能穷尽一切$\boldsymbol{Q}$过程.

(四) 为了具体地求出向后方程组(7)(及向前方程组(8))的一个标准广转移函数解，设$X=\{x_t,t\geqslant 0\}$是一个$\boldsymbol{Q}$过程，并以${}_np_{ij}(t)$表示在$x_0=i$的条件下，在t时位于j，而且这转移只由n个跳跃来完成，亦即

$${}_np_{ij}(t)=P_i\tag{39}$$

$(x_t=j$,在$[0,t]$ 中只有 n 个断点,它们都是跳跃点)

易见

$$\begin{cases} {}_0p_{ij}(t)=\delta_{ij}\mathrm{e}^{-q_it} \\ {}_{n+1}p_{ij}(t)=\sum_{k\neq i}\int_0^t \mathrm{e}^{-q_is}q_{ik\,n}p_{kj}(t-s)\mathrm{d}s, n\geqslant 0 \end{cases} \tag{40}$$

${}_np_{ij}(t)$ 也等于

$$\begin{cases} {}_0p_{ij}(t)=\delta_{ij}\mathrm{e}^{-q_it} \\ {}_{n+1}p_{ij}(t)=\sum_{k\neq j}\int_0^t {}_np_{ik}(s)q_{kj}\mathrm{e}^{-q_j(t-s)}\mathrm{d}s, n\geqslant 0 \end{cases} \tag{41}$$

式(40) 和式(41) 的成立可由与式(18) 和式(19) 的推导方法得到,也可仿照2.2 节定理 6 而严格证明.

现在令

$$f_{ij}(t)=\sum_{n=0}^{\infty} {}_np_{ij}(t) \tag{42}$$

因而 $f_{ij}(t)$ 是自 i 出发,经有穷多次跳跃,历时间 t 而转移到 j 的概率,即

$$f_{ij}(t)=P_i(x_t=j,\eta>t) \tag{43}$$

其中 η 是 X 的第一个飞跃点. 由此推出

$$p_{ij}(t)=P_i(x_i=j)\geqslant f_{ij}(t) \tag{44}$$

$$f_i(t)\equiv P_i(\eta\leqslant t)=1-\sum_j f_{ij}(t) \tag{45}$$

注意 $f_i(t)$ 是在 $x(0)=i$ 下,η 的条件分布函数.

引理 3 (f_{ij}) 是标准广转移矩阵.

证 根据 $f_{ij}(t)$ 的概率意义,$0\leqslant f_{ij}(t)\leqslant 1$,而且

$$f_{ij}(s+t)=\sum_k f_{ik}(s)f_{kj}(t)$$

$$f_{ij}(0)=\delta_{ij}$$

由式(44),得

$$\sum_{j} f_{ij}(t) \leqslant \sum_{j} p_{ij}(t) = 1$$

标准性由下式推出

$$f_{ij}(t) \geqslant {}_0 p_{ij}(t) = \delta_{ij} e^{-q_i t} \to \delta_{ij} \quad (t \to 0)$$

定理 5 (i)(f_{ij})是向后方程组(7)的标准广转移函数解;

(ii)(f_{ij})是向后方程组(7)的最小解,就是说:如果(g_{ij})是向后方程组(7)的任一广转移函数解,则

$$g_{ij}(t) \geqslant f_{ij}(t) \quad (t \geqslant 0, i, j \in E) \tag{46}$$

(iii)(f_{ij})也是向前方程组(8)的解.

证　在式(40)中对 n 求和,改换变数后得

$$f_{ij}(t) = \sum_{k \neq i} \int_0^t e^{-q_i(t-s)} q_{ik} f_{kj}(s) ds + \delta_{ij} e^{-q_i t} \tag{47}$$

(比较式(18)),对 t 微分后即得证(i). 类似可证明(iii),若(g_{ij})满足向后方程组(7),亦即满足式(13),则对 t 积分得

$$g_{ij}(t) = \sum_{k \neq i} \int_0^t e^{-q_i(t-s)} q_{ik} g_{kj}(s) ds + \delta_{ij} e^{-q_i t} \tag{48}$$

因此

$$g_{ij}(t) \geqslant \delta_{ij} e^{-q_i t} = {}_0 p_{ij}(t)$$

现在设

$$g_{ij}(t) \geqslant \sum_{v=0}^{n} {}_v p_{ij}(t) \quad (i, j \in E)$$

则由式(48)得

$$\begin{aligned} g_{ij}(t) &\geqslant \sum_{k \neq i} \int_0^t e^{-q_i(t-s)} q_{ij} \Big(\sum_{v=0}^{n} {}_v p_{ij}(s)\Big) ds + \delta_{ij} e^{-q_i t} \\ &= \sum_{v=0}^{n} {}_{v+1} p_{ij}(t) + \delta_{ij} e^{-q_i t} \\ &= \sum_{v=0}^{n+1} {}_v p_{ij}(t) \end{aligned}$$

这得证对任一非负整数 n，有

$$g_{ij}(t) \geqslant \sum_{v=0}^{n} {}_{v}p_{ij}(t)$$

令 $n \to \infty$ 即得式(46).

系 2 向后方程组(7)的标准转移函数解唯一(亦即 Q 过程唯一)的充要条件是[①]

$$\sum_{j} f_{ij}(t) = 1 \quad (t \geqslant 0) \tag{49}$$

证 由式(44)及式(49)有

$$1 = \sum_{j} p_{ij}(t) \geqslant \sum_{j} f_{ij}(t) = 1$$

再由式(44)，有 $p_{ij}(t) = f_{ij}(t)$，即

$$P_i(x_t = j) = P_i(x_t = j, \eta > t) \quad (t \geqslant 0)$$

从而

$$P_i(\eta = \infty) = 1 \quad (i \in E)$$

$$P(\eta = \infty) = \sum_{i} P(x(0) = i) P_i(\eta = \infty) = 1$$

根据定理4(ii)即知 Q 过程(亦即 Q 转移函数)唯一，这得证式(49)的充分性. 逆转推理即可推出它的必要性.

① 在4.3节系1中还要给出其他充要条件.

第3章 样本函数的性质

3.1 常值集与常值区间

（一）设 $X=\{x_t(\omega),t\geqslant 0\}$ 为定义在概率空间$(\Omega,\mathscr{F},P)$上的马氏链，取值于 $E=(i)$，E 是此链的最小状态空间，就是说，对任一 $i\in E$，必存在 $t\geqslant 0$，使

$$P(x_t=i)>0 \qquad (1)$$

在本章中，如无特别声明，我们总设 X 的转移矩阵(p_{ij})是标准的

$$\lim_{t\to 0^+} p_{ii}(t)=1 \quad (i\in E) \qquad (2)$$

(p_{ij})的密度矩阵仍如第 2 章一样记为 $\boldsymbol{Q}=(q_{ij})$，并令 $q_i=-q_{ii}$.

在样本函数的研究中，我们假定 X 是可分过程，因而需要引入一附加状态，记为 ∞[①]，由 1.2 节知

① 即 1.2 节中的 δ_t，不要把它与表示"无限大"的 ∞ 相混.

$$P(x_t=\infty)=0 \quad (t\geqslant 0) \tag{3}$$

虽然如此，我们不能不考虑 ∞，因为可能对某些过程 X，有

$$P\{\omega \mid 存在\ t\geqslant 0，使\ x_t(\omega)=\infty\}=1 \tag{4}$$

对样本函数 $x(\cdot,\omega)$ 及 $i\in E\cup\{\infty\}$，考虑 t—集

$$S_i(\omega)=\{t \mid x_t(\omega)=i\} \tag{5}$$

称 $S_i(\omega)$ 为 i—常值集，或简称 i—集，并以 $\overline{S_i(\omega)}$ 表示 $S_i(\omega)$ 在实数中通常欧氏距离所产生拓扑下的闭包. 当 $\omega\in\Omega$ 固定时，$S_i(\omega)$ 及 $\overline{S_i(\omega)}$ 都是 $[0,\infty)$ 中的集. 回忆瞬时状态的定义，并称非瞬时的状态（即逗留或吸引状态）为稳定状态. 显然

$$[0,\infty)=\bigcup_{i稳定} S_i(\omega)\cup\bigcup_{j瞬时} S_j(\omega)\cup S_\infty(\omega) \tag{6}$$

对一切 $\omega\in\Omega$ 成立. 因此，为了研究样本函数 $x(\cdot,\omega)$ 在 $[0,\infty)$ 的性质，必须首先考虑 $S_i(\omega)$ 的结构. 注意，对 $t\in S_i(\omega)$，$x(\cdot,\omega)$ 等于常值 i.

若 X 可分，则在 2.2 节中证明了：不论 i 是否稳定，都有

$$P_{s,i}(x_{s+u}\equiv i, 0\leqslant u\leqslant t)=\mathrm{e}^{-q_i t} \quad (i\neq\infty) \tag{7}$$

我们取这个公式为以下研究的出发点，分别考虑 i 为稳定、瞬时或 ∞ 三种情况.

引理 1 设 X 可分. (i) 若 i 稳定，则

$$P_{s,i}(S_i(\omega)\ 包含一个含\ s\ 的开区间)=1 \quad (s>0) \tag{8}$$

(ii) 若 i 瞬时，则

$$P(S_i(\omega)\ 的某一开区间)=0 \tag{9}$$

证 以 A,B 分别表示式(8)和式(9)左方括号中的事件，令

$$P_i(s)\equiv P(x_s=i)=\sum_j P_j(0)p_{ji}(s)>0 \quad (10)$$

由 $p_{ji}(s)$ 的连续性及 $\sum_j P_j(0)=1$，知 $P_i(s)$ 在$[0,\infty)$上连续. 若 $q_i<\infty$，则由式(7) 得

$$\begin{aligned}&P_{s,i}(x_u\equiv i,s-\varepsilon\leqslant u<s+\varepsilon)\\&=\frac{P(x_{s-\varepsilon}=i;x_u\equiv i,s-\varepsilon<u<s+\varepsilon)}{P(x_s=i)}\\&=\frac{P(x_{s-\varepsilon}=i)P(x_u\equiv i,s-\varepsilon<u<s+\varepsilon\mid x_{s-\varepsilon}=i)}{P(x_s=i)}\\&=P_i(s-\varepsilon)\mathrm{e}^{-2q_i\varepsilon}\cdot P_i(s)^{-1}\end{aligned} \quad (11)$$

令 $\varepsilon\to 0$，左方趋于 $P_{s,i}(A)$，右方趋于1，故得 $P_{s,i}(A)=1$.

其次，由

$$\begin{aligned}&P(x_t\equiv i,r\leqslant t<r+\varepsilon)\\&=P(x_r=i)P_{r,i}(x_t\equiv i,r<t<r+\varepsilon)\end{aligned}$$

令

$$B_{r,\varepsilon}=(x_t\equiv i,r\leqslant t<r+\varepsilon)$$

若 $q_i=\infty$，则由式(7)，得 $P(B_{r,\varepsilon})=0$. 由于 $B\subset\bigcup_r\bigcup_\varepsilon B_{r,\varepsilon}$（$r$ 遍历非负有理数），得

$$P(B)\leqslant\sum_{r,n}P(B_{r,\frac{1}{n}})=0$$

称 $S_i(\omega)$ 中的开区间为一个 $i-$常值区间或 $i-$区间，如果它在下列意义下是最大的：它不是含于 $S_i(\omega)$ 中的另一开区间的真正子区间. 由引理1知 $i-$区间只有对稳定的 i 才有意义.

$i-$区间的个数以概率1显然不超过可列多个. 以 $\xi_i(s,t)$ 表示右端点在(s,t)中的 $i-$区间的个数，它是一个随机变量，取非负整数及 ∞ 为值.

引理2　设 X 可分，$q_i<\infty$，则对任意 $0\leqslant s<t<\infty$，有

$$P(\xi_i(s,t) < \infty) = 1$$

而且

$$E\xi_i(s,t) \leqslant q_i(t-s) \tag{12}$$

证 设R是可分集,将$R \cap (s,t)$中的点排为$\{r_1, r_2, \cdots\}$,再将其中前 $n-2$ 个点加上点 s,t 后按大小排为

$$s = r_1^{(n)} < r_2^{(n)} < \cdots < r_n^{(n)} = t$$

定义随机变量

$$\begin{cases} \xi_k^{(n)}(\omega) = 1, x_{r_{k-1}^{(n)}}(\omega) = i, x_{r_k^{(n)}}(\omega) \neq i \\ \xi_k^{(n)}(\omega) = 0, \text{反之} \end{cases}$$

$$\eta^{(n)}(\omega) = \sum_{k=2}^{n} \xi_k^{(n)}(\omega)$$

由 2.3 节式(37) 易见

$$\begin{aligned} E\eta^{(n)} &= \sum_{k=2}^{n} E\xi_k^{(n)} = \sum_{k=2}^{n} P(x_{r_{k-1}^{(n)}} = i, x_{r_k^{(n)}} \neq i) \\ &= \sum_{k=2}^{n} p_i(r_{k-1}^{(n)})[1 - p_{ii}(r_k^{(n)} - r_{k-1}^{(n)})] \\ &\leqslant \sum_{k=2}^{n} [1 - p_{ii}(r_k^{(n)} - r_{k-1}^{(n)})] \\ &\leqslant \sum_{k=2}^{n} [1 - \mathrm{e}^{-q_i(r_k^{(n)} - r_{k-1}^{(n)})}] \\ &\leqslant \sum_{k=2}^{n} q_i(r_k^{(n)} - r_{k-1}^{(n)}) \\ &\leqslant q_i(t-s) \end{aligned}$$

当 n 增大时,$\eta^{(n)}(\omega)$ 不下降,由可分性得

$$\xi_i(s,t) = \lim_{n \to \infty} \eta^{(n)}$$

根据积分的单调收敛定理得证式(12);再由式(12) 知

$$P(\xi_i(s,t) < \infty) = 1 \tag{13}$$

我们注意式(12)是比式(13)更强的结论.

i－区间的内点虽全含于 $S_i(\omega)$ 中,但它们的端点却可能在,也可能不在 $S_i(\omega)$ 中. 由式(13),我们可以把 $x(\cdot,\omega)$ 的 i－区间按次序排为 $(a_k(\omega),b_k(\omega))$,使

$$a_1(\omega)<b_1(\omega)\leqslant a_2(\omega)<b_2(\omega)\leqslant\cdots\quad(\text{a. s.})$$[1]

如果说 $b_k(\omega)=a_{k+1}(\omega)$,那么根据可分性,有 $x(b_k,\omega)=i$,因而 $(a_k(\omega),b_k(\omega))$ 与 $(a_{k+1}(\omega),b_{k+1}(\omega))$ 应连成一个更大的 i－区间,这与 $(a_k(\omega),b_k(\omega))$ 的最大性矛盾. 这样便证明了

$$a_1(\omega)<b_1(\omega)<a_2(\omega)<b_2(\omega)<\cdots\quad(\text{a. s.})\tag{14}$$

对稳定的 i,我们已经知道 $S_i(\omega)$ 包含有穷或可列多个 i－区间,$S_i(\omega)$ 还包含些什么点? 下面定理解决了 $S_i(\omega)$ 的构造问题,它说明 $S_i(\omega)$ 除含一些 i－区间外,至多只含这些 i－区间的端点,因而这个定理具有重要的意义. 为完全计算,我们把引理 2 的结论也写在此定理中.

定理 1　设 X 可分,i 稳定,则对几乎一切 ω,有

$$\begin{aligned}\bigcup_k(a_k(\omega),b_k(\omega))&\subset S_i(\omega)\subset\overline{S_i(\omega)}\\&=\bigcup_k[a_k(\omega),b_k(\omega)]\end{aligned}\tag{15}$$

而且在任一有限区间 (s,t) 只有有穷多个 i－区间,它的个数 $\xi_i(s,t)$ 的平均值满足式(12).

证　由引理 2 只要证明

$$\overline{S_i(\omega)}=\bigcup_k[a_k(\omega),b_k(\omega)]\tag{16}$$

以 R 表示可分集,由引理 1(i),对几乎一切 ω,每个 $r\in$

[1] 如无特别声明,(a. s.)是对 P 而言.

$R\cap S_i(\omega)$ 含于某 i－区间中，故存在 $\Omega_0\subset\Omega,P(\Omega_0)=1$，使对任一 $\omega\in\Omega_0$，有：

(1) 在任一有限区间中，$x(\cdot,\omega)$ 只有有穷多个 i－区间 $(a_k(\omega),b_k(\omega))$；

(2) $x(\cdot,\omega)$ 关于 B 可分；

(3) $R\cap S_i(\omega)\subset\bigcup_k(a_k(\omega),b_k(\omega))$.

现对 $\omega\in\Omega_0$ 及 $\tau\in S_i(\omega),\tau\notin R$，由(2) 知 τ 必须是 $R\cap S_i(\omega)$ 的极限点，故由(3) 知 τ 的任一邻域都必定与某 i－区间相交，这只有两种可能：或者 τ 属于某一个 $[a_k(\omega),b_k(\omega)]$；或者 $\tau\notin\bigcup_k[a_k(\omega),b_k(\omega)]$，但在 τ 的左(或右) 方存在无穷多个互不相交的 i－区间，它们的长度趋于 0 而端点趋于 r. 然而由(1) 知后一种可能性不存在，故 $\tau\in\bigcup_k[a_k(\omega),b_k(\omega)]$. 于是证明了

$$S_i(\omega)\in\bigcup_k[a_k(\omega),b_k(\omega)]$$

再由(1) 知 $\overline{S_i(\omega)}\subset\bigcup_k[a_k(\omega),b_k(\omega)]$. 注意到式(15) 中第一个包含关系即得式(16).

(二) 现在考虑一般的 $i(i\neq\infty)$，以 L 表示直线上的 Lebesgue 测度，设 A 是 L－可测集，称点 t 是 A 的全密点，如果

$$\lim_{\varepsilon\downarrow 0}\frac{L[A\cap(t-\varepsilon,t+\varepsilon)]}{2\varepsilon}=1$$

在实变函数论中证明了下述定理：可测集 A 的几乎一切(关于 L 测度) 的点 t 是 A 的全密点①.

显然，若一个开区间含 A 的一个全密点 t，则在 t 的两边各含 A 的具有正 L 测度的子集. 这事实下面要

① 见 Натонсон:《实变函数论》，第九章，§6，定理 1.

用到.

称集 A 是自稠密的，如果任一开区间，只要包含 A 的一点，就必含 A 的具有正 L 测度的子集.

由定理1知：若 $q_i<\infty$，则对几乎一切 ω，$S_i(\omega)$ 是自稠密的，其实这对瞬时状态也成立.

定理 2　设 X 可测，$i\neq\infty$，则：

(i) 任一固定的 $t(>0)$ 是 $S_i(\omega)$ 的全密点($P_{t,i}$, a. s.)；

(ii) 如果 X 还可分，那么 $S_i(\omega)$ 是自稠密集(a. s.).

证　(i) 要证的是：对已给的 $t>0$ 有

$$P_{t,i}\left\{\lim_{\varepsilon\downarrow 0}\frac{1}{2\varepsilon}L[S_i(\omega)\cap(t-\varepsilon,t+\varepsilon)]=1\right\}=1 \tag{17}$$

首先注意，由 X 的可测性，有二维集

$$\{(s,\omega)\mid x_s(\omega)=i\}\in\overline{\mathscr{B}_1\times\mathscr{F}}$$

$\overline{\mathscr{B}_1\times\mathscr{F}}$ 表示 $\mathscr{B}_1\times\mathscr{F}$ 关于测度 $L\times P$ 的完全化 σ－代数. $\mathscr{B}_1$ 表示 $[0,\infty)$ 中 Borel σ－代数. 由 Fubini 定理，对几乎一切 ω，有上面的二维集的 ω－截口集

$$S_i(\omega)=\{s\mid x_s(\omega)=i\}\in\mathscr{B}_1$$

即几乎一切 $S_i(\omega)$ 是 L－可测集.

对已给的 $\varepsilon,t(0<\varepsilon<t)$，令

$$e(s,t)=\begin{cases}1,\text{若 } |s-t|<\varepsilon\\0,\text{反之}\end{cases}$$

$$\xi(s,\omega)=\begin{cases}1,\text{若 } x_s(\omega)=t\\0,\text{反之}\end{cases} \tag{18}$$

显然，三元函数 $e(s,t)\xi(s,\omega)$ 是 $\overline{\mathscr{B}_1\times\mathscr{B}_1\times\mathscr{F}}$ 可测的. 由 Fubini 定理，得

$$L[s_i(\omega)\cap(t-\varepsilon,t+\varepsilon)]=\int_0^{\infty}e(s,t)\xi(s,\omega)\mathrm{d}s \tag{19}$$

为$\overline{\mathscr{B}_1\times\mathscr{F}}$可测,从而

$$D=\left\{(t,\omega)\mid\lim_{\varepsilon\downarrow 0}\frac{1}{2\varepsilon}L[S_i(\omega)\cap(t-\varepsilon,t+\varepsilon)]=1\right\}\in\overline{\mathscr{B}_1\times\mathscr{F}} \tag{20}$$

根据上述实变函数论中的定理,得

$$L\{t\mid x_t(\omega)=i,(t,\omega)\notin D\}=0\quad(\text{a. s.})$$

由 Fubini 定理得:对 L — 几乎一切 t,有

$$P\{\omega\mid x_t(\omega)=i,(t,\omega)\notin D\}=0$$

亦即 $P_{t,i}\{\omega\mid(t,\omega)\in D\}=1$,这说明式(17)对 L — 几乎一切 t 成立.

为了完成(i)对一切 $t>0$ 成立的证明,只要证式(17)左方的值不依赖于$t>0$. 对$0<\varepsilon<\delta<s<t$,由过程的齐次性,有

$$P_{t-\delta,i}(x_t=i,M_t)=P_{s-\delta,i}(x_s=i,M_s) \tag{21}$$

其中事件

$$M_t=\left\{w\mid\lim_{\varepsilon\downarrow 0}\frac{1}{2\varepsilon}L[S_i(\omega)\cap(t-\varepsilon,t+\varepsilon)]=1\right\}$$

这说明

$$P_{t-\delta,i}(x_t=i,M_t)=\frac{P(x_{t-\delta}=i,x_t=i,M_t)}{P(x_{t-\delta}=i)} \tag{22}$$

与 t 无关. 令 $\delta\to 0$,由式(10)中 $P_i(s)$ 的连续性及 X 的随机连续性,上式右方趋于 $P_{t,i}(M_t)$,故此极限也不依赖于 $t>0$,这得证(i).

(ii) 以 R 表示可分集,对几乎一切 ω 及任一 $\tau\in S_i(\omega)$,每个含τ的开区间必含点$r\in R\cap S_i(\omega)$,$r>0$,这由可分性的假定直接推出. 另一方面,对 R 中每个

$r>0$ 应用(i)，可见对几乎一切 ω，任一开区间若含 $R\cap S_i(\omega)$ 中的一点 r，则必在 r 的两侧各含一具有正 $L-$ 测度的 $S_i(\omega)$ 的子集，综合这两个结论即得证(ii).

注 1　记 $L(t,i;\varepsilon)=\frac{1}{2\varepsilon}L[S_i(\omega)\cap(t-\varepsilon,t+\varepsilon)]$. 我们有

$$\lim_{\varepsilon\downarrow 0}E_{t,i}\mid L(t,i;\varepsilon)-1\mid=0 \tag{23}$$

实际上，由式(17) 知 $L(t,i;\varepsilon)$ 依 $P_{t,i}$ 测度收敛于 1. 注意 $L(t,i;\varepsilon)$ 有界，但对一致有界随机变量，依测度收敛等价于平均收敛，故式(23) 成立.

设 X 为可测过程，对每个 $i\in E\cup\{\infty\}$，我们已知 $S_i(\omega)$ 是 $L-$ 可测集(a. s.)，由式(18) 定义的过程 $\xi(t,\omega),t\geqslant 0$ 也是可测的，它只取 0,1 两个值. 若 $A\subset\mathbf{R}^1$ 为任一 $L-$ 可测集，由 Fubini 定理知

$$L[S_i(\omega)\cap A]=\int_A\xi(t,\omega)\mathrm{d}t \tag{24}$$

是随机变量.

最后，关于附加状态 ∞，我们有：

定理 3　设过程 X 可测、可分，则当且仅当 $i=\infty$ 时，有

$$P(L[S_i(\omega)]=0)=1 \tag{25}$$

证　由式(1) 与式(3)，可见当且仅当 $i=\infty$ 时 $P_i(t)\equiv 0$，故

$$E\{L[S_i(\omega)]\}=\int_0^{\infty}P_i(t)\mathrm{d}t=0$$

因 $L[S_i(\omega)]\geqslant 0$，故 $E\{L[S_i(\omega)]\}=0$ 等价于式(25) 成立.

3.2 右下半连续性，典范链

（一）在上节中我们对样本函数作了静态的研究，研究了 $S_i(\omega)$ 的结构.进一步需要作动态的考察，考察样本函数的收敛情形.为此要区别两个观念："固定的 t"及"流动的 t".固定的 t 是指常数 t，它与 ω 无关；流动的 $t(=t(\omega))$ 可以随 ω 而不同，它以固定的 t 为特殊情形.因此，"对几乎一切 ω，性质(A) 对每个流动的 t 成立"是比"对每个固定的 t，性质(A) 对几乎一切 ω 成立"更强的结论.因为前者是说："存在一个 Ω_0，$p(\Omega_0)=1$，当 $\omega\in\Omega_0$ 时，性质(A) 对每个 t 都成立"，这时使性质(A) 不成立的 0 测集 $\bar{\Omega}_0$ 是固定的；而后者则指，"对每个固定的 t，存在 Ω_t，有 $P(\Omega_t)=1$，使对每个 $\omega\in\Omega_t$，性质(A) 成立"，因而使性质(A) 不成立的 0 测集 $\bar{\Omega}_t$ 依赖于 t.例如："对几乎一切 ω，样本函数对 t(流动的) 右下半连续"和"对每个固定的 t，几乎一切样本函数在点 t 右下半连续"显然是两个不同的论断.

下面的定理是基本的：

定理 1 设 X 可分，则几乎一切样本函数具有如下性质：

性质(A) 对任一流动的 $t>0$，当 $s\downarrow t$ 或 $s\uparrow t$ 时，$x(s,\omega)$ 至多只有一个有限[①]的极限点，只有三种可能性：

(a) $x(s,\omega)\to i$，此时 i 稳定；

① 属于 E 的点称为有限点.

(b) $x(s,\omega)$ 恰有两个极限点 i 及 ∞，此时 i 瞬时；

(c) $x(s,\omega) \to \infty$.

反之，则有：

(a)′ 若 $x(t,\omega)=i$，而且 i 稳定，则至少存在 t 的一侧(右或左)，使 s 从此侧趋于 t 时，(a) 对此 i 成立；

(b)′ 若 $x(t,\omega)=i$，而且 i 瞬时，则至少存在 t 的一侧(右或左)，使 s 从此侧趋于 t 时，(b) 对此 i 成立.

证　对固定的 $A>0$ 及 $j \in E$，定义

$$y^{(A,j)}(t,\omega) = p_{x(t,\omega),j}(A-t) \quad (0 \leqslant t \leqslant A) \tag{1}$$

过程 $\{y^{(A,j)}(t,\omega), 0 \leqslant t \leqslant A\}$ 关于 σ 一代数族 $\mathscr{F}'\{x_s, 0 \leqslant s \leqslant t\}$ 是 Martingale(见 Doob[1]，第七章末). 取它的可分修正而不改换记号，因而对每个固定的 t，(i) 对几乎一切 ω 成立，可分集设为 R. 由 Martingale 的一个熟知定理①，知存在 ω 一集 $N^{(A,j)}$，有 $P(N^{(A,j)})=0$，使当 $\omega \notin N^{(A,j)}$ 时，对流动的 $t>0$，存在有穷的左、右极限，即

$$\begin{cases} y^{(A,j)}(t-0,\omega) = \lim\limits_{s \uparrow t} y^{(A,j)}(s,\omega) \\ y^{(A,j)}(t+0,\omega) = \lim\limits_{s \downarrow t} y^{(A,j)}(s,\omega) \end{cases} \tag{2}$$

注意 X 完全可分，故可分集也可取为 R. 设 M 是 $x(\cdot,\omega)$ 关于 R 不可分的 ω 一集，即例外集，则 $P(M)=0$. 令

$$N = \bigcup_{j \in E} \bigcup_{A \in R \setminus \{0\}} \{N^{(A,j)} \cup \bigcup_{A \in R[0,A]} [y^{(A,j)}(r,\omega) \neq p_{x_{r(\omega)},j}(r,A)]\} \cup M \tag{3}$$

显然 $P(N)=0$，现证对 $\omega \notin N$，性质(A) 中第一结论成立. 若说不然，则必存在 $\omega_0 \notin N, t_0>0, i,j \in E, i \neq j$，$r_n \downarrow t_0, s_n \downarrow t_0$(或 $r_n \uparrow t_0, s_n \uparrow t_0$)，使

① 见 Doob[1] 第七章，定理 11.5.

$$\lim_{n\to\infty} x(r_n,\omega_0)=i, \lim_{n\to\infty} x(s_n,\omega_0)=j$$

由 X 的可分性不妨设$\{r_n\}\subset R$，$\{s_n\}\subset R$. 我们注意，因 i 是孤立点，若 $x(r_n,\omega_0)\to i$，则当 n 充分大后有 $x(r_n,\omega_0)=i$.

根据(b) 及 $\omega_0\notin N$，有

$$\lim_{n\to\infty} y^{(A,i)}(r_n,\omega_0)=\lim_{n\to\infty} y^{(A,i)}(s_n,\omega_0)$$
$$=y^{(A,i)}(t_0+0,\omega_0)$$

(或 $y^{(A,i)}(t_0-0,\omega_0)$). 再利用 $p_{ij}(t)$ 对 t 的连续性及刚才指出的注意知，对任意 $A\in R\cap(t_0,\infty)$，有

$$\begin{aligned}p_{ii}(A-t_0)&=\lim_{n\to\infty} p_{x(r_n,\omega_0),i}(A-r_n)\\&=\lim_{n\to\infty} y^{(A,i)}(r_n,\omega_0)=\lim_{n\to\infty} y^{(A,i)}(s_n,\omega_0)\\&=\lim_{n\to\infty} p_{x(s_n,\omega_0),i}(A-s_n)=p_{ji}(A-t_0)\quad(4)\end{aligned}$$

令 $A\in R$，$A\downarrow t_0$，上式两端化为 $1=0$ 而矛盾，由此得证第一结论.

由此结论显然知只有(a)(b)(c) 三种可能性.

设 $x(s,\omega)\to i$，由 3.1 节引理 1(ii) 知 i 必稳定. 若 $x(s,\omega)$ 有两个极限点 i 及 ∞，则 $t\in\overline{S_i(\omega)}$，而且由于 s 是从一侧趋于 t，可见$\overline{S_i(\omega)}$ 不含以 t 为端点的开区间. 故若说 i 稳定，则在 t 的附近有无数多个 i 一 区间，由 3.1 节定理 1，这是不可能的(a. s.)，故 i 为瞬时状态. 最后，(a)$'$(b)$'$ 由 X 的可分性推出.

注 1　由证明过程可见，性质(A) 在 $t=0$ 也正确，当然此时只考虑 $s\downarrow 0$ 的情形.

系 1　设 X 可分，对几乎一切 ω，若 $i\neq j$，$i,j\in E$，则$\overline{S_i(\omega)}\cap\overline{S_j(\omega)}$ 在每一个有限 t 一 区间中只有有穷多个点.

证　考虑式(3) 中的 N，记 $B(\omega)=\overline{S_i(\omega)}\cap$

$\overline{S_j(\omega)}$. 若有 $\omega_0 \notin N$ 使 $B(\omega_0)$ 在某有限 t — 区间中有无穷多个点，则必存在 $B(\omega_0)$ 的一个极限点 t，并且在 t 的一侧存在无穷多个 $B(\omega_0)$ 中的点，它们收敛于 t. 于是当 s 从此侧趋于 t 时，$x(s,\omega_0)$ 至少有两个有限极限点 i 与 j. 这是不可能的，因为 $\omega_0 \notin N$.

系 2　设 X 可分、可测，对几乎一切 ω，若 $i \neq \infty$，则

$$L[\overline{S_i(\omega)} - S_i(\omega)] = 0 \tag{5}$$

证　我们有

$$\overline{S_i(\omega)} - S_i(\omega) = \bigcup_{j\neq i} [\overline{S_i(\omega)} \cap S_j(\omega)] \cup [\overline{S_i(\omega)} \cap S_\infty(\omega)] \tag{6}$$

由系 1 知，前一个和集至多是可列集；由 3.1 节定理 3，得

$$L[\overline{S_i(\omega)} \cap S_\infty(\omega)] = 0$$

定理 2　设 X 可分、可测. 对几乎一切 ω，若 $q_i = \infty$，则 $S_i(\omega)$ 在 $[0,\infty)$ 中无处稠密(即 $\overline{S_i(\omega)}$ 不含任一开区间).

证　由引理 3.1 知 $S_i(\omega)$ 不含任一开区间(a. s.)，若 $\overline{S_i(\omega)}$ 含一开区间，则此区间必与某集 $S_j(\omega)$ 相交，$j \neq i$. 由可分性并注意 ∞ 非孤立点，不妨设 j 还不是 ∞，由 3.1 节定理 2(ii) 知它必含 $S_j(\omega)$ 的具有 L — 测度大于 0 的子集. 这与系 2 矛盾.

定理 3　设 X 可分，$t > 0$ 固定，则对几乎一切 ω，下列结论成立：

(i) 若 $x(t,\omega) = i$，i 稳定，则 $\lim\limits_{s\to t} x(s,\omega) = i$；

(ii) 若 $x(t,\omega) = i$，i 瞬时，则当 $s \downarrow t$(或 $s \uparrow t$) 时，$x(s,\omega)$ 恰有两个极限点 i 及 ∞；

(iii)$x(t,\omega)\neq\infty$.

证 因 $P(x(t,\omega)\neq\infty)=\sum\limits_{i\neq\infty}p_i(t)=1$,故只要考虑(i)(ii) 两种情形.(i) 中结论由 3.1 节引理 1(i) 推出.由 3.1 节式(17),若 $x(t,\omega)=i$,则当 $s\downarrow t$ 或 $s\uparrow t$ 时,i 是 $x(s,\omega)$ 的一个极限点.由性质(A)不能有其他有限极限点.若 i 瞬时,则由 3.1 节引理 1(ii) 知,必定还有一个极限点,它只能是 ∞.由此得证(ii).

引入 t—集

$$S_i^+(\omega)=\{t\mid S_i(\omega)\cap(t,t+\varepsilon)\neq 0,\ \text{对每个}\ \varepsilon>0\ \text{成立}\}$$

$$S_i^-(\omega)=\{t\mid S_i(\omega)\cap(t-\varepsilon,t)\neq 0,\ \text{对每个}\ \varepsilon>0\ \text{成立}\}$$

因而 $\overline{S_i(\omega)}=S_i(\omega)\cup S_i^+(\omega)\cup S_i^-(\omega)$.采用记号 $A_1\doteq A_2$.它表示这两个 ω—集 A_1,A_2 至多只相差一个 0 测集,即

$$P(A_1\backslash A_2)+P(A_2\backslash A_1)=0$$

系 3 若 X 可分,$i\neq\infty$,则对每个固定的 $t\geqslant 0$,有

$$\begin{aligned}\{\omega\mid t\in S_i(\omega)\}&\doteq\{\omega\mid t\in\overline{S_i(\omega)}\}\\&\doteq\{\omega\mid t\in S_i^+(\omega)\}\\&\doteq\{\omega\mid t\in S_i^-(\omega)\}\end{aligned}$$

此系由定理 3 直接推出.

(二) 为了进一步研究样本函数的性质,需要对 X 加些条件.

设马氏链 $X=\{x_t,t\geqslant 0\}$ 具有标准转移概率矩阵,称它为典范链,如果它可分、Borel 可测,而且一切样本函数右下半连续,即对任一 $t\geqslant 0$,有

$$\varliminf_{s\downarrow t}x(s,\omega)=x(t,\omega)\quad(\text{一切}\ \omega\in\Omega)\qquad(7)$$

我们在后面证明，对任一已给的标准转移矩阵 (p_{ij})，以它为转移概率的典范链是存在的. 先来讨论典范链的性质.

上述对可分可测链的某些结果在典范条件下可以加强. 例如，式(5) 可以加强为：$\overline{S_i(\omega)}-S_i(\omega)$ 至多可列(a. s.)$(i\neq\infty)$. 实际上，由式(7) 知：当且仅当 $\lim\limits_{s\downarrow t}x(s,\omega)=\infty$ 时，$t\in S_\infty(\omega)$，故若 $t\in\overline{S_i(\omega)}\cap S_\infty(\omega)$，则 t 是$\overline{S_i(\omega)}\cap S_\infty(\omega)$ 的右孤立点，否则存在一列 $s_n\in\overline{S_i(\omega)}\cap S_\infty(\omega)$，$s_n\downarrow t$，从而存在 $s_n'\in S_i(\omega)$，$s_n'\downarrow t$. 于是由式(7) 知，$t\in S_i(\omega)$ 与 $t\in S_\infty(\omega)$ 矛盾. 一个集的点若都是右孤立点，则此集(从而 $\overline{S_i(\omega)}\cap S_\infty(\omega)$) 至多可列. 于是由系 2 的证明知 $\overline{S_i(\omega)}-S_i(\omega)$ 至多可列(a. s.).

以 $D(\omega)$ 表示 $x(\cdot,\omega)$ 的不连续点集，为方便起见

$$S_\infty^*(\omega)=\{t\mid\lim_{s\to t}x(s,\omega)=\infty=x(t,\omega)\}\qquad(8)$$

中的点也都算作不连续点，显然 $i-$区间中的点都是连续点. 任一 $i-$区间泛称为稳定区间，由定义它是开的. 下述定理叙述了 $x(\cdot,\omega)$ 的连续点集 $C(\omega)$ 及不连续点集 $D(\omega)$ 的结构.

定理 4　设 X 为典范链，对几乎一切 ω，样本函数的连续点集是全体稳定区间(如果存在的话) 的和集. 不连续点集是下列五种集的和集，它是一个闭集.

(i) $\overline{S_i(\omega)}$，i 为瞬时状态，$L[\overline{S_i(\omega)}]>0$，每个 $\overline{S_i(\omega)}$ 是一个完全集(即是无孤立点的闭集)；

(ii) $\overline{S_i(\omega)}\cap\overline{S_j(\omega)}=\{t\mid t$ 是$i-$区间及 $j-$区间的公共端点$\}$，$i\neq j$ 都稳定. 此集中的点是跳跃点，而且在任一有限区间中它是有穷集；

(iii) $\overline{S_i(\omega)} \cap S_\infty(\omega)=\{t \mid t$ 是某 i — 区间的右端点而且 $\lim\limits_{s \downarrow t} x(s,\omega)=x(t,\omega)=\infty\}$，$i$ 稳定，在任一有限区间中此集是有穷集；

(iv) $\overline{S_i(\omega)} \cap \{t \mid \lim\limits_{s \uparrow t} x(s,\omega)=\infty\}=\{t \mid t$ 是某 i — 区间的左端点，$x(t,\omega)=i$，而且 $\lim\limits_{s \uparrow t} x(s,\omega)=\infty\}$，在任一有限区间中此集是有穷集；

(v) $S_\infty^*(\omega)$，$L[S_\infty^*(\omega)]=0$.

证　设 Ω_0 是使性质(A)成立的集，$P(\Omega_0)=1$. 任取 $\omega \in \Omega_0$ 及 $t \geqslant 0$，如果 t 是 $x(\cdot,\omega)$ 的连续点，那么必存在 $i \neq \infty$，使 $x(s,\omega) \to x(t,\omega)=i(s \to t)$. 由定理 1(a) 知 i 稳定，t 属于某一 i — 区间中，故 $C(\omega)$ 等于稳定区间的和集，是一个开集，从而 $D(\omega)$ 是闭集. 设 $t \in D(\omega)$. 因当 $s \uparrow t$(或 $s \downarrow t$) 时 $x(s,\omega)$ 至多只有一个有限极限点，故只有下列可能：s 从某一侧趋于 t 时，$x(s,\omega)$ 有两个极限点 i 及 ∞，此即(i)；剩下的情况是各侧分别只有一个极限点；或者一侧极限为 i 而另一侧为 j，$i \neq j$ 均非 ∞，由定理 1(a) 此为情况(ii)；或者左侧极限是 $i(\neq \infty)$ 而右侧是 ∞，此即(iii)；或者右侧是 ∞ 而左侧是 i，此即(iv)，或者两侧都是 ∞，此即(v)，定理中其他结论都已在上面陆续证明.

在实际问题中常见的马氏链是：一切状态都稳定，即一切 $q_i<\infty$，$i \in E$. 这时情况(i) 不发生.

系 4　设 X 是典范链，一切状态稳定，则对几乎一切 ω，$D(\omega)$ 为闭的，有 $L[D(\omega)]=0$，$D(\omega)$ 中的点 t 或者是一个跳跃点(情况(ii))，或者是跳跃点的极限点，这时至少存在一侧，当 s 从此侧趋于 t 时，$x(s,\omega) \to \infty$. 如果密度矩阵 $\boldsymbol{Q}$ 还是保守的，那么(iii) 不发生；这时若再设向前方程组满足，则(iv) 也不发生，反之亦然.

证　只要证明后面三个结论,设 $\boldsymbol{Q}$ 保守,如果说(iii) 出现的概率大于 0,那么必存在一个有理数 r 及 $i \in E$,使得

$$P(\omega: r \in \text{某 } i-\text{区间}, r \text{ 后的第一个断点不是跳跃点}) > 0$$

这与 2.3 节定理 1(iii) 矛盾.

由 2.3 节定理 2 知:如果 $\boldsymbol{Q}$ 保守(这个条件等价于向后方程组成立),为使向前方程组成立,那么充要条件是在任一固定的点 $r > 0$ 之前;如果 $x(\cdot\,\omega)$ 在$[0,r]$中有不连续点,那么必有最后一个不连续点,它是一个跳跃点(a. s.).现设向前方程组成立,如果说(iv) 出现的概率大于 0,那么同样会存在有理数 $r > 0$ 及 $i \in E$,使得

$$P(\omega: r \in \text{某 } i-\text{区间}, r \text{ 前有最后断点}, \text{它不是跳跃点}) > 0$$

这与上述矛盾.反之,如果(iv) 不发生,那么这时只剩下情况(ii) 和(v),显然2.3 节定理 2 的条件满足,故向前方程组成立.

对于典范链 X,几乎一切样本函数完全被它们在可分集 R 上的值所决定.实际上,存在 Ω_1,$P(\Omega_1) = 1$,当 $\omega \in \Omega_1$ 时,$x(\cdot,\omega)$ 关于 R 可分,因而 $X_T(\omega) \subset \overline{X_R(\omega)}$,故

$$\lim_{r \downarrow t} x(r,\omega) = \lim_{s \downarrow t} x(s,t) = x(t,\omega) \quad (t \geqslant 0) \tag{9}$$

其中 $r \in R$.

最后,试证典范链的存在性.

定理 5　设已给标准转移矩阵(p_{ij}),则必存在以它为转移概率矩阵的典范链 $X = \{x_t, t \geqslant 0\}$.

证　由 1.6 节定理 1 知,存在以(p_{ij})为转移概率矩阵的马氏链 $\widetilde{X}=\{\widetilde{x}_t(\omega),t\geqslant 0\}$,不妨设它可分. 由定理 3,对任意固定的 $t\geqslant 0$,有

$$P(\lim_{s\downarrow t}\widetilde{x}_s(\omega)=\widetilde{x}_t(\omega))=1$$

于是由 1.3 节定理 2 知,存在与 $\widetilde{X}$ 等价的马氏链 $X=\{x_t(\omega),t\geqslant 0\}$,而且 X 是典范链.

3.3　强马尔科夫性

(一)在马氏链的研究中,常常要碰到这样的问题:设 α 是一个非负随机变数,$X=\{x_t,t\geqslant 0\}$ 是马氏链,试问推移 α 后的过程 $Y=\{x_{\alpha+t},t\geqslant 0\}$ 是否是马氏链? 是否具有与 X 相同的转移概率? 如果已知 X_α,那么过去 $\{x_t,t\leqslant\alpha\}$ 是否与将来 $\{x_t,t\geqslant\alpha\}$ 独立? 当 α 是一个常数(即不依赖 ω)时,所需的性质化为马氏性,因而答案肯定,在一个特殊情形:当 X 可分而且一切状态稳定,对 α 加一些条件后也可得到肯定的答案(见 2.3 节引理 2). 本节的目的就是要放宽这些条件,使得答案仍然肯定. 证明中思想的本质仍与上述引理 2 的相同.

首先,为了应用的广泛性,我们来放宽"过去"中的事件.

设已给概率空间$(\Omega,\mathscr{F},P)$上的马氏链 $X=\{x_t,t\geqslant 0\}$,它有标准转移概率矩阵(p_{ij}),$i,j\in E$,又设对每个 $t\geqslant 0$,$\mathscr{F}_t$ 是 $\mathscr{F}$ 中的子 σ 代数,$\mathscr{F}_t\subset\mathscr{F}$. 称 σ 代数族 $\{\mathscr{F}_t,t\geqslant 0\}$ 对此过程是可取的,如果:

(a)$\mathscr{F}'\{x_s,s\leqslant t\}\subset\mathscr{F}_t$;

(b) $\mathscr{F}_s \subset \mathscr{F}_t$，若 $s \leqslant t$；

(c) 对每个 $j \in E$，$0 < s \leqslant t$，有

$$P(x_t = j \mid \mathscr{F}_s) = p_{x_s, j}(t-s) \quad (\text{a. s.}) \qquad (1)$$

由此定义知，若 $\{\mathscr{F}_t, t \geqslant 0\}$ 可取，则 $\{\mathscr{F}_{t+0}, t \geqslant 0\}$ 也可取，其中 $\mathscr{F}_{t+0} = \bigcap\limits_{u>t} \mathscr{F}_u$. 实际上，对于它(a) 和(b) 显然满足. 若 $0 \leqslant r < t$，则在式(1) 中令 s 沿有理数下降到 r. 由 Martingale 的理论①，左方收敛到 $P(x_t = j \mid \mathscr{F}_{s+0})$ (a. s.)，因而右方也收敛. 由于 $\{x_t, t \geqslant 0\}$ 随机连续，$x_s \to x_r$(依概率收敛)，故必存在有理数子列 $\{s_n\}$，$s_n \downarrow r$，使 $x_{s_n}(\omega) \to x_r(\omega)$(a. s.)，由于 E 中点都是孤立的，所以存在 $N(= N(\omega))$，当 $n \geqslant N$ 时，$x_{s_n}(\omega) = x_r(\omega)$. 再由 $p_{ij}(t)$ 对 t 的连续性，即知右方收敛到 $p_{x_r, j}(t-r)$，因而

$$P(x_t = j \mid \mathscr{F}_{r+0}) = p_{x_r, j}(t-r) \quad (\text{a. s.}) \qquad (2)$$

即(c) 对 $\{\mathscr{F}_{t+0}, t \geqslant 0\}$ 成立.

显然，由马氏性知，$\mathscr{F}_t^0 = \mathscr{F}'\{x_s, s \leqslant t\}$ 是一个可取族，称为最小可取族.

设 $\alpha = \alpha(\omega)$ 是非负随机变量，可取 ∞ 为值，令 $\Delta = (\alpha < \infty)$，以后总假定 $P(\Delta) > 0$. 称此 α 为关于 $\{x_t, \mathscr{F}_t, t \geqslant 0\}$ 的马氏时刻. 若对任一非负数 t，有

$$\{\omega \mid \alpha(\omega) < t\} \in \mathscr{F}_t \qquad (3)$$

则关于 $\{x_t, \mathscr{F}_t^0, t \geqslant 0\}$ 的马氏时刻就简称为马氏时刻.

条件(3) 与下式等价：对任一 $t \geqslant 0$，有

$$\{\omega \mid \alpha(\omega) \leqslant t\} \in \mathscr{F}_{t+0} \qquad (4)$$

实际上，由条件(3) 得 $\left(\alpha < t + \dfrac{1}{n}\right) \in \mathscr{F}_{t+\frac{1}{n}}$，令 $n \to \infty$

① 见 Doob[1] 第七章，定理 4.3.

即得条件(4);反之,由条件(4)得$\left(\alpha<t-\frac{1}{n}\right)\in\mathscr{F}_t$,令$n\to\infty$即得条件(3).

Δ中全体满足下列条件的可测子集Λ,即

$$\Lambda\cap\{\omega\mid\alpha<t\}\in\mathscr{F}_t\quad(\text{任一 } t\geqslant 0)\tag{5}$$

构成Δ中一个σ代数,称为(关于$\{x_t,\mathscr{F}_t,t\geqslant 0\}$的)$\alpha$—前$\sigma$代数,并记为$\mathscr{F}_\alpha$.同上知式(5)等价于

$$\Lambda\cap\{\omega\mid\alpha\leqslant t\}\in\mathscr{F}_{t+0}\quad(\text{任一 } t\geqslant 0)\tag{6}$$

关于$\{x_t,\mathscr{F}_t^0,t\geqslant 0\}$的$\alpha$—前$\sigma$代数记为$\mathscr{F}\{x_t,t\leqslant\alpha\}$.特别地,常数$\alpha$是马氏时刻,这时$\alpha$—前$\sigma$代数与随机变量$\{x_t,t\leqslant\alpha\}$所产生的$\sigma$代数相同.

取$X=\{x_t,t\geqslant 0\}$为强马氏链,如果它Borel可测,而且具有下列性质(强马氏性):对任意可取族$\{\mathscr{F}_t,t\geqslant 0\}$,任意关于$\{x_t,\mathscr{F}_t,t\geqslant 0\}$的马氏时刻$\alpha$,任意$\Lambda\in\mathscr{F}_\alpha$,以及任意有穷多个$0\leqslant t_0<t_1<\cdots<t_N$,$j_0,j_1,\cdots,j_N\in E$,有

$$\begin{aligned}&P(\Lambda;x(\alpha+t_v)=j_v,0\leqslant v\leqslant N)\\&=P(\Lambda;x(\alpha+t_0)=j_0)\prod_{v=0}^{N-1}p_{j_vj_{v+1}}(t_{v+1}-t_v)\end{aligned}\tag{7}$$

过程X的Borel可测性保证$x(\alpha+t)$是一个随机变量,令

$$\xi(t,\omega)=x(\alpha+t,\omega)\quad(t\geqslant 0)\tag{8}$$

它在$\Delta=(\alpha<\infty)$上有定义.$\{\xi(t,\omega),t\geqslant 0\}$是概率空间$(\Delta,\Delta\mathscr{F},P(\cdot\mid\Delta))$上的随机过程①,称为$\alpha$—后链,这里$\Delta\mathscr{F}$表示Δ中全体可测子集所组成的$\sigma$代数,而$\mathscr{F}'\{\xi_t,t\geqslant 0\}$则称为$\alpha$—后$\sigma$代数,它是Δ中的$\sigma$代数,

① $\Delta\mathscr{F}$表示一切形如$\Delta\cap A$的集所组成的σ代数,其中$A\in\mathscr{F}$.

简记它为 $\mathscr{F}'_\alpha$. 利用 α 一后链，并取 $\Lambda=\Delta$，由式(7) 得

$$P(\xi(t_v,\omega)=j_v,0\leqslant v\leqslant N\mid\Delta)$$
$$=P(\xi(t_0,\omega)=j_0\mid\Delta)\prod_{v=0}^{N-1}p_{j_v j_{v+1}}(t_{v+1}-t_v) \tag{9}$$

我们的主要目标是要证明典范链是强马氏链，为此要做一些准备.

(二) 对每个 $j\in E$，定义

$$\gamma_j(\omega)=\inf\{t\mid t>\alpha(\omega);x(t,\omega)=j\} \tag{10}$$

如果右方括号中是空集，那么就令 $\gamma_j(\omega)=\infty$. 以后类似的定义中都如此约定，不一一申述.

以下假定 X 关于可列稠集 R 可分. 由可分性

$$(\gamma_j(\omega)<t)=\bigcup_{r<t}(\alpha(\omega)\leqslant r;x(r,\omega)=j)\quad(r\in R)$$

故 $\gamma_j(\omega)$ 是马氏时刻，它的有限定义域为

$$\Gamma_j\equiv(\gamma_j(\omega)<\infty)=\Delta\cap\{S_j(\omega)\cap(\alpha(\omega),\infty)\neq 0\}$$

设 $\Lambda\in\mathscr{F}_\alpha$ 固定，作为 s 的函数

$$A(\Lambda;s)=P(\Lambda;\alpha(\omega)\leqslant s)$$

是一广义分布函数，它在 $\mathscr{B}_1$(全体一维 Borel 集构成的 σ 代数) 上产生的测度记为 $A(\Lambda;\cdot)$.

γ_j 关于 Λ 及 α 的广义条件概率分布定义为满足下列三个条件的函数 $C_j(s,B\mid\Lambda)$，其中自变量为 $s\in T$，$B\in\mathscr{B}_1$：

(α) 对每个固定的 s，$C_j(s,\cdot\mid\Lambda)$ 是 $\mathscr{B}_1$ 上的测度；

(β) 对每个固定的 B，$C_j(\cdot,B\mid\Lambda)$ 是 T 上的 $\mathscr{B}_1$ 可测函数；

(γ) 对每个固定的 $B_1,B_2\in\mathscr{B}_1$，有

$$\int_{B_1}c_j(s,B_2\mid\Lambda)A(\Lambda;\mathrm{d}s)$$
$$=P(\Lambda;\alpha(\omega)\in B_1,\gamma_j(\omega)\in B_2)$$

这样的函数是存在的①. 由条件分布的性质,知对固定的 $B \in \mathscr{B}_1$ 有

$$C_j(s,B \mid \Lambda) = P(\gamma_j(\omega) \in B \mid \Lambda, \alpha = s)$$
$$(A-\text{几乎一切 } s)^{②} \qquad (11)$$

简写 $C_j(s,[0,u] \mid \Lambda)$ 为 $C_j(s,u \mid \Lambda)$.

如果 $K \in \mathscr{F}, \Lambda \in \mathscr{F}, P(\Lambda) > 0$,又 $y(\omega)$ 是一个随机变量,那么我们以 $P(K \mid \Lambda; y)$ 表示在 $(\Lambda, \Lambda\mathscr{F}, P(\cdot \mid \Lambda))$ 上 K 关于 $y(\omega)$ 的条件概率. 当 y 是多个随机变量时定义类似. 因而由条件概率的定义,有

$$P(K,\Lambda,y(\omega) \leqslant t \mid \Lambda) = \int_{\Lambda \cap (y \leqslant t)} P(K \mid \Lambda; y) P(\mathrm{d}\omega \mid \Lambda)$$

两边都消去 $P(\Lambda)^{-1}$ 后,得

$$P(K,\Lambda,y(\omega) \leqslant t) = \int_{\Lambda \cap (y \leqslant t)} P(K \mid \Lambda; y) P(\mathrm{d}\omega) \qquad (12)$$

引理 1 对 $j,k \in E, t \geqslant 0$ 及 $\Lambda \in \mathscr{F}_\alpha, P(\Lambda) > 0$,在集 $\{\omega \mid \gamma_j(\omega) \leqslant t\}$ 上,对几乎一切 ω 有

$$P(x(t,\omega) = k \mid \Lambda; \alpha, \gamma_j) = p_{jk}(t - \gamma_j) \qquad (13)$$

证 对 $[0,t]$ 中的 s 及 s',令

$$\Lambda_1 = \Lambda \cap (\alpha \leqslant s, \gamma_j \leqslant s', \gamma_j < t)$$
$$\Lambda_2 = \Lambda \cap (\alpha \leqslant s, \gamma_j \leqslant s', \alpha = \gamma_j = t)$$
$$\Lambda_3 = \Lambda \cap (\alpha \leqslant s, \gamma_j \leqslant s', \alpha < \gamma_j = t)$$

则

$$\Lambda \cap (\alpha \leqslant s, \gamma_j \leqslant s', x_t = k) = \left(\bigcup_{i=1}^{3} \Lambda_i\right) \cap (x_t = k)$$

由于 $(\alpha < \gamma_j = t) \subset \{\omega \mid t \in \overline{S_j(\omega)}\} - \{\omega \mid t \in$

① 见 Doob[1],第一章,第 9 节.

② 关于测度 $A(\Lambda, \cdot)$ 几乎一切 s.

$S_j^-(\omega)\}$(这里 $A \mathrel{\dot\subset} B$ 表示:除差一0测集外,$A\subset B$,即 $P(A-B)=0$). 根据3.2节系3,得 $P(\alpha<\gamma_j=t)=0$,从而 $P(\Lambda_3)=0$,再由此系,有 $\{\omega\mid\gamma_j=t\}\doteq\{\omega\mid x_t=j\}$,故

$$P(\Lambda_2;x_t=k)=\delta_{jk}P(\Lambda_2)=\int_{\Lambda_2}p_{jk}(t-\gamma_j)P(\mathrm{d}\omega)$$

剩下要计算 $P(\Lambda_1=x_t=k)$. 为此对每个 $n\geqslant 0$,定义

$$\gamma_j^{(n)}(\omega)=\min\left\{\frac{m}{2^n}\,\middle|\,\frac{m}{2^n}>\gamma_j(\omega);x\left(\frac{m}{2^n},\omega\right)=j\right\}$$

它是一个随机变量,由 γ_j 的定义及 X 的完全可分性有 $\gamma_j^{(n)}(\omega)\downarrow\gamma_j(\omega)$(a. s. ,$\omega\in\Gamma_j$),故

$$\begin{aligned}&P(\Lambda_1;x_t=k)\\&=\lim_{n\to\infty}P(\Lambda;\alpha\leqslant s,\gamma_j\leqslant s',\gamma_j^{(n)}<t,x_t=k)\\&=\lim_{n\to\infty}\sum_{m<t2^n}P\left(\Lambda;\alpha\leqslant s,\gamma_j\leqslant s',\gamma_j^{(n)}=\frac{m}{2^n},x_t=k\right)\end{aligned}$$

因为 α 及 γ_j 都是马氏时刻,不难看出

$$\Lambda\cap\left(\alpha\leqslant s,\gamma_j\leqslant s',\gamma_j^{(n)}=\frac{m}{2^n}\right)\in\mathscr{F}_{m2^{-n}+0}$$

故由式(2)得

$$\begin{aligned}&P(\Lambda_1;x_t=k)\\&=\lim_{n\to\infty}\sum_{m<t2^n}P\left(\Lambda;\alpha\leqslant s,\gamma_j\leqslant s',\gamma_j^{(n)}=\frac{m}{2^n}\right)\cdot\\&\quad P_{jk}\left(t-\frac{m}{2^n}\right)\\&=\lim_{n\to\infty}\int_{\Lambda\cap(\alpha\leqslant s,\gamma_j\leqslant s',\gamma_j^{(n)}<t)}p_{jk}(t-\gamma_j^{(n)})P(\mathrm{d}\omega)\\&=\int_{\Lambda_1}p_{jk}(t-\gamma_j(\omega))P(\mathrm{d}\omega)\end{aligned}$$

将此式与上面两个结果联合,得

$$P(\Lambda,\alpha\leqslant s,\gamma_j\leqslant s';x_t=k)$$
$$=\int_{\Lambda_1\cup\Lambda_2\cup\Lambda_3}p_{jk}(t-\gamma_j(\omega))P(\mathrm{d}\omega)\tag{14}$$
$$=\int_{\Lambda\cap(\alpha\leqslant s,\gamma_j\leqslant s')}p_{jk}(t-\gamma_j(\omega))P(\mathrm{d}\omega)$$

这对$[0,t]$中任意 s 及 s' 都正确,故得证式(13).

引理 2 条件概率 $P(x_t=j\mid\Lambda;\alpha=s)$ 的一个代表是

$$r_j(s,t\mid\Lambda)=\int_{[s,t]}p_{jj}(t-u)C_j(s,\mathrm{d}u\mid\Lambda)$$
$$(j\in E,0\leqslant s\leqslant t)\tag{15}$$

对每个固定的 $s\geqslant 0$,$r_j(s,\cdot\mid\Lambda)$ 在$[s,\infty)$中右连续;又 $r_j(\cdot,\cdot\mid\Lambda)$ 是(s,t) 的 Borel 可测函数,$0\leqslant s\leqslant t$.

证 我们有

$$P(x_t=j\mid\Lambda;\alpha)$$
$$=E\{P[x_t=j\mid\Lambda;\alpha,\gamma_j]\mid\Lambda;\alpha\}\quad(\text{a. s.})\tag{16}$$

由式(11) 及式(13)(于其中取 $k=j$),知式(16) 的右方对 A-几乎一切 s 等于式(15) 的右方,故后者是 $P(x_t=j\mid\Lambda;\alpha=s)$ 的一个代表. 对每个固定 s,由 $C_j(s,u\mid\Lambda)$ 的定义知它对 u 右连续. 注意 $p_{jj}(t)$ 连续,由式(15) 知 $r_j(s,t\mid\Lambda)$ 对 t 右连续,再由 $p_{jj}(t)$ 连续知 $r_j(s,t\mid\Lambda)$ 可表示为(s,t) 的 Borel 可测函数的 Riemann-Stieltjes 和的极限,故它也是(s,t) 的 Borel 可测函数.

以下(a. s.)t 或(t,t') 是对 $T=[0,\infty)$ 或 $T\times T$ 上的 Lebesgue 测度而言. 若某式中涉及多个变量,则依其后书写的次序,使此式成立的"a. s."集可依赖于其前的变量,例如"$t,t'\geqslant 0$(a. s.),$s\in[0,t]$"的详细内容是:"对每个 $t\geqslant 0$ 及 $t'\geqslant 0$,以及对每个 $s\in[0,t]-Z(t,t')$,其中集 $Z(t,t')$ 的 A-测度为 0".

引理 3　对每个 $k \in E$，有

$$r_k(s,t+t' \mid \Lambda) = \sum_j r_j(s,t \mid \Lambda) p_{jk}(t')$$
$$((\text{a. s.})s,t > s,t' \geqslant 0) \tag{17}$$

$$\sum_j r_j(s,t \mid \Lambda) = 1 \quad ((\text{a. s.})s,t > s) \tag{18}$$

对每个 $j \in E$ 及(a. s.)s，函数 $r_j(s,\cdot \mid \Lambda)$ 在$[s,\infty)$中连续.

证　因 α 为马氏时刻，对 $0 \leqslant s \leqslant t, t' > 0$，有

$$P(\Lambda;\alpha \leqslant s, x_{t+t'} = k) = \sum_j P(\Lambda;\alpha \leqslant s, x_t = j) p_{jk}(t')$$

这对每个 s 都正确，故由条件概率的定义，以概率 1 有

$$P\{x_{t+t'} = k \mid \Lambda;\alpha\} = \sum_j P\{x_t = j \mid \Lambda;\alpha\} p_{jk}(t')$$

因而由引理 2，对 $t,t' \geqslant 0$，(a. s.)$s \in [0,t]$，有

$$r_k(s,t+t' \mid \Lambda) = \sum_j r_j(s,t \mid \Lambda) p_{jk}(t') \tag{19}$$

式(19)两方都是(s,t,t')的 Borel 可测函数，此由引理 2 得出. 根据 Fubini 定理，知式(19)对(a. s.)s 及(a. s.)$(t,t') \in [s,\infty) \times [0,\infty)$正确. 因此，由引理 2 中指出的右连续性及 Fatou 引理，有

$$r_k(s,t+t' \mid \Lambda) \geqslant \sum_j r_j(s,t \mid \Lambda) p_{jk}(t')$$
$$((\text{a. s.})s,t \geqslant s,t' \geqslant 0) \tag{20}$$

$$\sum_k r_k(s,t+t' \mid \Lambda) \geqslant \sum_j r_j(s,t \mid \Lambda) \tag{21}$$

其次，由引理 2 得

$$\sum_j {}_j(s,t \mid \Lambda) = P(\Lambda \mid \Lambda;\alpha = s) = 1$$
$$(t > 0,(\text{a. s.})s \in [0,t]) \tag{22}$$

仍由 Fubini 定理，式(22)对(a. s.)s 及(a. s.)$t \geqslant s$ 成立. 像由式(19)推出式(21)一样，得

$$\sum_j r_j(s,t\mid\Lambda)\leqslant 1 \quad ((\text{a. s.})s,t\geqslant s) \tag{23}$$

设 E' 为式(20) 或式(23) 不成立的 s 所组成的集，它的 A－测度为0，固定 $s\notin E'$，对这样的 s，若式(22) 对某 t 成立，则由式(21) 及式(23)，它对一切更大的 t 成立. 既然式(22) 对(a. s.)$t\geqslant s$ 正确，故它实际上对一切 $t>s$ 正确. 由此得证式(18). 因此，在式(21) 中从而在式(20) 中等号成立，于是式(17) 正确. 最后，由式(18) 及式(17) 及 p_{jk} 的连续性知对(a. s.)s，$r_j(s,\mid\Lambda)$ 在 (s,∞) 上连续. 由引理2，对每个 s，$r_j(s,\cdot\mid\Lambda)$ 在 s 右连续，故它在 $[s,\infty]$ 上连续.

对每个 $\Lambda\in\mathscr{F}_\alpha$，引进函数 $r_j(\Lambda;t)$ 如下

$$r_j(\Lambda;t)=\int_0^\infty r_j(s,s+t\mid\Lambda)A(\Lambda;\mathrm{d}s) \quad (j\in E,t\geqslant 0) \tag{24}$$

由引理 3 知 $r_j(\Lambda;t)$ 对 $t\in T$ 连续，而且对 $j,k\in E$ 及 $t,t'>0$ 有

$$r_j(\Lambda;t)\geqslant 0,\ \sum_j r_j(\Lambda;t)=P(\Lambda) \tag{25}$$

$$\sum_j r_j(\Lambda;t)p_{jk}(t')=r_k(\Lambda;t+t') \tag{26}$$

由连续性知存在$\lim\limits_{t\downarrow 0} r_j(\Lambda;t)=r_j(\Lambda;0)$，故由 Fatou 引理知，式(25) 及式(26) 中两个等号当 $t=0$ 时应换为“$\leqslant$”. 下面说明 $r_j(\Lambda;0)$ 的概率意义.

引理 4 若 X 是典范链，则对 $A\in\mathscr{F}_\alpha$ 有

$$P(\Lambda;\xi_0(\omega)=j)=r_j(\Lambda;0) \quad (j\in E) \tag{27}$$

$$P(\Lambda;\xi_0(\omega)=\infty)=P(\Lambda)-\sum_j r_j(\Lambda;0) \tag{28}$$

证 先证

$$(\xi_0(\omega)=j)\doteq(\alpha(\omega)=\gamma_j(\omega)) \tag{29}$$

实际上，若 $\alpha(\omega)=\gamma_j(\omega)$，(a. s.)$\omega\in\Delta$，则由 3.2 节定理 1，当 $t\downarrow\alpha(\omega)$ 时，$x(t,\omega)$ 的唯一的有限极限点是 j，因而由 X 的右下连续性得

$$\xi(0,\omega)=x(\alpha,\omega)=j\quad((\text{a. s.})\omega\in\Delta)$$

反之，若 $\xi(0,\omega)=j$，则由 $\gamma_j(\omega)$ 的定义知

$$\alpha(\omega)=\gamma_j(\omega)\quad((\text{a. s.})\omega\in\Delta)$$

由式(29)及式(11)，有

$$\begin{aligned}
&P(\Lambda;\xi(0,\omega)=j)\\
&=P(\Lambda;\alpha(\omega)=\gamma_j(\omega))\\
&=\lim_{n\to\infty}\sum_{m=0}^{\infty}\int_{[\frac{m}{n},\frac{m+1}{n})}C_j\left(s,\frac{m+1}{n}\middle|\Lambda\right)A(\Lambda;\mathrm{d}s)\\
&=\lim_{n\to\infty}\int_0^{\infty}C_j\left(s,\frac{[ns+1]}{n}\middle|\Lambda\right)A(\Lambda;\mathrm{d}s)\\
&=\int_0^{\infty}C_j(s,s\mid\Lambda)A(\Lambda;\mathrm{d}s)
\end{aligned}$$

由式(15)，有 $C_j(s,s\mid\Lambda)=r_j[s,s\mid\Lambda)$，故得证式(27)。注意，当且仅当 $\xi(0,\omega)\notin E$ 时，$\xi(0,\omega)=\infty$，因而得式(28)。

(三) 现在来证明主要定理：

定理 1　典范链 $X=\{x_t,t\geqslant 0\}$ 是强马氏链.

证　我们的目的是要证明式(7). 由式(8)，亦即要证明

$$\begin{aligned}
&P(\Lambda;\xi(t_v)=j_v,0\leqslant v\leqslant N)\\
&=P(\Lambda;\xi(t_0)=j_0)\prod_{v=0}^{N-1}p_{j_vj_{v+1}}(t_{v+1}-t_v)
\end{aligned}\tag{30}$$

考虑 ω 一集，有

$$\begin{aligned}
B_n=\Lambda\cap\bigcup_{m=0}^{\infty}\Big(&\frac{m}{n}\leqslant\alpha<\frac{m+1}{n};\\
&x\left(\frac{m+1}{n}+t_v\right)=j_v,0\leqslant v\leqslant N\Big\}
\end{aligned}$$

由引理 2,得

$$P(B_n)=\sum_{m=0}^{\infty}P\Big(\Lambda;\frac{m}{n}\leqslant\alpha<\frac{m+1}{n};$$
$$x\Big(\frac{m+1}{n}+t_0\Big)=j_0\Big)\times P\Big(x\Big(\frac{m+1}{n}+t_v\Big)=j_v,$$
$$1\leqslant v\leqslant N\,\Big|\,x\Big(\frac{m+1}{n}+t_0\Big)=j_0\Big)$$
$$=\sum_{m=0}^{\infty}\int_{[\frac{m}{n},\frac{m+1}{n})}r_{j_0}\Big(s,\frac{m+1}{n}+t_0\mid\Lambda\Big)A(\Lambda;\mathrm{d}s)Q$$
$$=\int_0^{\infty}r_{j_0}\Big(s,\frac{[ns+1]}{n}+t_0\mid\Lambda\Big)A(\Lambda;\mathrm{d}s)Q \quad (31)$$

其中

$$Q=\prod_{v=0}^{N-1}p_{j_v j_{v+1}}(t_{v+1}-t_v) \quad (32)$$

由引理 3 及有界收敛定理,有

$$\lim_{n\to\infty}P(B_n)=\int_0^{\infty}r_{j_0}(s,s+t_0\mid\Lambda)A(\Lambda;\mathrm{d}s)Q$$
$$=r_{j_0}(\Lambda;t_0)Q \quad (33)$$

若 $\omega\in\bigcap_{m=1}^{\infty}\bigcup_{n=m}^{\infty}B_n$,则存在一列有理数 $\{r_k\}\downarrow\alpha(\omega)$ 而且 $x(r_k+t_v,\omega)=j_v,0\leqslant v\leqslant N$,故由 3.2 节定理 1,对几乎一切这样的 ω,有

$$\xi(t_v,\omega)=\lim_{t\downarrow\overline{\alpha(\omega)+t_v}}x(t,\omega)=j_v$$

从而

$$\bigcap_{m=1}^{\infty}\bigcup_{n=m}^{\infty}B_n\subset A\cap\{\xi(t_v)=j_v,0\leqslant v\leqslant N\} \quad (34)$$

由此及式(33) 得

$$P(\Lambda;\xi(t_v)=j_v,0\leqslant v\leqslant N)$$
$$\geqslant\lim_{n\to\infty}P(B_n)=r_{j_0}(\Lambda;t_0)Q \quad (35)$$

将此式两端对一切 $j_v\in E,1\leqslant v\leqslant N$ 求和,由于

$\sum_{j} p_{ij}(t)=1$，得

$$P(\Lambda;\xi(t_0)=j_0)\geqslant r_{j_0}(\Lambda;t_0) \tag{36}$$

若 $t_0=0$，则由式(27) 知式(36) 应是等式，从而式(35) 在 $t_0=0$ 时也必是等式(否则将与(36) 为等式矛盾). 若 $t_0>0$，则将式(36) 两方对 $j_0\in E$ 求和，由式(25) 得

$$\begin{aligned}P(\Lambda)&\geqslant \sum_{j_0\in E}P(\Lambda;\xi(t_0)=j_0)\\&\geqslant \sum_{j_0\in E}r_{j_0}(\Lambda;t_0)=P(\Lambda)\end{aligned} \tag{37}$$

于是同样知式(35) 在 $t_0>0$ 时也取等式，故得证

$$\begin{aligned}&P(\Lambda;\xi(t_v)=j_v,0\leqslant v\leqslant N)\\&=r_{j_0}(\Lambda;t_0)\prod_{v=0}^{N-1}p_{j_v j_{v+1}}(t_{v+1}-t_v)\end{aligned} \tag{38}$$

由式(27)(36) 和式(37) 知

$$P(\Lambda;\xi(t_0)=j_0)=r_{j_0}(\Lambda;t_0)\quad(t_0\geqslant 0) \tag{39}$$

代入式(38) 后即得式(30).

(三) 现在对强马氏性作一些讨论. 由强马氏性(7) 可推出式(9)，然而式(9) 还不足以说明 α — 后链 $\{\xi(t,\omega),t\geqslant 0\}$ 是以原 (p_{ij}) 为转移概率矩阵的定义在 $(\Delta,\Delta\mathscr{F},P(\cdot\mid\Delta))$ 上的马氏链，因为我们并没有证明它的最小状态空间含于 E；也就是说，并没有证明原来的附加状态 ∞ 不属于 α — 后链的最小状态空间. 问题发生在 $t=0$ 这一点上，由于式(25) 中第二个等式在 $t=0$ 应换为 $\sum_{j} r_j(\Lambda;0)\leqslant P(\Lambda)$，故根据式(28)，并在其中取 $\Lambda=\Delta\in\mathscr{F}$ 后，得

$$P(\xi_0(\omega)=\infty\mid\Delta)\geqslant 0 \tag{40}$$

式(40) 中严格“$>$”号的确可能成立，例如，设 X 是具有保守密度矩阵而且同时满足向前与向后两个方程

组的可分链，令 $\alpha(\omega)$ 为第一个飞跃点 $\eta(\omega)$，由 3.2 节系 4 知对 η — 后链有 $P(\xi_0(\omega)=\infty \mid \Delta)=1$，只要$P(\Delta)>0$.

虽然如此，由式(39) 和式(37) 并取 $\Lambda=\Delta$ 后，对 $t>0$ 有

$$P(\xi_t \in E \mid \Delta)=\sum_{j\in E}P(\xi_t=j \mid \Delta)=1 \tag{41}$$

亦即

$$P(\xi_t \neq \infty \mid \Delta)=1 \quad (t>0) \tag{42}$$

式(40) 和式(42) 表明：X 的附加状态 ∞ 虽然可属于 α — 后链 $\{\xi(t,\omega),t\geqslant 0\}$ 的最小状态空间，但对开 α — 后链 $\{\xi(t,\omega),t>0\}$ 而言，它仍是附加状态.

由此推出下列重要的系，令 $B=\{\omega \mid \xi_0(\omega)\neq\infty\}$. 以下总假定 $P(B)>0$，注意 $B\subset\Delta$.

系 1 设 $X=\{x_t,t\geqslant 0\}$ 是典范链，转移概率矩阵为(p_{ij})，$i,j\in E$. 那么定义在概率空间$(B,B\mathscr{F},P(\cdot\mid B))$ 上的 α — 后链 $\{\xi(t,\omega),t\geqslant 0\}$ 也是典范链，它的最小状态空间 E' 含于 E，转移概率矩阵是(p_{ij})，$i,j\in E'$. 同样结论对定义在$(\Delta,\Delta\mathscr{F},P(\cdot\mid B))$ 上的开 α — 后链 $\{\xi(t,\omega),t>0\}$ 也成立.

证 先证

$$(\xi(0,\omega)=j)\in\mathscr{F}_\alpha \quad (j\in E) \tag{43}$$

实际上，对 $t\geqslant 0$，令 A_{mn} 表示 ω — 集

$$A_{mn}=\left\{\omega \mid j \text{ 是}\left\{x_u(\omega),u\in R\cap\left[\frac{m}{n}t,\frac{m+1}{n}t\right)\right\}\text{的有限极限点}\right\}\in\mathscr{F}_{\frac{m+1}{n}t}$$

其中 R 表示 X 的可分集，则

$$
\begin{aligned}
&(\alpha < t) \cap (\xi(0,\omega)=j)\\
&=(\alpha < t) \cap (x(\alpha,\omega)=j)\\
&=\bigcap_{n=1}^{\infty}\bigcup_{m=0}^{n-1}\left[\left(\frac{m}{n}t \leqslant \alpha < \frac{m+1}{n}t\right) \cap A_{mn}\right] \in \mathscr{F}_t
\end{aligned}
$$

由此得证式(43),从而

$$
B=\bigcup_{j\in E}(\xi(0,\omega)=j) \in \mathscr{F}_\alpha
$$

在式(30)中取 $\Lambda = B \supset (\xi(0,\omega)=j_0)$,以 $P(B)$ 除两边得

$$
\begin{aligned}
&P(\xi(t_v)=j_v, 0 \leqslant v \leqslant N \mid B)\\
&=P(\xi(t_0)=j_0 \mid B)\prod_{v=0}^{N-1} p_{j_v j_{v+1}}(t_{v+1}-t_v)
\end{aligned}
$$

$(t_0=0)$. 根据系 1 前的讨论,在 B 上的 α 一后链的最小状态空间 E' 显然含于 E,这事实连同上式证明了这个链的马氏性以及它的转移概率矩阵是 (p_{ij}) 的子矩阵 (p_{ij}), $i,j \in E'$. 此外,这个链的 Borel 可测性和样本函数的右下连续性由 X 的相应的性质直接推出,剩下只要证完全可分性.

设 $\{\tilde{\xi}_t, t \geqslant 0\}$ 是 $\{\xi_t, t \geqslant 0\}$ 的一完全可分、可测的修正,R 是$[0,\infty)$ 中任一可列稠集. 对 B 中几乎一切(关于 P)ω,有 $\xi(r,\omega)=\tilde{\xi}(r,\omega)$,一切 $r \in R$. 其次,因为集 $\{(t,\omega) \mid \xi(t,\omega) \neq \tilde{\xi}(t,\omega)\} \in \overline{\mathscr{B}_1 \times \mathscr{F}}$, 而且 $P\{\omega \mid \xi(t,\omega) \neq \tilde{\xi}(t,\omega)\}=0$ 对每个固定 t 成立,故由 Fubini 定理知对几乎一切 ω,集$\{t \mid \xi(t,\omega) \neq \xi(t,\omega)\}$ 的 L 测度为 0. 最后,因 $\xi(\cdot,\omega)$ 的样本函数是 $x(\cdot,\omega)$ 的样本函数的尾部分,由 3.1 节定理 2(ii) 知,对几乎一切 ω,集 $S_i(\omega)=\{t \mid \xi(t,\omega)=i\}$ 是自稠密集. 联合这三个结论后可见:对几乎一切 ω,一个开区间若与 $S_i(\omega)$ 相交,则也必与 $\tilde{S}_i(\omega)=\{t \mid \tilde{\xi}(t,\omega)=i\}$ 相交,而

且又因$\{\tilde{\xi}_t, t \geqslant 0\}$关于 B 可分，它还与 $R \cap \tilde{S}_i(\omega) = R \cap S_i(\omega)$ 相交（任一 $i \in E$）. 这说明对几乎一切 ω，若 $t \in \bigcup_{i \in E} S_i(\omega)$，则必存在 R 的子列$\{r_n\}$，使 $r_n \to t$，$\xi_{r_n}(\omega) \to \xi_t(\omega)$. 若 $t \in S_\infty(\omega)$，即若 $\xi_t(\omega) = \infty$，则由右下连续性，仍有$\lim_{r_n \downarrow t} \xi_{r_n}(\omega) = \infty = \xi_t(\omega)$. 这得证完全可分性.

对 Δ 上的开 α 一后链$\{\xi(t,\omega), t > 0\}$的证明类似.

下系说明 α 一前 σ 代数 $\mathscr{F}_\alpha$ 与 α 一后 σ 代数的条件独立性，它是强马氏性(7)的一个直接推论.

系 2 设 X 是强马氏链，又 $P\{\xi(0)=j\} > 0, j \in E$，则对任意 $\Lambda \in \mathscr{F}_\alpha, C \in \mathscr{F}'_\alpha$，有

$$\begin{aligned} &P(\Lambda C \mid \xi(0)=j) \\ &= P(\Lambda \mid \xi(0)=j) \cdot P(C \mid \xi(0)=j) \end{aligned} \tag{44}$$

特别地，若存在某 $j \in E$，使

$$\xi(0,\omega) = j \quad ((\text{a.s.})\omega \in \Delta \equiv (\alpha < \infty)) \tag{45}$$

则 $\mathscr{F}_\alpha$ 与 $\mathscr{F}'_\alpha$ 关于测度 $P(\cdot \mid \Delta)$ 独立，即对任一 $\Lambda \in \mathscr{F}_\alpha$，$C \in \mathscr{F}'_\alpha$，有

$$P(\Lambda C \mid \Delta) = P(\Lambda \mid \Delta) P(C \mid \Delta) \tag{46}$$

证 设 $C = \{\xi(t_v) = j_v, 1 \leqslant v \leqslant N\}$，若至少有一 $j_v = \infty$，又 $t_v > 0$，则由式(42)得 $P(\xi_{t_v} = \infty) = 0$，故式(44)成立；若 $t_v = 0$，因$(\xi(0) = \infty) \cap (\xi(0) = j) = \varnothing$，故式(44)也成立. 因而不妨设一切 $j_v \neq \infty, 1 \leqslant v \leqslant N$. 在式(7)中取 $t_0 = 0, j_0 = j$，并以 $P(\xi(0) = j)$ 除两边后，即知式(44)对 $C = \{\xi(t_v) = j_v, 1 \leqslant v \leqslant N\}$ 成立；由 $\mathscr{F}'_\alpha$ 的定义可推知式(44)对任一 $C \in \mathscr{F}'_\alpha$ 都成立.

若(45)成立，则式(44)化为式(46).

仿照 1.5 节定理 1 及 1.6 节式(18)的证明，由强马氏性可推得

$$
\begin{aligned}
&E[f(x(a+\cdot,\omega)) \mid \mathscr{F}_a] \\
&= E_{x(a)} f(x(\cdot,\omega)) \quad ((\text{a.s.})\omega \in \Delta)
\end{aligned}
\tag{47}
$$

这里 f 是定义在 $E^{[0,\infty)}$ 上的关于 $\mathscr{B}^{[0,\infty)}$ 可测的有界函数，$\mathscr{B}$ 是 E 中全体子集所组成的 σ 代数.

第4章 马尔科夫链中的几个问题

4.1 0－1 律

（一）在过程论的研究中，往往出现概率为0或1的事件．对于独立随机变量序列$\{x_n\}$，这一现象是众所周知的．例如，事件$(\omega;\ \sum_{n=0}^{\infty} x_n(\omega)$ 收敛）的概率只能是0或1．近年来对于马氏过程，类似的研究也日益需要．这一节的目的就是对这种现象作一个系统的讨论．

设$X=\{x_t(\omega), t \geqslant 0\}$是取值于$E=(i, j, \cdots)$中的可列马氏链，有转移概率为$p_{ij}(s,t)$（不必是齐次的）．考虑下列$\sigma$代数

$$\mathscr{N}_t^s = \mathscr{F}\{x_u, s \leqslant u \leqslant t\}, \mathscr{N}_t = \mathscr{N}_t^0$$

$$\mathscr{N}^s = \mathscr{F}\{x_u, s \leqslant u\}, \mathscr{N}_{t+0}^s = \bigcap_{u>t} \mathscr{N}_u^s$$

0－1律有无穷近与无穷远的两种，先叙述前一种．

我们说，对 X 无穷近 $0-1$ 律成立，如果对任意 $s\geqslant 0, i\in E$ 及 $A\in \mathcal{N}_{s+0}^{s}$，有 $P_{s,i}(A)=0$ 或 1.

命名的根据是：$\mathcal{N}_{s+0}^{s}$ 可直观地看成距离 s 无穷近将来中的事件所组成的 σ 代数.

定理 1　下列两个条件中的任何一个都是使对 X 无穷近 $0-1$ 律成立的充要条件：

(i) 对任意 $0\leqslant s<u, j\in E$，存在一列 $\{t_n\}, t_n\downarrow s$，使对一切 $i\in E$，有

$$p_{s,i}\lim_{t_n\downarrow s} p_{x_{t_n},j}(t_n,u)=p_{ij}(s,u) \tag{1}$$

其中 $p_{s,i}\lim$ 表示依概率 $p_{s,i}$ 收敛；

(ii) 对任意 $0\leqslant s\leqslant r\leqslant u, j\in E, i\in E$，有

$$p_{s,i}(x_u=j\mid \mathcal{N}_{r+0}^{s})=p_{x_r,j}(r,u)\quad (p_{s,i}(\text{a. s.})) \tag{2}$$

证　对任意 $0\leqslant s\leqslant v_n<u, j, i\in E$，由马氏性有

$$P_{s,i}(x_u=j\mid \mathcal{N}_{v_n}^{s})=p_{x_{v_n},j}(v_n,u)\quad (P_{s,i}(\text{a. s.})) \tag{3}$$

令 $v_n\downarrow r\geqslant s$. 由 Martingale 收敛定理，知存在极限

$$\begin{aligned}&\lim_{v_n\downarrow r} P_{s,i}(x_u=j\mid \mathcal{N}_{v_n}^{s})\\ &=P_{s,i}(x_u=j\mid \mathcal{N}_{r+0}^{s})\quad (P_{s,i}(\text{a. s.}))\end{aligned}$$

故由式(3)知极限 $\lim\limits_{v_n\downarrow r} p_{x_{v_n},j}(v_n,u)$ 存在而且

$$\begin{aligned}&P_{s,i}(x_u=j\mid \mathcal{N}_{r+0}^{s})\\ &=\lim_{v_n\downarrow r} p_{x_{v_n},j}(v_n,u)\quad (P_{s,i}(\text{a. s.}))\end{aligned} \tag{4}$$

对任意 $\varepsilon>0$ 及 $0\leqslant s\leqslant r\leqslant t\leqslant u$，有

$$\begin{aligned}&P_{s,i}(|p_{x_t j}(t,u)-p_{x_r j}(r,u)|>\varepsilon)\\ &=\int_{\Omega} P_{s,i}(|p_{x_t j}(t,u)-p_{x_r j}(r,u)|>\varepsilon\mid \mathcal{N}_{r}^{s})P_{s,i}(\mathrm{d}\omega)\\ &=\int_{\Omega} P_{r,x_r}(|p_{x_t j}(t,u)-p_{x_r j}(r,u)|>\varepsilon)P_{s,i}(\mathrm{d}\omega)\end{aligned}$$

$$=\sum_k P_{r,k}(|\ p_{x_t j}(t,u)-p_{kj}(r,u)\ |>\varepsilon)p_{ik}(s,r) \quad (5)$$

现设(i) 成立而欲证(ii). 由式(1),知对任意 $r<u$, $j\in E$, 必存在一列 $r_n\downarrow r$,使对一切 $k\in E$,有

$$\lim_{r_n\downarrow r} P_{r,k}(|\ p_{x_{r_n},j}(r_n,u)-p_{kj}(r,u)\ |>\varepsilon)=0$$

取式(5) 中的 t 为 r_n,并令 $n\to\infty$,由于 $\sum_k p_{ik}(s,r)=1$,可在符号 $\sum_k$ 下取极限,故得

$$P_{s,i}\lim_{r_n\downarrow r} p_{x_{r_n},j}(r_n,u)=p_{x_r j}(r,u) \quad (6)$$

由于式(4) 中 $\{v_n\}$ 是任一满足 $v_n\downarrow r$ 的序列,特别可取 $v_n=r_n$,比较式(4) 和式(6) 并注意依概率收敛极限的唯一性,可见

$$P_{s,i}(x_u=j\ |\ \mathcal{N}^s_{r+0})=p_{x_r j}(r,u) \quad (P_{s,i}(\text{a. s.}))\ (7)$$

对任意 $0\leqslant s\leqslant r<u$ 及 $j\in E, i\in E$ 成立. 如果 $r=u$, 那么式(7) 仍成立, 因为这时双方都等于 $\chi_{(j)}(x_r)(P_{s,i}(\text{a. s.}))$, $\chi_{(j)}$ 是 $\{j\}$ 的特征函数, $\chi_{(j)}(i)=\delta_{ij}$.

再设(ii) 正确而欲证无穷近 0—1 律成立. 由式(2) 并根据 E 的可列性,知对任一 $A\in\mathcal{N}^r$,有

$$P_{s,i}(A\ |\ \mathcal{N}^s_{r+0})=P_{r,x_r}(A) \quad (P_{s,i}(\text{a. s.})) \quad (8)$$

在式(8) 中取 $r=s, A\in\mathcal{N}^s_{s+0}$,则左方由条件概率的性质应等于 A 的特征函数 $\chi_A(\omega)$, 而右方则显然等于 $P_{s,i}(A)(P_{s,x}(\text{a. s.}))$,因而

$$P_{s,i}(A)=\chi_A(\omega) \quad (P_{s,x}(\text{a. s.}))$$

这个式子说明 $P_{s,i}$- 几乎 $\chi_A(\omega)$ 是一个常数,这个常数是 0 或 1,从而 $P_{s,i}(A)=0$ 或 1.

最后设无穷近 0 — 1 律成立而欲证(i). 在证式(4) 时已证对任一列 $t_n\downarrow s$, $s<u$, 存在极限 $\lim\limits_{t_n\downarrow s} p_{x_{t_n},j}(t_n,u)$

$(P_{s,i}(\text{a. s.}))$ 在此极限无定义的 ω 上补定义为 0 后，这极限显然为 $\mathcal{N}_{t_n}^s$ 可测，一切 n，因而必然为 $\mathcal{N}_{s+0}^s = \bigcap_n \mathcal{N}_{t_n}^s$ 可测. 既然由假设 $\mathcal{N}_{s+0}^s$ 只含 $P_{s,x}$ 测度为 0 或 1 的集，故存在与 ω 无关的常数 c，使

$$\lim_{t_n \downarrow s} p_{x_{t_n},j}(t_n,u) = c \quad (P_{s,x}(\text{a. s.})) \tag{9}$$

剩下只要证 $c = p_{ij}(s,u)$. 为此，利用马氏性及式(9)得

$$\begin{aligned} p_{ij}(s,u) &= P_{s,i}(x_u = j) = P_{s,i}(x_s = i, x_u = j) \\ &= \int_{(x_s=i)} p_{x_{t_n},j}(t_n,u) P_{s,i}(\mathrm{d}\omega) \\ &\to \int_{(x_s=i)} c P_{s,i}(\mathrm{d}\omega) = c \end{aligned}$$

为了要得到一些使无穷近 0－1 律成立的充分条件，只需对 $p_{ij}(s,t)$ 加些条件以使(i) 满足.

称$(p_{ij}(s,t))$为右标准的，如果对任一 $s \geqslant 0$，有

$$\lim_{t \downarrow s} p_{ii}(s,t) = 1 \quad (\text{一切 } i \in E) \tag{10}$$

特别地，若$(p_{ij}(s,t))$是齐次的，则右标准性化为标准性，即化为

$$\lim_{t \to 0^+} p_{ii}(t) = 1 \quad (\text{一切 } i \in E) \tag{11}$$

定理 2　若 X 的转移概率矩阵$(p_{ij}(s,t))$右标准，则对 X 无穷近 0－1 律成立.

证　先证在条件(10) 下，$p_{ij}(s,t)$ 是 $s \in [0,t]$ 的右连续函数. 实际上，设$t > r > s$，则

$$\begin{aligned} & p_{ij}(r,t) - p_{ij}(s,t) \\ = {} & p_{ij}(r,t)[1 - p_{ii}(s,r)] - \sum_{k \neq i} p_{ik}(s,r) p_{kj}(r,t) \end{aligned} \tag{12}$$

右方两项都不超过 $1 - p_{ii}(s,r)$，故

$$| p_{ij}(r,t) - p_{ij}(s,t) | \leqslant 1 - p_{ii}(s,r) \to 0 \quad (r \downarrow s) \tag{13}$$

其次，对任意 $\varepsilon>0, s\leqslant r<t$ 有

$$
\begin{aligned}
& P_{s,i}(|x_t-x_r|>\varepsilon) \\
& =\sum_j P_{r,j}(|x_t-x_r|>\varepsilon)P_{ij}(s,r) \\
& \leqslant \sum_j[1-p_{jj}(r,t)]p_{ij}(s,r)
\end{aligned}
$$

由条件(10) 并注意 $\sum_j p_{ij}(s,r)=1$，根据控制收敛定理得

$$\lim_{t\downarrow r} P_{s,i}(|x_t-x_r|>\varepsilon)=0$$

故存在一列 $t_n\downarrow r$，使

$$\lim_{t_n\downarrow r} x_{t_n}=x_r \quad (P_{s,i}(\text{a. s.}))$$

因为 E 中点孤立，故对 $P_{s,i}$ 几乎一切 ω，存在正整数 $N(\omega)$，当 $n>N(\omega)$ 时，$x_{t_n}(\omega)=x_r(\omega)$. 于是由式(13) 得

$$\lim_{t_n\downarrow r} p_{x_{t_n},j}(t_n,u)=p_{x_r j}(r,u) \quad (P_{s,i}(\text{a. s.})) \tag{14}$$

点列$\{t_n\}$ 的选择虽然可能依赖于 i，但由 E 的可列性，利用对角线方法，总可选取一列$\{t_n\}$，$t_n\downarrow r$，使式(14) 对一切测度 $P_{s,i}(i\in E)$ 成立. 在式(14) 中取 $r=s$ 即得证(i).

系 1 若 X 是齐次马氏链，具有标准转移概率矩阵，则无穷近 $0-1$ 律成立.

例 1 同系 1 中假定，此外还设 X 可分. 对 E 的任一子集 H，定义 $t-$集

$$S_H(\omega)=\{t\mid x_t(\omega)\in H\} \tag{15}$$

令 $A=\{\omega\mid S_H(\omega)\cap(s,s+\varepsilon)=\varnothing$ 对某 $\varepsilon>0$ 成立$\}$，$\varnothing$ 表示空集. 并令

$$A_n=\{\omega\mid S_H(\omega)\cap\left(s,s+\frac{1}{n}\right)=\varnothing\}$$

显然 $A_n \subset A_{n+1}$，于是有

$$A = \bigcup_{n=1}^{\infty} A_n = \lim_{n\to\infty} A_n \tag{16}$$

自 Ω 中清洗可分性中例外的概率为 0 的集后，$A_n \in \mathcal{N}_{s+\frac{1}{n}}^{s}$，故 $A \in \mathcal{N}_{s+0}^{s}$. 由系 1 得

$$P_{s,i}(A) = 0 \text{ 或 } 1$$

例 2　作为无穷近 0－1 律不成立的例，设 X 只有三个状态 0,1,2，有齐次转移概率为

$$p_{00}(0) = 1, p_{01}(t) = p_{02}(t) = \frac{1}{2} \quad (t > 0)$$

$$p_{11}(t) = p_{22}(t) = 1 \quad (t \geqslant 0)$$

可选 X 的一个修正（仍记为 X），使它的一切样本函数在 $t > 0$ 连续. 令

$$T(\omega) = \inf\{t \mid t > 0, x_t(\omega) = 1\}$$

$$A = \{\omega \mid T(\omega) = 0\}$$

显然此时 $A = \{\omega \mid x_\varepsilon(\omega) = 1\} \in \mathcal{N}_\varepsilon^0$，$\varepsilon > 0$ 任意，故 $A \in \mathcal{N}_{0+0}^0$，然而

$$P_0(A) = p_{01}(\varepsilon) = \frac{1}{2}$$

（二）现在来讨论另一种 0－1 律. 令 $\Pi = \bigcap_{t>0} \mathcal{N}^t$，又 Π 关于 $P_{s,i}$ 的完全化 σ 代数记为 $\Pi_{s,i}$，如果对一切 $A \in \Pi_{s,i}$，有 $P_{s,i}(A)=0$ 或 1，那么就说 $P_{s,i}$－无穷远 0－1 律成立；如果对任一 $s \geqslant 0$，$i \in E$，$P_{s,i}$－无穷远 0－1 律都成立，那么就说无穷远 0－1 律成立. 直观上可称 $\Pi_{s,i}$ 中的集为尾事件，以后 $A = B(P_{s,i})$ 表示 $P_{s,i}(A \Delta B) \equiv P_{s,i}[(A \backslash B) \cup (B \backslash A)] = 0$.

下述定理中结论 (i) 刻画了全体尾事件，(ii) 和 (iii) 则给出 0－1 律成立的充要条件.

定理 3　任意固定 $A \in \Pi_{s,i}$.

(i)A 可表示为

$$A \doteq \bigcap_{m=1}^{\infty}\bigcup_{n=m}^{\infty}(x_{t_n} \in E_n)$$

$$\doteq \bigcup_{m=1}^{\infty}\bigcap_{n=m}^{\infty}(x_{t_n} \in E_n) \quad (P_{s,i}(\text{a. s.})) \qquad (17)$$

其中$\{t_n\}$为任一列常数,$t_n \uparrow \infty$,而$E_n \subset E$($\{E_n\}$依赖于$\{t_n\}$);

(ii)$P_{s,i}(A)=0$或1的充要条件是:存在常数列$\{t_n\}$,$t_n \uparrow \infty$(因而对任一列如此的$\{t_n\}$),有

$$\lim_{n\to\infty} P_{t_n,x_{t_n}}(A)=c\,(\text{常数}) \quad (P_{s,i}(\text{a. s.})) \qquad (18)$$

此时必然有$P_{s,i}(A)=c$;

(iii)若定义在$(\Omega,\mathcal{N}^s,P_{s,i})$上的过程$\{P_{t,x_t}(A), t \geqslant s\}$可分,则$P_{s,i}(A)=0$或1的充要条件是

$$\lim_{t\to\infty} P_{t,x_t}(A)=c \quad (P_{s,i}(\text{a. s.})) \qquad (19)$$

证 只需对$A \in \Pi$证明.由马氏性

$$P_{s,i}(A \mid \mathcal{N}_t^s)=P_{t,x_t}(A) \quad (P_{s,i}(\text{a. s.}))$$

令t沿任一列$\{t_n\}$而趋于∞,并注意$A \in \Pi \subset \mathcal{N}^s$,得

$$\chi_A(\omega)=P_{s,i}(A \mid \mathcal{N}^s)$$

$$=\lim_{n\to\infty} P_{t_n,x_{t_n}}(A) \quad (P_{s,i}(\text{a. s.})) \quad (20)$$

任取常数α,$0<\alpha<1$,令

$$E_n=\{j \mid P_{t_n,j}(A)>\alpha\} \subset E \qquad (21)$$

对此$\{E_n\}$式(17)成立.实际上,以Ω_0表示集

$$\{\omega \mid \chi_A(\omega)\}=\lim_{n\to\infty} P_{t_n,x_{t_n}}(A)$$

由式(20),$P_{s,i}(\Omega_0)=1$.若$\omega \in A-\Omega_0$,则$\chi_A(\omega)=1$,故对一切充分大的n,有$P_{t_n,x_{t_n}}(A)>\alpha$,亦即$x_{t_n}(\omega) \in E_n$,从而

$$\omega \in \bigcup_{m=1}^{\infty}\bigcap_{n=m}^{\infty}(x_{t_n} \in E_n)$$

反之,若 $\omega \in \Omega_0 - A$,则$\chi_A(\omega)=0$. 由 $\omega \in \Omega_0$ 还知,对一切充分大的 n 有 $P_{t_n,x_{t_n}}(A) \leqslant \alpha$,亦即 $x_{t_n}(\omega) \notin E_n$,从而

$$\omega \notin \bigcap_{m=1}^{\infty}\bigcup_{n=m}^{\infty}(x_{t_n} \in E_n)$$

故得证:除可能差一 $P_{s,i}0$ 测集外,有

$$\bigcap_{m=1}^{\infty}\bigcup_{n=m}^{\infty}(x_{t_n} \in E_n) \subset A \subset \bigcup_{m=1}^{\infty}\bigcap_{n=m}^{\infty}(x_{t_n} \in E_n)$$

但左方集显然包含右方集,故得证式(17).

为证(ii),只要证存在一列 $t_n \uparrow \infty$ 使(18) 成立是 $P_{s,i}(A)=0$ 或 1 的充分条件,而式(18) 对任一列 $t_n \uparrow \infty$ 成立是必要条件.

设式(18) 对某列 $t_n \uparrow \infty$ 成立. 对照式(18) 与式(20),可见$\chi_A(\omega)=c(P_{s,i}(\text{a. s.}))$,故 c 必为 0 或 1 而且 $P_{s,i}(A)=c$. 反之,若 $P_{s,i}(A)=0$ 或 1,则$\chi_A=0$ 或$\chi_A=1(P_{s,i}(\text{a. s.}))$. 由式(20) 知,对任一列 $t_n \uparrow \infty$,有

$$\lim_{n\to\infty} P_{t_n,x_{t_n}}(A)=0$$

或

$$\lim_{n\to\infty} P_{t_n,x_{t_n}}(A)=1 \quad (P_{s,i}(\text{a. s.}))$$

在前一情况取 $c=0$,在后一情况取 $c=1$,即得证式(18) 对任一列 $t_n \uparrow \infty$ 成立.

最后,若$\{P_{t,x_t}(A), t \geqslant s\}$ 是可分过程,则(iii) 由(ii) 及可分性推出①.

注 1　以 $\Pi_{s,i}^{t_n}$ 表示σ 代数$\prod_{m=0}^{\infty}\mathscr{F}\{x_{t_n}, n \geqslant m\}$ 关于 $P_{s,i}$ 的完全化σ 代数,$t_n \uparrow \infty$ 为任一固定序列. 式(17)

---

①　见 Doob[1] 第二章,定理 2.3.

表示$\prod_{s,i}=\Pi^{\mathfrak{U}_n}_{s,i}$，因此，对 X 的 $P_{s,i}$- 无穷远0－1律的研究，化为对序列$\{x_{t_n}, n\geqslant 0\}$的相应的研究.

例 3　设$\{x_t, t\geqslant 0\}$是由独立随机变量组成的过程，此时 $P_{s,i}=P$ 与 s 及 i 无关，故式(21)中的 E_n 为 E 或空集，从而式(17)化为$A\doteq\Omega$或$A\doteq\varnothing$，于是$P(A)=1$或0. 这给出众所周知的独立随机变数列满足无穷远 0－1 律的另一证明. 注意式(18)也满足.

（三）从现在起只考虑齐次马氏链 X. 由于转移概率(p_{ij})的齐次性，这时不宜考虑 $\Pi_i(=\Pi_{0,i})$ 而考虑它的子 σ 代数 $\mathfrak{U}$.

令 $A\in\mathfrak{U}_i$，如果 $A\in\Pi$，而且对任一 $t\geqslant 0$，有 $P_i(\theta_t A\,\Delta\,A)=0$，那么 θ_t 为 X 的推移算子①. 定义

$$\mathfrak{U}=\bigcap_{i\in E}\mathfrak{U}_i$$

并称 $\mathfrak{U}$ 中的集为不变集. 由于

$$\begin{aligned}ZP_i(A\mid\mathscr{N}_t^0)&=P_i(\theta A\mid\mathscr{N}_t^0)\\&=P^0_{xt}(A)\quad(P_i(\text{a. s.}))\end{aligned}$$

$$\begin{aligned}\chi_A(\omega)&=\lim_{t_n\to\infty}P_i(A\mid\mathscr{N}^0_{t_n})\\&=\lim_{t_n\to\infty}P_{x_{t_n}}(A)\quad(P_i(\text{a. s.}))\end{aligned}\tag{22}$$

正如由式(20)可证明定理 3 一样，由式(22)可证明下定理：

定理 4　任意固定 $A\in\mathfrak{U}$ 及 $i\in E$.

---

① 过程 $X_T=\{x_t(\omega)\cdot t\geqslant 0\}$ 的 $s\geqslant 0$ 推移为过程 $X_{s+T}=\{x_{s+t}(\omega), t\geqslant 0\}$，$s$ 可依赖于ω. 设 g 为定义在$E^{[0,\infty)}$上的$\mathscr{B}^{[0,\infty)}$可测函数，$\mathscr{B}$是$E=(i)$中全体子集所组成的σ代数，又$\xi(\omega)=g(X_T)$. 称$\xi(\omega)$的 s 推移为$\theta_s\xi=g(X_{s+T})$. 直观地说，ξ如何依赖于X_T，则$\theta_s\xi$以同样方式依赖于 X_{s+T}. 若 $B\in\mathscr{F}\{X_T\}$，则集 $\theta_s B$ 由下式定义：$\chi_{\theta_s B}=\theta_s\chi_B$.

(i) 集 A 可表示为

$$A \doteq \bigcap_{m=1}^{\infty}\bigcup_{n=m}^{\infty}(x_{t_n} \in e_a)$$
$$\doteq \bigcup_{m=1}^{\infty}\bigcap_{n=m}^{\infty}(x_{t_n} \in e_a) \quad (P_i(\text{a. s.})) \qquad (23)$$

其中 $e_\alpha=\{j \mid P_j(A)>\alpha\}\subset E,0<\alpha<1,t_n\uparrow\infty$ 任意；

(ii) 为使 $P_i(A)=0$ 或 1，充要条件是存在一列常数 $\{t_n\},t_n\uparrow\infty$（因而对任一列如此的 $\{t_n\}$），有

$$\lim_{n\to\infty}P_{x_{t_n}}(A)=c \quad (\text{常数}) \quad (P_i(\text{a. s.})) \qquad (24)$$

这时必有 $P_i(A)=c$；

(iii) 若 $(\Omega,\mathcal{N}^0,P_i)$ 上的过程 $\{P_{x_t}(A),t\geqslant 0\}$ 可分，则 $P_i(A)=0$ 或 1 的充要条件是

$$\lim_{t\to\infty}P_{x_t}(A)=c \quad (P_i(\text{a. s.})) \qquad (25)$$

(四) 设 X 的转移概率 $p_{ij}(t)$ 是 t 的 L－可测函数，因而是 $t\in(0,\infty)$ 连续函数. 称状态 $i(\in E)$ 是 X 的常返状态，如果 $\int_0^\infty p_{ii}(t)\mathrm{d}t=\infty$；称过程 X 常返，如果一切状态常返.

引理 1　i 常返的充要条件是：对某一（或每一）$h>0$，有

$$\sum_{n=0}^{\infty}p_{ii}(nh)=\infty$$

证　设 E 已按 2.1 节对 (p_{ij}) 分解为 $F,I,J,\cdots$，如果 $i\in F$，那么由 2.1 节知

$$\int_0^\infty p_{ii}(t)\mathrm{d}t=\sum_{n=0}^{\infty}p_{ii}(nh)=0$$

故只要考虑 $i\notin F$.

若 $i\notin F$，则 $\lim\limits_{t\to 0}p_{ii}(t)=u_i>0$，再注意到 $p_{ii}(t)$ 在 $(0,\infty)$ 的连续性及恒正性，知

$$\delta(h) \equiv \min_{0 \leqslant r \leqslant h} p_{ii}(r) > 0$$

易见

$$\lim_{0 \leqslant r \leqslant h} p_{ii}(t+r) \geqslant p_{ii}(t) \cdot \min_{0 \leqslant r \leqslant h} p_{ii}(r) = p_{ii}(t)\delta(h)$$

$$m_n(h) \equiv \min_{nh \leqslant t \leqslant (n+1)h} p_{ii}(t) \geqslant p_{ii}(nh)\delta(h)$$

类似有

$$M_n(h) \equiv \max_{nh \leqslant r \leqslant (n+1)h} p_{ii}(t) \leqslant \frac{p_{ii}([n+1]h)}{\delta(h)}$$

联合后两个等式，得

$$\begin{aligned} &\delta(h)h\sum_{n=0}^{N-1} p_{ii}(nh) \\ &\leqslant h\sum_{n=0}^{N-1} m_n(h) \leqslant \int_0^{Nh} p_{ii}(t)\mathrm{d}t \\ &\leqslant h\sum_{n=0}^{N-1} M_n(h) \leqslant \delta(h)^{-1} h\sum_{n=1}^{N} p_{ii}(nh) \end{aligned}$$

令 $N \to \infty$ 后即得证引理中的结论.

对 $h>0$，考虑过程 $X=\{x_t, t \geqslant 0\}$ 的离散骨架

$$X_h = \{x_{nh}, n=0,1,2,\cdots\} \tag{26}$$

X_h 是一个具有离散参数的齐次马氏链，n 步转移概率矩阵为

$$(p_{ij}(nh)) \quad (i,j \in E)$$

X_h 与 X 有相同的开始分布，定义在同一概率空间$(\Omega,\mathscr{F},P)$上.

由引理 1 得知，i 是 X 的常返状态的充要条件是 i 对 X_h 常返(任意 $h>0$). 取 $h=1$，由离散参数马氏链的理论知：此时有[①]

$$P_i(x_n = i \text{ 对无穷多个 } n) = 1 \tag{27}$$

① 见王梓坤[1]，§2.7,14.

说关于 X,自 i 可到 j,并记为 $i\Rightarrow j$,存在 $t>0$,使 $p_{ij}(t)>0$. 因 2.1 节 $p_{ij}(h)>0$,故关于 X_h 自 i 也可到 j;反之是显然的. 因而"$i\Rightarrow j$"的概念对 X 与对 X_h 是等价的. 如果 $i\Rightarrow j, j\Rightarrow i$, 那么就说 i,j 互通, 并记为 $i\Longleftrightarrow j$.

定理 5　设(p_{ij})是可测转移矩阵,i 常返,则对任意 $A\in\mathfrak{U}$,有 $P_i(A)=0$ 或 1,再若 $i\Rightarrow j$,则 $p_i(A)=p_j(A)$ 或者同为 0,或者同为 1.

证　由式(22)知对 P_j 几乎一切 ω,存在极限 $\lim\limits_{n\to\infty}P_{x_n}(A)$,由式(27)得

$$\lim_{n\to\infty}P_{x_n}(A)=P_i(A)\quad(\text{常数})\quad(P_i(\text{a. s.}))$$

故式(24)对 $t_n=n$ 及 $c=P_i(A)$ 满足,从而 $P_i(A)=0$ 或 1.

其次,有

$$\begin{aligned}P_i(A)&=E_i[P_i(A\mid\mathcal{N}_t)]=E_i[P_i(\theta_tA\mid\mathcal{N}_t)]\\&=E_iP_{x_t}(A)=\sum_j p_{ij}(t)P_j(A)\end{aligned}\tag{28}$$

由 $i\Rightarrow j$ 知存在 $t>0$,使 $p_{ij}(t)>0$. 取式(28)中的 t 为此 t,若 $P_i(A)=0$,则由式(28)得 $P_j(A)=0$;如果 $P_i(A)=1$,那么注意到

$$\sum_j p_{ij}(t)=1$$

即知 $P_j(A)=1$.

系 2　设(p_{ij})为可测转移矩阵,一切状态互通、常返,则对任意 $A\in\mathfrak{U}$,有

$$P_i(A)\equiv 0\quad(\text{一切 } i)$$

或　　(29)

$$P_i(A)\equiv 1\quad(\text{一切 } i)$$

由于系 2 的启发,引出下列定义:

设 X 为齐次马氏链,如果对任意 $A\in\mathfrak{U}$,式(29)成立,那么就说对 X 强无穷远 0—1 律成立. 0—1 律的进一步研究留待下节.

例 4 设 f 为定义在 E 上的非负函数,过程 X 可测,(p_{ij}) 也可测,由

$$\left\{\omega \mid \int_0^\infty f(x_t)\mathrm{d}t=\infty\right\}=\left\{\omega \mid \int_s^\infty f(x_t)\mathrm{d}t=\infty\right\}$$
$$=\theta_s\left\{\omega \mid \int_0^\infty f(x_t)\mathrm{d}t=\infty\right\}$$

知事件 $A=\left\{\omega \mid \int_0^\infty f(x_t)\mathrm{d}t=\infty\right\}\in\mathfrak{U}$. 故若 i 常返,则 $P_i(A)=0$ 或 1. 特别地,则 f 为集 $H(\subset E)$ 的示性函数,则 A 化为$\{\omega \mid L[S_H(\omega)]=\infty\}$,其中 $S_H(\omega)$ 由式(15)定义,而 L 表示 Lebesgue 测度.

4.2 常返性与过分函数

(一) 设(p_{ij})为可测转移矩阵,在 4.1 节中已经看到:状态 i 的常返性"$\int_0^\infty p_{ii}(t)\mathrm{d}t=\infty$"等价于"$\sum_{n=0}^\infty p_{ii}(nh)=\infty, h>0$ 任意";即等价于 i 在离散骨架 X_h 中的常返性;因而也等价于

$$P_i(x_{nh}=i \text{ 对无穷多个 } n=n(\omega) \text{ 成立})=1 \quad (1)$$

在本节前三段中,我们总设(p_{ij})标准. 对这种矩阵,常返性有更多的等价性质. 任取以(p_{ij})为转移概率矩阵的可分、可测过程 $X=\{x_t,t\geqslant 0\}$,仍令 $S_i(\omega)=\{t \mid x_t(\omega)=i\}$,$L$ 表示 Lebesgue 测度.

定理 1 设 $i\neq\infty$,则下列条件等价:

(i) 常返;

(ii) $P_i(S_i(\omega)$ 无界$)=1$;

(iii) $P_i(L[S_i(\omega)]=\infty)=1$.

证　(i) → (ii):由式(1)即得.

(iii) → (i):只要注意

$$\begin{aligned}E_iL[S_i(\omega)]&=E_i\int_0^\infty \chi_{(i)}(x_t)\mathrm{d}t\\&=\int_0^\infty E_i\chi_{(i)}(x_t)\mathrm{d}t\\&=\int_0^\infty p_{ii}(t)\mathrm{d}t\end{aligned}\tag{2}$$

剩下只要证(ii) → (iii). 为此只要证关于概率 P,有

$$A_1\equiv\{S_i(\omega)\text{ 无界}\}\doteq\{L[S_i(\omega)]=\infty\}\equiv A_2$$

实际上,对(a. s.)$\omega\in A_1$,我们有 $x_r(\omega)=i$ 对 R 中一个无界子集中的 r 成立,R 表示可分集. 由 3.1 节式(17),对任 $\eta>0$,存在与 r 无关的常数 $\varepsilon=\varepsilon(\eta)>0$,使

$$P_{r,i}\left\{L[S_i(\omega)\cap(r,r+\varepsilon)]>\frac{\varepsilon}{2}\right\}\geqslant 1-\eta\tag{3}$$

故对每个 $r\in R$ 有

$$\begin{aligned}&P\left\{L[S_i(\omega)\cap(r,\infty)]>\frac{\varepsilon}{2}\right\}\\&\geqslant\lim_{n\to\infty}\sum_{m=0}^{\infty}P\left\{x\left(r+\frac{v}{2^n}\right)\neq i,0<v<m;x\left(r+\frac{m}{2^n}\right)=i\right\}\cdot\\&\quad P_{r+\frac{m}{2^n},i}\left\{L\left[S_i\cap\left(r+\frac{m}{2^n},\infty\right)\right]>\frac{\varepsilon}{2}\right\}\\&\geqslant P(A_1)(1-\eta)\end{aligned}\tag{4}$$

令 $r\to\infty$,得 $P(A_2)\geqslant P(A_1)(1-\eta)$. 由 η 的任意性,得 $P(A_2)\geqslant P(A_1)$. 但 $P(A_2)\leqslant P(A_1)$,而且 $A_2\subset A_1$,故 $A_1\doteq A_2$.

附带指出:如果$\int_0^\infty p_{ii}(t)\mathrm{d}t<\infty$,那么由式(2)知$P_i(A_2)=0$.结合(iii)可见:$P_i(A_1)=P_i(A_2)$只能为0或1,视$\int_0^\infty p_{ii}(t)\mathrm{d}t<\infty$或$=\infty$而定.

常返性的一个更简单的充要条件如下:设X是典范链,对任意$i\in E$,定义

$$\tau^{(i)}(\omega)=\inf\{t\mid t>0,x_t(\omega)=i\} \tag{5}$$

当右方括号中t-集空时,令$\tau^{(i)}(\omega)=\infty$.令$\Omega_i=(\tau^{(i)}(\omega)<\infty)$,由$X$的右下半连续性,有

$$x(\tau^{(i)},\omega)=i \quad (\omega\in\Omega_i) \tag{6}$$

称$\tau^{(i)}(\omega)$为首达i的时刻,它是3.3节式(10)中所定义的$\gamma_j(\omega)$的特殊情形(在那里应取$j=i,\alpha(\omega)\equiv 0$),因而是马氏时刻.

定理2 设X是典范链,则X是互通的常返链的充要条件是:对任意$i,j\in E$,有

$$P_j(\Omega_i)=1 \tag{7}$$

证 定义两列随机变量$I_n(\omega),K_n(\omega),n=1,2,\cdots$,有

$$\begin{cases}I=\tau^{(i)},K=\tau^{(k)}\\ I_1=I,K_1=I_1+\theta_{I_1}K\\ I_n=K_{n-1}+\theta_{K_{n-1}}I,K_n=I_n+\theta_{I_n}K\end{cases} \tag{8}$$

直观上,I_1为首达i的时刻,K_1为首达i后首达k的时刻,I_2为到达i再到k后首达i的时刻,依此类推.它们都是马氏时刻,而且

$$\begin{cases}x(I_n,\omega)=i,当\ \omega\in(I_n<\infty)\\ x(K_n,\omega)=k,当\ \omega\in(K_n<\infty)\end{cases} \tag{9}$$

现设式(7)成立,试证对任一$j\in E$,任意正整数

n，有

$$P_j(I_n<\infty)=1,P_j(K_n<\infty)=1$$

实际上，当 $n=1$ 时此式由式(7) 正确. 设上式对 $n=m$ 成立，由强马氏性及式(7) 得

$$\begin{aligned}P_j(I_{m+1}<\infty)&=P_j(K_m<\infty,K_m+\theta_{K_m}I_1<\infty)\\&=P_j(K_m<\infty,\theta_{K_m}(I_1<\infty))\\&=\int_{(K_m<\infty)}P_{x(K_m)}(I_1<\infty)P_j(\mathrm{d}\omega)\\&=P_K(I_1<\infty)P_j(K_m<\infty)=1\end{aligned}$$

同样可证 $P_j(K_{m+1}<\infty)=1$.

于是由刚才所证及 I_n,K_n 的定义，得

$$I_1<K_1<I_2<K_2<\cdots<\infty\quad(P_j(\text{a. s.}))$$

因而 $\{I_n\},\{K_n\}$ 有公共的极限 η. 如果 $\eta(\omega)<\infty$，那么当 $t\uparrow\eta(\omega)$ 时，根据式(9)，$x(t,\omega)$ 有两个有限的极限 i 及 k，此与 3.2 节定理 1 矛盾，故

$$\lim_{n\to\infty}I_n(\omega)=\lim_{n\to\infty}K_n(\omega)=\infty\quad(P_j(\text{a. s.}))$$

此结果当 $j=i$ 时自然也成立，这与式(9) 中第一式联合后，可见定理 1 中条件(ii) 满足，故得证 i 的常返性($i\in E$).

由于(p_{ij}) 在($0,\infty$) 上或恒为 0，或恒大于 0，并注意式(7) 得 $p_{ji}(t)>0$，故一切状态互通，这得证式(7) 为 X 互通常返的充分条件.

反之，设 X 互通常返，则 X_h 亦然. 根据具有离散参数马氏链的理论，对 $j,i\in E$，有

$$p_j(x_{nh}=i\text{ 对无穷多个 }n\text{ 成立})=1$$

由此即推出式(7).

(二) 联系于马氏链 X，有一类重要的函数：过分函数和它的特殊情形 —— 调和函数，它们与常返性和

无穷远 0－1 律间有着密切的联系.

设 X 的转移概率为 $p_{ij}(t), i,j \in E$. 定义在 E 上的非负函数(可取 ∞ 为值)f 称为[关于 X 或(p_{ij})] 过分的,如果对任意 $t \geqslant 0$,有

$$\sum_j p_{ij}(t) f(j) \leqslant f(i) \quad (i \in E) \tag{10}$$

称有限、非负函数 f 为(关于 X 或(p_{ij})) 调和的,如果式(10) 取等号.

如果 X 是具有离散时间参数为 $n=0,1,2,\cdots$ 的齐次马氏链,那么一步转移概率为 p_{ij},同样对它可定义过分函数与调和函数,只要把式(10) 中的 t 理解为正整数 n,其实这时要使式(10)(或其等式) 对一切正整数成立,只需它分别对 $n=1$ 成立就够了.

设 $X=\{x_t, t \geqslant 0\}$ 的离散骨架为 $X_h(h>0)$,f 是 X 的过分(或调和) 函数,由定义显然可见 f 也是 X_h 的过分(或调和) 函数.

定理 3 设 X 的转移概率矩阵(p_{ij}) 标准,一切状态互通,则 X 常返的充要条件是它的任一过分函数等于一个常数.

证 由互通性及 2.1 节定理 4,知 $p_{ij}(t)>0(t>0)$. 设 f 过分,若在某 j_0 有 $f(j_0)=\infty$,则由

$$f(i) \geqslant \sum_j p_{ij}(t) f(j) \geqslant p_{ij_0}(t) f(j_0) = \infty$$

知 $f(i) \equiv \infty (i \in E)$,故只要考虑有限的过分函数.

设 X 常返,f 是它的有限过分函数,则 X_t 也常返,而且 f 也是 X_1 的过分函数,因而

$$\sum_j p_{ij}(1) f(j) \leqslant f(i) \quad (i \in E) \tag{11}$$

考虑随机序列 $\{f(x_n), n \geqslant 0\}$,由于马氏性及式(11),有

$$
\begin{aligned}
&E_i\{f(x_{n+1}) \mid x_0,\cdots,x_n\}\\
&=E_i\{f(x_{n+1}) \mid x_n\} \qquad (12)\\
&=\sum_j p_{x_n j}(1)f(j) \leqslant f(x_n) \quad (P_i(\text{a. s.}))
\end{aligned}
$$

这说明$[f(x_n),\mathscr{F}\{x_0,\cdots,x_n\}]$关于测度 P_i 是一半鞅. 由后者的收敛定理[①],存在有限极限

$$\lim_{n\to\infty} f(x_n)=\xi \quad (P_i(\text{a. s.})) \qquad (13)$$

由 X_1 的常返性及互通性,对任意 $j\in E$,有

$$P_i(x_n=j\text{ 对无穷多个 }n)=1 \qquad (14)$$

由式(13)和式(14)得 $P_i(\xi=f(j))=1$. 由于 j 任意,又有 $P_i(\xi=f(k))=1$,从而 $f(j)=f(k)(j,k\in E)$. 这得证必要性.

现设任一过分函数是常数. 由(p_{ij})的标准性,不妨设 X 是典范链. 对任意$i\in E$,定义随机变量

$$\tau_t^{(i)}(\omega)=\inf\{s \mid s>0, x_{t+s}(\omega)=i\}$$

如果括号中 s－集空,那么就定义它为 ∞,再令

$$f(j)=P_j(\tau^{(j)}<\infty)=E_j\,\chi_{(\tau^{(i)}<\infty)} \qquad (15)$$

$\tau^{(i)}=\tau_0^{(i)}$ 是首达 i 的时刻,$\tau_t^{(i)}$ 是 t 以后首达 i 的时刻,$f(j)$ 是自 j 出发,终于要到达 i 的概率. 我们证明,f 是一个过分函数. 实际上

$$
\begin{aligned}
\sum_k p_{jk}(t)f(k) &= E_j f(x_t)=E_jE_{x_t}\,\chi_{(\tau^{(i)}<\infty)}\\
&=E_j\theta_t\,\chi_{(\tau^{(i)}<\infty)}=E_j\,\chi_{(\tau_t^{(i)}<\infty)}\\
&\leqslant E_j\,\chi_{(\tau^{(i)}<\infty)}=f(j)
\end{aligned}
$$

由假定,$f(j)\equiv c$(常数). 根据 X 的右下半连续性,显然有 $f(i)=1$,从而

---

① 见 Дынкин[2],779 页.

$$P_j(\tau^{(i)} < \infty) \equiv 1 \quad (j \in E)$$

由定理 2 即知 X 常返.

（三）与定理 3 相应，试考虑强无穷远 0－1 律与调和函数间的关系. 为此对 X 加些条件.

称 $X = \{x_t, t \geqslant 0\}$ 是右连续链，如果对任一对 (t, ω)，$x_t(\omega) \neq \infty$，而且对每个 $\omega \in \Omega$，$x(\cdot, \omega)$ 是 t 的右连续函数.

由于 E 的拓扑离散，E 中每点孤立，故若 $x(t, \omega) = i$，则由右连续性必存在 $h = h(\omega) > 0$，使在 $[t, t+h]$ 中，$x(\cdot, \omega)$ 恒等于 i. 因此，对右连续链 X，若 (p_{ij}) 标准，则一切状态 i 是稳定的.

定理 4 设 X 右连续，它的 (p_{ij}) 标准，则强无穷远 0－1 律成立的充要条件是任一有界调和函数是一个常数.

证 充分性：任取不变集 A，有

$$\begin{aligned} P_i(A) &= P_i(\theta_t A) = E_i E_{x_t} \chi_A \\ &= E_i P_{x_t}(A) \\ &= \sum_j p_{ij}(t) P_j(A) \quad (t \geqslant 0) \end{aligned} \tag{16}$$

故 $P_i(A)$ 是有界调和函数，由假定，$P_i(A) \equiv c (i \in E)$，$c$ 为常数，于是 4.1 节定理 4(ii) 中式(24) 满足，故得知 $P_i(A)$ 或恒等于 0，或恒等于 1.

必要性：任取有界调和函数 $u(i)$，考虑过程 $\{u(x_t), t \geqslant 0\}$，由马氏性及 u 的调和性，得

$$\begin{aligned} E_i[u(x_{s+t}) \mid x_u, u \leqslant s] &= E_i[u(x_{s+t}) \mid x_s] \\ &= \sum_j p_{x_s j}(t) u(j) \\ &= u(x_s) \end{aligned} \tag{17}$$

这表示 $[u(x_t) \cdot \mathscr{F}\{x_u, u \leqslant t\}]$ 关于 P_i 是一鞅. 因 x_t 右

连续，$u(x_t)$ 也右连续，故它是一个可分鞅，根据后者的收敛定理，存在极限

$$\lim_{t\to\infty} u[x_t(\omega)]=\xi(\omega) \quad (P_i(\text{a. s.}))$$

由于

$$\theta_s\xi(\omega)=\lim_{t\to\infty} u[x_{t+s}(\omega)]=\xi(\omega)$$

知 ξ 为 $\mathfrak{U}$ 可测. 根据假定，强无穷远 0－1 律成立，$\mathfrak{U}$ 只含 P_i 测度为 0 或 1 的集，而且若 $P_i(A)=1$，则 $P_j(A)=1(i,j\in E)$. 因此，存在不依赖于 i 的常数 c，使

$$\xi=c \quad (P_i(\text{a. s.})) \tag{18}$$

因而

$$E_i\xi\equiv c \quad (i\in E) \tag{19}$$

但另一方面，由 u 的有界性及 $u(x_t)$ 的鞅性，得

$$\begin{aligned}E_i\xi&=E_t\lim_{t\to\infty} u(x_t)=\lim_{t\to\infty} E_iu(x_t)\\&=\lim_{t\to\infty} E_iE_i[u(x_t)\mid x_0]=E_iu(x_0)=u(i)\end{aligned}$$

由此及式(19) 即得

$$u(i)\equiv c \quad (i\in E)$$

（四）在 2.1 节中，我们已经证明：对可测转移矩阵 (p_{ij})，存在极限

$$v_{ij}=\lim_{t\to\infty} p_{ij}(t) \tag{20}$$

现在来进一步讨论 v_{ij}.

设 E 中一切状态互通，于是对离散骨架 $X_1=\{x_n,n\geqslant 0\}$，一切状态也互通，而且周期为 1. 根据具有离散参数马氏链的理论①，存在与 i 无关的极限 v_j 为

$$v_j=\lim_{n\to\infty} p_{ij}(n) \tag{21}$$

由式(20) 和式(21) 知 $v_{ij}=v_j$ 不依赖于 i.

① 参看王梓坤[1]，§2.4；§2.5.

由 $\sum_j p_{ij}(t)=1$，显然得

$$0\leqslant v_j,\sum_j v_j\leqslant 1 \tag{22}$$

由具有离散参数马氏链的理论还知道：只有两种可能，或者一切 $v_j>0$ 而且 $\sum_j v_j=1$；或者一切 $v_j=0$. 前一种情况发生的充要条件是 X_1（因而任一离散骨架 $X_h,h>0$）为遍历链，这时 $\{v_j\}$ 构成 E 上一个概率分布. 如取此 $\{v_j\}$ 为 X 的开始分布，则由 2.1 节式(43)得

$$v_j=\sum_k v_k p_{kj}(t)=P(x(t)=j)$$

这表示 $P(x(t)=j)$ 与 $t\geqslant 0$ 无关，一切 $j\in E$. 具有这种性质的分布称为 X 的(或 (p_{ij}) 的) 平稳分布. 显然，它也是 X_1（及任一 X_h）的平稳分布. 但由离散参数马氏链的结论，在状态互通情况下，X_1 的平稳分布是唯一的，故 X 的平稳分布也是唯一的，故得证.

定理 5 设 X 有可测转移矩阵，每 $p_{ij}(t)>0,t>0$. 则 X(或 $(p_{ij}(t))$) 有平稳分布的充分必要条件是 X_1（或每个 $X_h,h>0$）是遍历链，这时平稳分布 $\{v_j\}$ 是唯一的，它由式(21) 给出，$v_j>0$.

4.3 积分型随机泛函的分布

(一) 设 $X=\{x_t(\omega),t\geqslant 0\}$ 是定义在 $(\Omega,\mathscr{F},P)$ 上的马氏链，它的转移概率矩阵 (p_{ij}) 标准，我们还假定它的密度矩阵 $\boldsymbol{Q}=(q_{ij})$ 保守，即满足

$$\sum_{j\neq i}q_{ij}=-q_{ii}\equiv q_i<\infty\quad(i\in E) \tag{1}$$

设 X 可分，由 2.3 节知，以概率 1 存在跳跃点列

$$0 \equiv \tau_0(\omega) < \tau_1(\omega) < \tau_2(\omega) < \cdots < \infty \quad (2)$$

第一个飞跃点是

$$\eta(\omega) = \lim_{n \to \infty} \tau_n(\omega) \quad (3)$$

我们知道，在$[0,\eta(\omega))$中，$x(\cdot,\omega)$是右连续的跳跃函数，除去一个$\omega-0$测集外. 为简单起见，设此 0 测集已自Ω中清洗出去，并设X是典范链.

定义随机变量列

$$y_n(\omega) = x(\tau_n,\omega) \quad (n=0,1,2,\cdots) \quad (4)$$

由于X的强马氏性，$\{y_n(\omega)\}$是$(\Omega,\mathscr{F},P)$上的齐次马氏链，一步转移概率矩阵为(r_{ij})，其中

$$\begin{cases} r_{ij} = \dfrac{q_{ij}}{q_i}, 若\ q_i > 0 \quad (i \neq j) \\ r_{ij} = 0, 若\ q_i > 0 \quad (i = j) \\ r_{ij} = \delta_{ij}, 若\ q_i = 0 \end{cases} \quad (5)$$

称$\{y_n\}$为X的嵌入链.

引理 1 说明$\eta(\omega)$可直观地看成$x(\cdot,\omega)$的“第一个无穷”：

引理 1　对几乎一切ω，有

$$\eta(\omega) = \begin{cases} \inf\{t \mid t > 0, \lim\limits_{s \uparrow t} x(s,\omega) = \infty\}, \\ \qquad 若括号中\ t\ 集非空 \\ \infty, 否则 \end{cases}$$

证　若$\eta(\omega)=\infty$，则因$x(\cdot,\omega)$在$(0,\infty)$是跳跃函数，故上面括号中的t集空. 若$\eta(\omega)<\infty$，由于$x(\cdot,\omega)$在$[0,\eta(\omega))$中跳跃，则不可能存在$t<\eta(\omega)$，使t能满足括号中的条件，故只要证对(a. s.)$\omega \in (\eta(\omega) < \infty)$，有

$$\lim_{s \uparrow \eta} x(s,\omega) = \infty$$

设若不然，有

$$P(\eta < \infty;\text{当 } s \uparrow \eta \text{ 时 } x(s,\omega) \text{ 至少有一个有限极限点}) > 0$$

则必存在常数 $T < \infty$ 及 $i \in E$ 使

$$\begin{aligned} 0 &< P(\eta < T, x(\cdot,\omega) \text{ 在}[0,T]\text{ 中有一个极限点为 } i) \\ &\leqslant P(x(\cdot,\omega) \text{ 在}[0,T]\text{ 中有无穷多个 } i - \text{区间}) \end{aligned}$$

但由 3.1 节定理 1,最后一个概率应为 0,矛盾.

$\eta(\omega)$ 的另一种刻画方式如下:任取 E 的一列有穷子集 $\{E_n\}$,使

$$E_n \subset E_{n+1}, \bigcup_{n=1}^{\infty} E_n = E \tag{6}$$

并定义随机变量列 $\{\eta_n(\omega)\}$ 为

$$\eta_n(\omega) = \begin{cases} \inf\{t \mid t > 0, x(t,\omega) \notin E_n\}, \\ \qquad \text{若括号中 } t \text{ 集非空} \\ \infty, \text{否则} \end{cases} \tag{7}$$

直观上,$\eta_n(\omega)$ 为首出 E_n 的时刻.

引理 2 对几乎一切 ω,有

$$\eta(\omega) = \lim_{n \to \infty} \eta_n(\omega) \tag{8}$$

证 $\{\eta_n\}$ 对 n 不减(a. s.),故右方极限存在. 由于

$$x(\tau_m) \in E = \bigcup_{n=0}^{\infty} E_n \quad (\text{a. s. })$$

故对正整数 n,存在 $N = N(n,\omega)$,使 $x(\tau_k) \in E_N (0 \leqslant k \leqslant n)$,从而

$$\tau_n \leqslant \eta_N \leqslant \lim_{m \to \infty} \eta_m$$

由式(3) 得

$$\eta(\omega) \leqslant \lim_{n \to \infty} \eta_n(\omega) \quad (\text{a. s. })$$

下证反号不等式成立,我们来证明 $\eta(\omega) \geqslant \eta_n(\omega)$(a. s.),为此只要考虑 $\eta(\omega) < \infty$ 的情形. 这时由引理 1,存在 $s_m = s_m(\omega) \uparrow \eta(\omega)$,使 $\lim\limits_{m \to \infty} x(s_m,\omega) =$

∞. 由于 E_n 是有穷集，故存在 $N=N(\omega)$，当 $k\geqslant N$ 时，$x(s_k,\omega)\notin E_n$. 根据式(7) 得

$$\eta(\omega)\geqslant s_k(\omega)\geqslant \eta_n(\omega)\quad (\text{a. s.})$$

现在来研究 τ_n 及 η_n 的分布. 为简单起见，设

$$E_n=\{0,1,2,\cdots,n-1\}$$

因而 E 重合于全体非负整数集. 令

$$F_{in}(t)=P_i(\eta_n\leqslant t)\quad (0\leqslant t<n)\tag{9}$$

$$G_{in}(t)=P_i(\tau_n\leqslant t)\quad (0\leqslant t<\infty)\tag{10}$$

$$G_i(t)=P_i(\eta\leqslant t)\quad (0\leqslant i<\infty)\tag{11}$$

利用已给的密度矩阵 $\boldsymbol{Q}=(q_{ij})$，通过 2.3 节式(40) 或(41)，可得 ${}_np_{ij}(t)$，$n=0,1,2,\cdots$. 它们的概率意义见 2.3 节式(39)，最后令

$$f_{ij}(t)=\sum_{n=0}^{\infty}{}_np_{ij}(t)\tag{12}$$

它是自 i 出发，沿 X 的轨道，经有穷多次跳跃而于 t 时到达 j 的概率.

当 $t<0$ 时，显然 $G_{in}(t)=G_i(t)=F_{in}(t)=0$，故以后只考虑 $t\geqslant 0$.

引理 3

$$G_{in}(t)=\int_0^t\sum_j{}_{n-1}p_{ij}(s)q_j\,\mathrm{d}s\tag{13}$$

$$G_i(t)=\lim_{n\to\infty}G_{in}(t)=1-\sum_j f_{ij}(t)\tag{14}$$

证　对 $A\subset E$，引入记号

$${}_np_{iA}(t)=\sum_{j\in A}{}_np_{ij}(t)\tag{15}$$

我们有

$$G_{in}(t)=1-P_i(\tau_n>t)=1-\sum_{m=0}^{n-1}{}_mp_{iE}(t)\tag{16}$$

另一方面，由 2.3 节式(41)，对 $n\geqslant 1$ 有

$$\int_0^t {}_n p_{ij}(u) q_j \mathrm{d}u = \int_0^t \int_0^u \sum_{k \neq j} {}_{n-1} p_{ik}(s) q_{kj} \mathrm{e}^{-q_j(u-s)} q_j \mathrm{d}s\mathrm{d}u$$
$$= \sum_{k \neq j} \int_0^t {}_{n-1} p_{ik}(s) q_{kj} [1 - \mathrm{e}^{-q_j(t-s)}] \mathrm{d}s$$
$$= \sum_{k \neq j} \int_0^t {}_{n-1} p_{ik}(s) q_{kj} \mathrm{d}s - {}_n p_{ij}(t)$$

对 $j \in E$ 求和得

$${}_n p_{iE}(t) = \int_0^t \sum_j {}_{n-1} p_{ij}(s) q_j \mathrm{d}s - \int_0^t \sum_j {}_n p_{ij}(s) q_j \mathrm{d}s$$

故

$$\sum_{m=0}^{n-1} {}_m p_{iE}(t) = \mathrm{e}^{-q_i t} + \int_0^t q_i \mathrm{e}^{-q_i s} \mathrm{d}s - \int_0^t \sum_j {}_{n-1} p_{ij}(s) q_j \mathrm{d}s$$
$$= 1 - \int_0^t \sum_j {}_{n-1} p_{ij}(s) q_j \mathrm{d}s$$

此式与式(16) 结合即得式(13). 式(14) 即 2.3 节中式(45).

为求 $F_{in}(t)$,把 $\bar{E}_n = \{n, n+1, n+2, \cdots\}$ 合起来看成一个新的状态,仍记为 n,并引进

$$\bar{x}(t,\omega) = \begin{cases} x(t,\omega), 若\ t < \eta_n(\omega) \\ n, 若\ t \geqslant \eta_n(\omega) \end{cases} \tag{17}$$

$\{\bar{x}(t,\omega), t \geqslant 0\}$ 是具有有限多个状态 $\{0,1,2,\cdots,n\}$ 的右连续强马氏链,一切样本函数是跳跃函数,n 为吸引状态. 它的密度矩阵是 $\bar{Q} \doteq (\bar{q}_{ij})$, $i,j \in \{0,1,\cdots,n\}$,有

$$\begin{cases} \bar{q}_{ij} = q_{ij}, 0 \leqslant i,j < n \\ \bar{q}_{in} = \sum\limits_{j \geqslant n} q_{ij} = q_i - \sum\limits_{\substack{j=0 \\ (j \neq i)}}^{n-1} q_{ij} \\ \bar{q}_{ni} = 0, 0 \leqslant i \leqslant n \end{cases} \tag{18}$$

它的转移概率矩阵为$(\bar{p}_{ij}(t))$, $\bar{p}_{ij}(t) = \sum\limits_{m=0}^{\infty} {}_m \overline{p_{ij}(t)}$,而

$\overline{{}_m p_{ij}(t)}$ 可通过 2.3 节式(40) 或式(41) 求得,只要把那里的(q_{ik}) 换为式(18) 中的$(\bar{q}_{ik})$.

引理 4

$$\begin{cases} F_{in}(t) = \overline{p_{in}(t)}, 0 \leqslant i < n \\ F_{nn}(t) = 1, t \geqslant 0 \end{cases} \tag{19}$$

证　因 $P_n(\eta_n = 0) = 1$,故

$$\begin{aligned} 1 \geqslant F_{nn}(t) &= P_n(\eta_n \leqslant t) \\ &\geqslant P_n(\eta_n = 0) = 1 \quad (t \geqslant 0) \end{aligned} \tag{20}$$

其次,对 $0 \leqslant i < n$,有

$$F_{in}(t) = P_i(\eta_n \leqslant t) = P_i(\bar{x}(t) = n) = \overline{p_{in}(t)}$$

(二) 设已给 E 上一个非负函数 V,在许多实际问题中,要求研究下列积分型随机泛函

$$\xi^{(n)}(\omega) = \int_0^{\eta_n(\omega)} V[x(t,\omega)]\mathrm{d}t \tag{21}$$

$$\xi(\omega) = \int_0^{\eta(\omega)} V[x(t,\omega)]\mathrm{d}t = \lim_{n\to\infty} \xi^{(n)}(\omega) \tag{22}$$

的分布. 令

$$\mathscr{F}_{in}(t) = P_i(\xi^{(n)} \leqslant t), \varphi_{in}(\lambda) = \int_0^{\infty} \mathrm{e}^{-\lambda t}\mathrm{d}\mathscr{F}_{in}(t) \tag{23}$$

$$\mathscr{F}_i(t) = P_i(\xi \leqslant t), \varphi_i(\lambda) = \int_0^{\infty} \mathrm{e}^{-\lambda t}\mathrm{d}\mathscr{F}_i(t) \tag{24}$$

为了研究这些函数,我们来引进一个新的过程.

对正的函数 V,伴随着原有的 Q 过程 X,考虑典范链 $\widetilde{X} = \{\tilde{x}(t,\omega), t \geqslant 0\}$,它具有密度矩阵为

$$\widetilde{\boldsymbol{Q}} = (\tilde{q}_{ij}), \tilde{q}_{ij} = \frac{q_{ij}}{V(i)} \tag{25}$$

X, Y 间有下列关系:

(1) 自 i 出发,第一个 i — 区间的长不超过 t 的概率,对 X 的 $1 - \mathrm{e}^{-q_i t}$,对 $\widetilde{X}$ 为 $1 - \mathrm{e}^{-\frac{q_i}{V(i)}t}$,如果 $V(i) > 0$.

这表明将 X 的 i － 区间的长乘以 $V(i)$ 后，此乘积的分布恰为 $\widetilde{X}$ 的 i － 区间长的分布（在开始分布集中在 i 的条件下）.

（2）自 i 出发，经一次跳跃后转移到 j 的概率，对 $X,\widetilde{X}$ 都同为$\frac{q_{ij}}{q_i}(q_i>0)$. 若 $q_i=0$，则 i 同为 X 及 $\widetilde{X}$ 的吸引状态.

因此，对 X 在第一个飞跃点以前的轨道，如果将每一个 i － 区间伸长（或缩短）$V(i)$ 倍后（$i\in E$），那么可以看成为 $\widetilde{X}$ 在第一个飞跃点以前的轨道. 根据这个理由，我们称 $\widetilde{X}$ 为 X 的 V － 伸缩链，令

$$S_k^{(n)}(\omega)=\{t\mid x(t,\omega)=k,t<\eta_n(\omega)\} \tag{26}$$

由于 X 的可测性，对每个 ω，$S_k^{(n)}(\omega)$ 是 t 的 L 可测集，L 表示 Lebesgue 测度，$L[S_k^{(n)}(\omega)]$ 是随机变数，而且根据上面所述，有

$$\xi^{(n)}=\sum_{k=0}^{n-1}V(k)L[S_k^{(n)}]=\tilde{\eta}_n \tag{27}$$

这里 $\tilde{\eta}_n$ 是 $\widetilde{X}$ 的首出 E_n 的时刻.

这样，当 $V>0$ 时，对 X 的 $\xi^{(n)}$ 的研究，化为对 $\widetilde{X}$ 的 $\tilde{\eta}_n$ 的研究，于是可运用上一段中的结果. 由引理 4，得

$$\begin{cases}\mathscr{F}_{in}(t)=\tilde{p}_{in}(t)\\ \mathscr{F}_{nn}(t)=1\end{cases} \tag{28}$$

这里$(\tilde{p}_{ij})$，$i,j=0,1,\cdots,n$ 是转移概率矩阵，有密度矩阵为 $\tilde{\boldsymbol{S}}=(\tilde{s}_{ij})$ 为

$$\begin{cases} \tilde{s}_{ij} = \dfrac{q_{ij}}{V(i)}, 0 \leqslant i, j < n \\ \tilde{s}_{in} = \dfrac{q_i}{V(i)} - \sum\limits_{\substack{j=0 \\ j \neq i}}^{n-1} \dfrac{q_{ij}}{V(i)} \\ \tilde{s}_{ni} = 0, 0 \leqslant i \leqslant n \end{cases} \tag{29}$$

定理 1　设 $V(i) > 0 (i \in E)$.

(i) $\mathscr{F}_{in}(t) (0 \leqslant i < n)$ 满足方程

$$\begin{cases} V(i) \dfrac{\mathrm{d}\mathscr{F}_{in}(t)}{\mathrm{d}t} = \sum\limits_{k=0}^{n-1} q_{ik} \mathscr{F}_{kn}(t) + q_i - \sum\limits_{\substack{j=0 \\ j \neq i}}^{n-1} q_{ij}, 0 \leqslant i < n \\ \mathscr{F}_{nn}(t) = 1 \end{cases} \tag{30}$$

(ii)
$$\mathscr{F}_i(t) = 1 - \sum_{j=0}^{\infty} g_{ij}(t) \tag{31}$$

其中 (g_{ij}) 是向后方程

$$\begin{cases} V(i) g'_{ij}(t) = \sum\limits_{j=0}^{\infty} q_{ik} g_{kj}(t), 0 \leqslant i < \infty \\ g_{ij}(0) = \delta_{ij} \end{cases} \tag{32}$$

的最小解.

解　(i) 式(30) 中第二式显然正确. 写出 $\widetilde{\boldsymbol{P}}(t) = (\widetilde{p}_{ij}(t))$ 所应满足的向后方程

$$\widetilde{p}'(t) = (\tilde{s}_{ij}) \widetilde{\boldsymbol{P}}(t)$$

由此得

$$\widetilde{p}'_{in}(t) = \sum_{k=0}^{n} \tilde{s}_{ik} \widetilde{p}_{kn}(t) \tag{33}$$

以式(28) 及式(29) 代入式(33) 即得证式(30) 中前一个式子.

(ii) 在式(27) 中令 $n \to \infty$, 得 $\xi = \tilde{\eta}$(a. s.), $\tilde{\eta}$ 是 $\widetilde{X}$ 的第一个飞跃点, 故由式(14) 即得式(31). 因 (g_{ij}) 是

最小 $\tilde{s}$ — 过程的广转移概率，写下对 (g_{ij}) 的向后方程，即知它是式(32) 的最小解.

由式(28) 可见 $\mathscr{F}_{in}(t)$ 连续，再由式(30) 知它在 $[0,\infty)$ 上有连续导数 $\mathscr{F}'_{in}(t)(i<n)$.

根据定理 1，不难推出 $\mathscr{F}_{in}(t)$ 及 $\mathscr{F}_{i}(t)$ 的 Laplace-Stieltjes 变换为

$$\varphi_{in}(\lambda)=E_i e^{-\lambda\xi^{(n)}} \tag{34}$$

$$\varphi_{i}(\lambda)=E_i e^{-\lambda\xi} \tag{35}$$

所应满足的方程.

定理 2 设 $V(i)\geqslant 0$ 但不恒等于 0，又

$$P_i(\eta_n<\infty)=1 \quad (0\leqslant i<n) \tag{35$'$}$$

则有：

(i)

$$\begin{cases}\lambda V(i)\varphi_{in}(\lambda)=\sum_{k=0}^{n-1}q_{ik}\varphi_{kn}(\lambda)+ \\ \qquad\left(q_i-\sum_{\substack{j=0\\ j\neq i}}^{n-1}q_{ij}\right)\varphi_{nn}(\lambda),0\leqslant i<n \\ \varphi_{nn}(\lambda)=1\end{cases} \tag{36}$$

(ii)

$$\lambda V(i)\varphi_i(\lambda)=\sum_{k=0}^{\infty}q_{ik}\varphi_k(\lambda)$$
$$(0\leqslant i<\infty,\lambda>0) \tag{37}$$

证 先设 $V(i)>0,0\leqslant i<n$. 由式(30) 第二式得 $\varphi_{nn}(\lambda)=1$. 在式(30) 第一式中两方取 Laplace-Stieltjes 变换，并注意 $\varphi_{nn}(\lambda)=1$，即得证式(36).

如果对 $i=0,\cdots,n-1,V(i)$ 不全大于 0，那么在 $[0,1,\cdots,n]$ 上，引进函数 V_m 为

$$\begin{cases} V_m(i) = V(i), V(i) > 0 \text{ 或 } i = n \\ V_m(i) = \dfrac{1}{m}, V(i) = 0 \end{cases} \tag{38}$$

由于式(35′)及积分有界收敛定理,当 $m \to \infty$ 时,有

$$\xi_m^{(n)}(\omega) \equiv \int_0^{\eta_n(\omega)} V_m[x(t,\omega)]\mathrm{d}t$$
$$\to \xi^{(n)}(\omega) \quad (P_i(\text{a. s.}))$$

因而 $\xi_m^{(n)}$ 的分布函数 $F_{in}^{(m)}(t) \equiv P_i(\xi_m^{(n)} \leqslant t)$ 弱收敛于 $F_{in}(t)$,又

$$\varphi_{in}^{(m)}(\lambda) = E_i \mathrm{e}^{-\lambda\xi_m^{(n)}} \to \varphi_{in}(\lambda) \quad (m \to \infty)$$

由刚才所证知 $\varphi_{in}^{(m)}(\lambda)(0 \leqslant i < n)$ 满足式(36),即

$$\begin{cases} \lambda V_m(i)\varphi_{in}^{(m)}(\lambda) = \displaystyle\sum_{k=0}^{n-1} q_{ik}\varphi_{kn}^{(m)}(\lambda) + \\ \qquad\qquad (q_i - \displaystyle\sum_{\substack{j=0 \\ j \neq i}}^{n-1} q_{ij})\varphi_n^{(m)}(\lambda), 0 \leqslant i < n \\ \varphi_{nn}^{(m)} = 1 \end{cases}$$

令 $m \to \infty$,即知 $\varphi_{in}(\lambda)(0 \leqslant i \leqslant n)$ 满足式(36),这完全证明了(i).

注意 $\sum\limits_j |q_{ij}| = 2q_i < \infty$,又当 $\lambda > 0$ 时,$\varphi_{in}(\lambda) \leqslant 1$,故由 $\lim\limits_{n\to\infty} \varphi_{in}(\lambda) = \varphi_i(\lambda)$,并在式(36)中令 $n \to m$,即得式(37).

(三)类似于式(21),考虑

$$\xi_n(\omega) = \int_0^{\tau_n(\omega)} V[x(t,\omega)]\mathrm{d}t \tag{39}$$

ξ_n 与 $\xi^{(n)}$ 不同之处在于式(39)中积分上限 $\tau_n(\omega)$ 是第 n 次跳跃点,$\tau_0(\omega) \equiv 0$. 仍然有

$$\xi(\omega) = \lim_{n\to\infty} \xi_n(\omega) \tag{40}$$

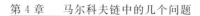

因而也可以通过ξ_n来研究ξ. 在对ξ的某些问题的研究中,有时用ξ_n更方便. 为了说明这点,我们来研究什么时候随机积分$\xi(\omega)\equiv\int_0^{\eta(\omega)}V[x(t,\omega)]\mathrm{d}t$几乎处处发散.

在这一段中,除式(1)外对$\boldsymbol{Q}$还假定

$$q_i>0\quad(i\in E)\tag{41}$$

仿照式(34),定义

$$\psi_{in}(\lambda)=E_i\mathrm{e}^{-\lambda\xi_n(\omega)}\tag{42}$$

引理 5 $\psi_{in}(\lambda)$满足下列递推方程

$$\begin{aligned}&(\lambda V(i)+q_i)\psi_{in}(\lambda)\\&=\sum_{j\neq i}q_{ij}\psi_{jn-1}(\lambda)\quad(j\in E)\end{aligned}\tag{43}$$

$$\psi_{i0}(\lambda)=1\tag{44}$$

证 因$\xi_0(\omega)\equiv0$,故式(44)显然.

注意τ_1是马氏时刻,τ_1一前σ代数是$\mathscr{F}\{x_t,t\leqslant\tau_1\}$(见 3.3 节),对$\tau_1$用强马氏性,得

$$\psi_{in}(\lambda)=E_i\left\{\exp\left[-\lambda\int_0^{\tau_n}V(x_t)\mathrm{d}t\right]\right\}$$

$$=E_i\left(E\left\{\exp\left[-\lambda\int_0^{\tau_1}V(x_t)\mathrm{d}t-\lambda\int_{\tau_1}^{\tau_n}V(x_t)\mathrm{d}t\right]\middle|\mathscr{F}\{x_t,t\leqslant\tau_1\}\right\}\right)$$

$$=E_i\left(\exp\left[-\lambda\int_0^{\tau_1}V(x_t)\mathrm{d}t\right]E_{x_{\tau_1}}\left\{\exp\left[-\lambda\int_0^{\tau_{n-1}}V(x_t)\mathrm{d}t\right]\right\}\right)$$

$$=\sum_{j\neq i}\frac{q_{ij}}{q_i}E_i\{\exp[-\lambda V(i)\tau_1]\}E_j\left\{\exp\left[-\lambda\int_0^{\tau_{n-1}}V(x_t)\mathrm{d}t\right]\right\}$$

因为

$$P_i(\tau_1\leqslant t)=1-\mathrm{e}^{-q_it}$$

所以将

$$E_i\{\exp[-\lambda V(i)\tau_1]\} = \int_0^\infty e^{-\lambda V(i)t} q_i e^{-q_i t} dt$$
$$= \frac{q_i}{\lambda V(i) + q_i} \tag{45}$$

代入上式得

$$\psi_{in}(\lambda) = \sum_{j \neq i} \frac{q_{ij}}{\lambda V(i) + q_i} \psi_{jn-1}(\lambda) \tag{46}$$

这就是式(43).

当 $\lambda > 0$ 时，在式(43) 中令 $n \to \infty$ 可重新得到式(37).

引理 6　设对某 $\lambda > 0$，实数列 $u_i (i \in E)$ 满足方程组

$$(\lambda V(i) + q_i) u_i = \sum_{j \neq i} q_{ij} u_j \quad (i \in E) \tag{47}$$
$$| u_i | \leqslant 1 \tag{48}$$

则

$$| u_i | \leqslant \psi_i(\lambda) = E_i e^{-\lambda\xi} \tag{49}$$

证　由式(48) 及式(44)，$u_i \leqslant 1 = \psi_{i0}(\lambda)$. 设对一切 j 有 $u_j \leqslant \psi_{jn-1}(\lambda)$，则由式(47) 及式(43)，有

$$(\lambda V(i) + q_i) u_i = \sum_{j \neq i} q_{ij} u_j \leqslant \sum_{j \neq i} q_{ij} \psi_{jn-1}(\lambda)$$
$$= (\lambda V(i) + q_i) \psi_{in}(\lambda)$$

故得 $u_i \leqslant \psi_{in}(\lambda)$. 令 $n \to \infty$ 有 $u_i \leqslant \varphi_i(\lambda)$. 类似可证 $-\varphi_i(\lambda) \leqslant u_i$.

定理 3　对一切 $i \in E$，$P_i(\xi = \infty) = 1$ 的充要条件是下列两个条件中的任一个：

(i) 对某(因而一切)$\lambda > 0$，式(47) 没有非平凡有界解；

(ii) 对某(因而一切)$\lambda > 0$，式(47) 没有非平凡非负的有界解.

证　充分性:设(ii) 对某 $\lambda > 0$ 成立,既然由式(37),$\varphi_i(\lambda) = E_i e^{-\lambda\xi}$ 是式(47) 的非负有界解,故 $\varphi_i(\lambda) = 0(\lambda > 0)$,从而 $P_i(\xi = \infty) = 1$.

必要性:设 $P_i(\xi = \infty) = 1$,因而 $\varphi_i(\lambda) = 0(\lambda > 0)$. 如果存在某 $\lambda > 0$,对此 λ,式(47) 有一个有界解 u_i,那么,由引理 6,知 $|u_i| = 0$,故(i) 对一切 $\lambda > 0$ 成立.

现在用(4) 中定义的嵌入链 $\{y_n\}$ 来叙述 ξ 几乎处处(关于 P) 等于 ∞ 的充要条件.

定理 4　$\xi = \infty$(a. s.) 的充要条件是

$$\sum_{n=0}^{\infty} \frac{V(y_n)}{q_{y_n}} = \infty \quad \text{(a. s.)} \tag{50}$$

证　令 $\rho_0 = \tau_1, \rho_n = \tau_{n+1} - \tau_n$. 由强马氏性有

$$\begin{aligned} & P(\rho_n > \lambda \mid \rho_0, y_1, \rho_1, y_2, \cdots, \rho_{n-1}, y_n) \\ = & P(\rho_n > \lambda \mid y_n) = e^{-\lambda q_{y_n}} \quad \text{(a. s.)} \end{aligned} \tag{51}$$

由此可证明

$$\begin{aligned} & P(V(y_n)\rho_n > \lambda \mid \rho_0, y_1, \rho_1, y_2, \cdots, \rho_{n-1}, y_n) \\ = & P(V(y_n)\rho_n > \lambda \mid y_n) = e^{\frac{\lambda q_{y_n}}{V(y_n)}} \quad \text{(a. s.)} \end{aligned} \tag{52}$$

其中当 $V(i) = 0$ 时,理解 $e^{-\frac{\lambda q_i}{V(i)}} = 0(\lambda > 0)$. 实际上,$e^{-\frac{\lambda q_{y_n}}{V(y_n)}}$ 是 $\mathscr{F}\{y_n\}$ 可测函数,故更关于 $\mathscr{F}_n \equiv \mathscr{F}\{\rho_0, y_1, \cdots, \rho_{n-1}, y_n\}$ 可测;其次,对任一 $\Lambda \in \mathscr{F}_n$ 或 $\mathscr{F}\{y_n\}$,有 $\Lambda_i \equiv \Lambda \cap (y_n = i) \in \mathscr{F}_n$ 或 $\mathscr{F}\{y_n\}$. 由式(51) 得

$$\begin{aligned} P(V(y_n)\rho_n > \lambda, \Lambda_i) &= P\left(\rho_n > \frac{\lambda}{V(i)}, \Lambda_i\right) \\ &= \int_{\Lambda_i} e^{-\frac{\lambda q_{y_n}}{V(i)}} P(d\omega) \\ &= \int_{\Lambda_i} e^{-\frac{\lambda q_{y_n}}{V(y_n)}} P(d\omega) \end{aligned}$$

对 $i \in E$ 求和得

$$P(V(y_n)\rho_n > \lambda, \Lambda) = \int_{\Lambda} e^{-\frac{\lambda q_{y_n}}{V(y_n)}} P(d\omega)$$

这得证式(52),由式(52)得

$$E(V(y_n)\rho_n \mid \rho_0, y_1, \cdots, \rho_{n-1}, y_n) = \frac{V(y_n)}{q_{y_n}} \quad (\text{a. s.}) \tag{53}$$

令 $\zeta_n = V(y_n)\rho_n, \zeta'_n = \min(\zeta_n, 1)$. 又令

$$\sigma_n = \sum_{v=0}^{n} \{\zeta'_v - E[\zeta'_v \mid \zeta_0, \cdots, \zeta_{n-1}]\} \tag{54}$$

简记 σ - 代数 $\mathscr{F}\{\zeta_0, \cdots, \zeta_n\}$ 为 Z_n,则

$$\begin{aligned} E\{\sigma_{n+1} \mid Z_n\} &= E\left\{\sum_{v=0}^{n+1} [\zeta'_v - E(\zeta'_v \mid Z_{v-1})] \mid Z_n\right\} \\ &= \sum_{v=0}^{n+1} E(\zeta'_v \mid Z_n) - \sum_{v=0}^{n+1} E(\zeta'_v \mid Z_{v-1}) \\ &= \sum_{v=0}^{n} \zeta'_v + E(\zeta'_{n+1} \mid Z_n) - E(\zeta'_{n+1} \mid Z_n) - \\ &\quad \sum_{v=0}^{n} E(\zeta'_v \mid Z_{v-1}) \\ &= \sum_{v=0}^{n} \{\zeta'_v - E[\zeta'_v \mid Z_{v-1}]\} \\ &= \sigma_n \end{aligned}$$

这表示 $\{\sigma_n, Z_n, n \geqslant 0\}$ 是一鞅. 式(54)右方的被加项一致有界为 1,故可用鞅的一个定理①知以概率 1 下面两个级数

$$\sum_n \zeta'_n \text{ 及 } \sum_n E(\zeta'_n \mid Z_{n-1}) \tag{55}$$

① 见 Doob[1],323 页.

同时收敛或发散. 此外, 易见 $\sum_n \zeta'_n$ 与级数 $\xi = \sum_n V(y_n)\rho_n$ 也以概率 1 同时收敛或发散. 另一方面, 回忆

$$P_i(V(i)\tau_1 < t) = 1 - e^{-\frac{q_i t}{V(i)}}$$

得

$$\begin{aligned} E[\zeta'_n \mid y_n = i] &= E[\min(V(i)\rho_n, 1) \mid y_n = i] \\ &= E_i[\min(V(i)\tau_1, 1)] \\ &= \frac{q_i}{V(i)}\int_0^1 t e^{-\frac{q_i t}{V(i)}} dt + \frac{q_i}{V(i)}\int_0^{\infty} e^{-\frac{q_i t}{V(i)}} dt \\ &= \frac{V(i)}{q(i)}[1 - e^{-\frac{q_i}{V(i)}}] \end{aligned}$$

若 $V(i) = 0$,则上式右方理解为 0. 由上式知

$$E(\zeta'_n \mid Z_{n-1}) = E(\zeta'_n \mid y_n) = \frac{V(y_n)}{q(y_n)}[1 - e^{-\frac{q_{y_n}}{V(y_n)}}]$$

然而对任意正数列$\{q_n\}$,两个级数 $\sum_n \frac{V(n)}{q_n}[1 - e^{-\frac{q_n}{V(n)}}]$ 与 $\sum_n \frac{V(n)}{q_n}$ 同为收敛或发散. 从而式(55) 中第二级数与 $\sum_n \frac{V(y_n)}{q_{y_n}}$ 以概率 1 同时收敛或发散,这与前一方面的结果相结合即得所欲证.

系 1 设已给满足式(1) 与式(41) 的矩阵 $\boldsymbol{Q}$,下列两个条件中的任何一个都是 $\boldsymbol{Q}$ 过程(或以 $\boldsymbol{Q}$ 为密度矩阵的转移概率矩阵) 唯一的充要条件:

(A) 对某(或一切)$\lambda > 0$,方程组

$$(\lambda + q_i)u_i = \sum_{j \neq i} q_{ij} u_j \quad (i \in E) \tag{56}$$

无非平凡(非负) 有界解;

(B) $$\sum_{n=0}^{\infty} q_{y_n}^{-1} = \infty \quad (\text{a. s.}) \tag{57}$$

证　因为由定理 5 与 4,(A) 或(B) 都等价于任一可分 Q 过程的第一个飞跃点 η 几乎处处等于 ∞,所以系 1 的结论由 2.3 节定理 4(ii) 推出.

4.4　嵌 入 问 题

(一) 本节中我们研究下列嵌入问题:设已给随机矩阵 $\mathscr{P}=(p_{ij}),i,j \in E=(0,1,2,\cdots)$,就是说,已给满足下列条件的矩阵 $\mathscr{P}=(p_{ij})$,有

$$0 \leqslant p_{ij} \leqslant 1, \sum_j p_{ij} = 1 \tag{1}$$

试问何时存在具有连续参数的标准转移矩阵 $\boldsymbol{P}(t) = (p_{ij}(t)),i,j \in E$,以及常数 $h > 0$,使

$$\boldsymbol{P}(h) = \mathscr{P} \tag{2}$$

不妨设 $h = 1$,因为若式(2) 成立,则取 $\bar{\boldsymbol{P}}(t) = \boldsymbol{P}(th)$,就得 $\bar{\boldsymbol{P}}(1) = \mathscr{P}$;反之,若式(2) 当 $h = 1$ 正确,对任意 $h > 0$,取 $\tilde{\boldsymbol{P}}(t) = \boldsymbol{P}\left(\frac{t}{h}\right)$,就得 $\tilde{\boldsymbol{P}}(h) = \mathscr{P}$. 因此,以下恒设 $h = 1$,从而问题化为:对 $\mathscr{P}$ 应加什么条件,才能找到标准转移矩阵 $\boldsymbol{P}(t)$,满足

$$\boldsymbol{P}(1) = \mathscr{P} \tag{3}$$

如果对 $\mathscr{P}$ 嵌入问题有解,那么就是说,满足式(3) 的 $\boldsymbol{P}(t)$ 存在,就称 $\mathscr{P}$ 为一离散骨架. 全体离散骨架的集记为 M.

式(3) 并不一定有解,实际上,为使 $\mathscr{P} \in M$ 的一个简单的必要条件是 $p_{ii} > 0$,因为对标准转移矩阵恒有

$$p_{ii}(t) > 0 \quad (t \geqslant 0, i \in E)$$

下面会看到,即使式(3)有解,解也可不唯一.

(二)称随机矩阵 $\mathscr{P}$ 为无穷可分的,知存在一列随机矩阵 $\mathscr{P}_1, \mathscr{P}_2, \cdots$,使

$$\mathscr{P} = \mathscr{P}_1^2, \mathscr{P}_n = \mathscr{P}_{n+1}^2 \quad (n = 1, 2, \cdots) \tag{4}$$

称无穷可分的随机矩阵 $\mathscr{P}$ 为连续的,如果对任一列正整数 $m_n = o(2^n), n \to \infty$,有

$$\lim_{n \to \infty} \mathscr{P}_n^{m_n} = \boldsymbol{I} = (\delta_{ij}) \tag{5}$$

那么这里的收敛表示逐元收敛.

全体连续的无穷可分随机矩阵构成集 N.

定理 1 $M = N$.

证 若 $\mathscr{P} \in M$,则存在标准转移矩阵 $\boldsymbol{P}(t)$ 使式(3)成立.取 $\mathscr{P}_N = \boldsymbol{P}\left(\frac{1}{2^n}\right)$,并利用 $\boldsymbol{P}(t)$ 的标准性,有

$$\mathscr{P}_n^{m_n} = \boldsymbol{P}\left(\frac{1}{2^n}\right)^{m_n} = \boldsymbol{P}\left(\frac{m_n}{2^n}\right) \to \boldsymbol{I}$$

即知 $\mathscr{P} \in N$.

下证 $N \subset M$.设存在一列 $\mathscr{P}_n$,满足式(4)和式(5).利用这一列 $\mathscr{P}_n$,先在二进位有理数 r 上定义 $\boldsymbol{P}(r)$,然后利用连续性扩大 $\boldsymbol{P}(r)$ 的定义域到全体非负的 t 上而得 $\boldsymbol{P}(t), t \geqslant 0$,详情如下.

对二进位有理数 $r = \frac{m}{2^n}$,其中 m, n 都是非负整数,定义

$$\boldsymbol{P}(r) = \mathscr{P}_n^m$$

首先证明这定义是合理的,即如 $r = \frac{m}{2^n} = \frac{m'}{2^{n'}}$,则 $\mathscr{P}_n^m = \mathscr{P}_{n'}^{m'}$.不妨设 $n' > n, m' = m \cdot 2^{n'-n}$,有

$$\mathscr{P}_n^m = (\mathscr{P}_{n+1}^2)^m = (\mathscr{P}_{n+2}^2)^{2m} = \mathscr{P}_{n+2}^{2^2 \cdot m} = \cdots = \mathscr{P}_{n+(n'-n)}^{2^{n'-n} \cdot m}$$

$$=\mathscr{P}_{n'}^{m'}$$

于是在全体非负二进位有理数集 R 上定义了 $\mathscr{P}(r)=(p_{ij}(r))$，$r\in R$，试讨论它的性质：

(i)$\boldsymbol{P}(r)$ 是随机矩阵；

(ii)$\boldsymbol{P}(r+r')=\boldsymbol{P}(r)\boldsymbol{P}(r')$，$r,r'\in R$；

实际上，设 $r=\dfrac{m}{2^n}$，$r'=\dfrac{m'}{2^n}$，则

$$\boldsymbol{P}(r+r')=\boldsymbol{P}\left(\frac{m+m'}{2^n}\right)=\mathscr{P}_n^{m+m'}=\mathscr{P}_n^{m}\cdot\mathscr{P}_n^{m'}$$

$$=\boldsymbol{P}\left(\frac{m}{2^n}\right)\cdot\boldsymbol{P}\left(\frac{m'}{2^n}\right)=\boldsymbol{P}(r)\cdot\boldsymbol{P}(r')$$

(iii) $\lim\limits_{r\to 0}\boldsymbol{P}(r)=\boldsymbol{I}(r\in R)$.

实际上，设 $r_n=\dfrac{m_n}{2^n}\to 0$，即 $m_n=o(2^n)$，由式(5)得

$$\boldsymbol{P}(r_n)=\boldsymbol{P}\left(\frac{m_n}{2^n}\right)=\mathscr{P}_n^{m_n}\to\boldsymbol{I}$$

(iv) 每个 $p_{ij}(r)$ 在 R 上一致连续.

证　仿照 2.1 节定理 3 的证明.

由(iv)，可利用连续性把 $p_{ij}(r)(r\in R)$ 唯一地拓广定义域到$[0,\infty)$ 而得 $p_{ij}(t)$，$t\geqslant 0$. 我们来证明 $\boldsymbol{P}(t)=(p_{ij}(t))$ 即所求的解. 实际上，由定义显然式(3) 成立，剩下只是证 $\boldsymbol{P}(t)$ 是标准转移矩阵.

(a) 由 $p_{ij}(r)>0$ 得

$$p_{ij}(t)=\lim_{r\to t}p_{ij}(r)\geqslant 0$$

(b) 试证 $\sum\limits_j p_{ij}(t)=1$. 令 $F_i(t)=\sum\limits_j p_{ij}(t)$. 由 Fatou 引理，有

$$F_i(t)=\sum_j\lim_{r\to t}p_{ij}(r)\leqslant\lim_{r\to t}\sum_j p_{ij}(r)=1\quad(6)$$

$$
\begin{aligned}
p_{ij}(t+r') &= \lim_{r\to t} p_{ij}(r+r') \\
&= \lim_{r\to t} \sum_k p_{ik}(r) p_{kj}(r') \\
&\geqslant \sum_k p_{ik}(t) p_{kj}(r') \quad (r, r' \in R) \quad (7)
\end{aligned}
$$

将式(7) 两边对 i 求和,得

$$E_i(t+r') \geqslant F_i(t) \quad (t \geqslant 0)$$

以 t 代替 $t+r'$, r 代替 r' 后得

$$F_i(t) \geqslant F_i(t-r) \quad (r \geqslant t, r \in R)$$

设对某 $t_0 > 0$, $F_i(t_0) < 1$,由上式得

$$F_i(t_0 - r) \leqslant F_i(t_0) < 1 \quad (r \geqslant t_0, r \in R)$$

注意两个集合 $R \cap (0, t_0)$ 及 $\{t_0 - r \mid r \in R \cap (0, t_0)\}$ 都在 $(0, t_0)$ 中稠密,但在前集上, $F_i(t) = 1$;在后集上,由上式它不大于 $F_i(t_0) < 1$,这说明 $F_i(t)$ 在 $(0, t_0)$ 中无连续点.

但另一方面, $F_i(t)$ 是以非负连续函数为项的级数的和,故下半连续. 又由式(6) 它有界,故它的连续点在 $(0, t_0)$ 中稠密,这与上面的结论矛盾,从而 $F_i(t) = 1\ (t \geqslant 0)$.

(c) 现证 $p_{ij}(s+t) = \sum_k p_{ik}(s) p_{kj}(t)$.

仿照式(7) 知

$$p_{ij}(s+t) \geqslant \sum_k p_{ik}(s) p_{kj}(t) \tag{8}$$

对 j 求和并利用(b),得

$$1 = \sum_j p_{ij}(s+t) \geqslant \sum_k p_{ik}(s) \sum_k p_{kj}(t) = 1$$

故式(8) 必须取等号.

(d) 由 $p_{ij}(t)$ 的连续性得 $\lim_{t\to 0^+} p_{ij}(t) = \delta_{ij}$.

注 1 当 E 是有穷集时,定理 1 仍成立.

（三）考虑 $E=(1,\cdots,n)$ 只含有限多个（n 个）元的情况，设 $\boldsymbol{Q}=(q_{ij})$ 为 n 阶矩阵，满足

$$\begin{cases}0\leqslant q_{ij}<\infty, i\neq j\\ \sum\limits_{j\neq i}q_{ij}=-q_{ii}<\infty, i,j\in E\end{cases}\tag{9}$$

全体这样的矩阵构成集 K.

定理 2　n 阶随机矩阵 $\mathscr{P}$ 是离散骨架的充分与必要条件是：存在 $\boldsymbol{Q}\in K$，使

$$\mathscr{P}=\mathrm{e}^{\boldsymbol{Q}}\tag{10}$$

$$\left(\mathrm{e}^{\boldsymbol{Q}}=\sum_{n=0}^{\infty}\frac{\boldsymbol{Q}^n}{n!}, \boldsymbol{Q}^0=\boldsymbol{I}\right)$$

证　设 $\mathscr{P}$ 是离散骨架，则存在标准转移矩阵 $\boldsymbol{P}(t)$，使 $\mathscr{P}=\boldsymbol{P}(1)$.

由于 2.2 节定理 4 对有穷集 E 仍有效，故对此标准转移矩阵 $(p_{ij}(t))$，存在有穷极限

$$0<q_{ij}=\lim_{t\to 0^+}\frac{p_{ij}(t)}{t}\quad(i\neq j)$$

由于 $\sum\limits_{j=0}^{n}p_{ij}(t)=1$，故必存在极限

$$0\leqslant -q_{ii}=\lim_{t\to 0^+}\frac{1-p_{ii}(t)}{t}=\lim_{t\to 0^+}\frac{\sum\limits_{j\neq i}p_{ij}(t)}{t}$$

$$=\sum_{j\neq i}q_{ij}<\infty$$

像 E 为可列集时一样，仍称矩阵 $\boldsymbol{Q}=(q_{ij})$ 为 $(p_{ij}(t))$ 的密度矩阵.

在 2.3 节式(2) 中令 $h\to 0$，即得向后方程组

$$\boldsymbol{P}'(t)=\boldsymbol{QP}(t)$$

这里等号成立是因为 E 为有穷集. 在开始条件 $\mathscr{P}(0)=\boldsymbol{I}$ 下解这组方程得唯一的标准转移矩阵解为

$$\boldsymbol{P}(t)=\mathrm{e}^{\boldsymbol{Q}t} \tag{11}$$

特别地

$$\mathscr{P}=\boldsymbol{P}(1)=\mathrm{e}^{\boldsymbol{Q}}$$

反之，设 $\mathscr{P}$ 可表示为式(10)，其中 $\boldsymbol{Q}\in K$. 构造 $\boldsymbol{P}(t)=\mathrm{e}^{\boldsymbol{Q}t}$. 易见它是标准转移矩阵，而且 $\mathscr{P}=\boldsymbol{P}(1)$，故 $\mathscr{P}$ 是离散骨架.

我们还附带证明了：任意矩阵 $\boldsymbol{P}(t)$ 是标准转移矩阵的充要条件是它可表示为式(11)的形状，其中 $\boldsymbol{Q}\in K$.

系 1 n 阶随机矩阵，$\mathscr{P}$ 是离散骨架的必要条件是：

(1) 对角线上元 $p_{ii}>0(i\in E)$；

(2) 行列式 $|\mathscr{P}|\neq 0$.

证 (1) 已在上面证明①. 设 $\mathscr{P}$ 是离散骨架，则存在 $\boldsymbol{Q}\in K$，使 $\mathscr{P}=\mathrm{e}^{\boldsymbol{Q}}$. 矩阵 $\boldsymbol{Q}$ 的特征根 λ_j 与 $\mathscr{P}$ 的特征根 ξ_j 间有关系 $\xi_j=\mathrm{e}^{\lambda_j}$，故 $\xi_j\neq 0$，从而 $|\mathscr{P}|\neq 0$.

(四) 当 $n=2$ 时，嵌入问题的解答最为完善.

定理 3 二阶随机矩阵 $\mathscr{P}$ 是离散骨架的充分与必要条件是：存在两个常数 $p\geqslant 0,q\geqslant 0$，使

$$\mathscr{P}=\begin{pmatrix} 1-\dfrac{p}{p+q}[1-\mathrm{e}^{-(p+q)}] & \dfrac{p}{p+q}[1-\mathrm{e}^{-(p+q)}] \\ \dfrac{q}{p+q}[1-\mathrm{e}^{-(p+q)}] & 1-\dfrac{q}{p+q}[1-\mathrm{e}^{-(p+q)}] \end{pmatrix} \tag{12}$$

(理解 $\dfrac{0}{0}=0$).

---

① 当 E 有穷时，对标准的 $\mathscr{P}(t)$，$p_{ii}(t)>0(t\geqslant 0)$ 仍正确，因由标准性，故存在 $\delta>0$，使 $p_{ii}(t)>0(t\leqslant\delta)$，再由 $p_{ii}(s)\geqslant\left[p_{ii}\left(\dfrac{s}{n}\right)\right]^n$，知 $p_{ii}(s)>0$，一切 $s\geqslant 0$.

证明　由定理 2,知 $\mathscr{P}$ 是离散骨架的充要条件是 $\mathscr{P}=e^{\boldsymbol{Q}}(\boldsymbol{Q}\in K)$. 此时 $\boldsymbol{Q}$ 必呈下面形式

$$\boldsymbol{Q}=\begin{pmatrix}-p & p\\ q & -q\end{pmatrix}\quad(p\geqslant 0,q\geqslant 0)\qquad(13)$$

由归纳法知

$$\boldsymbol{Q}^n=(-1)^{n-1}(p+q)^{n-1}\cdot\boldsymbol{Q}$$

因而

$$(p_{ij})=\mathscr{P}=e^{\boldsymbol{Q}}=\boldsymbol{I}+\sum_{n=1}^{\infty}(-1)^{n-1}\frac{(p+q)^{n-1}}{n!}\boldsymbol{Q}$$

其中

$$p_{11}=1-p-\frac{(p+q)(-p)}{2!}+\frac{(p+q)^2(-p)}{3!}-\cdots$$

$$=1-\frac{p}{p+q}(1-e^{-(p+q)})$$

类似求出 p_{12},p_{21},p_{22} 后即得证式(12).

系 2　$\mathscr{P}=\begin{pmatrix}1-r & r\\ s & 1-s\end{pmatrix}(0\leqslant r\leqslant 1,0\leqslant s\leqslant 1)$ 是离散骨架的充分与必要条件是

$$r+s<1\quad(\text{亦即 }|\mathscr{P}|>0)$$

证　若 $\mathscr{P}$ 是离散骨架,则它可表示为式(12),故

$$r+s=1-e^{-(p+q)}<1$$

反之,设 $r+s<1$. 如果 $r=s=0$,那么显然 $\mathscr{P}=1$ 是离散骨架;如果 $r+s>0$,那么由下列两个方程

$$r=\frac{p}{p+q}(1-e^{-(p+q)}),s=\frac{q}{p+q}(1-e^{-(p+q)})$$

可解出

$$p=-\frac{r}{r+s}\log[1-(r+s)]\geqslant 0$$

$$q=-\frac{s}{r+s}\log[1-(r+s)]\geqslant 0$$

通过此 p,q 可把 $\mathscr{P}$ 表示为式(12) 的形式. 故由定理 3 即得所欲证.

如果 $\boldsymbol{P}(t)$ 满足式(3),我们称 $\boldsymbol{P}(t)$ 是 $\mathscr{P}$ 的连续扩充. 式(10) 中 $\mathscr{P}$ 的连续扩充是 $\boldsymbol{P}(t)=\mathrm{e}^{\boldsymbol{Q}t}$;式(12) 中 $\mathscr{P}$ 的连续扩充是

$$\boldsymbol{P}(t)=\begin{pmatrix} 1-\dfrac{p}{p+q}[1-\mathrm{e}^{-(p+q)t}] & \dfrac{p}{p+q}[1-\mathrm{e}^{-(p+q)t}] \\ \dfrac{q}{p+q}[1-\mathrm{e}^{-(p+q)t}] & 1-\dfrac{q}{p+q}[1-\mathrm{e}^{-(p+q)t}] \end{pmatrix}$$

(五) 现在讨论 $\mathscr{P}$ 的连续扩充的唯一性. 仍设 $E=(1,2,\cdots,n)$ 只含有穷多个状态,我们知道,这时每一个标准转移矩阵 $\boldsymbol{P}(t)$ 都由它的密度矩阵 $\boldsymbol{Q}(\in K)$ 唯一决定,而且 $\boldsymbol{P}(t)$ 可通过 $\boldsymbol{Q}$ 来表达,$\boldsymbol{P}(t)=\mathrm{e}^{\boldsymbol{Q}t}$. 如果 $\boldsymbol{P}$ 有两个连续扩充,那么就有 $\boldsymbol{Q}_1\in K,\boldsymbol{Q}_2\in K$,使 $\mathscr{P}=\mathrm{e}^{\boldsymbol{Q}_1}$,$\mathscr{P}=\mathrm{e}^{\boldsymbol{Q}_2}$,故

$$\mathrm{e}^{\boldsymbol{Q}_1}=\mathrm{e}^{\boldsymbol{Q}_2} \tag{14}$$

这样,$\mathscr{P}$ 的连续扩充是否唯一的问题就等价于 $\mathrm{e}^{\boldsymbol{Q}}$ 是否唯一决定 $\boldsymbol{Q}$ 的问题.

当 $n=2$ 时,连续扩充是唯一的. 实际上,如上所述,这时任意 $\boldsymbol{Q}\in K$ 必可表示为式(13),e^{Q} 必可表示为式(12). 设

$$\boldsymbol{Q}_1=\begin{pmatrix} -p & p \\ q & -q \end{pmatrix},\boldsymbol{Q}_2=\begin{pmatrix} -p' & p' \\ q' & -q' \end{pmatrix} \tag{15}$$

而且式(14) 成立. 于是由式(12) 得

$$\frac{p}{p+q}[1-\mathrm{e}^{-(p+q)}]=\frac{p'}{p'+q'}[1-\mathrm{e}^{-(p'+q')}] \tag{16}$$

$$\frac{q}{p+q}[1-\mathrm{e}^{-(p+q)}]=\frac{q'}{p'+q'}[1-\mathrm{e}^{-(p'+q')}] \tag{17}$$

不妨设 $q>0$,以式(17) 除式(16) 得

$$\frac{p}{q}=\frac{p'}{q'} \text{ 或 } p=q\frac{p'}{q'} \tag{18}$$

以式(18)代入式(16)得 $p+q=p'+q'$. 由此式及式(18)即得 $p=p',q=q'$,亦即 $\boldsymbol{Q}_1=\boldsymbol{Q}_2$.

但在一般情况下,连续扩充不唯一,如下例:

例 1　取

$$\boldsymbol{Q}_1=\begin{pmatrix}-\lambda & 0 & \lambda\\ \lambda & -\lambda & 0\\ 0 & \lambda & -\lambda\end{pmatrix},\boldsymbol{Q}_2=\begin{pmatrix}-\mu & \mu & 0\\ 0 & -\mu & \mu\\ \mu & 0 & -\mu\end{pmatrix}$$

其中 $\lambda>0,\mu>0$. 又取

$$a(\lambda)=\frac{2}{3}\mathrm{e}^{-\frac{3}{2}\lambda}\cos\frac{\sqrt{3}}{2}\lambda,b(\lambda)=\frac{1}{\sqrt{3}}\mathrm{e}^{-\frac{3}{2}\lambda}\sin\frac{\sqrt{3}}{2}\lambda$$

$$\mathrm{e}^{Q_1}=\begin{pmatrix}\frac{1}{3}+a(\lambda) & \frac{1}{3}-\frac{a(\lambda)}{2}-b(\lambda) & \frac{1}{3}-\frac{a(\lambda)}{2}+b(\lambda)\\ \frac{1}{3}-\frac{a(\lambda)}{2}+b(\lambda) & \frac{1}{3}+a(\lambda) & \frac{1}{3}-\frac{a(\lambda)}{2}-b(\lambda)\\ \frac{1}{3}-\frac{a(\lambda)}{2}-b(\lambda) & \frac{1}{3}-\frac{a(\lambda)}{2}+b(\lambda) & \frac{1}{3}+a(\lambda)\end{pmatrix}$$

$$\mathrm{e}^{Q_2}=\begin{pmatrix}\frac{1}{3}+a(\mu) & \frac{1}{3}-\frac{a(\mu)}{2}+b(\mu) & \frac{1}{3}-\frac{a(\lambda)}{2}-b(\mu)\\ \frac{1}{3}-\frac{a(\mu)}{2}-b(\mu) & \frac{1}{3}+a(\mu) & \frac{1}{3}-\frac{a(\mu)}{2}+b(\mu)\\ \frac{1}{3}-\frac{a(\mu)}{2}+b(\mu) & \frac{1}{3}-\frac{a(\mu)}{2}-b(\mu) & \frac{1}{3}+a(\mu)\end{pmatrix}$$

注意 e^{Q_1} 依赖于 λ,故宜记为 $\mathrm{e}^{Q_1}(\lambda)$. 同样,记 e^{Q_2} 为 $\mathrm{e}^{Q_2}(\mu)$,当 $\lambda=\frac{2k\pi}{\sqrt{3}}(k=1,2,\cdots)$ 时,$b(\lambda)=0$,故

$$\mathrm{e}^{Q_1}\left(\frac{2k\pi}{\sqrt{3}}\right)=\mathrm{e}^{Q_2}\left(\frac{2k\pi}{\sqrt{3}}\right)$$

显然 $\mathscr{P}=\mathrm{e}^{Q_1}\left(\frac{2k\pi}{\sqrt{3}}\right)$ 是随机矩阵,它对应于两个不同的

矩阵 $\boldsymbol{Q}_1 \in K, \boldsymbol{Q}_2 \in K$，故此 $\mathscr{P}$ 至少有两个不同的连续扩充为

$$\boldsymbol{P}_1(t) = \mathrm{e}^{\boldsymbol{Q}_1 t} = \mathrm{e}^{\boldsymbol{Q}_1}(\lambda t), \boldsymbol{P}_2(t) = \mathrm{e}^{\boldsymbol{Q}_2 t} = \mathrm{e}^{\boldsymbol{Q}_2}(\mu t)$$

例 2 取

$$\boldsymbol{Q}_1 = \begin{pmatrix} -1 & 1 & 0 \\ 0 & -1 & 1 \\ 1 & 0 & -1 \end{pmatrix}, \boldsymbol{Q}_2 = \begin{pmatrix} -1 & \frac{1}{2} & \frac{1}{2} \\ \frac{1}{2} & -1 & \frac{1}{2} \\ \frac{1}{2} & \frac{1}{2} & -1 \end{pmatrix}$$

则对应于 $\boldsymbol{Q}_1$ 的转移矩阵 $\boldsymbol{P}_1(t)$ 中，有

$$p_{11}(t) = p_{22}(t) = p_{33}(t) = \frac{1}{3} + \frac{2}{3}\mathrm{e}^{-\frac{3t}{2}}\cos\frac{\sqrt{3}}{2}t$$

$$p_{12}(t) = p_{23}(t) = p_{31}(t) = \frac{1}{3} + \frac{2}{3}\mathrm{e}^{-\frac{3t}{2}}\cos\left(\frac{\sqrt{3}}{2}t - \frac{2\pi}{3}\right)$$

$$p_{13}(t) = p_{21}(t) = p_{32}(t) = \frac{1}{3} + \frac{2}{3}\mathrm{e}^{-\frac{3t}{2}}\cos\left(\frac{\sqrt{3}}{2}t + \frac{2\pi}{3}\right)$$

又对应于 $\boldsymbol{Q}_2$ 的转移矩阵 $\boldsymbol{P}_2(t)$ 中，有

$$p_{11}(t) = p_{22}(t) = p_{33}(t) = \frac{1}{3} + \frac{2}{3}\mathrm{e}^{-\frac{3t}{2}}$$

$$p_{ij}(t) = \frac{1}{3} - \frac{1}{3}\mathrm{e}^{-\frac{3t}{2}} \quad (i \neq j)$$

当 $t = \frac{4k\pi}{\sqrt{3}}$ 时，$\boldsymbol{P}_1(t) = \boldsymbol{P}_2(t)$，$k$ 为任意整数.

第5章 生灭过程的基本理论

5.1 数字特征的概率意义

(一) 设 $X=\{x_t(\omega),t\geqslant 0\}$ 是定义在概率空间$(\Omega,\mathscr{F},P)$上的齐次马氏链，具有标准的转移概率矩阵(p_{ij})，$i,j\in E=\{0,1,2,\cdots\}$. 称 X 为生灭过程，如果它的密度矩阵 $\boldsymbol{Q}$ 具有下列形式

$$\boldsymbol{Q}=\begin{pmatrix} -b_0 & b_0 & 0\cdots 0 & 0 & 0\cdots \\ a_1 & -(a_1+b_1) & b_1\cdots 0 & 0 & 0\cdots \\ \vdots & \vdots & \vdots\quad\vdots & \vdots & \vdots \\ 0 & 0 & 0\cdots 0 & a_n & -(a_n+b_n)\,b_n\cdots \\ \vdots & \vdots & \vdots\quad\vdots & \vdots & \vdots \end{pmatrix} \tag{1}$$

也就是说，$\boldsymbol{Q}$ 满足下列条件

$$\begin{cases} q_{ii+1}=b_i,\ q_{ii-1}=a_i \\ q_{ii}=-(a_i+b_i),\ q_{ij}=0 \end{cases} \tag{2}$$
$$(|i-j|>1)$$

这里$b_i>0(i\geqslant 0)$，$a_i>0(i>0)$. a_0虽无定义，为方便起见，补定义$a_0=0$. 以后令$c_i=a_i+b_i$.

我们称(1) 中的矩阵为生灭矩阵.

容易看出，为使式(2) 满足，充要条件是：当$t\to 0$时，有

$$P_{ij}(t)=\begin{cases}b_it+o(t)，当 j=i+1\\ a_it+o(t)，当 j=i-1\\ 1-(a_i+b_i)t+o(t)，当 j=i\end{cases} \quad (3)$$

对于$\boldsymbol{Q}$，重要的是下列数字特征，即

$$m_i=\frac{1}{b_i}+\sum_{k=0}^{i-1}\frac{a_ia_{i-1}\cdots a_{i-k}}{b_ib_{i-1}\cdots b_{i-k}b_{i-k-1}}$$

$$\left(m_0=\frac{1}{b_0},i\geqslant 0\right) \quad (4)$$

$$e_i=\frac{1}{a_i}+\sum_{i=0}^{\infty}\frac{b_ib_{i+1}\cdots b_{i+k}}{a_ia_{i+1}\cdots a_{i+k}a_{i+k+1}} \quad (i>0) \quad (5)$$

$$R=\sum_{i=0}^{\infty}m_i,S=\sum_{i=1}^{\infty}e_i \quad (6)$$

以及

$$Z_0=0,Z_1=1+\sum_{k=1}^{n-1}\frac{a_1a_2\cdots a_k}{b_1b_2\cdots b_k},Z=\lim_{n\to\infty}Z_n \quad (7)$$

(二) 试分别阐述各数字特征的概率意义. 从现在起，我们假设X是典范链，因而它有强马氏性，而且在第一个飞跃点前样本函数是右连续的. 采用 2.3 节中的记号，以$\eta(\omega)$表示第一个飞跃点. 以$\eta_n(\omega)$表示首达状态n的时刻，即

$$\begin{cases}\eta_n=\inf\{t\mid t>0,x(t,\omega)=n\}，若右方 t-集非空\\ \eta_n=\infty，否则\end{cases}$$

(8)

注意生灭过程有下列特点，它将多次用到而不再明确

说明：自 i 出发经一次跳跃只能到 $i+1$ 或 $i-1$（自 0 出发则只能也必定到 1）. 因此，为使自 i 经有穷多次跳跃到 $l(l\neq i)$，必须经历 i 与 l 之间的一切状态 $k(i<k<l$ 或 $i>k>l)$. 由此可见，若 $i<n$，则以 P_i 概率 1，$\eta_n(\omega)$ 等于首出 $(0,1,\cdots,n-1)$ 的时间，亦即首达 $(n,n+1,\cdots)$ 的时刻，因而根据 4.3 节引理 2 得

$$\eta(\omega)=\lim_{n\to\infty}\eta_n(\omega)\quad(\text{a. s.})\tag{8'}$$

这里 (a. s.) 对 P 或 $P_i(i\geqslant 0)$ 而言均可.

定理 1　$m_i=E_i\eta_{i+1}$，$R=E_0\eta$.

证　回忆 $c_i=a_i+b_i$，令 $d_i=E_i\eta_{i+1}$. 因而 d_i 是自 i 出发首达 $i+1$ 所需的平均时间. 我们证明：d_i 满足差分方程

$$\begin{cases}d_0=\dfrac{1}{b_0}\\[2ex] d_i=\dfrac{b_i}{c_i}\cdot\dfrac{1}{c_i}+\dfrac{a_i}{c_i}\left(\dfrac{1}{c_i}+d_{i-1}+d_i\right),i>0\end{cases}\tag{9}$$

实际上，以 τ_1 表示第一次跳跃点，由 $P_0(\tau_1>t)=\mathrm{e}^{-b_0t}$ 及 $E_0\eta_1=E_0\tau_1$ 得式(9) 中前式；又由

$$\eta_{i+1}-\tau_1=\theta_{\tau_1}\eta_{i+1}\quad(P_j(\text{a. s.}),j\leqslant i)\tag{10}$$

及强马氏性得

$$\begin{aligned}d_i&=E_i\tau_1+E_i\theta_{\tau_1}\eta_{i+1}=\frac{1}{c_i}+E_iE_{x(\tau_1)}\eta_{i+1}\\&=\frac{1}{c_i}+\int_{(x(\tau_1)=i+1)}E_{i+1}\eta_{i+1}P_i(\mathrm{d}\omega)+\\&\quad\int_{(x(\tau_1)=i-1)}E_{i-1}\eta_{i+1}P_i(\mathrm{d}\omega)\end{aligned}\tag{11}$$

由于 $E_{i+1}\eta_{i+1}=0$ 及 $P_i(x(\tau_1)=i-1)=\dfrac{a_i}{c_i}$，故

$$d_i=\frac{1}{c_i}+\frac{a_i}{c_i}E_{i-1}\eta_{i+1}\tag{12}$$

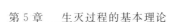

其次，对 $j \geqslant 0$ 及 $n > 0$，有

$$\begin{aligned} E_j\eta_{j+n} &= E_j\left[\sum_{i=0}^{n-1}(\eta_{j+i+1} - \eta_{j+i})\right] \\ &= \sum_{i=0}^{n-1} E_j[E_j(\eta_{j+i+1} - \eta_{j+i} \mid \mathscr{N}\eta_{j+i})] \\ &= \sum_{i=0}^{n-1} E_j[E_j(\theta_{\eta_{j+i}\eta_{j+i+1}} \mid \mathscr{N}\eta_{j+i})] \\ &= \sum_{i=0}^{n-1} E_j[E_{j+i}\eta_{j+i+1}] \\ &= \sum_{i=0}^{n-1} d_{j+i} \end{aligned} \tag{13}$$

由式(12) 和式(13) 得

$$d_i = \frac{1}{c_i} + \frac{a_i}{c_i}(d_{i-1} + d_i) \tag{14}$$

这就是方程(9) 中第二式.

解方程(9) 得

$$d_i = \frac{1}{b_i} + \sum_{k=0}^{i-1} \frac{a_i a_{i-1} \cdots a_{i-k}}{b_i b_{i-1} \cdots b_{i-k} b_{i-k-1}} = m_i \tag{15}$$

这个式子说明了式(4) 中数字特征 m_i 的概率意义：$m_i = E_i\eta_{i+1}$，即 m_i 是自 i 出发，首次到达 $i+1$ 的平均时间. 由式(13) 和式(15) 得

$$E_0\eta_n = \sum_{i=0}^{n-1} d_i = \sum_{i=0}^{n-1} m_i$$

根据积分单调收敛定理，得

$$E_0\eta = \lim_{n\to\infty} E_0\eta_n = \lim_{n\to\infty}\sum_{i=0}^{n-1} m_i = R$$

由定理1知：R 是自 0 出发，沿生灭过程的轨道，首次到达“∞”的平均时间. 下面证明：相反地，在一定意义下，从“∞”到达 0 的平均时间恰好是 S. 所谓在“一定意义下”的准确含义应如下理解：

考虑 $N+1$ 级矩阵

$$Q_N=\begin{pmatrix} -b_0 & b_0 & 0 & \cdots & 0 & 0 & 0 \\ a_1 & -(a_1+b_1) & b_1 & \cdots & 0 & 0 & 0 \\ \vdots & \vdots & \vdots & & \vdots & \vdots & \vdots \\ 0 & 0 & 0 & \cdots & a_{N-1} & -(a_{N-1}+b_{N-1}) & b_{N-1} \\ 0 & 0 & 0 & \cdots & 0 & a_N+b_N & -(a_N+b_N) \end{pmatrix} \tag{16}$$

它由 $\boldsymbol{Q}$ 中前 $N+1$(横) 行与前 $N+1$(竖) 列上的元构成,但要将第 $N+1$ 行与第 N 列上的元 a_N 换成 a_N+b_N. 设 $X_N=\{x_N(t,\omega),t\geqslant 0\}$ 是以 $\boldsymbol{Q}_N$ 为密度矩阵的典范马氏链,相空间为$(0,1,\cdots,N)$. 直观上,X_N 的轨道可如下得到:设质点沿 X 的轨道自 $i\leqslant N$ 出发而运动,每当它到达 N 时,下一步跳跃人为地要它回到$N-1$,然后照原运动,这个质点运动的轨道就是 X_N 的轨道.

由式(16) 可见 0 到 N 都是 X_N 的反射壁,定义

$$\eta_i^{(N)}(\omega)=\inf\{t\mid t>0,x_N(t,\omega)=i\}$$
$$(0\leqslant i\leqslant N) \tag{17}$$

它是 X_N 首达i 的时刻. X_N 的转移概率 $P_{ij}^{(N)}(t)$ 及集中在一点 i 上的开始分布所产生的测度记为 $P_i^{(N)}$,关于 $P_i^{(N)}$ 的数学期望记为 $E_i^{(N)}$.

定理 2　$\lim\limits_{N\to\infty}E_N^{(N)}\eta_0^{(N)}=S.$

证　定义

$$e_i^{(N)}=E_i^{(N)}\eta_{i-1}^{(n)} \tag{18}$$

$e_i^{(N)}$ 是自 i 出发,沿 X_N 的轨道,首达 $i-1$ 的平均时间. 像证明式(9) 一样,可见 $e_i^{(N)}$ 满足差分方程组

$$\begin{cases} e_N^{(N)}=\dfrac{1}{c_N} \\ e_i^{(N)}=\dfrac{a_i}{c_i}\cdot\dfrac{1}{c_i}+\dfrac{b_i}{c_i}\left(\dfrac{1}{c_i}+e_{i+1}^{(N)}+e_i^{(N)}\right) \end{cases} \tag{19}$$

$$(i=1,\cdots,N-1)$$

解方程组(19) 后得

$$e_i^{(N)}=\frac{1}{a_i}+\sum_{k=0}^{N-2-i}\frac{b_ib_{i+1}\cdots b_{i+k}}{a_ia_{i+1}\cdots a_{i+k}a_{i+k+1}}+\frac{b_ib_{i+1}\cdots b_{N-1}}{a_ia_{i+1}\cdots a_{N-1}a_N} \qquad (19')$$

回忆 e_i 及 S 的定义式(5) 及式(6),即得

$$\lim_{N\to\infty} e_i^{(N)}=e_i \qquad (20)$$

$$\lim_{N\to\infty} E_N^{(N)}\eta_0^{(N)}=\lim_{N\to\infty} e_i^{(N)}=S \qquad (21)$$

直观上,$e_i^{(N)}$ 是当 N 为反射壁时,自 i 出发首次到达 $i-1$ 的平均时间,$\sum_{i=1}^{N} e_i^{(N)}$ 是自 N 出发首次到达 0 的平均时间. 因此,由式(20) 及式(21),可分别理解 e_i,S 为:当"∞"是反射壁时,自 i 出发首次到达 $i-1$ 及自"∞"出发首次到达 0 的平均时间.

现在来看 Z_n,Z 的概率意义. 定义

$$P_k(m,n)=P_k(\eta_m<\eta_n)$$
$$(m\leqslant k\leqslant n \text{ 或 } m\geqslant k\geqslant n) \qquad (22)$$

$$q_k(m)=P_k(\eta_m<\eta) \qquad (23)$$

因而 $p_k(m,n)$ 是自 k 出发,沿 X 的轨道,在首达 n 以前先到 m 的概率;$q_k(m)$ 是自 k 出发,沿 X 的轨道,经有穷次跳跃而到达 m 的概率. 显然,$P_k(m,n)$ 及 $q_k(m)$ 也是嵌入马氏链$\{y_n\}$(见 4.3 节式(4))的同样事件的概率. 至于 $q_k(k)$,我们理解它为自 k 出发,沿 X 的轨道,离开 k 后,经有穷多次跳跃而回到 k 的概率,通常称为回转概率.

定理 3 (i) 设 $m<k<n$,则

$$P_k(m,n)=\frac{Z_n-Z_k}{Z_n-Z_m},P_k(n,m)=\frac{Z_k-Z_m}{Z_n-Z_m} \qquad (24)$$

(ii)

$$q_k(m)=\begin{cases}\dfrac{Z-Z_k}{Z-Z_m},当 k>m\\ 1,当 k<m\\ \dfrac{a_k}{c_k}+\dfrac{b_k}{c_k}\dfrac{Z-Z_{k+1}}{Z-Z_k},当 k=m\end{cases}\tag{25}$$

(理解$\dfrac{\infty}{\infty}=1$);

(iii) 当且仅当 $Z=\infty$ 时,嵌入马氏链的一切状态都是常返的.

证　对固定的m,n,简记$P_k(m,n)$及$P_k(n,m)$为p_k及$\widetilde{p}_k$. 对X(或嵌入链$\{y_n\}$)用强马氏性(或马氏性),即得

$$p_k=\frac{a_k}{c_k}p_{k-1}+\frac{b_k}{c_k}p_{k+1}$$

或

$$a_kp_{k-1}+b_kp_{k+1}-c_kp_k=0\quad(m<k<n)\tag{26}$$

显然,p_k 应满足边值条件

$$p_m=1,p_n=0\tag{27}$$

解式(26)和式(27)即得式(24)中的前式.

同样可证$\{\widetilde{p}_k\}$也满足式(26),但边值条件应换为

$$\widetilde{p}_m=0,\widetilde{p}_n=1\tag{28}$$

解式(26)和式(28)即得式(24)中的后式.

对 $m<k<n$,当 $n\to\infty$ 时,除差一 0 测集外,有

$$(x(0)=k,\eta_m<\eta_n)\uparrow(x(0)=k,\eta_m<\eta)$$

对两边集取条件概率 P_k,并利用式(24),即得式(25)中第一式. 为证第二式,在$(0,1,\cdots,m)$上考虑嵌入链,只是把 m 改造为反射壁($p_{m,m-1}=1$),所得的新链不可分,常返,因而对此链自 $k(k<m)$ 出发,经有穷多步到

达 m 的概率 $f_{km}=1$. 但在到达 m 以前,新链与嵌入链有相同的轨道,故 $q_k(m)=f_{km}=1$. 最后,对嵌入链用马氏性,得

$$q_k(k)=\frac{a_k}{c_k}q_{k-1}(k)+\frac{b_k}{c_k}q_{k+1}(k)$$

以式(25) 中前两个式子代入此式即得式(25) 中第三式.

在实际应用中,$q_k(0)$ 称为灭绝概率,即开始时有 k 个个体,终于(经有穷次转移后) 完全灭绝(即到达状态 0) 的概率.

(三) 试讨论数字特征间的关系式. 考虑到式(5) 中 e_1 的通项,引进下列数量

$$\mu_0=1,\mu_n=\frac{b_0b_1\cdots b_{n-1}}{a_1a_2\cdots a_n} \tag{29}$$

于是

$$\sum_{n=0}^{\infty}\mu_n=1+\sum_{n=1}^{\infty}\frac{b_0\cdots b_{n-1}}{a_1\cdots a_n}=1+b_0e_1 \tag{30}$$

$$\sum_{n=0}^{\infty}\frac{1}{b_n\mu_n}=\frac{1}{b_0}\left(1+\sum_{k=1}^{\infty}\frac{a_1\cdots a_k}{b_1\cdots a_k}\right)=\frac{Z}{b_0} \tag{31}$$

$\{\mu_i\}$ 的概率意义见 5.5 节式(43),那里证明了:在一定条件下,$\left\{\frac{\mu_i}{\sum_{n=0}^{\infty}\mu_n}\right\}$是过程的极限分布.

由直接验算,容易证明下列等式

$$m_i=\frac{a_1\cdots a_i}{b_0b_1\cdots b_i}\left(1+\frac{b_0}{a_1}+\frac{b_0b_1}{a_1a_2}+\cdots+\frac{b_0\cdots b_{i-1}}{a_1\cdots a_i}\right)$$

$$=\frac{1}{b_0}(Z_{i+1}-Z_i)\sum_{k=0}^{i}\mu_k \tag{32}$$

$$R=\sum_{i=0}^{\infty}m_i=\frac{1}{b_0}\sum_{i=0}^{\infty}(Z_{i+1}-Z_i)\sum_{k=0}^{i}\mu_k$$

$$=\frac{1}{b_0}\sum_{i=0}^{\infty}(Z-Z_i)\mu_i \tag{33}$$

把 R 写成三角形求和的形式，并按对角线求和，得

$$R=\sum_{n=0}^{\infty}\left(\frac{1}{b_n}+\frac{a_{n+1}}{b_n b_{n+1}}+\frac{a_{n+1}a_{n+2}}{b_n b_{n+1}b_{n+2}}+\cdots\right)$$

$$=\sum_{n=0}^{\infty}\frac{b_0\cdots b_{n-1}}{a_1\cdots a_n}\left(\frac{a_1\cdots a_n}{b_0 b_1\cdots b_n}+\frac{a_1\cdots a_{n+1}}{b_0 b_1\cdots b_{n+1}}+\frac{a_1\cdots a_{n+2}}{b_0 b_1\cdots b_{n+2}}+\cdots\right)$$

$$=\sum_{n=0}^{\infty}\mu_n\sum_{i=n}^{\infty}\frac{1}{b_i\mu_i} \tag{34}$$

至于 e_i 与 S，则有

$$e_i=\frac{1}{a_i}+\frac{b_i}{a_i a_{i+1}}+\frac{b_i b_{i+1}}{a_i a_{i+1}a_{i+2}}+\cdots$$

$$=\frac{a_0 a_1\cdots a_{i-1}}{b_0 b_1\cdots b_{i-1}}\sum_{n=i}^{\infty}\mu_n$$

$$=\frac{Z_i-Z_{i-1}}{b_0}\sum_{n=i}^{\infty}\mu_n \tag{35}$$

（令 $a_0=1$）

$$S=\sum_{i=1}^{\infty}e_i=\sum_{i=1}^{\infty}\frac{Z_i-Z_{i-1}}{b_0}\sum_{n=i}^{\infty}\mu_n=\frac{1}{b_0}\sum_{i=1}^{\infty}Z_i\mu_i \tag{36}$$

由以上可见，Z_i 与 μ_i 是基本的，因为其他的数字特征可通过它们表示出来. 由定义，显然有

$$R\geqslant\frac{1}{b_0}Z,S\geqslant e_1 \tag{37}$$

引理 1

$$R+S=\left(e_1+\frac{1}{b_0}\right)Z \tag{38}$$

证　$e_{n+1}=\dfrac{a_n}{b_n}\left(e_n-\dfrac{1}{a_n}\right)$

$$=\frac{a_1\cdots a_n}{b_1\cdots b_n}e_1-\frac{a_2\cdots a_n}{b_1 b_2\cdots b_n}-$$

$$\frac{a_3\cdots a_n}{b_2 b_3\cdots b_n}-\cdots-\frac{a_n}{b_{n-1}b_n}-\frac{1}{b_n} \tag{39}$$

以它代入 $S=\sum_{n=1}^{\infty}e_n$，得到一个二重级数，按对角线求和，并注意

$$Z=1+\sum_{k=1}^{\infty}\frac{a_1a_2\cdots a_k}{b_1b_2\cdots b_k}$$

同时利用式(34)中第一等式，即得

$$S=e_1Z-\left(R-\frac{1}{b_0}Z\right)=\left(e_1+\frac{1}{b_0}\right)Z-R$$

由式(39)即得：一切 $e_i(i=1,2,\cdots)$ 或同时有穷，或同时无穷.

系 1 下列三条件等价：

(i) $R+S=\infty$；

(ii) $Z+e_1=\infty$；

(iii) $\sum_{n=1}^{\infty}\left(\frac{a_1\cdots a_n}{b_1\cdots b_n}+\frac{b_1\cdots b_n}{a_1\cdots a_{n+1}}\right)=\infty$.

证 (i)和(ii)的等价性由式(38)推出，而(ii)和(iii)的等价性则来自式(30)和式(31).

注意，如上所述，$e_i(i=1,2,\cdots)$ 或都为无穷，或都为有穷，故(ii)中的 e_1 可换为任一 e_i.

系 2 设 $R=\infty$，又 $e_1<\infty$，则 $Z=\infty$.

系 3 设 $R<\infty$，则 $S<\infty$ 的充要条件是 $e_1<\infty$.

证 利用式(37)和式(38).

注 1 在系 2、系 3 中，将 R，S 对调，e_1，Z 对调，所得结论仍正确.

Feller 曾根据这些数字特征而区分四种情况：

(i) 正则：$Z<\infty$，$e_1<\infty$；

(ii) 流出：$Z<\infty, R<\infty, e_1=\infty$；

(iii) 流入：$Z=\infty, S<\infty$；

(iv) 自然：其他情形.

系 4　(i)"正则"等价于 $R<\infty, S<\infty$；(ii)"流出"等价于 $R<\infty, S=\infty$；(iii)"流入"等价于 $R=\infty, S<\infty$；(iv)"自然"等价于 $R=\infty, S=\infty$.

证　(i) 由式(38)推出. (ii) 由系 3 推出. (iii) 由系 3 及注即得. (iv) 由于上述三种情形分别等价，故各剩下一种情形也应等价.

5.2　向上的积分型随机泛函

(一) 设 $X=\{x_t(\omega), t\geqslant 0\}$ 为生灭过程，考虑它的首达状态 n 的时刻 $\eta_n(\omega)$ 及首达 ∞ 的时刻亦即第一个飞跃点 $\eta(\omega)$，它们的严格数学定义见 5.1 节式(8)及式(8′). 又 $V(i)\geqslant 0$ 是定义在状态空间 E 上的函数 $(i\in E)$，我们自然假定 V 不恒等于 0. 我们的目的是研究下列两个积分型随机泛函的分布，即

$$\xi^{(n)}(\omega)=\int_0^{\eta_n(\omega)} V[x(t,\omega)]\mathrm{d}t \tag{1}$$

$$\xi(\omega)=\int_0^{\eta(\omega)} V[x(t,\omega)]\mathrm{d}t \tag{2}$$

记 $\xi^{(n)}$ 的分布函数为

$$F_{kn}(x)=P_k(\xi^{(n)}\leqslant x) \tag{3}$$

考虑 F_{kn} 的 Laplace 变换

$$\varphi_{kn}(\lambda)=E_k\exp(-\lambda\xi^{(n)})=\int_0^{\infty}\mathrm{e}^{-\lambda x}\mathrm{d}F_{kn}(x) \tag{3′}$$

$\varphi_{kn}(\lambda)$ 至少对 $\lambda\geqslant 0$ 有定义，一般地，$F_{kn}(x)$ 可自

$\varphi_{kn}(\lambda)$ 经反 Laplace 变换而得.

注意,若 $V\equiv 1$,则 $\xi^{(n)}$ 与 ξ 分别化为 η_n 与 η.

本节中只讨论开始状态 $k\leqslant n$ 的情形,这时 $F_{kn}(x)$ 是自 k 出发,上限为首次到达更大的状态 n 的时刻的积分的分布,或者说积分是向上的;下节将研究向下的(即向状态 0 的)积分.

基本引理 设 A 为 E 的任一非空子集,$\tau(\omega)$ 为首达 A 的时刻,即

$$\begin{cases}\tau(\omega)=\inf\{t\mid x(t,\omega)\in A\},\text{若右方 } t \text{ 集不空}\\ \tau(\omega)=\infty,\text{否则}\end{cases}$$

令

$$f_{k,A}(\lambda)=E_k\exp\left(-\lambda\int_0^{\tau(\omega)}V[x(t,\omega)]\mathrm{d}t\right)$$

则 $f_k(\lambda)\equiv f_{k,A}(\lambda)$ 满足差分方程

$$a_kf_{k-1}(\lambda)-c_kf_k(\lambda)+b_kf_{k+1}(\lambda)-\lambda V(k)f_k(\lambda)=0\quad(k\notin A)$$

$$f_k(\lambda)=1\quad(k\in A)$$

证 以 β 表示过程的第一个跳跃点,它是马氏时刻,β 一前 σ 代数记为 $\mathscr{F}_\beta$,令

$$F(x)\equiv P_k(\beta\leqslant x)=1-\mathrm{e}^{-c_kx}$$

$$E_k\mathrm{e}^{-\lambda V(k)\beta}=\int_0^\infty \mathrm{e}^{-\lambda V(k)x}\mathrm{d}F(x)=\frac{c_k}{\lambda V(k)+c_k}\quad(3'')$$

以下采用记号$\int_u^v\equiv\int_u^v V(x_t)\mathrm{d}t$.

设 $k\notin A$,则有

$$\begin{aligned}f_k&\equiv E_k\mathrm{e}^{-\lambda\int_0^\tau}=E_kE_k(\mathrm{e}^{-\lambda\int_0^\tau}\mid\mathscr{F}_\beta)\\&=E_kE_k(\mathrm{e}^{-\lambda\int_0^\beta}\cdot\mathrm{e}^{-\lambda\int_\beta^\tau}\mid\mathscr{F}_\beta)\\&=E_k[\mathrm{e}^{-\lambda\int_0^\beta}E_k(\mathrm{e}^{-\lambda\int_\beta^\tau}\mid\mathscr{F}_\beta)]\end{aligned}$$

$$= E_k[\mathrm{e}^{-\lambda V(k)\beta} E_{x(\beta)} \mathrm{e}^{-\lambda \int_0^\tau}]$$

利用式(3″)以及

$$P_k(x(\beta) = k+1) = \frac{b_k}{c_k}$$

$$P_k(x(\beta) = k-1) = \frac{a_k}{c_k}$$

即得

$$f_k(\lambda) = \frac{c_k}{\lambda V(k) + c_k} \frac{b_k}{c_k} f_{k+1}(\lambda) + \frac{c_k}{\lambda V(k) + c_k} \frac{a_k}{c_k} f_{k-1}(\lambda)$$

$$= \frac{b_k}{\lambda V(k) + c_k} f_{k+1}(\lambda) + \frac{a_k}{\lambda V(k) + c_k} f_{k-1}(\lambda)$$

最后，若 $k \in A$，则因 $P_k(\tau=0)=1$，故 $f_k(\lambda)=E_k 1=1$.

定理 1　存在常数 $h>0$，使当 $\lambda>-h$ 时，一切 $\varphi_{kn}(\lambda)(k \leqslant n)$ 都有穷，而且满足差分方程组[①]

$$\begin{cases} a_k \varphi_{k-1,n}(\lambda) - c_k \varphi_{kn}(\lambda) + b_k \varphi_{k+1,n}(\lambda) - \\ \qquad \lambda V(k) \varphi_{kn}(\lambda) = 0, 0 \leqslant k < n \\ \varphi_{nn}(\lambda) = 1 \end{cases}$$

因而

$$\varphi_{kn}(\lambda) = \frac{\delta_n^{(k+1)}(\lambda)}{\delta_n(\lambda)}$$

$$(0 \leqslant k < n, \delta_n^{(n+1)}(\lambda) = \delta_n(\lambda)) \qquad (4)$$

这里

---

① 此方程组是 4.3 节式(36)的特殊情形.

$$\delta_n(\lambda)=\begin{vmatrix} D_0 & b_0 & 0 & 0 & \cdots & 0 & 0 & 0 \\ a_1 & D_1 & b_1 & 0 & \cdots & 0 & 0 & 0 \\ 0 & a_2 & D_2 & b_2 & \cdots & 0 & 0 & 0 \\ \vdots & \vdots & \vdots & \vdots & & \vdots & \vdots & \vdots \\ 0 & 0 & 0 & 0 & \cdots & a_{n-2} & D_{n-2} & b_{n-2} \\ 0 & 0 & 0 & 0 & \cdots & 0 & a_{n-1} & D_{n-1} \end{vmatrix} \tag{5}$$

其中 $D_i=-(\lambda V(i)+c_i)$，$i=0,1,\cdots,n-1$，而 $\delta_n^{(k)}(\lambda)$ 是以列向量 $\begin{pmatrix} 0 \\ 0 \\ \vdots \\ 0 \\ -b_{n-1} \end{pmatrix}$ 代替 $\delta_n(\lambda)$ 中第 k 列所得的行列式.

为证此定理需要两个引理.

首先注意,按最后一行展开式(5),得

$$\begin{cases} \delta_n(\lambda)=-(\lambda V(n-1)+c_{n-1})\delta_{n-1}(\lambda)- \\ \qquad a_{n-1}b_{n-2}\delta_{n-2}(\lambda) \\ \delta_1(\lambda)=-(\lambda V(0)+c_0) \\ \delta_0(\lambda)=1 \quad (\text{设}) \end{cases} \tag{6}$$

引理 1 存在常数 $\theta>0$，使当 $\lambda>-\theta$ 时，$\delta_n(\lambda)$ 不等于 0 而与 $(-1)^n$ 同号.

证 对 $\delta_0(\lambda)$，$\delta_1(\lambda)$ 结论明显. 设对一切 $\delta_k(\lambda)$ $(0\leqslant k\leqslant n-1)$ 正确,下证对 $\delta_n(\lambda)$ 也正确. 由于 $\delta_n(\lambda)$ 是 λ 的连续函数,故只要证当 $\lambda\geqslant 0$ 时，$\delta_n(\lambda)$ 与 $(-1)^n$ 同号. 计算

$$\frac{\mathrm{d}\delta_n(\lambda)}{\mathrm{d}\lambda}=-V(0)\delta_{11}(\lambda)+V(1)(\lambda V(0)+c_0)\tilde{\delta}_{22}(\lambda)-$$

$$V(2)\delta_{33}(\lambda)-V(3)\delta_{44}(\lambda)-\cdots-$$
$$V(n-3)\delta_{n-2,n-2}(\lambda)+V(n-2)[\lambda V(n-1)+$$
$$C_{n-1}]\delta_{n-2}(\lambda)-V(n-1)\delta_{n-1}(\lambda) \qquad (7)$$

其中 $\delta_{ii}(\lambda)$ 是自 $\delta_n(\lambda)$ 中删去第 i 行与第 i 列后所得的 $n-1$ 级行列式. $\tilde{\delta}_{22}(\lambda)$ 是自 $\delta_n(\lambda)$ 中删去前两行与前两列后所得的 $n-2$ 级行列式. 因为 $\delta_k(\lambda)(\lambda\geqslant 0)$ 的符号只依赖于它的元的符号而不依赖于它们的数值, 故 $\delta_{11}(\lambda)$, $\tilde{\delta}_{22}(\lambda)$, $\delta_{33}(\lambda)$, $\delta_{44}(\lambda)$, $\cdots$, $\delta_{n-2,n-2}(\lambda)$ 分别与 $\delta_{n-1}(\lambda)$, $\delta_{n-2}(\lambda)$, $\delta_2(\lambda)\delta_{n-3}(\lambda)$, $\delta_3(\lambda)\delta_{n-4}(\lambda)$, $\cdots$, $\delta_{n-3}(\lambda)\delta_2(\lambda)$ 同号. 由归纳法前提, 知式(7) 右方各项都与 $(-1)^n$ 同号, 因而 $\dfrac{\mathrm{d}}{\mathrm{d}\lambda}\delta_n(\lambda)$ 也与 $(-1)^n$ 同号. 既然 $\dfrac{\mathrm{d}}{\mathrm{d}\lambda}\delta_n(\lambda)$ 连续, 可见当 $\lambda>0$ 时

$$\delta_n(\lambda)-\delta_n(0)=\int_0^{\lambda}\frac{\mathrm{d}\delta_n(x)}{\mathrm{d}x}\mathrm{d}x$$

仍然与 $(-1)^n$ 同号. 最后只要注意, 由式(6) 及归纳法, 易见 $\delta_0(0)=1$.

$$\delta_n(0)=(-1)^n b_{n-1}b_{n-2}\cdots b_1 b_0$$

引理 2　设 X 为任意典范链, $\xi(\omega)$ 为 $\mathscr{F}\{x(t,\omega), t\geqslant 0\}$ 可测函数, 又 $\tau(\omega)$ 为 X 的马氏时刻, 若 $V(x_t)\theta_t\xi$ 是 (t,ω) 可积的, 则

$$E_i\int_0^{\tau}V(x_t)\theta_t\xi\,\mathrm{d}t=E_i\int_0^{\tau}V(x_t)E_{x_t}\xi\,\mathrm{d}t \qquad (8)$$

证　以 $H(t)$ 表示 $(0,\infty]$ 的示性函数 $\chi_{(0,\infty]}(t)$. 由于

$$(\tau-t\leqslant 0)\in\mathscr{N}_{t+0}=\bigcap_{s>t}\mathscr{F}(x_u,u\leqslant s)$$

故

$$\begin{aligned}&E_iE_i[V(x_t)H(\tau-t)\theta_t\xi\mid\mathscr{N}_{t+0}]\\&=E_i[V(x_t)H(\tau-t)E_i(\theta_t\xi\mid\mathscr{N}_{t+0})]\end{aligned} \qquad (9)$$

由此得

$$
\begin{aligned}
& E_i\int_0^{\tau} V(x_t)\theta_t\xi\,\mathrm{d}t \\
&= E_i\int_0^{\infty} V(x_t)H(\tau-t)\theta_t\xi\,\mathrm{d}t \\
&= \int_0^{\infty} E_iV(x_t)H(\tau-t)\theta_t\xi\,\mathrm{d}t \\
&= \int_0^{\infty} E_i[E_i(V(x_t)H(\tau-t)\theta_t\xi \mid \mathscr{N}_{t+0})]\mathrm{d}t \\
&= \int_0^{\infty} E_i[V(x_t)H(\tau-t)E_i(\theta_t\xi \mid \mathscr{N}_{t+0})]\mathrm{d}t \\
&= E_i\int_0^{\tau} V(x_t)E_{x_t}\xi\,\mathrm{d}t
\end{aligned}
$$

定理 1 的证 设 $h=\lim\limits_{k\leqslant n-1,\theta}\left(\dfrac{c_k}{V(k)};\theta\right)>0$，其中应理解 $\dfrac{c}{0}=\infty(c>0)$. 对 $\lambda>-h$，考虑线性代数方程组

$$
\begin{cases}
a_k\psi_{k-1,n}(\lambda)-c_k\psi_{kn}(\lambda)+b_k\psi_{k+1,n}(\lambda)- \\
\qquad \lambda V(k)\psi_{kn}(\lambda)=0,0\leqslant k<n \\
\psi_{nn}(\lambda)=1
\end{cases}
\tag{10}
$$

由引理 1，知方程组(10) 的系数行列式不等于 0，因此它有唯一解

$$
\psi_{kn}(\lambda)=\frac{\delta_n^{(k+1)}(\lambda)}{\delta_n(\lambda)}
$$

$$
(0\leqslant k<n,\delta_n^{(k+1)}(\lambda)=\delta_n(\lambda)) \tag{11}
$$

如果能证明一切 $\varphi_{kn}(\lambda)(k\leqslant n)$ 都有穷，那么根据基本引理知 $\varphi_{kn}(\lambda)(k\leqslant n)$ 是方程组(10) 的解，因此，$\varphi_{kn}(\lambda)=\psi_{kn}(\lambda)$，从而定理得证.

为证 $\varphi_{kn}(\lambda)$ 有穷，分成两步.

(1) 简记 $\psi_{kn}(\lambda)$ 为 $\psi(k)$，试证

$$\psi(k) = -\lambda E_k \int_0^{\eta_n} \psi(x_t) V(x_t) \mathrm{d}t + 1 \qquad (12)$$

实际上,以 τ_1 表示 X 的第一个跳跃点而考虑线性算子 $\mathfrak{U}$,它把行向量 $(b(0),\cdots,b(n-1))$ 变为 $(\mathfrak{U}b(0),\cdots,\mathfrak{U}b(n-1))$,即有

$$\begin{aligned}\mathfrak{U}b(k) &\equiv \frac{E_k b(x_{\tau_1}) - b(k)}{E_k \tau_1} \\ &= \frac{\left[\frac{b_k}{c_k} b(k+1) + \frac{a_k}{c_k} b(k-1) - b(k)\right]}{\frac{1}{c_k}} \\ &= a_k b(k-1) - c_k b(k) + b_k b(k+1) \qquad (13)\end{aligned}$$

于是方程组(10)可改写为

$$\begin{cases}\mathfrak{U}\psi(k) - \lambda V(k)\psi(k) = 0, 0 \leqslant k < n \\ \psi(n) = 1\end{cases} \qquad (14)$$

以 $\zeta(k)$ 表示式(12)的右方值,显然 $\zeta(n) = 1 = \psi(n)$,而式(12)于 $k = n$ 时正确.其次

$$\begin{aligned}\mathfrak{U}\zeta(k) &= \frac{E_k \zeta(x_{\tau_1}) - \zeta(k)}{E_k \tau_1} \\ &= \frac{1}{E_k \tau_1}\left[-\lambda E_k E_{x_{\tau_1}} \int_0^{\eta_n} \psi(x_t) V(x_t) \mathrm{d}t + \right. \\ &\qquad \left. \lambda E_k \int_0^{\eta_n} \psi(x_t) V(x_t) \mathrm{d}t\right] \\ &= \frac{\lambda E_k \int_0^{\tau_1} \psi(x_t) V(x_t) \mathrm{d}t}{E_k \tau_1} \\ &= \lambda V(k) \psi(k)\end{aligned}$$

故由方程组(14)及 $\mathfrak{U}$ 的线性得

$$\mathfrak{U}[\psi(k) - \zeta(k)] = 0 \quad (0 \leqslant k < n)$$

这个线性代数方程组的系数行列式 $\delta_n(0) \neq 0$,它只有

零解，从而

$$\psi(k)=\zeta(k)\quad(0\leqslant k<n)$$

(2) 如果 $\lambda\geqslant 0$，那么 $\varphi_{kn}(\lambda)$ 显然有穷，故只要对 $-h<\lambda<0$ 证有穷性，定义

$$\begin{cases}u_0(k)\equiv 1\\ u_m(k)=-\lambda E_k\int_0^{\eta_n}V(x_t)u_{m-1}(x_t)\mathrm{d}t+1\end{cases}\tag{15}$$

根据式(12). 并用归纳法，可见

$$u_m(k)\leqslant\psi(k)\quad(0\leqslant k\leqslant n)\tag{16}$$

由定义

$$u_0(k)\equiv 1,u_1(k)=1-\lambda E_k\int_0^{\eta_n}V(x_t)\mathrm{d}t$$

$$u_2(k)=1-\lambda E_k\int_0^{\eta_n}V(x_t)\mathrm{d}t+\lambda^2E_k\int_0^{\eta_n}V(x_t)\cdot\left[E_{x_t}\int_0^{\eta_n}V(x_s)\mathrm{d}s\right]\mathrm{d}t$$

但由引理 2，得

$$\begin{aligned}&E_k\int_0^{\eta_n}V(x_t)\left[E_{x_t}\int_0^{\eta_n}V(x_s)\mathrm{d}s\right]\mathrm{d}t\\&=E_k\int_0^{\eta_n}\left[V(x_t)\theta_t\int_0^{\eta_n}V(x_s)\mathrm{d}s\right]\mathrm{d}t\\&=E_k\int_0^{\eta_n}\int_t^{\eta_n}V(x_t)V(x_t)\mathrm{d}s\mathrm{d}t\\&=\frac{1}{2!}E_k\left[\int_0^{\eta_n}V(x_t)\mathrm{d}t\right]^2\end{aligned}$$

故

$$u_2(k)=1-\lambda E_k\int_0^{\eta_n}V(x_t)\mathrm{d}t+\frac{\lambda^2}{2!}E_k\left[\int_0^{\eta_n}V(x_t)\mathrm{d}t\right]^2$$

一般地，有

$$u_m(k)=\sum_{s=0}^{m}E_k\frac{\left[-\lambda\int_0^{\eta_n}V(x_t)\mathrm{d}t\right]^s}{S!}\uparrow$$

$$E_k\exp\left(-\lambda\int_0^{\eta_n}V(x_t)\mathrm{d}t\right)$$

$$=\varphi_{kn}(\lambda)$$

由式(16) 可见

$$\varphi_{kn}(\lambda)\leqslant\psi(k)\quad(0\leqslant k\leqslant n)$$

(二) 现在来求 $\xi^{(n)}=\int_0^{\eta_n}V(x_t)\mathrm{d}t$ 的各级矩. 令

$$m_{kn}^{(l)}=E_k\{[\xi^{(n)}]^l\}\quad(l=1,2,\cdots)\tag{17}$$

定理 2

$$\begin{cases}m_{kn}^{(l)}=\sum_{i=k}^{n-1}G_{in}^{(l)},0\leqslant k\leqslant n-1\\ m_{nn}^{(l)}=0\end{cases}\tag{18}$$

其中[①]

$$G_{in}^{(l)}=\frac{lV(i)m_{in}^{(l-1)}}{b_i}+$$

$$\sum_{k=0}^{i-1}\frac{a_ia_{i-1}\cdots a_{i-k}lV(i-k-1)m_{i-k-1,n}^{(l-1)}}{b_ib_{i-1}\cdots b_{i-k}b_{i-k-1}}\tag{19}$$

证　令 $\varphi_{kn}^{(l)}(0)=\frac{\mathrm{d}^l}{\mathrm{d}\lambda^l}\varphi_{kn}(\lambda)\Big|_{\lambda=0}$,则

$$m_{kn}^{(l)}=(-1)^l\varphi_{kn}^{(l)}(0)\tag{20}$$

我们已知$\{\varphi_{kn}(\lambda)\}$是方程组(10) 的唯一解,以它代入方程组(10) 中的$\{\psi_{kn}(\lambda)\}$,对 λ 求 l 次导数(由式(11) 知 $\varphi_{kn}(\lambda)$ 可微分任意多次),并令 $\lambda=0$,乘以$(-1)^l$ 后

---

① 自然,$m_{kn}^{(0)}=1$. 由此及式(19) 和式(18) 可求出 $m_{kn}^{(1)}$. 一般地,已知 $m_{kn}^{(l-1)}$,由式(19) 和式(18) 即可求出 $m_{kn}^{(l)}(0\leqslant k\leqslant n)$.

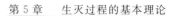

由式(20) 得

$$\begin{cases} a_k m_{k-1,n}^{(l)} - c_k m_{kn}^{(l)} + b_k m_{k+1,n}^{(l)} + \\ \qquad lV(k) m_{kn}^{(l-1)} = 0, 0 \leqslant k < n \\ m_{nn}^{(l)} = 0 \end{cases} \tag{21}$$

解方程组(21) 得

$$m_{kn}^{(l)} = \frac{\tilde{\delta}_n^{(k+1)}(0)}{\delta_n(0)} \quad (0 \leqslant k < n)$$

其中 $\tilde{\delta}_n^{(k+1)}$ 是以 $-l\begin{pmatrix} V(0)m_{0n}^{(l-1)} \\ \vdots \\ V(n-1)m_{n-1,n}^{(l-1)} \end{pmatrix}$ 代替 $\delta_n(0)$ 中第 $k+1$ 列后所得行列式. 展开这两个行列式即得式(18) 和式(19).

由定理 2 知:高级矩 $m_{kn}^{(l)}$ 可通过低级矩 $m_{kn}^{(l-1)}$ 表示. 特别地,$G_{in}^{(1)}$ 与 n 无关,简记它为 G_i,由式(19) 得

$$G_i = \frac{V(i)}{b_i} + \sum_{k=0}^{i-1} \frac{a_i a_{i-1} \cdots a_{i-k} V(i-k-1)}{b_i b_{i-1} \cdots b_{i-k} b_{i-k-1}} \tag{22}$$

若 $V \equiv 1$,则 $\xi^{(n)}(\omega) = \eta_n(\omega)$. 由式(18) 及式(22),得

$$m_{kn}^{(l)} = E_k \eta_n = \sum_{i=k}^{n-1} \left(\frac{1}{b_i} + \sum_{k=0}^{i-1} \frac{a_i a_{i-1} \cdots a_{i-k}}{b_i b_{i-1} \cdots b_{i-k-1}} \right) \tag{23}$$

(三) 现在研究 $\xi(\omega)$. 回忆式(2) 并由积分单调收敛定理,得

$$m_k^{(l)} = E_k[\xi(\omega)^l] = \lim_{n\to\infty} m_{kn}^{(l)} \tag{24}$$

令

$$G_i^{(l)} = \lim_{n\to\infty} G_{in}^{(l)} = \frac{lV(i) m_i^{(l-1)}}{b_i} + \sum_{k=0}^{i-1} \frac{a_i a_{i-1} \cdots a_{i-k} lV(i-k-1) m_{i-k-1}^{(l-1)}}{b_i b_{i-1} \cdots b_{i-k} b_{i-k-1}} \tag{25}$$

由式(24) 和式(18) 得下述定理中结论(i).

定理 3　(i) $m_k^{(l)}=\sum_{i=k}^{\infty}G_i^{(l)}$；

(ii) 各级矩 $m_k^{(l)}(k,l=0,1,2,\cdots)$ 有下列集体性质：或者它们都无穷，或者它们都有穷.

证　只要证(ii). 简写 $G_i^{(l)}$ 为 G_i，由(i) 得

$$m_0^{(1)}=E_0\xi(\omega)=\sum_{i=0}^{\infty}G_i \tag{26}$$

若 $m_0^{(1)}<\infty$，则因 $m_0^{(1)}\geqslant m_1^{(1)}\geqslant m_2^{(1)}\geqslant\cdots$，故由(i) 及式(25) 得

$$m_k^{(2)}\leqslant 2m_0^{(1)}\left(\sum_{i=k}^{\infty}G_i\right)\leqslant 2!\ (m_0^{(1)})^2$$

设 $m_k^{(n-1)}\leqslant(n-1)!\ (m_0^{(1)})^{n-1}$，则仍由(i) 及式(25) 得

$$m_k^{(n)}\leqslant nm_0^{(n-1)}m_k^{(1)}\leqslant n!\ (m_0^{(1)})^n \quad (0\leqslant k<\infty) \tag{27}$$

这得证一切 $m_k^{(n)}<\infty(k,n=0,1,2,\cdots)$. 如果 $m_0^{(1)}=\infty$，那么由(i) 及式(25) 易见一切 $m_k^{(n)}=\infty(k,n=0,1,2,\cdots)$.

注 1　如果 $V\equiv 1$，那么由式(25) 及(i) 知，G_i 与 $m_0^{(1)}$ 分别化为 5.1 节中式(4) 和式(6) 中的 m_i 及 R.

$m_0^{(1)}<\infty$ 不仅使一切 $m_k^{(n)}<\infty(n=1,2,\cdots;k=0,1,2,\cdots)$，甚至还使 $\xi(\omega)<\infty(P_k-a,s)$，$k=0,2,\cdots$，这是下述定理的一个结论.

定理 4　对一切整数 $k\geqslant 0$，只有两种可能：

(i) 或者 $P_k(\xi(\omega)=\infty)=1$，充要条件是

$$E_0\xi=\sum_{i=0}^{\infty}G_i=\infty$$

(ii) 或者 $P_k(\xi(\omega)<\infty)=1$，充要条件是

$$E_0\xi=\sum_{i=0}^{\infty}G_i<\infty$$

在情况(ii) 下,对 $\lambda > 0$,有

$$\varphi_k(\lambda) \equiv E_k \exp(-\lambda\xi) = \lim_{n\to\infty}\frac{\delta_n^{(k+1)}(\lambda)}{\delta_n(\lambda)} \quad (k \geqslant 0) \tag{28}$$

除相差一个常数因子外,它是下列方程组的唯一非平凡有界解[①]

$$a_k\varphi_{k-1}(\lambda) - c_k\varphi_k(\lambda) + b_k\varphi_{k+1}(\lambda) - \lambda V(k)\varphi_k(\lambda) = 0 \quad (k \geqslant 0) \tag{29}$$

先证下面一个引理:

引理 3 设 $f_n > 0, g_n > 0 (n \geqslant 1)$,又 $0 \leqslant z_0 < z_1 < z_2 < \cdots$,而且

$$z_{n+1} - z_n = f_n z_n + g_n(z_n - z_{n-1}) \tag{30}$$

则$\{z_n\}$有界的充要条件是

$$\sum_{n=1}^{\infty}(f_n + g_n f_{n-1} + \cdots + g_n g_{n-1}\cdots g_2 f_1 + g_n g_{n-1}\cdots g_2 g_1) < \infty \tag{31}$$

证 反复用式(30)得

$$z_{n+1} - z_n = f_n z_n + g_n f_{n-1} z_{n-1} + \cdots + g_n g_{n-1}\cdots g_2 f_1 z_1 + g_n \cdots g_2 g_1(z_1 - z_0)$$

故若记 $F_n = f_n + g_n f_{n-1} + \cdots + g_n g_{n-1}\cdots g_2 f_1 + g_n\cdots g_2 g_1$,则

$$z_{n+1} - z_n \leqslant F_n z_n$$

另一方面有

$$z_{n+1} - z_n \geqslant F_n(z_1 - z_0)$$

由这两个不等式得

① 参看 4.3 节式(37).

$$z_1+(z_1-z_0)\sum_{k=1}^{n-1}F_k\leqslant z_n\leqslant z_1\prod_{k=1}^{n-1}(1+F_k)$$
$$(n>1)$$

这表示当且仅当 $\sum\limits_{k=1}^{\infty}F_k<\infty$ 时 $\{z_n\}$ 有界.

定理 4 的证　因 $E_k\xi\leqslant E_0\xi$,故若 $E_0\xi=\sum\limits_{i=0}^{\infty}G_i<\infty$,则结论(ii) 成立. 由于 $\lambda>0,0\leqslant\varphi_k(\lambda)\leqslant 1$,故由积分控制收敛定理及(ii) 即得式(28).

仿照基本引理的证明,或直接由 4.3 节定理 2,知 $\{\varphi_k(\lambda)\}$ 满足式(29). 除了平凡解以外,由于 $a_0=0$,式(29) 只有一个线性独立解,但可能无界. 任取 $\varphi_0(\lambda)\geqslant 0$,由引理 3,可见此解有界的充要条件是

$$\sum_{n=1}^{\infty}\left[\lambda\left(\frac{V(n)}{b_n}+\frac{a_nV(n-1)}{b_nb_{n-1}}+\frac{a_na_{n-1}V(n-2)}{b_nb_{n-1}b_{n-2}}+\frac{a_na_{n-1}\cdots a_2V(1)}{b_nb_{n-1}\cdots b_2b_1}\right)+\frac{a_na_{n-1}\cdots a_1}{b_nb_{n-1}\cdots b_1}\right]<\infty$$

后一条件在 $V\not\equiv 0$ 时等价于 $\sum\limits_{i=0}^{\infty}G_i<\infty$.

如果 $\sum\limits_{i=0}^{\infty}G_i=\infty$,那么式(28) 中的 $\{\varphi_k(\lambda)\}$ 只可能是平凡解,因为此 $\{\varphi_k(\lambda)\}$ 有界. 这样,$\varphi_k(\lambda)\equiv 0(k\geqslant 0,\lambda>0)$,故 $P_k(\xi(\omega)=\infty)=1$.

如果 $\sum\limits_{i=0}^{\infty}G_i<\infty$,那么式(28) 中的 $\{\varphi_k(\lambda)\}$ 不可能是平凡解,否则势必 $P_k(\xi(\omega)=\infty)=1$,从而 $E_k\xi=\sum\limits_{i=k}^{\infty}G_i=\infty$. 这与假设矛盾.

定理 4 的一个重要推论如下:

系 1(Добрушин)　对一切整数 $k \geqslant 0$,第一个飞跃点 $\eta(\omega)$ 或者以 P_k —概率 1 无穷,或者以 P_k —概率 1 有穷;这两种可能性分别决定于 $R(=E_0\eta)=\infty$ 或 $R<\infty$. 以 5.1 节式(1) 中的 $\boldsymbol{Q}$ 为密度矩阵的生灭过程唯一的充要条件是 $R=\infty$.

证　取 $V\equiv 1$,则定理 4 中的 $\xi, E_0\xi=\sum_{i=0}^{\infty}G_i$ 分别化为 $\eta, E_0\eta=R$,于是由定理 4 得前一结论. 由此及 2.3 节定理 4(ii) 即得后一结论.

作为定理 3 的推论有:

系 2　由式(2) 定义的随机泛函 $\xi(\omega)$ 的分布

$$F_k(x)=P_k(\xi(\omega)\leqslant x)\quad(k=0,1,2,\cdots)$$

由它的矩 $m_k^{(l)}(l=0,1,2,\cdots;m_k^{(0)}=1)$ 所唯一决定.

证　由式(27),当 $r<\dfrac{1}{m_0^{(1)}}$ 时,有

$$\sum_{n=0}^{\infty}\frac{m_k^{(n)}}{n!}r^n\leqslant\sum_{n=0}^{\infty}[m_0^{(1)}r]^n<\infty$$

故由矩问题中一个熟知定理①,若 $m_k^{(1)}<\infty$(或等价地,$m_0^{(1)}<\infty$),则所需结论正确. 若 $m_k^{(1)}=\infty$,由定理 4(i) 得 $P_k(\xi(\omega)=\infty)=1$,因而 $F_k(x)\equiv 0, x\in(-\infty,\infty)$.

例 1　设 $V(0)=1, V(k)=0(k>0)$. 这时 $\xi^{(n)}$ 是首达 n 以前在 0 的总共逗留时间,ξ 是在第一个飞跃点以及在 0 的总共逗留时间(如果 $\eta=\infty$,那么 ξ 是在 0 的总共逗留时间),又式(22) 中的 G_i 化为 g_i,即有

$$g_0=\frac{1}{b_0}, g_i=\frac{a_i a_{i-1}\cdots a_1}{b_i b_{i-1}\cdots b_1 b_0}\tag{32}$$

---

① 参看 H. Cramer,统计学数学方法,§ 15.4.

根据式(4),用归纳法可证

$$\varphi_{0n}(\lambda)=E_0\exp(-\lambda\xi^{(n)})=\left[\lambda\sum_{i=0}^{n-1}g_i+1\right]^{-1} \tag{33}$$

由 Laplace 变换知

$$P_0(\xi^{(n)}\leqslant x)=\begin{cases}1-\mathrm{e}^{-\frac{x}{\sum_{i=0}^{n-1}g_i}},\text{当 } x\geqslant 0\\ 0,\text{当 } x<0\end{cases} \tag{34}$$

由定理 2,有

$$E_0\xi^{(n)}=\sum_{i=0}^{n-1}g_i$$

由定理4,知$P_0(\xi<\infty)=1$的充要条件是$E_0\xi=\sum_{i=0}^{\infty}g_i<\infty$. 在此情况下,我们有

$$\varphi_0(\lambda)=E_0\exp(-\lambda\xi)=\left[\lambda\sum_{i=0}^{\infty}g_i+1\right]^{-1} \tag{35}$$

$$P_0(\xi\leqslant x)=\begin{cases}1-\mathrm{e}^{-\frac{x}{\sum_{i=0}^{\infty}g_i}},\text{当 } x\geqslant 0\\ 0,\text{当 } x<0\end{cases} \tag{36}$$

$$E_0\xi=\sum_{i=0}^{\infty}g_i \tag{37}$$

(四) 至此,我们已对 $\xi^{(n)}$ 及 ξ 的分布和各级矩研究清楚,所用方法是解差分方程式(10) 与式(21),但在实际应用中会遇到解方程的不便. 因此,我们来叙述另一方法 —— 递推法. 令

$$h_k(\lambda)=E_k\exp\left(-\lambda\int_0^{\eta_{k+1}(\omega)}V[x(t,\omega)\mathrm{d}t]\right) \tag{38}$$

我们有

$$\varphi_{kn}(\lambda)=h_k(\lambda)h_{k+1}(\lambda)\cdots h_{n-1}(\lambda)\quad(n>k) \tag{39}$$

实际上

$$\begin{aligned}\varphi_{kn}(\lambda) &= E_k \mathrm{e}^{-\lambda\int_0^{\eta_n} V(x_t)\mathrm{d}t} \\ &= E_k \mathrm{e}^{-\lambda\int_0^{\eta_{k+1}} V(x_t)\mathrm{d}t-\lambda\int_{\eta_{k+1}}^{\eta_n} V(x_t)\mathrm{d}t} \\ &= E_k \mathrm{e}^{-\lambda\int_0^{\eta_{k+1}} V(x_t)\mathrm{d}t} \cdot E_{k+1} \mathrm{e}^{-\lambda\int_0^{\eta_n} V(x_t)\mathrm{d}t} \\ &= h_k(\lambda)\cdot\varphi_{k+1,n}(\lambda) \\ &= h_k(\lambda)h_{k+1}(\lambda)\cdots h_{n-1}(\lambda)\end{aligned}$$

因此,要求 $\varphi_{kn}(\lambda)$,只需求出 $h_i(\lambda)$. 为此,仿照基本引理的证明,我们有

$$h_k(\lambda)=\frac{b_k}{\lambda V(k)+c_k}+\frac{a_k}{\lambda V(k)+c_k}h_{k-1}(\lambda)h_k(\lambda)$$

亦即

$$h_k(\lambda)=b_k\cdot[\lambda V(k)+c_k-a_kh_{k-1}(\lambda)]^{-1} \quad (40)$$

如果能求出 $h_0(\lambda)$,那么利用上式就可求出一切 $h_k(\lambda)$. 然而

$$h_0(\lambda)=E_0\mathrm{e}^{-\lambda\int_0^{\eta_1} V(x_t)\mathrm{d}t}=E_0\mathrm{e}^{-\lambda V(0)\eta_1}=\frac{b_0}{\lambda V(0)+b_0} \quad (41)$$

由式(40)和式(41)得 $h_k(\lambda)$ 的连分数表达式

$$h_k(\lambda)=\cfrac{b_k}{D_k-a_k\cfrac{b_{k-1}}{D_{k-1}-a_{k-1}\cfrac{b_{k-2}}{D_{k-2}-a_{k-2}\cfrac{b_{k-3}}{\ddots\, D_1-a_1\cfrac{b_0}{D_0}}}}} \quad (42)$$

其中 $D_i=\lambda V(i)+c_i$. 特别地,有

$$h_0(\lambda)=\frac{b_0}{\lambda V(0)+b_0}$$

$$h_1(\lambda)=\frac{b_1[\lambda V(0)+b_0]}{[\lambda V(0)+c_0][\lambda V(1)+c_1]-a_1b_0}$$

一般地，$b_k(\lambda)=\dfrac{U_{k+1}(\lambda)}{L_{k+1}(\lambda)}$，其中 $U_k(\lambda)$，$L_k(\lambda)$ 分别是不高于 $k-1$ 次及 k 次的 λ 的多项式. 由式(40) 得

$$\frac{U_{k+1}(\lambda)}{L_{k+1}(\lambda)}=h_k(\lambda)=\frac{b_kL_k(\lambda)}{[\lambda V(k)+c_k]L_k(\lambda)-a_kU_k(\lambda)}$$

故除一个常数因子外，可取

$$\begin{aligned}&U_{k+1}(\lambda)=b_kL_k(\lambda)\\&L_{k+1}(\lambda)=[\lambda V(k)+c_k]L_k(\lambda)-a_kU_k(\lambda)\end{aligned}\tag{43}$$

由此可见

$$\varphi_{0n}(\lambda)=h_0(\lambda)h_1(\lambda)\cdots h_{n-1}(\lambda)=\frac{b_0b_1\cdots b_{n-1}}{L_n(\lambda)}$$

$$\begin{aligned}\varphi_{kn}(\lambda)&=h_k(\lambda)h_{k+1}(\lambda)\cdots h_{n-1}(\lambda)=\frac{\varphi_{0n}(\lambda)}{\varphi_{0k}(\lambda)}\\&=\frac{b_kb_{k+1}\cdots b_{n-1}L_k(\lambda)}{L_n(\lambda)}\end{aligned}\tag{44}$$

这里 $L_n(\lambda)$ 满足递推关系式

$$\begin{cases}L_0(\lambda)\equiv 1, L_1(\lambda)=\lambda V(0)+b_0\\L_n(\lambda)=[\lambda V(n-1)+c_{n-1}]L_{n-1}(\lambda)-a_{n-1}b_{n-2}L_{n-2}(\lambda)\end{cases}\tag{45}$$

显然，$L_n(\lambda)$ 中最高次项 λ^n 的系数是 $V(0)V(1)\cdots V(n-1)$；常数项是 $b_0b_1\cdots b_{n-1}$.

有时考虑多项式

$$\mathscr{L}_n(\lambda)\equiv\frac{L_n(\lambda)}{b_0b_1\cdots b_{n-1}}=\frac{1}{\varphi_{0n}(\lambda)}\tag{46}$$

更方便，由式(45)，显然有

$$\begin{cases}\mathscr{L}_0(\lambda)\equiv 1\quad(\text{设})\\\mathscr{L}_1(\lambda)=\dfrac{\lambda V(0)}{b_0}+1\\\mathscr{L}_n(\lambda)=\dfrac{\lambda V(n-1)+c_{n-1}}{b_{n-1}}\mathscr{L}_{n-1}(\lambda)-\dfrac{a_{n-1}}{b_{n-1}}\mathscr{L}_{n-2}(\lambda)\end{cases}\tag{47}$$

例 2 设 $V(0)=V(1)=1, V(i)=0, i>1$. 则

$$\mathscr{L}_0(\lambda)=1, \mathscr{L}_1(\lambda)=\frac{\lambda}{b_0}+1$$

$$\mathscr{L}_2(\lambda)=\frac{g_1}{a_1}\lambda^2+\left(g_1+g_0+\frac{b_0}{a_1}g_1\right)\lambda+1 \tag{48}$$

其中 g_i 由式(32) 定义. 因 $\mathscr{L}_2(\lambda)$ 是连续函数,而且 $\mathscr{L}_2(0)>0, \mathscr{L}_2(-b_0)<0, \mathscr{L}_2(-\infty)>0$,故它有两个不相等的负零点,设为 $-\frac{1}{\alpha_1}, -\frac{1}{\alpha_2}$,即

$$\mathscr{L}_2(\lambda)=(\alpha_1\lambda+1)(\alpha_2\lambda+1) \quad (\alpha_2>\alpha_1>0)$$

由于此时 $\int_0^{\eta_2}V(x_t)\mathrm{d}t=\eta_2$,故

$$E_0\mathrm{e}^{-\lambda\eta_2}=\frac{1}{(\alpha_1\lambda+1)(\alpha_2\lambda+1)}$$

取反拉普拉斯变换,可见自 0 出发,首达状态 2 的时间 η_2 有双指数分布,即

$$P_0(\eta_2\leqslant x)=\int_0^x\frac{\mathrm{e}^{-\frac{t}{\alpha_1}}-\mathrm{e}^{-\frac{t}{\alpha_2}}}{\alpha_1-\alpha_2}\mathrm{d}t$$

首达时间的一般性研究见下节.

下面讨论停留时间的分布. 利用式(48) 及归纳法,容易证明

$$\mathscr{L}_n(\lambda)=\left(\frac{1}{a_1}\sum_{i=1}^{n-1}g_i\right)\lambda^2+\left(\sum_{i=0}^{n-1}g_i+\frac{b_0}{a_1}\sum_{i=1}^{n-1}g_i\right)\lambda+1 \tag{49}$$

注意,此时 $\xi^{(n)}\equiv\int_0^{\eta_n}V(x_t)\mathrm{d}t$ 由于 V 的特殊性,而化为在首达状态 n 以前停留在状态 0 与 1 的总时间,由

$$E_0\mathrm{e}^{-\lambda\xi^{(n)}}\equiv\varphi_{0n}(\lambda)=\frac{1}{\mathscr{L}_n(\lambda)} \tag{50}$$

及式(49),并简记 E_0 为 E,得

$$E\xi^{(n)} = -\varphi'_{0n}(0) = \sum_{i=1}^{n-1} g_i + \frac{b_0}{a_1}\sum_{i=1}^{n-1} g_i \tag{51}$$

令

$$G_n = \sum_{i=1}^{n} g_i, g_i = \frac{a_1 a_2 \cdots a_i}{b_0 b_1 b_2 \cdots b_i}, G = \sum_{i=1}^{\infty} g_i$$

考虑随机变量$\frac{\xi^{(n)}}{E\xi^{(n)}}$,它的分布的 Laplace 变换为

$$\varphi_{0n}\left(\frac{\lambda}{E\xi^{(n)}}\right) = \frac{1}{\frac{a_1 b_0^2 G_{n-1}}{(a_1 b_0 G_{n-1} + a_1 + b_0^2 G_{n-1})^2}\lambda^2 + \lambda + 1} \tag{52}$$

分母显然有两个不相等的负零点,因此,$\frac{\xi^{(n)}}{E\xi^{(n)}}$ 也有双指数分布,即

$$P_0\left(\frac{\xi^{(n)}}{E\xi^{(n)}} \leqslant x\right) = \int_0^x \frac{e^{-\frac{t}{\beta_1}} - e^{-\frac{t}{\beta_2}}}{\beta_1 - \beta_2} dt \tag{52'}$$

其中 $-\frac{1}{\beta_1}$, $-\frac{1}{\beta_2}$ 是式(52)右方分母的零点,$\beta_2 > \beta_1 > 0$.

现考虑当 $n \to \infty$ 时的极限分布,分两种情况:

(1)$G_n \uparrow G = \infty$. 由式(52)得

$$\lim_{n\to\infty} \varphi_{0n}\left(\frac{\lambda}{E\xi^{(n)}}\right) = \frac{1}{\lambda + 1} \tag{53}$$

也就是

$$\lim_{n\to\infty} P_0\left(\frac{\xi^{(n)}}{E\xi^{(n)}} \leqslant x\right) = 1 - e^{-x} \tag{54}$$

注意 $G = \infty$ 等价于 $Z = \infty$(见 5.1 节式(7)),故由 5.1 节定理 3,我们证明了:若嵌入马氏链常返,则$\frac{\xi^{(n)}}{E\xi^{(n)}}$ 有渐近指数分布式(54).

(2)$G_n \uparrow G < \infty$. 由式(52)立刻看出：$\dfrac{\xi^{(n)}}{E\xi^{(n)}}$ 有渐近双指数分布，亦即

$$\lim_{n\to\infty} P_0\left(\frac{\xi^{(n)}}{E\xi^{(n)}} \leqslant x\right) = \int_0^x \frac{e^{-\frac{t}{\alpha_1}} - e^{-\frac{t}{\alpha_2}}}{\alpha_1 - \alpha_2} dt \tag{55}$$

而 $-\dfrac{1}{\alpha_1}, -\dfrac{1}{\alpha_2}$ 是二次多项式

$$\frac{a_1 b_0^2 G}{(a_1 b_0 G + a_1 + b_0^2 G)^2}\lambda^2 + \lambda + 1 = 0 \tag{56}$$

的两个根，$\alpha_2 > \alpha_1 > 0$.

5.3 最初到达时间与逗留时间

(一) 在本节中，我们来研究 $V(i) \equiv 1$ 的特殊情形，这时 $\xi^{(n)}(\omega)$ 化为 $\eta_n(\omega)$，即最初到达状态 n 的时刻，而 5.2 节中式(45) 内的多项式递推关系化为

$$\begin{cases} L_0(\lambda) \equiv 1, L_1(\lambda) = \lambda + b_0 \\ L_n(\lambda) = (\lambda + c_{n-1})L_{n-1}(\lambda) - \\ \qquad a_{n-1}b_{n-2}L_{n-2}(\lambda), n \geqslant 2 \end{cases} \tag{1}$$

引理 1 设 $A_n(\lambda)(n = 0,1,2,\cdots)$ 为如下定义的多项式，即

$$\begin{cases} A_0(\lambda) \equiv 1, A_1(\lambda) = \lambda + e_0 \\ A_n(\lambda) = (\lambda + f_{n-1})A_{n-1}(\lambda) - \\ \qquad e_{n-1}A_{n-2}(\lambda), n \geqslant 2 \end{cases} \tag{2}$$

其中 f_n 为实数，$e_n > 0, A_n(0) > 0$，则

$$A_n(\lambda) = 0 \quad (n \geqslant 1)$$

的根为负数，互不相同，而且被 $A_{n-1}(\lambda) = 0$ 的根所隔开，即

$$A_n(\lambda)=\prod_{i=1}^{n}(\lambda-\lambda_i^{(n)})$$

$$\begin{aligned}&0>\lambda_1^{(n)}>\lambda_1^{(n-1)}>\lambda_2^{(n)}>\\&\lambda_2^{(n-1)}>\cdots>\lambda_{n-1}^{(n)}>\lambda_{n-1}^{(n-1)}>\lambda_n^{(n)}\end{aligned}\qquad(3)$$

证　$A_1(\lambda)=0$ 只有一个负根 $-e_0$. 当 $n=2$ 时,因由假设 $A_2(0)>0$,又$A_2(-e_0)=-e_1<0$,$A_2(-\infty)>0$,故式(3) 对 $n=1$,$n=2$ 正确,即有

$$0>\lambda_1^{(2)}>\lambda_1^{(1)}=-e_0>\lambda_2^{(2)}$$

现设对 $n\geqslant 3$,有

$$0>\lambda_1^{(n-1)}>\lambda_1^{(n-2)}>\cdots>\lambda_{n-2}^{(n-1)}>\lambda_{n-2}^{(n-2)}>\lambda_{n-1}^{(n-1)}$$

则 $A_{n-2}(\lambda_i^{(n-1)})$ 与$(-1)^{i-1}$ 有相同的符号,即

$$\operatorname{sgn} A_{n-2}(\lambda_i^{(n-1)})=(-1)^{i-1}\quad(i=1,2,\cdots,n-1)\qquad(4)$$

由式(2) 得

$$A_n(\lambda_i^{(n-1)})=-e_{n-1}A_{n-2}(\lambda_i^{(n-1)})$$

所以由式(4) 得

$$\operatorname{sgn} A_n(\lambda_i^{(n-1)})=(-1)^i$$
$$(i=1,2,\cdots,n-1)$$

因为 $\operatorname{sgn} A_n(-\infty)=(-1)^n$,可见下列各区间

$$(-\infty,\lambda_{n-1}^{(n-1)}),(\lambda_{n-1}^{(n-1)},\lambda_{n-2}^{(n-1)}),\cdots,(\lambda_1^{(n-1)},0)$$

中各含 $A_n(\lambda)=0$ 的一个根.

现在来讨论式(1) 中多项式 $L_n(\lambda)$ 的性质:

1. $L_n(\lambda)=0$ 的根是互不相同的负数,而且被 $L_{n-1}(\lambda)=0$ 的根所隔开.

这由引理 1 推出;

2. $L_n(\lambda)$ 中,最高次项即 λ^n 次项的系数是 1,常数项等于 $b_0b_1\cdots b_{n-1}$.

这由式(1) 直接看出;

3. $L_n(\lambda)$ 中，λ^{n-1} 的系数等于 $\sum_{i=1}^{n-1} a_i + \sum_{i=0}^{n-1} b_i$. 因此，$L_n(\lambda)=0$ 各根的和为此和数的负数.

这由性质 2 及归纳法推出；

4. $L_n(\lambda)$ 中 λ 的系数为 $b_0 b_1 \cdots b_{n-1} E_0 \eta_n$.

事实上，由 5.2 节式(44) 知

$$\varphi_{0n}(\lambda)=\frac{b_0 b_1 \cdots b_{n-1}}{L_n(\lambda)} \tag{5}$$

但 $\varphi_{0n}(\lambda)=E_0 \mathrm{e}^{-\lambda\eta_n}$，故

$$E_0 \eta_n=-\varphi_{0n}'(0)=\frac{b_0 b_1 \cdots b_{n-1} L_n'(0)}{L_n^2(\lambda)} \tag{6}$$

利用性质 2，可见 λ 的系数(即 $L_n'(0)$) 为 $b_0 b_1 \cdots b_{n-1} E_0 \eta_n$.

定理 1 自 0 出发，最初到达 n 的时刻 η_n 有分布密度为

$$f_{0n}(t)=\sum_{k=1}^{n} \frac{b_0 b_1 \cdots b_{n-1}}{L_n'(-\mu_k^{(n)})} \mathrm{e}^{-\mu_k^{(n)} t} \tag{7}$$

这里 $-\mu_k^{(n)}$ 是 $L_n(\lambda)$ 的零点，即

$$L_n(\lambda)=\prod_{k=1}^{n}(\lambda+\mu_k^{(n)}) \tag{8}$$

而

$$L_n'(-\mu_k^{(n)})=\frac{\mathrm{d}}{\mathrm{d}\lambda} L_n(\lambda)\Big|_{\lambda=-\mu_k^{(n)}}=\prod_{\substack{i=1 \\ i \neq k}}^{n}(\mu_i^{(n)}-\mu_k^{(n)})$$

证 由性质 1，知式(8) 成立，故

$$E_0 \mathrm{e}^{-\lambda\eta_n}=\frac{b_0 b_1 \cdots b_{n-1}}{\prod_{k=1}^{n}(\lambda+\mu_k^{(n)})} \tag{9}$$

取反拉普拉斯变换即得式(7).

对 $m<n$，由于 5.2 节式(44)，有

$$E_m \mathrm{e}^{-\lambda\eta_n}=\varphi_{mn}(\lambda)=\frac{\varphi_{0n}(\lambda)}{\varphi_{0m}(\lambda)}$$

$$=\frac{b_m b_{m+1}\cdots b_{n-1}L_m(\lambda)}{L_n(\lambda)}$$

故得下述定理：

定理1′　自 m 出发，最初到达 n 的时刻 η_n 有分布密度为

$$f_{mn}(t)=\sum_{k=1}^{n}\frac{b_m b_{m+1}\cdots b_{n-1}L_m(\lambda)(-\mu_k^{(n)})}{L_n'(-\mu_k^{(n)})}e^{-\mu_k^{(n)}t}$$
$$(m<n) \tag{7'}$$

（二）现在来研究当 $n\to\infty$ 时 η_n 的渐近分布. 考虑多项式 $\mathscr{L}_n(\lambda)=\dfrac{L_n(\lambda)}{b_0b_1\cdots b_{n-1}}$，设

$$\mathscr{L}_n(\lambda)=1+c_{n,1}\lambda+c_{n,2}\lambda^2+\cdots+c_{n,n}\lambda^n \tag{10}$$

由上述性质4，知

$$E_0\eta_n=c_{n,1} \tag{11}$$

由5.2节式(47)，得

$$\mathscr{L}_0(\lambda)\equiv 1,\mathscr{L}_1(\lambda)=1+\frac{\lambda}{b_0}$$

$$\begin{aligned}&\mathscr{L}_{n+1}(\lambda)-\mathscr{L}_n(\lambda)\\&=\frac{a_n}{b_n}[\mathscr{L}_n(\lambda)-\mathscr{L}_{n-1}(\lambda)]+\frac{\lambda}{b_n}\mathscr{L}_n(\lambda)\\&=\frac{a_n}{b_n}\left\{\frac{a_{n-1}}{b_{n-1}}[\mathscr{L}_{n-1}(\lambda)-\mathscr{L}_{n-2}(\lambda)]+\frac{\lambda}{b_{n-1}}\mathscr{L}_{n-1}(\lambda)\right\}+\frac{\lambda}{b_n}\mathscr{L}_n(\lambda)\\&=\cdots=\lambda g_n\left[\sum_{i=1}^{n}\frac{1}{b_ig_i}\mathscr{L}_i(\lambda)+\mathscr{L}_0(\lambda)\right]\end{aligned} \tag{12}$$

这里的 g_n 与5.2节中式(32)相同，即

$$g_n=\frac{a_1a_2\cdots a_n}{b_0b_1\cdots b_n}$$

引理2　各系数 $c_{n,l}$ 间有下列关系：

(i) $c_{n+1,l}-c_{n,l}=g_n\sum\limits_{k=l-1}^{n}\dfrac{c_{k,l-1}}{b_kg_k}(n\geqslant l-1,c_{l-1,l}=0,$

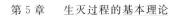

$c_{k,0}=1$)；　(13)

(ii) 一切 $c_{n,l}>0$，而且 $c_{n+1,l}>c_{n,l}(n\geqslant l)$；

(iii) $c_{n,l}<c_{n,l-1}c_{n,1}$；　(14)

(iv) $c_{n,l}\leqslant\dfrac{(c_{n,1})^l}{l!}$.　(15)

证　(i) 以式(10) 代入式(12)，比较 λ^l 的系数即得式(13).

(ii) 由前面性质 2，有

$$c_{ll}=\frac{1}{b_0b_1\cdots b_{l-1}}>0$$

再反复利用式(13)，即得所欲证.

(iii) 式(13) 右方各分子中以 $c_{n,l-1}$ 为最大，故

$$\begin{aligned}c_{n+1,l}-c_{n,l}&\leqslant c_{n,l-1}g_n\sum_{k=0}^{n}\frac{1}{b_kg_k}\\&=c_{n,l-1}g_n\sum_{k=0}^{n}\frac{c_{k,0}}{b_kg_k}\\&\quad(\text{利用式}(13))\\&=c_{n,l-1}(c_{n+1,1}-c_{n,1})\\&\leqslant c_{n+1,l-1}c_{n+1,1}-c_{n,l-1}c_{n,1}\end{aligned}\tag{16}$$

式(16) 两方对 n 自 $l-1$ 起至 n 止求和，得

$$c_{n+1,l}\leqslant c_{n+1,l-1}c_{n+1,1}-c_{l-1,l-1}c_{l-1,1}<c_{n+1,l-1}c_{n+1,1}$$

(iv) 注意

$$a^l(b-a)\leqslant\int_a^b x^l\,\mathrm{d}x=\frac{b^{l+1}-a^{l+1}}{l+1}\tag{17}$$

当 $l=1$ 时式(15) 正确. 设它对 l 正确，则由式(16) 前半式及式(17)，得

$$\begin{aligned}c_{n+1,l+1}-c_{n,l+1}&\leqslant c_{n,l}(c_{n+1,1}-c_{n,1})\\&\leqslant\frac{c_{n,1}^l}{l!}(c_{n+1,1}-c_{n,1})\end{aligned}$$

$$\leqslant \frac{c_{n+1,1}^{l+1} - c_{n,1}^{l+1}}{(l+1)!} \tag{18}$$

将式(18)两端对 $n=l,l+1,\cdots,m-1$ 求和，即得

$$c_{m,l+1} \leqslant \frac{c_{m,1}^{l+1}}{(l+1)!}$$

以下简记 $E_0\eta_n$ 为 m_{0n}，它等于 $c_{n,1}$. 考虑多项式

$$\mathscr{L}_n\left(\frac{\lambda}{m_{0n}}\right) = \mathscr{L}_n\left(\frac{\lambda}{c_{n,1}}\right) = 1 + \lambda + d_{n,2}\lambda^2 + \cdots + d_{n,n}\lambda^n \tag{19}$$

显然 $d_{n,l} = \frac{c_{n,l}}{c_{n,1}^{l}}$ 由式(14)和式(15)得

$$d_{n,l} \leqslant d_{n,l-1}, d_{n,l} \leqslant \frac{1}{l!} \tag{20}$$

现在可以叙述所需的渐近分布，我们有

定理 2　为使

$$\lim_{n\to\infty} P_0\left(\frac{\eta_n}{m_{0n}} \leqslant t\right) = 1 - e^{-t} \tag{21}$$

充要条件是下列三个条件中任何一个成立：

(i) $$\lim_{n\to\infty} d_{n,2} = 0 \tag{22}$$

(ii) $$\frac{E_0(\eta_n^2)}{m_{0n}^2} \to 2 \quad (n \to \infty) \tag{23}$$

(iii) $$\lim_{n\to\infty} \frac{\sum_{i=0}^{n-1}\left[\frac{m_{in}}{b_i} + \sum_{k=0}^{i=1} \frac{a_i a_{i-1}\cdots a_{i-k}}{b_i b_{i-1}\cdots b_{i-k-1}} m_{i-k-1,n}\right]}{\left[\sum_{i=0}^{n-1}\left(\frac{1}{b_i} + \sum_{k=0}^{i=1} \frac{a_i a_{i-1}\cdots a_{i-k}}{b_i b_{i-1}\cdots b_{i-k-1}}\right)\right]^2} = 1 \tag{24}$$

其中

$$m_{kn} = E_k\eta_n = \sum_{i=k}^{n-1}\left(\frac{1}{b_i} + \sum_{k=0}^{i-1} \frac{a_i a_{i-1}\cdots a_{i-k}}{b_i b_{i-1}\cdots b_{i-k-1}}\right)$$

证　(i) 注意式(21)右方分布的拉普拉斯变换为

$\dfrac{1}{1+\lambda}$，而 $E_0 \mathrm{e}^{-\lambda\eta_n}=\dfrac{1}{\mathscr{L}_n(\lambda)}$，故式(21) 等价于：对任意有限区域中的 λ，均匀地有

$$\lim_{n\to\infty}\mathscr{L}_n\left(\frac{\lambda}{m_{0n}}\right)=1+\lambda \tag{25}$$

因而由式(19) 可见式(22) 的必要性是明显的. 反之，设式(22) 成立. 考虑复平面上任一有限区域 Λ，令 $R=\sup\limits_{\lambda\in\Lambda}|\lambda|>1$. 对 $\varepsilon>0$，选 l_0 使 $\sum\limits_{l>l_0}\dfrac{R^l}{l!}<\dfrac{\varepsilon}{2}$；再选 n_0，使得当 $n>n_0$ 时，$d_{n,2}<\dfrac{\varepsilon}{2l_0R^{l_0}}$. 由式(20)，当 $n>n_0$ 及 $\lambda\in\Lambda$ 时，有

$$\begin{aligned}\left|\mathscr{L}_n\left(\frac{\lambda}{m_{0n}}\right)-1-\lambda\right| &\leqslant \sum_{l=2}^{l_0}d_{n,l}R^l+\sum_{l>l_0}^{n}d_{n,l}R^l\\ &\leqslant d_{n,2}l_0R^{l_0}+\sum_{l>l_0}^{\infty}\frac{R^l}{l!}\\ &<\frac{\varepsilon}{2}+\frac{\varepsilon}{2}=\varepsilon\end{aligned}$$

这说明对 $\lambda\in\Lambda$，式(25) 均匀成立.

(ii) 由于

$$\begin{aligned}E_0\mathrm{e}^{-\lambda\frac{\eta_n}{m_{0n}}} &=\varphi_{0n}\left(\frac{\lambda}{m_{0n}}\right)\\ &=\frac{1}{1+\lambda+d_{n,2}\lambda^2+\cdots+d_{n,n}\lambda^n}\end{aligned} \tag{26}$$

$$E_0\left[\left(\frac{\eta_n}{m_{0n}}\right)^2\right]=\tilde{\varphi}''_{0n}(\lambda)\Big|_{\lambda=0}=2-2d_{n,2}$$

这里 $\tilde{\varphi}_{0n}(\lambda)=\varphi_{0n}\left(\dfrac{\lambda}{m_{0n}}\right)$，故显然可见，式(22) 与式(23) 等价(附带指出：式(21) 右方指数分布的二级矩也是 2，故式(23) 要求 $\dfrac{\eta_n}{m_{0n}}$ 的二级矩趋向极限分布的二级

矩).

(iii) 由 5.2 节式(18)(19) 和式(23) 立刻看出:式(23) 与式(24) 等价.

下面给出一个简单的充分条件:

定理 3[①]　如果 $R=\infty$,$e_1<\infty$,那么式(21) 成立,这里 R,e_1 分别由 5.1 节式(6) 及式(5) 定义.

证　由 e_1 的定义及 5.2 节式(32),易见

$$e_1=\frac{1}{a_1}+\frac{1}{b_0}\sum_{i=2}^{\infty}\frac{1}{b_i g_i}$$

故 $e_1<\infty$ 等价于 $\sum\limits_{i=0}^{\infty}\frac{1}{b_i g_i}<\infty$. 由式(13) 并注意 $c_{12}=0$,得

$$\begin{aligned}e_{n2}&=\sum_{k=1}^{n-1}(c_{k+1,2}-c_{k,2})=\sum_{k=1}^{n-1}g_k\sum_{l=1}^{k}\frac{c_{l,1}}{b_l g_l}\\&\leqslant\sum_{k=1}^{n-1}g_k\sum_{l=1}^{n-1}\frac{c_{l,1}}{b_l g_l}\end{aligned}$$

但

$$\begin{aligned}c_{n,1}&=E_0\eta_n=\sum_{k=0}^{n-1}g_k\sum_{l=0}^{k}\frac{1}{b_l g_l}\\&=\sum_{k=0}^{n-1}g_k\left(1+\frac{1}{b_1 g_1}+\cdots\right)>\sum_{k=0}^{n-1}g_k\end{aligned}$$

故

$$d_{n,2}=\frac{c_{n,2}}{c_{n,1}^2}<\frac{1}{c_{n,1}}\sum_{l=1}^{n-1}\frac{c_{l,1}}{b_l g_l}$$

对 $\varepsilon>0$,选择 k_0,使 $\sum\limits_{k=k_0+1}^{\infty}\frac{1}{b_k g_k}<\frac{\varepsilon}{2}$,固定此 k_0,由于 $c_{n,1}=E_0\eta_*\to R=\infty(n\to\infty)$,故可选 n_0,使

---

① 在此定理的条件下,必有 $Z=\infty$,见 5.1 节系 2.

$$\frac{c_{k_0 1}}{c_{n_0 1}} < \frac{\varepsilon}{2B}$$

其中

$$B = \sum_{k=0}^{\infty} \frac{1}{b_k g_k}$$

于是当 $n > n_0$ 时,有

$$\begin{aligned} d_{n,2} &\leqslant \sum_{k=1}^{k_0} \frac{c_{k,1}}{c_{n,1}} \cdot \frac{1}{b_k g_k} + \sum_{k=k_0+1}^{n-1} \frac{c_{k,1}}{c_{n,1}} \cdot \frac{1}{b_k g_k} \\ &< \frac{c_{k_0,1}}{c_{n,1}} B + \sum_{k=k_0+1}^{\infty} \frac{1}{b_k g_k} \\ &< \frac{\varepsilon}{2} + \frac{\varepsilon}{2} = \varepsilon \end{aligned}$$

此后会看到(见 5.5 节定理 4),当 $R = \infty$ 时,$e_1 < \infty$ 等价于存在平稳分布.

以 η_{kn} 表示自 k 出发,最初到达 $n(>k)$ 的时刻,而 m_{kn} 是它的平均时刻($\eta_n = \eta_{0n}$).

系 1 设 $R = \infty$,$e_1 < \infty$,则

$$\lim_{n\to\infty} P_k\left(\frac{\eta_{kn}}{m_{kn}} \leqslant t\right) = 1 - \mathrm{e}^{-t} \tag{27}$$

证 由于 $R = \infty$,$P_0(\eta_n \to \infty) = 1$,又 $m_{0n} \to R = \infty (n \to \infty)$. 注意 $\eta_{kn} = \eta_n - \eta_k$,$m_{kn} = m_{0n} - m_{0k}$,得

$$\begin{aligned} P_k\left(\frac{\eta_{kn}}{m_{kn}} \leqslant t\right) &= P_0\left(\frac{\eta_{kn}}{m_{kn}} \leqslant t\right) \\ &= P_0\left(\frac{\eta_n}{m_{0n}} \cdot \frac{1 - \dfrac{\eta_k}{\eta_n}}{1 - \dfrac{m_{0k}}{m_{0n}}} \leqslant t\right) \xrightarrow[n\to\infty]{} 1 - \mathrm{e}^{-t} \end{aligned}$$

(三) 现在来研究逗留时间. 设

$$\begin{aligned} V(i) &= 1 \quad (0 \leqslant i < n) \\ V(j) &= 0 \quad (j \geqslant n) \end{aligned} \tag{28}$$

这时 $\xi_k^{(n)}=\int_0^{\eta_{n+k}}V(x_t)\mathrm{d}t$ 是在首达 $n+k$ 之前，在$(0,1,\cdots,n-1)$ 中总共逗留的时间，显然 $\xi_0^{(n)}=\eta_n$ 化为最初到达 n 的时刻，回忆 5.1 节式(7) 中 Z 的定义.

定理 4　设 $Z=\infty$，则

$$\lim_{k\to\infty}P_0\left(\frac{\xi_k^{(n)}}{E_0\xi_k^{(n)}}\leqslant t\right)=1-\mathrm{e}^{-t} \tag{29}$$

其中 $E_0\xi_k^{(n)}$ 由 5.2 节式(18) 和式(22) 给出，即

$$E_0\xi_k^{(n)}=\sum_{i=0}^{n+k-1}\left(\frac{V(i)}{b_i}+\sum_{j=0}^{i-1}\frac{a_ia_{i-1}\cdots a_{i-j}V(i-j-1)}{b_ib_{i-1}\cdots b_{i-j}b_{i-j-1}}\right) \tag{30}$$

这里 $V(i)$ 满足式(28).

证　仍然利用式(10) 中的 $\mathscr{L}_n(\lambda)$. 由于式(28) 及 5.2 节式(47)，有

$$\mathscr{L}_{n+1}-\mathscr{L}_n=\frac{a_n}{b_n}(\mathscr{L}_n-\mathscr{L}_{n-1})$$

$$\mathscr{L}_{n+2}-\mathscr{L}_{n+1}=\frac{a_{n+1}}{b_{n+1}}\frac{a_n}{b_n}(\mathscr{L}_n-\mathscr{L}_{n-1})$$

$$\vdots$$

$$\mathscr{L}_{n+k}-\mathscr{L}_{n+k-1}=\frac{a_{n+k-1}}{b_{n+k-1}}\cdot\frac{a_{n+k-2}}{b_{n+k-2}}\cdots\frac{a_n}{b_n}(\mathscr{L}_n-\mathscr{L}_{n-1})$$

将这些等式相加，得

$$\mathscr{L}_{n+k}=\mathscr{L}_n+(\mathscr{L}_n-\mathscr{L}_{n-1})A_{nk} \tag{31}$$

其中

$$A_{nk}=\sum_{j=0}^{k-1}\frac{a_na_{n+1}\cdots a_{n+j}}{b_nb_{n+1}\cdots b_{n+j}}$$

$\mathscr{L}_{n+k}$ 是 λ 的 n 次多项式，因此，$\xi_k^{(n)}$ 的精确分布也类似于式(7). 以式(10) 代入式(31) 的右方，得

$$\mathscr{L}_{n+k}(\lambda)=1+\sum_{i=1}^{n}[A_{nk}(c_{n,i}-c_{n-1,i})+c_{n,i}]\lambda^i$$

$$(c_{n-1,n}=0)$$

由于

$$E_0\exp(-\lambda\xi_k^{(n)})\equiv\varphi_{0,n+k}(\lambda)=[\mathscr{L}_{n+k}(\lambda)]^{-1}$$

故

$$E_0\xi_k^{(n)}=-\varphi'_{0,n+k}(0)=A_{nk}(c_{n,1}-c_{n-1,1})+c_{n,1}$$

$$\begin{aligned}&E_0\exp\left(-\lambda\frac{\xi_k^{(n)}}{E_0\xi_k^{(n)}}\right)\\&=\left[\mathscr{L}_{n+k}\left(\frac{\lambda}{E_0\xi_k^{(n)}}\right)\right]^{-1}\\&=\left\{1+\lambda+\sum_{i=2}^{n}\frac{A_{nk}(c_{n,i}-c_{n-1,i})+c_{n,i}}{[A_{nk}(c_{n,1}-c_{n-1,1})+c_{n,1}]^i}\lambda^i\right\}^{-1}\end{aligned}\tag{32}$$

对复平面上任一有限区域 Λ,令 $R=\sup\limits_{\lambda\in\Lambda}(\lambda)$,则

$$\begin{aligned}&\left|\mathscr{L}_{n+k}\left(\frac{\lambda}{E_0\xi_k^{(n)}}\right)-1-\lambda\right|\\&\leqslant\sum_{i=2}^{n}\left|\frac{A_{nk}(c_{n,i}-c_{n-1,i})+c_{n,i}}{[A_{nk}(c_{n,1}-c_{n-1,1})+c_{n,1}]^i}R^i\right|\\&\leqslant k\cdot R\cdot\sum_{i=2}^{n}\left(\frac{R}{A_{nk}}\right)^{-1}\quad(k\text{ 为某常数})\end{aligned}\tag{33}$$

但由式(33) 和 5.1 节式(7) 及假设 $Z=\infty$,得

$$\begin{aligned}\lim_{k\to\infty}A_{nk}&=\left[Z-1-\frac{a_1}{b_1}-\cdots-\frac{a_1\cdots a_{n-1}}{b_1\cdots b_{n-1}}\right]\frac{b_1\cdots b_{n-1}}{a_1\cdots a_{n-1}}\\&=\infty\end{aligned}$$

故当 k 充分大以后,式(33) 右方小于任意小的正数 ε,这得证对 $\lambda\in\Lambda$,均匀地有

$$\lim_{k\to\infty}E_0\exp\left(-\lambda\frac{\xi_k^{(n)}}{E_0\xi_k^{(n)}}\right)=1+\lambda$$

这等价于式(29).

注 1　如果 $Z<\infty$,那么 $\lim\limits_{k\to\infty}A_{nk}=A<\infty$. 在式

(32) 中令 $k\to\infty$ 后，右方括号中是 λ 的 n 次多项式，如果它有 n 个互异的负根，那么它对应的极限分布密度仍类似于式(7). 注意，5.2 节例 1 及例 2 均是本定理的特殊情形.

5.4　向下的积分型随机泛函

(一) 继承上节的记号. 考虑过程 X 的首达状态 0 的时刻 $\eta_0(\omega)$，在生灭过程的实际应用中也称 η_0 为灭绝时刻，我们来研究

$$\xi(\omega)=\int_0^{\eta_0(\omega)} V[x(t,\omega)]\mathrm{d}t \quad (V(i)\geqslant 0) \tag{1}$$

的分布函数

$$F_k(x)=P_k(\xi\leqslant x) \tag{2}$$

为此，取它的 Laplace 变换①

$$\varphi_k(\lambda)=E_k\mathrm{e}^{-\lambda\xi}=\int_0^{\infty}\mathrm{e}^{-\lambda x}\,\mathrm{d}F_k(x) \tag{3}$$

像上一节一样，研究的方法仍有差分方程法与递推法两种，与上节大同小异，因此我们这里的叙述从简，只着重于不同之处.

注意，如果 $V(i)\equiv 1$，那么 $\xi(\omega)$ 化为灭绝时刻 $\eta_0(\omega)$，而 $F_k(x)$ 则化为灭绝时刻的分布函数. 因此，自然称式(1) 中 $\xi(\omega)$ 为 V — 灭绝时间，于是灭绝时间重合于 1 — 灭绝时间.

---

① 如果要采用上节的记号，下式中的 $\varphi_k(\lambda)$ 应记为 $\varphi_{k0}(\lambda)$. 但因本节中状态 0 始终固定，故简写 $\varphi_{k0}(\lambda)$ 为 $\varphi_k(\lambda)$. 同理，后面的 $m_k^{(l)}$ 也是 $m_{k0}^{(l)}$ 的简写.

定理 1 $\varphi_k(\lambda)$ 满足差分方程组

$$a_k\varphi_{k-1}(\lambda)-c_k\varphi_k(\lambda)+b_k\varphi_{k+1}(\lambda)-\lambda V(k)\varphi_k(\lambda)=0\quad(k>0)\tag{4}$$

$$\varphi_0(\lambda)=1\tag{5}$$

证 在 5.2 节基本引理中取 $A=\{0\}$,即得式(4)和式(5).

要求式(4) 和式(5) 的解,还必须预先求出一个 $\varphi_i(\lambda)(i\neq 0)$,当然,能求出 $\varphi_1(\lambda)$ 更好,但这是比较困难的. 我们在下面两种特殊情况下可以给出完满的解答.

(二) 第一种情况是:设 $V(i)\equiv 1$,这也是应用中特别重要的情况. 以 τ_k 表示第k 个 0—区间(见 3.1 节(一))的长,以 γ_k 表示第k 次离开0(因而来到1)起,首次回到 0 所需要的时间. 令

$$E_1=(\tau_1\geqslant t)$$

$$E_n=\Big(\sum_{k=1}^{n}(\tau_k+\gamma_k)\leqslant t<\sum_{k=1}^{n}(\tau_k+\gamma_k)+\tau_{n+1}\Big)$$

显然转移概率 $p_{00}(t)$ 满足

$$p_{00}(t)=\sum_{n=0}^{\infty}p_0(E_n)\tag{6}$$

$P_0(E_1)=\mathrm{e}^{-b_0t}$. 为求 $P_0(E_n)(n\geqslant 1)$,注意 τ_k,γ_k 独立,$\tau_k(k=1,2,\cdots)$ 独立同分布,又 $\tau_k+\gamma_k(k=1,2,\cdots)$ 也独立同分布,故

$$P_0(E_n)=\int_0^t\mathrm{e}^{-b_0(t-x)}\,\mathrm{d}F^{(n)}(x)\tag{7}$$

其中 $F^{(1)}(x)=\int_0^x\mathrm{e}^{-b_0(x-s)}\,\mathrm{d}F_{10}(s)$,$F_{10}(s)$ 是自 1 出发,首次回到 0 的时间不大于 s 的概率,而 $F^{(n)}(x)$ 是

$F^{(1)}(x)$ 的 n 次卷积，亦即是 $\sum_{k=1}^{n}(\tau_k+\gamma_k)$ 的分布函数.

于是由式(6) 和式(7) 得

$$p_{(00)}(t)=\mathrm{e}^{-b_0t}+\sum_{n=1}^{\infty}\int_0^t \mathrm{e}^{-b_0(t-x)}\,\mathrm{d}F^{(n)}(x)$$

在此式两边取 Laplace 变换，令

$$p_0(\lambda)=\int_0^{\infty}p_{00}(t)\mathrm{e}^{-\lambda t}\,\mathrm{d}t$$

得

$$\begin{aligned}p_0(\lambda)&=\frac{1}{b_0+\lambda}+\sum_{n=1}^{\infty}\frac{1}{b_0+\lambda}\left(\frac{b_0}{b_0+\lambda}\right)^n\varphi_1^n(\lambda)\\&=\frac{1}{\lambda+b_0[1-\varphi_1(\lambda)]}\end{aligned}$$

从而

$$\varphi_1(\lambda)=\frac{b_0+\lambda}{b_0}-\frac{1}{b_0p_0(\lambda)} \tag{8}$$

总结以上所述，得下述定理：

定理 2　当 $V(i)\equiv 1$ 时，式(4)(5) 和式(8) 给出灭绝时间 η_0 的分布的 Laplace 变换 $\varphi_k(\lambda)(k\geqslant 0)$.

注意：式(8) 中 $\varphi_1(\lambda)$ 依赖于 $p_{00}(t)$，当且仅当 $R=\infty$ 时，$p_{00}(t)$ 才由 a_i,b_i 唯一决定，见 2.3 节式(42) 和式(41) 或式(40)，此时 $p_{00}(t)=f_{00}(t)$ 即最小解.

(三) 另一情况是：将过程 X 稍加改造，使状态 N 成为反射的($N>0$)，即设系统到达 N 后，以概率 1 回到 $N-1$，而且逗留于 N 的平均时间为$\frac{1}{c_N}$. 换言之，我们以另一状态数为 $N+1$ 的生灭过程 $X'=\{X'(t,\omega),t\geqslant 0\}$ 代替原过程 X，X' 的密度矩阵 $\boldsymbol{Q}_N$ 由 5.1 节式(16) 定义. 当质点在到达 N 以前，两个过程的概率法则是相同的，因此当 $0<k<N$ 时，式(5) 及式(4) 对

X' 也成立. 于是我们共有 N 个过程,为了要决定 $N+1$ 个未知函数 ${}_N\varphi_k(\lambda)(0\leqslant k\leqslant N)$(${}_N\varphi_k(\lambda)$ 对 X' 定义,就像 $\varphi_k(\lambda)$ 对 X 定义一样),还要给出另一方程. 考虑[①]

$$
\begin{aligned}
{}_N\varphi_N(\lambda) &= E_N \mathrm{e}^{-\lambda\int_0^{\eta'_0} V(x'_t)\mathrm{d}t} = E_N \mathrm{e}^{-\lambda\int_0^{\tau_1} V(x'_t)\mathrm{d}t-\lambda\int_{\tau_1}^{\eta'_0} V(x'_t)\mathrm{d}t} \\
&= E_N \mathrm{e}^{-\lambda V(N)\tau_1} \cdot E_{N-1} \mathrm{e}^{-\lambda\int_0^{\eta'_0} V(x'_t)\mathrm{d}t} \\
&= \frac{c_N}{\lambda V(N)+c_N}\,{}_N\varphi_{N-1}(\lambda)
\end{aligned}
$$

由此得出另一方程

$$c_N\,{}_N\varphi_{N-1}(\lambda)-(c_N+\lambda V(N))\cdot{}_N\varphi_N(\lambda)=0 \qquad (9)$$

总之,式(9) 连同式(5) 及满足 $0<k<N$ 的式(4)(在其中以 ${}_N\varphi_k(\lambda)$ 代替 $\varphi_k(\lambda)$) 唯一决定 ${}_N\varphi_k(\lambda)$ $(0\leqslant k\leqslant N)$.

我们指出:由于对 X',N 是反射状态,而且所研究的随机积分上限是首达 0 的时刻 η_0. 这种情况恰与 5.2 节(一) 和(二) 段中的情况相对称,因为那里对 X,0 是反射状态,而所研究的随机积分上限是首达 n 的时刻 η_n. 因此两者的结果也应该是对称的. 下面便将这一思想具体化.

用解线性代数方程的熟知方法解式(9) 及满足 $0<k<N$ 的式(4),得

$${}_N\varphi_k(\lambda)=\frac{\Delta_N^{(k)}(\lambda)}{\Delta_N(\lambda)} \quad (k=1,2,\cdots,N)$$

其中

① 下面 η'_0 表示 X' 的首达 0 的时刻.

$$\Delta_N(\lambda)=\begin{vmatrix} D_1 & b_1 & 0 & 0 & \cdots & 0 & 0 & 0 \\ a_2 & D_2 & b_2 & 0 & \cdots & 0 & 0 & 0 \\ 0 & a_3 & D_3 & b_3 & \cdots & 0 & 0 & 0 \\ \vdots & \vdots & \vdots & \vdots & & \vdots & \vdots & \vdots \\ 0 & 0 & 0 & 0 & \cdots & a_{N-1} & D_{N-1} & b_{N-1} \\ 0 & 0 & 0 & 0 & \cdots & 0 & c_N & D_N \end{vmatrix} \tag{10}$$

$D_i=-(\lambda V(i)+c_i)$，又 $\Delta_N^{(k)}(\lambda)$ 是以列向量 $\begin{pmatrix} -a_1 \\ 0 \\ 0 \\ \vdots \\ 0 \end{pmatrix}$ 代替 $\Delta_N(\lambda)$ 中第 k 列所得的行列式.

试求各级矩. 令 ${}_Nm_k^{(l)}=E_k\left[\int_0^{\eta_0'} V(x_t')\mathrm{d}t\right]^l$，$l$ 为正整数. 将式(9)和式(5)$(0<k<N)$对 λ 微分 l 次，令 $\lambda=0$，再乘以 $(-1)^l$，以 ${}_Nm_k^{(l)}=(-1)^l{}_N\varphi_k^{(l)}(0)$ 代入后，即得

$$\begin{cases} a_km_{k-1}^{(l)}-c_km_k^{(l)}+b_km_{k+1}^{(l)}+lV(k)m_{kn}^{(l-1)}=0, 0<k<N \\ c_Nm_{N-1}^{(l)}-c_Nm_N^{(l)}+lV(N)m_N^{(l-1)}=0 \end{cases} \tag{11}$$

其中 $m_k^{(l)}={}_Nm_k^{(l)}$. 由于 $m_0^{(l)}=0$，我们得

$${}_Nm_k^{(l)}=\frac{\widetilde{\Delta}_N^{(k)}(0)}{\Delta_N(0)}\quad(0<k\leqslant N) \tag{12}$$

其中 $\widetilde{\Delta}_N^{(k)}(0)$ 是以列向量 $-l\begin{pmatrix} V(1)m_1^{(l-1)} \\ V(2)m_2^{(l-1)} \\ \vdots \\ V(N)m_N^{(l-1)} \end{pmatrix}$ 代替 $\Delta_N(0)$

中第 k 列后所得行列式. 展开式(12) 中两个行列式,便得

$$ {}_{N}m_k^{(l)} = \sum_{i=1}^{k} {}_{N}\varepsilon_i^{(l)} \tag{13} $$

$$ {}_{N}\varepsilon_i^{(l)} = \frac{lV(i)\,{}_{N}m_i^{(l-1)}}{a_i} + \sum_{k=0}^{N-2-i} \frac{b_i b_{i+1} \cdots b_{i+k} lV(i+k+1) \cdot {}_{N}m_{i+k+1}^{(l-1)}}{a_i a_{i+1} \cdots a_{i+k} a_{i+k+1}} + \frac{b_i b_{i+1} \cdots b_{N-1} lV(N) \cdot {}_{N}m_N^{(l-1)}}{a_i a_{i+1} \cdots a_{N-1} c_N} \tag{14} $$

因此,高级矩可通过低级矩表示:${}_{N}m_k^{(0)} = 1(k > 0)$.

特别地,若 $V(i) \equiv 1, l = 1$,则 ${}_{N}\varepsilon_i^{(1)}$ 化为 5.1 节式(19) 中的 $e_i^{(N)}$.

我们最感兴趣的,自然是当反射壁 $N \to \infty$ 时的情况. 由式(13) 和式(14) 直接可以看出,存在极限

$$ {}_{\infty}m_k^{(l)} \equiv \lim_{N \to \infty} {}_{N}m_k^{(l)} = \sum_{i=1}^{k} {}_{\infty}\varepsilon_i^{(l)} \tag{15} $$

$$ {}_{\infty}\varepsilon_i^{(l)} \equiv \lim_{N \to \infty} {}_{N}\varepsilon_i^{(l)} = \frac{lV(i) \cdot {}_{\infty}m_i^{(l-1)}}{a_i} + \sum_{k=0}^{\infty} \frac{b_i b_{i+1} \cdots b_{i+k} lV(i+k+1) \cdot {}_{\infty}m_{i+k+1}^{(l-1)}}{a_i a_{i+1} \cdots a_{i+k} a_{i+k+1}} \tag{16} $$

直观上,可把 ${}_{\infty}m_k^{(l)}$ 解释为:自 k 出发而且当虚状态 ∞ 为"反射壁"时,$\int_0^{\eta_0} V[x(t,\omega)]\mathrm{d}t$ 的 l 级矩. 当然,式(16) 中的级数可能发散. 特别地,当 $V(i) \equiv 1$ 时,${}_{\infty}\varepsilon_i^{(1)}$ 重合于 5.1 节式(5) 中的 e_i,又 $\lim\limits_{k \to \infty} {}_{\infty}m_k^{(1)}$ 重合于 5.1 节式(6) 中的 S.

令 $m_k^{(l)}=E_k\left(\int_0^{\eta_0}V[x(t,\omega)]\mathrm{d}t\right)^l$. 注意，一般地 $m_k^{(l)}$ 并不等于 ${}_\infty m_k^{(l)}$，因为前者的定义中不需要"∞ 为反射壁"的假定. 直观地猜想，如果自 k 出发的质点无需到达 ∞（因而不管 ∞ 是否为"反射壁"）就来到 0，那么 $m_k^{(l)}$ 会等于 ${}_\infty m_k^{(l)}$. 这一想法的精确化是下述定理：

定理 3　设 $Z=\infty$，则

$$\varphi_k(\lambda)=\lim_{N\to\infty}{}_N\varphi_k(\lambda),m_k^{(l)}={}_\infty m_k^{(l)} \tag{17}$$

这里 $\varphi_k(\lambda)$ 由式(3)定义，又 Z 的定义见 5.1 节式(7).

证　若 $Z=\infty$，则由 5.1 节式(25)，$q_k(0)=1$，即对过程 $X=\{x(t,\omega),t\geqslant 0\}$，自 k 出发，经有限多次跳跃来到 0 的概率为 1. 因此，若以 $M(=M(\omega))$ 表示自 k 出发，在来到 0 以前所历经的状态中的最大者，则 $P_k(M<\infty)=1$. 其次，注意过程 $X'=\{X'(t,\omega),t\geqslant 0\}$ 依赖于 N，而且在到达 N 以前，X' 与 X 的样本函数重合，即 $x(t,\omega)=x'(t,\omega),t\leqslant\eta_N(\omega)$，现在任取 $\omega\in(M<\infty)$，并设 $M(\omega)=n,n<N$，则对此 ω，有 $\eta_0(\omega)<\eta_N(\omega)$，从而

$$\int_0^{\eta_0(\omega)}V[x'_t(\omega)]\mathrm{d}t=\int_0^{\eta_0(\omega)}V[x_t(\omega)]\mathrm{d}t$$

$$(\text{一切 } N>n)$$

因此，当 $N\uparrow\infty$ 时，有

$$P\left(\int_0^{\eta_0}V[x'_t]\mathrm{d}t\uparrow\int_0^{\eta_0}V[x_t]\mathrm{d}t\right)=P(M<\infty)=1$$

于是

$${}_N\varphi_k(\lambda)\downarrow\varphi_k(\lambda),{}_Nm_k^{(l)}\uparrow m_k^{(l)}$$

简写 $m^{(l)}=\lim_{k\to\infty}{}_\infty m_k^{(l)}=\sum_{i=1}^{\infty}{}_\infty\varepsilon_i^{(l)}$. 完全仿照 5.2 节定理 3 的证明，我们有

$$m^{(l)}\leqslant l!\,(m^{(1)})^l$$

因此,一切 $m^{(l)}(l=1,2,\cdots)$,或者同时都有穷,或者同时都无穷.

(四) 现在用递推法求 $\varphi_k(\lambda)$. 令

$$g_k(\lambda)=E_k\exp\left[-\lambda\int_0^{\eta_k-1}V(x_t)\mathrm{d}t\right] \tag{18}$$

与推导 5.2 节中式(39) 类似,我们有

$$\varphi_k(\lambda)=g_1(\lambda)g_2(\lambda)\cdots g_k(\lambda) \tag{19}$$

注意,在推导式(19) 时,需要利用下列事实:自 k 到达 0 必须以概率 1 顺次经过 $k-1,k-2,\cdots,1$,这在 $R=\infty$ 的条件下是成立的[①](如果 $R<\infty$,那么第一个飞跃点以概率 1 有穷,因而自 k 出发,可以以正的概率,不通过上列方式而经过首次飞跃直接到达 0,例如 Doob 过程就可以如此). 仿照 5.2 节式(40),得

$$g_k(\lambda)=\frac{a_k}{\lambda V(\lambda)+c_k}+\frac{b_k}{\lambda V(k)+c_k}g_{k+1}(\lambda)g_k(\lambda)$$

亦即

$$g_{k+1}(\lambda)=\frac{\lambda V(k)+c_k}{b_k}-\frac{a_k}{b_kg_k(\lambda)}\quad(k>0) \tag{20}$$

因此,若能求出 $g_1(\lambda)$,则式(19) 和式(20) 给出在 $R=\infty$ 时问题的完全解. 特别地,当 $V(i)\equiv1$ 时,$g_1(\lambda)=\varphi_1(\lambda)$ 由式(8) 给定.

(五) 以上结果可以用来研究与回转时间有关的问题. 以 $\delta_k(\equiv\delta_k(\omega))$ 表示自来到 k 的时刻算起,离开 k 后,首次回到 k 的时间,并称 δ_k 为 k 的回转时

① 如果 $R<\infty$,那么当 $X=\{x_t(\omega)\}$ 为最小过程时,式(19) 仍成立.

间. 令①

$$\psi_k(\lambda)=E_k\exp\left(-\lambda\int_0^{\delta_k}V(x_t)\mathrm{d}t\right) \tag{21}$$

并称$\int_0^{\delta_k}V(x_t)\mathrm{d}t$为$V$—回转时间. 仿照5.2节基本引理的证明,易见

$$\psi_k(\lambda)=\frac{a_k}{\lambda V(k)+c_k}h_{k-1}(\lambda)+\frac{b_k}{\lambda V(k)+c_k}g_{k+1}(\lambda) \tag{22}$$

其中 $h_{k-1}(\lambda)$,$g_k(\lambda)$ 的定义分别见 5.2 节式(38) 及本节式(18).

记 $n_k^{(l)}=E_k\left(\int_0^{\delta_k}V(x_t)\mathrm{d}t\right)^l$,它可由微分 $\psi_k(\lambda)l$ 次而求得,也可用下面方法. 设 $m_{m+1,k}^{(l)}<\infty$,简记 $\beta=\tau_1$,则

$$\begin{aligned}n_k^{(l)}&=E_k\left(\int_0^{\beta}V(x_t)\mathrm{d}t+\int_\beta^{\delta_k}V(x_t)\mathrm{d}t\right)^l\\&=E_k\left[\sum_{i=0}^{l}\binom{l}{i}(V(k)\beta)^i\left(\int_\beta^{\delta_k}V(x_t)\mathrm{d}t\right)^{l-i}\right]②\\&=\sum_{i=0}^{l}\binom{l}{i}E_k(V(k)\beta)^i\cdot E_k\left(\int_\beta^{\delta_k}V(x_t)\mathrm{d}t\right)^{l-i}\end{aligned}$$

由于

$$E_k(\beta)^i=\int_0^\infty t^ic_k\mathrm{e}^{-c_kt}\mathrm{d}t=\frac{i!}{c_k^i}$$

---

① $\psi_k(\lambda)$ 不等于以上定义的 $\varphi_{kk}(\lambda)$,后者由定义等于 1. 同理,下面的 $n_k^{(l)}$ 也不等于 $m_{kk}^{(l)}$,后者按定义等于 0.

② β 与$\int_\beta^{\delta_k}V(x_t)\mathrm{d}t$ 关于 P_k 相互独立,这由 K. L. Chung[Ⅰ]Ⅱ, §15 定理 2 推出.

$$E_k\left(\int_\beta^{\delta_k} V(x_t)\,\mathrm{d}t\right)^l$$
$$=\frac{a_k}{c_k}\cdot E_{k-1}\left(\int_0^{\eta_k} V(x_t)\,\mathrm{d}t\right)^l+\frac{b_k}{c_k}E_{k+l}\left(\int_0^{\eta_k} V(x_t)\,\mathrm{d}t\right)^l$$

故[①]

$$n_k^{(l)}=\sum_{i=0}^{l}\frac{l!\,[V(k)]^i}{(l-i)!\;c_k^i}\left[\frac{a_k}{c_k}m_{k-1,k}^{(l-i)}+\frac{b_k}{c_k}m_{k+1,k}^{(l-i)}\right] \tag{23}$$

特别地，当 $l=1$ 时(我们略去上标 1)，有

$$n_k=\frac{a_k}{c_k}m_{k-1,k}+\frac{b_k}{c_k}m_{k+1,k}+\frac{V(k)}{c_k} \tag{23'}$$

根据 5.2 节式(25)，有

$$m_{k-1,k}=G_{k-1}=\frac{V(k-1)}{b_{k-1}}+\sum_{j=0}^{k-2}\frac{a_{k-1}a_{k-2}\cdots a_{k-1-j}V(k-2-j)}{b_{k-1}b_{k-2}\cdots b_{k-1-j}b_{k-2-j}} \tag{24}$$

如果 $Z=\infty$，那么由定理 3 及式(15) 和式(16)，得

$$m_{k+1,k}={}_{\infty}\varepsilon_{k+1}=\frac{V(k+1)}{a_{k+1}}+\sum_{j=0}^{m}\frac{b_{k+1}b_{k+2}\cdots b_{k+1+j}V(k+2+j)}{a_{k+1}a_{k+2}\cdots a_{k+1+j}a_{k+2+j}} \tag{25}$$

例 1 取 $V(i)\equiv 1$，于是 $\int_0^{\delta_k}V(x_t)\,\mathrm{d}t=\delta_k$，而 $\psi_k(\lambda)$ 化为 k 的回转时间 δ_k 的分布的 Laplace 变换. 由式(22) 得

$$\psi_k(\lambda)=\frac{a_k}{\lambda+c_k}h_{k-1}(\lambda)+\frac{b_k}{\lambda+c_k}g_{k+1}(\lambda) \tag{26}$$

根据 5.2 节式(40) 和式(41) 及本节式(20) 和式(8)，得

---

① 下式中如果 $V(k)=0$，那么应理解 $0^0=1$. 又 $a_0=0$.

$$\begin{cases} h_{k-1}(\lambda) = b_{k-1}[\lambda + c_{k-1} - a_{k-1}h_{k-2}(\lambda)]^{-1} \\ h_0(\lambda) = b_0[\lambda + b_0]^{-1} \end{cases} \tag{27}$$

$$\begin{cases} g_{k+1}(\lambda) = \dfrac{\lambda + c_k}{b_k} - \dfrac{a_k}{b_k g_k(\lambda)} \\ g_1(\lambda) = \dfrac{\lambda + b_0}{b_0} - \dfrac{1}{b_0 p_0(\lambda)} \end{cases} \tag{28}$$

特别地，有

$$\psi_0(\lambda) = 1 - \frac{1}{(\lambda + b_0)p_0(\lambda)} \tag{29}$$

$$\psi_1(\lambda) = \frac{a_1 b_0}{(\lambda + c_1)(\lambda + b_0)} + 1 - \frac{a_1}{(\lambda + c_1)g_1(\lambda)} \tag{30}$$

设 $Z=\infty$，现在来求 k 的平均回转时间 $n_k = E_k(\delta_k)$. 我们来证明

$$\begin{cases} n_k = \dfrac{a_1 a_2 \cdots a_k}{b_0 b_1 \cdots b_{k-1} c_k}(1 + b_0 e_1), k > 0 \\ n_k = \dfrac{1}{b_0} + e_1, k = 0 \end{cases} \tag{31}$$

e_1 的定义见 5.1 节式(5).

实际上，在式(23′)中取 $V(k) \equiv 1$，得

$$n_k = \frac{a_k}{c_k} m_{k-1,k} + \frac{b_k}{c_k} m_{k+1,k} + \frac{1}{c_k} \tag{32}$$

以式(24)和式(25)代入后得

$$c_k \eta_k = 1 + a_k \left[\frac{1}{b_{k-1}} + \sum_{l=0}^{k-2} \frac{a_{k-1} a_{k-2} \cdots a_{k-1-l}}{b_{k-1} b_{k-2} \cdots b_{k-1-l} b_{k-2-l}} \right] + b_k e_{k+1} \tag{33}$$

另一方面，由 e_i 的定义(5.1 节式(5))，可见

$$e_i = \frac{1}{a_i} + \frac{b_i}{a_i} e_{i+1} \quad (i > 0) \tag{34}$$

反复利用此式，得

$$\frac{a_1a_2\cdots a_k}{b_0b_1\cdots b_{k-1}}(1+b_0e_1)$$

$$=\frac{a_1a_2\cdots a_k}{b_0b_1\cdots b_{k-1}}\left[1+\sum_{j=1}^{k}\frac{b_0b_1\cdots b_{j-1}}{a_1a_2\cdots a_j}+\frac{b_0b_1\cdots b_k}{a_1a_2\cdots a_k}e_{k+1}\right](k>0)$$

此式右方与式(33)右方一致,故两者左方也相等而得证式(31)对 $k>0$ 正确. 设 $k=0$,则因 $a_0=0,b_0=c_1$,故式(32)化为式(31)中第二个等式.

例 2 设 $Z=\infty$. 试求自 k 出发在首次回到 k 以前在状态 0 的平均时间 n_k. 如果 $k=0$,那么显然 $n_0=\frac{1}{b_0}$. 下面设 $k>0$. 取 $V(0)=1,V(k)=0(k>0)$. 由式(23′)(24)和式(25),得

$$n_k=\frac{a_k}{c_k}m_{k-1,k}+\frac{b_k}{c_k}m_{k+1,k}$$

$$m_{k-1,k}=\frac{a_{k-1}a_{k-2}\cdots a_1}{b_{k-1}b_{k-2}\cdots b_0},m_{k+1,k}=0$$

故

$$n_k=\frac{a_ka_{k-1}\cdots a_1}{c_kb_{k-1}\cdots b_0}\quad(k>0)$$

5.5 几类 Колмогоров 方程的解与平稳分布

(一) 设已给矩阵 $\boldsymbol{Q}$,满足 5.1 节中式(1)和式(2). 对此 $\boldsymbol{Q}$ 写出向后方程组

$$\begin{cases}p'_{ij}(t)=-(a_i+b_i)p_{ij}(t)+b_ip_{i+1,j}(t)+a_ip_{i-1,j}(t),i>0\\ p'_{0j}(t)=-b_0p_{0j}(t)+b_0p_{ij}(t),t\geqslant 0,j=0,1,2,\cdots\end{cases}\tag{1}$$

及向前方程组

$$\begin{cases} p'_{ij}(t) = -(a_j + b_j)p_{ij}(t) + b_{j-1}p_{i,j-1}(t) + a_{j+1}p_{i,j+1}(t), j > 0 \\ p'_{i0}(t) = -b_0 p_{i0}(t) + a_1 p_{i1}(t), t \geqslant 0, j = 0,1,2,\cdots \end{cases} \tag{2}$$

我们希望在开始条件

$$p_{ij}(0) = \delta_{ij} \tag{3}$$

下面解这两个方程组,在 2.3 节中已知,一般地有无穷多组解,但若

$$R = \infty \tag{4}$$

(R 的定义见 5.1 节式(6)),则由 5.2 节系 1,知方程组(1) 或(2) 各只有唯一的转移函数解,而且方程组(1) 和(2) 的解相同.

在本节前三段中,我们总设式(4) 满足,因而只要在式(3) 下解这两个方程中的任何一组.

理论上,这个问题已在 2.3 节中完全解决,因为所求的唯一转移函数解就是最小解 $f_{ij}(t)$,即

$$f_{ij}(t) = \sum_{n=0}^{\infty} {}_n p_{ij}(t) \tag{5}$$

这里 ${}_n p_{ij}(t)$ 由 2.3 节式(40) 或式(41) 以及 5.1 节式(2) 定义.

这个解答不十分使人满意的是 ${}_n p_{ij}(t)$ 必须通过递推方程给出,实际的计算量是很大的. 因此我们希望找到 $f_{ij}(t)$ 的明显表达式,在一些特殊情形下,这愿望可以实现.

为确定起见,只考虑向前方程组(2),并对固定的 i 简写 $p_{ij}(t)$ 为 $p_j(t)$.

(二) 情形甲　设 $a_j = a > 0, b_j = b > 0$. 这时式(4) 满足,因为

$$R \geqslant \sum_{j=1}^{\infty} \frac{1}{b_j} = \sum_{j=1}^{\infty} \frac{1}{b} = \infty$$

方程组(2) 化为

$$\begin{cases}p_j'(t)=-(a+b)p_j(t)+bp_{j-1}(t)+ap_{j+1}(t)\\p_0'(t)=-bp_0(t)+ap_1(t)\end{cases}\tag{6}$$

定义 $p_j(t)$ 的母函数为

$$P(z,t)=\sum_{j=0}^{\infty}p_j(t)z^j\tag{7}$$

它在 $|z|<1$ 中收敛. 用 z^{j+1} 乘式(6) 中方程两边并对 j 求和,集项后得

$$z\frac{\partial P(z,t)}{\partial t}=(1-z)[(a-bz)P(z,t)-ap_0(t)]\tag{8}$$

由式(3) 得开始条件为

$$P(z,0)=z^i\tag{9}$$

以 $f^*(s)$ 表示 $f(t)$ 的 Laplace 变换,即

$$f^*(s)=\int_0^{\infty}e^{-st}f(t)dt$$

由式(9) 得

$$\begin{aligned}\int_0^{\infty}e^{-st}\frac{\partial P(z,t)}{\partial t}dt&=e^{-st}P(z,t)\Big|_0^{\infty}+\\&\quad s\int_0^{\infty}e^{-st}P(z,t)dt\\&=-z^i+sP^*(z,s)\end{aligned}\tag{10}$$

现在对一级线性偏微分方程(8) 两边取 Laplace 变换,并利用式(10),即得

$$\begin{aligned}&-z^{i+1}+szP^*(z,s)\\&=(1-z)[(a-bz)P^*(z,s)-ap_0^*(s)]\end{aligned}$$

故

$$P^*(z,s)=\frac{z^{i+1}-a(1-z)P_0^*(s)}{sz-(1-z)(a-bz)}\tag{11}$$

下面把 $P^*(z,s)$ 表示为 z 的幂级数，z^n 的系数 $p_n^*(s)$ 是 $p_n(t)$ 的变换，因而取反 Laplace 变换后就求得 $p_n(t)(=p_{in}(t))$.

由于 $P^*(z,s)$ 在单位圆内及其上对 $\mathrm{Re}(s)>0$ 收敛，所以式(11) 中分母在那里的零点必须与分子的零点重合，但前者为

$$\alpha_k(s)=\frac{b+a+s\pm[(b+a+s)^2-4ab]^{\frac{1}{2}}}{2b}\quad (k=1,2) \tag{12}$$

$\alpha_k(s)$ 中的 s 有正实部 $\mathrm{Re}(s)>0$，$\alpha_1(s)$ 表示式(12) 中根号前取正号的根.

现在要用到复变函数论中的定理：

Rouché **定理**[①]　设 $f(z)$ 及 $g(z)$ 都是在闭路 C 内及其上的解析函数，而且在 C 上 $|g(z)|<|f(z)|$，则 $f(z)$ 与 $f(z)+g(z)$ 在 C 内的零点个数相同.

现应用此定理于式(11) 右方的分母，令

$$f(z)=(a+b+s)z,\ g(z)=-bz^2-a$$

$$C=\{z\mid |z|=1\}$$

则定理条件满足，因而 $f(z)$ 与 $f(z)+g(z)$(即分母) 有同样多个零点，即只有一个零点于 $|z|=1$ 内. 由于 $|\alpha_2(s)|<|\alpha_1(s)|$，而且在 $|z|=1$ 上无零点，因此分母在 $|z|=1$ 内的零点必为 $z=\alpha_2(s)$.

如上所述，式(11) 中分子也以 $\alpha_2(s)$ 为零点，从而

$$p_0^*(s)=\frac{\alpha_2^{(i+1)}}{a(1-\alpha_2)}\quad (\alpha_k=\alpha_k(s),k=1,2) \tag{13}$$

---

① 见 А. И. Маркушевич: Теория аналитических функции, 1950, 第四章, § 3.5, 317 页.

以式(13) 代入式(11) 得

$$P^*(z,s)=\frac{z^{i+1}-\dfrac{(1-z)\alpha_2^{i+1}}{1-\alpha_2}}{-b(z-\alpha_1)(z-\alpha_2)}$$

$$=\frac{(1-\alpha_2)z^{i+1}-(1-z)\alpha_2^{i+1}}{b\alpha_1(z-\alpha_1)(1-\dfrac{z}{\alpha_1})(1-\alpha_2)}$$

$$=\frac{(z^{i+1}-\alpha_2^{i+1})-(\alpha_2 z^{i+1}-z\alpha_2^{i+1})}{b\alpha_1(z-\alpha_2)(1-\dfrac{z}{\alpha_1})(1-\alpha_2)}$$

$$=[(z-\alpha_2)(z^i+\alpha_2 z^{i-1}+\cdots+\alpha_2^i)-z\alpha_2(z-\alpha_2)\cdot(z^{i-1}+\alpha_2 z^{i-2}+\cdots+\alpha_2^{i-1})]/[b\alpha_1(z-\alpha_2)\cdot(1-\frac{z}{\alpha_1})(1-\alpha_2)] \tag{14}$$

消去公因子$(z-\alpha_2)$，减去并加上 α_2^{i+1}，在分子中提出公因子$(1-\alpha_2)$，并注意$(1-\dfrac{z}{\alpha_1})^{-1}=\sum\limits_{k=0}^{\infty}\left(\dfrac{z}{\alpha_1}\right)^k$，得

$$P^*(z,s)=[(z^i+\alpha_2 z^{i-1}+\cdots+\alpha_2^i)-z\alpha_2(z^{i-1}+\alpha_2 z^{i-2}+\cdots+\alpha_2^{i-1})-\alpha_2^{i+1}+\alpha_2^{i+1}]/[b\alpha_1(1-\frac{z}{\alpha_1})(1-\alpha_2)]$$

$$=[(z^i+\alpha_2 z^{i-1}+\cdots+\alpha_2^i)-\alpha_2(z^i+\alpha_2 z^{i-1}+\cdots+z\alpha_2^{i-1}+\alpha_2^i)+\alpha_2^{i+1}]/b\alpha_1(1-\frac{z}{\alpha_1})(1-\alpha_2)$$

$$=\frac{z^i+\alpha_2 z^{i-1}+\cdots+\alpha_2^i}{b\alpha_1(1-\dfrac{z}{\alpha_1})}+$$

$$\frac{\alpha_2^{i+1}}{b\alpha_1\left(1-\dfrac{z}{\alpha_1}\right)(1-\alpha_2)}$$

$$=\frac{1}{b\alpha_1}(z^i+\alpha_2 z^{i-1}+\cdots+\alpha_2^i)\sum_{k=0}^{\infty}\left(\frac{z}{\alpha_1}\right)^k+$$

$$\frac{\alpha_2^{i+1}}{b\alpha_1(1-\alpha_2)}\sum_{k=0}^{\infty}\left(\frac{z}{\alpha_1}\right)^k \tag{15}$$

其中用到$\left|\dfrac{z}{\alpha_1}\right|<1$.

式(15)右方第二个$\sum$中,z^n的系数为

$$\frac{\alpha_2^{i+1}}{b\alpha_1^{n+1}(1-\alpha_2)}=\frac{\alpha_2^{i+1}}{b\alpha_1^{n+1}}\left(\sum_{k=0}^{\infty}\alpha_2^k\right)$$

$$=\frac{\alpha_2^{i+1}}{b}\left(\frac{b\alpha_2}{a}\right)^{n+1}\left(\sum_{k=0}^{\infty}\alpha_2^k\right)$$

$$=\frac{1}{b}\left(\frac{b}{a}\right)^{n+1}\cdot\sum_{k=n+i+2}^{\infty}\alpha_2^k$$

$$=\frac{1}{b}\left(\frac{b}{a}\right)^{n+1}\sum_{k=n+i+2}^{\infty}\left(\frac{a}{b}\right)^k\frac{1}{\alpha_1^k} \tag{16}$$

其中用到$|\alpha_2|<1$及根与系数的关系$\alpha_1\alpha_2=\dfrac{a}{b}$.

另一方面,由式(7)得$P^*(z,s)=\sum\limits_{n=0}^{\infty}p_n^*(s)z^n$. 与式(15)比较$z^n$的系数,并利用式(16),得知当$n\geqslant i$时,有

$$P_n^*(s)=\frac{1}{b}\left[\frac{1}{\alpha_1^{n-i+1}}+\frac{\dfrac{a}{b}}{\alpha_1^{n-i+3}}+\frac{\left(\dfrac{a}{b}\right)^2}{\alpha_1^{n-i+5}}+\cdots+\right.$$

$$\left.\frac{\left(\dfrac{a}{b}\right)^i}{\alpha_1^{n+i+1}}+\left(\frac{b}{a}\right)^{n+1}\sum_{k=n+i+2}^{\infty}\left(\frac{a}{b}\right)^k\frac{1}{\alpha_1^k}\right] \tag{17}$$

现求 $p_n^*(s)$ 的反 Laplace 变换 $p_n(t)$，即

$$p_n(t)=\frac{1}{2\pi\mathrm{i}}\int_{c-\mathrm{i}\infty}^{c+\mathrm{i}\infty}\mathrm{e}^{st}p_n^*(s)\mathrm{d}s$$

为此，利用 Laplace 变换中下列三个事实：

(1) 若 $f(t)$ 的变换是 $f^*(s)$，则 $\mathrm{e}^{-at}f(t)$ 的变换为 $f^*(s+a)$；

(2) 可在式(17)右方逐项取反变换；

(3) 回忆 $\alpha_1(s)$ 的表达式(12)，并注意 $\left[\frac{s+\sqrt{s^2-4ab}}{2b}\right]^{-v}$ 是 $v\left(\sqrt{\frac{b}{a}}\right)^v t^{-1}I_v(2\sqrt{abt})$ 的 Laplace 变换，其中 $I_v(z)$ 是修正后的第一类 Bessel 函数，即

$$I_v(z)=\sum_{k=0}^{\infty}\frac{\left(\frac{z}{2}\right)^{v+2k}}{k!\,(v+k)!} \tag{18}$$

它满足关系式

$$2vI_v(z)=z[I_{v-1}(z)-I_{v+1}(z)] \tag{19}$$

$$I_{-v}(z)=I_v(z) \tag{20}$$

于是

$$\begin{aligned}p_n(t)=\frac{\mathrm{e}^{-(a+b)t}}{b}\Bigg[&\left(\sqrt{\frac{b}{a}}\right)^{n-i+1}(n-i+1)t^{-1}I_{n-i+1}(2\sqrt{ab}t)+\\&\frac{a}{b}\left(\sqrt{\frac{b}{a}}\right)^{n-i+3}(n-i+3)t^{-1}I_{n-i+3}(2\sqrt{ab}t)+\cdots+\\&\left(\frac{a}{b}\right)^{i}\left(\sqrt{\frac{b}{a}}\right)^{n+i+1}(n+i+1)t^{-1}I_{n+i+1}(2\sqrt{ab}t)+\\&\left(\frac{b}{a}\right)^{n+1}\sum_{k=n+i+2}^{\infty}\left(\sqrt{\frac{a}{b}}\right)^{k}kt^{-1}I_k(2\sqrt{ab}t)\Bigg]\end{aligned}$$

利用公式(19)后，得

$$p_n(t)=\frac{\mathrm{e}^{-(a+b)t}}{b}\Bigg\{\left(\sqrt{\frac{b}{a}}\right)^{n-i+1}\sqrt{ab}\big[I_{n-i}(2\sqrt{ab}t)-$$

$$I_{n-i+2}(2\sqrt{ab}t)]+\left(\sqrt{\frac{b}{a}}\right)^{n-i+1}\sqrt{ab}[I_{n-i+2}(2\sqrt{ab}t)-$$

$$I_{n-i+4}(2\sqrt{ab}t)]+\cdots+$$

$$\left(\sqrt{\frac{b}{a}}\right)^{n-i+1}\sqrt{ab}[I_{n+i}(2\sqrt{ab}t)-$$

$$I_{n+i+2}(2\sqrt{ab}t)]+\left(\frac{b}{a}\right)^{n+1}\sum_{k=n+i+2}^{\infty}\left(\sqrt{\frac{a}{b}}\right)^{k}\cdot$$

$$\sqrt{ab}[I_{k-1}(2\sqrt{ab}t)-I_{k+1}(2\sqrt{ab}t)]\} \qquad (21)$$

然而

$$\left(\frac{b}{a}\right)^{n+1}\sum_{k=n+i+2}^{\infty}\left(\sqrt{\frac{a}{b}}\right)^{k}[I_{k-1}(2\sqrt{ab}t)-I_{k+1}(2\sqrt{ab}t)]$$

$$=\left(\frac{b}{a}\right)^{n+1}\left[\left(\sqrt{\frac{a}{b}}\right)^{n+i+2}I_{n+i+1}(2\sqrt{ab}t)+\right.$$

$$\sqrt{\frac{a}{b}}\sum_{k=n+i+2}^{\infty}\left(\sqrt{\frac{a}{b}}\right)^{k}I_{k}(2\sqrt{ab}t)+$$

$$\left(\sqrt{\frac{a}{b}}\right)^{n+i+1}I_{n+i+2}(2\sqrt{ab}t)-$$

$$\left.\sqrt{\frac{b}{a}}\sum_{k=n+i+2}^{\infty}\left(\sqrt{\frac{a}{b}}\right)^{k}I_{k}(2\sqrt{ab}t)\right]$$

$$=\left(\sqrt{\frac{b}{a}}\right)^{n-i}I_{n+i+1}(2\sqrt{ab}t)+$$

$$\left(\sqrt{\frac{b}{a}}\right)^{n-i+1}I_{n+i+2}(2\sqrt{ab}t)+$$

$$\left(1-\frac{b}{a}\right)\left(\frac{b}{a}\right)^{n}\sqrt{\frac{b}{a}}\sum_{k=n+i+2}^{\infty}\left(\sqrt{\frac{a}{b}}\right)^{k}I_{k}(2\sqrt{ab}t)$$

因此，式(21)中第一项中第二式与第二项中第一式相消，等等，故对 $n\geqslant i$，最后得

$$p_{n}(t)=\mathrm{e}^{-(a+b)t}\left[\left(\sqrt{\frac{a}{b}}\right)^{i-n}I_{n-i}(2\sqrt{ab}t)+\right.$$

$$\left(\sqrt{\frac{a}{b}}\right)^{i-n+1} I_{n+i+1}(2\sqrt{ab}t)+\cdots+$$

$$\left(1-\frac{b}{a}\right)\left(\frac{b}{a}\right)^{n}\sum_{k=n+i+2}^{\infty}\left(\sqrt{\frac{a}{b}}\right)^{k} I_{k}(2\sqrt{ab}t)\Bigg] \tag{22}$$

剩下要证明：对 $n<i$，式(22) 仍正确. 为此仍旧仿照上面的推理而用比较系数法，不过式(17) 要换为

$$p_n^*(s)=\frac{1}{b\alpha_1}\left[\left(\frac{a}{b\alpha_1}\right)^{i-n}+\left(\frac{a}{b\alpha_1}\right)^{i-n+1}\frac{1}{\alpha_1}+\cdots+\right.$$

$$\left.\left(\frac{a}{b\alpha_1}\right)^{i}\left(\frac{1}{\alpha_1}\right)^{n}+\left(\frac{b}{a}\right)^{n+1}\sum_{k=n+i+2}^{\infty}\left(\frac{a}{b}\right)^{k}\frac{1}{\alpha_1^k}\right] \tag{23}$$

以下的计算与上面相同，前后项仍然消去，因此，只要证在 $n<i$ 时，剩下的首项与式(22) 中首项重合. 式(23) 中首项 $\frac{1}{b\alpha_1}\left(\frac{b}{a\alpha_1}\right)^{i-n}$ 的反变换是

$$\frac{e^{-(a+b)t}}{b}\left[\left(\frac{a}{b}\right)^{i-n}\left(\sqrt{\frac{b}{a}}\right)^{i-n+1}(i-n+1)t^{-1}I_{i-n+1}(2\sqrt{ab}t)\right]$$

$$=\frac{e^{-(a+b)t}}{b}\left\{\left(\sqrt{\frac{b}{a}}\right)^{i-n+1}\sqrt{ab}\left[I_{i-n}(2\sqrt{ab}t)-I_{i-n+2}(2\sqrt{ab}t)\right]\right\}$$

利用式(20)，并回忆上面所说的第二项消去，可见首项与式(22) 的首项相同.

这样便证明了.

定理 1 当 $a_j=a>0(j>0)$，$b_j=b>0(j\geqslant 0)$ 时，方程组(2)(或(1)) 在开始条件式(3) 下有唯一转移函数解(p_{ij})，$p_{in}(t)$ 由式(22) 右方给出.

（三）情形乙　设 $a_j=ja>0$，$b_j=b>0$. 这时 $R=\infty$，向前方程组化为

$$\begin{cases} p_j'(t) = -(ja+b)p_j(t) + bp_{j-1}(t) + (j+1)ap_{j+1}(t) \\ p_0'(t) = -bp_0(t) + ap_1(t) \end{cases} \tag{24}$$

考虑母函数(7),有

$$\begin{aligned} \frac{\partial P(z,t)}{\partial t} &= \sum_{j=0}^{\infty} p_j'(t) z^j \\ &= -bp_0(t)(1-z) + ap_1(t)(1-z) - \\ &\quad bp_1(t)(1-z)z + 2ap_2(t)z(1-z) + \cdots \\ &= -b(1-z)\sum_{j=0}^{\infty} p_j(t)z^j + a(1-z)\sum_{j=1}^{\infty} jp_j(t)z^{j-1} \\ &= -b(1-z)P(z,t) + a(1-z)\frac{\partial P(z,t)}{\partial z} \end{aligned}$$

因而得证母函数满足偏微分方程

$$\frac{\partial P}{\partial t} - (1-z)a\frac{\partial P}{\partial z} = -b(1-z)P \quad (P = P(z,t))$$

现在用通常的方法来解这个一级线性偏微分方程.考虑联系于上个方程的拉格朗日方程,得

$$\frac{\mathrm{d}t}{1} = \frac{\mathrm{d}z}{-(1-z)a} = \frac{\mathrm{d}P}{-b(1-z)P}$$

由第一、第二项所组成的方程解得

$$(1-z)\mathrm{e}^{-at} = c_1$$

由第二、第三项所组成的方程解得

$$P\mathrm{e}^{-\frac{b}{a}z} = c_3$$

因而通解是

$$P = \mathrm{e}^{\frac{b}{a}z} g[(1-z)\mathrm{e}^{-at}] \tag{25}$$

现在利用开始条件 $P(z,0) = z^i$ 来定函数 g.在上式中令 $t = 0$,得

$$z^i = \mathrm{e}^{\frac{b}{a}z} g(1-z)$$

令 $y=1-z$,得

$$g(y)=e^{-\frac{b}{a}(1-y)}(1-y)^i$$

以此式代入式(25),化简后得

$$P(z,t)=[1-(1-z)e^{-at}]^i\cdot\exp\left[-\frac{b}{a}(1-z)(1-e^{-at})\right] \tag{26}$$

现在来求 $p_n(t)=p_{in}(t)$. 为此注意下列三点:

(1) 设 ξ 是具有二项分布的随机变量,即

$$P(\xi=k)=\binom{i}{k}p^k(1-p)^{i-k}\quad(k=0,1,\cdots,i)$$

p 为参数,则 ξ 的母函数为

$$f(z)=\sum_{k=0}^{i}\binom{i}{k}(pz)^k(1-p)^{i-k}$$
$$=(pz+q)^i\quad(q=1-p)$$

(2) 设 η 是具有 Poisson 分布的随机变量,$P(\eta=k)=e^{-\lambda}\dfrac{\lambda^k}{k!}(k=0,1,2,\cdots)$,$\lambda$ 为参数,则 η 的母函数为

$$h(z)=\sum_{k=0}^{\infty}e^{-\lambda}\frac{(\lambda z)^k}{k!}=e^{-\lambda}e^{\lambda z}=e^{-\lambda(1-z)}$$

(3) 若 ξ,η 独立,则 $\xi+\eta$ 的母函数是 $f(z)h(z)$.

由此可见,式(26) 右方第一因子是参数为 e^{-at} 的二项分布随机变量 ξ 的母函数,第二因子是参数为 $\dfrac{b}{a}(1-e^{-at})$ 的 Poisson 分布随机变量 η 的母函数,故 $P(z,t)$ 可视为独立随机变量 ξ 与 η 的和 $\xi+\eta$ 的母函数,从而

$$p_n(t)=P(\xi+\eta=n)$$
$$=\exp\left[-\frac{b}{a}(1-e^{-at})\right]\sum_{k=0}^{\min(i,n)}\binom{i}{k}\left(\frac{b}{a}\right)^{n-k}\cdot$$

$$\frac{e^{-atk}(1-e^{-at})^{i+n-2k}}{(n-k)!} \tag{27}$$

特别地，当 $i=0$ 时，有

$$p_{0n}(t)=\frac{\exp\left[-\frac{b}{a}(1-e^{-at})\right]\left[\frac{b}{a}(1-e^{-at})\right]^n}{n!} \tag{28}$$

于是得证.

定理 2　设 $a_j=ja>0, b_j=b>0(j\geqslant 0)$，则方程组(2)(或(1)) 在开始条件式(3) 下有唯一转移函数解 (p_{ij})，$p_{in}(t)$ 由式(27) 右方给出.

(四) 情形丙(线性生长)　$a_j=ja>0, b_j=jb>0$. 这时 $R=\infty$. 像上面同样计算，可见母函数

$$P(z,t)=\sum_{n=0}^{\infty}p_n(t)z^n \quad (p_n(t)=p_{in}(t))$$

$$P(z,0)=z^i$$

满足

$$\frac{\partial P}{\partial t}=(z-1)(bz-a)\frac{\partial P}{\partial z}$$

解之得

$$P(z,t)=\left\{\frac{a[1-e^{(b-a)t}]-z[b-ae^{(b-a)t}]}{a-be^{(b-a)t}-bz[1-e^{(b-a)t}]}\right\}^i$$

特别地，当 $i=1$ 时，有

$$p_n(t)=[1-p_0(t)]\left[1-\frac{b-be^{(b-a)t}}{a-be^{(b-a)t}}\right]\cdot \left[\frac{b-be^{(b-a)t}}{a-be^{(b-a)t}}\right]^{n-1} \quad (n\geqslant 1)$$

$$p_0(t)=\frac{ae^{(b-a)t}}{be^{(b-a)t}-a}$$

(五) 现在来研究一类与生灭过程关系紧密的过

程——纯生过程. 称齐次、具有标准转移矩阵(p_{ij})的马氏过程$\{x_t, t \geqslant 0\}$为纯生过程，如果$E = (0,1,2,\cdots)$，而且密度矩阵$\boldsymbol{Q}$为

$$\boldsymbol{Q} = \begin{pmatrix} -b_0 & b_0 & & 0 \\ & -b_1 & b_1 & \\ & & -b_2 & b_2 \\ 0 & & \ddots & \ddots \end{pmatrix} \tag{29}$$

$b_i > 0$，那么也就是说，$\boldsymbol{Q} = (q_{ij})$中，有

$$-q_{ii} = q_{ii+1} = b_i > 0, q_{ij} = 0 \quad (j \neq i, j \neq i+1) \tag{30}$$

可以把这种过程看成为当$a_i = 0$时的生灭过程. 然而它不属于生灭过程，因为对后者我们总假设$a_i > 0$.

在方程组(1)和(2)中令$a_i = 0$，就得到对纯生过程的向后与向前方程. 例如，固定i并简记$p_{ij}(t)$为$p_j(t)$，得向前方程为

$$\begin{cases} p'_j(t) = -b_j p_j(t) + b_{j-1} p_{j-1}(t), j > 0 \\ p'_0(t) = -b_0 p_0(t) \end{cases} \tag{31}$$

此时R化为级数$\sum_{n=0}^{\infty} \frac{1}{b_n}$. 受5.2节系1的启发，我们有如下定理：

定理3 最小解$(f_{ij}(t))$满足$\sum_{j=0}^{\infty} f_{ij}(t) = 1 (i \geqslant 0, t \geqslant 0)$，(亦即$\boldsymbol{Q}$过程唯一)的充要条件是

$$\sum_{n=0}^{\infty} \frac{1}{b_n} = \infty \tag{32}$$

证 以$\{y_n\}$表示任意可分$\boldsymbol{Q}$过程的嵌入链，则$P_0(y_n = n) = 1, P_0(q_{y_n} = b_n) = 1$，故结论由4.3节系1推出.

式(32) 中级数的概率意义是：以 η 表示可分 $\boldsymbol{Q}$ 过程的第一个飞跃点，仿照 5.1 节定理 1 的证明，得

$$E_0\eta=\sum_{n=0}^{\infty}\frac{1}{b_n} \tag{33}$$

在开始条件式(3) 下[①]，式(31) 的解可以如下求出

$$\begin{cases}p_0(t)=p_1(t)=\cdots=p_{i-1}(t)=0\\ p_i(t)=\mathrm{e}^{-b_it}\\ p_j(t)=\mathrm{e}^{-b_jt}\int_0^t\mathrm{e}^{b_js}b_{j-1}p_{j-1}(s)\mathrm{d}s,j>i\end{cases} \tag{34}$$

两种特殊的纯生过程如下：

A. Furry-Yule 过程：此时

$$b_j=jb\quad(j\geqslant 1,b>0\text{ 为常数}) \tag{35}$$

而且 $E=(1,2,\cdots)$. 这时式(32) 成立，又式(31) 化为

$$p_j'(t)=-jbp_j(t)+(j-1)bp_{j-1}(t)\quad(j>0) \tag{36}$$

在开始条件式(3) 下，由式(34) 它的解是

$$\begin{cases}p_1(t)=\cdots=p_{i-1}(t)=0\\ p_j(t)=\binom{j-1}{j-i}\mathrm{e}^{-ibt}(1-\mathrm{e}^{-bt})^{j-i},j\geqslant i\end{cases} \tag{37}$$

B. Poisson 过程：此时

$$b_j=b\quad(j\geqslant 0,b>0\text{ 常数})$$

这时式(32) 仍成立，又式(31) 化为

$$p_j'(t)=-bp_j(t)+bp_{j-1}(t)\quad(j\geqslant 1)$$
$$p_0'(t)=-bp_0(t)$$

在开始条件式(3) 下，它的解是

---

① 这时式(3) 化为 $p_i(0)=1,p_j(0)=0,j\neq i$.

$$\begin{cases} p_0(t) = \cdots = p_{i-1}(t) = 0 \\ p_j(t) = \mathrm{e}^{-bt}\dfrac{(bt)^{j-i}}{(j-i)!}, j \geqslant i \end{cases} \tag{38}$$

（六）对生灭过程，一切状态都互通，故由 4.2 节（四），极限

$$v_j = \lim_{t\to\infty} p_{ij}(t) \tag{39}$$

与 i 无关. 下面设 $R=\infty$. 为求 $v_j(j\geqslant 0)$，在方程组(2)中令 $t\to\infty$，注意 2.2 节系 2 后，得到代数方程组

$$\begin{cases} a_{j+1}v_{j+1} = (a_j + b_j)v_j - b_{j-1}v_{j-1} \\ a_1 v_1 = b_0 v_0 \end{cases} \tag{40}$$

由此容易解得

$$v_j = \frac{b_0 b_1 \cdots b_{j-1}}{a_1 a_2 \cdots a_j} v_0 \quad (j > 0) \tag{41}$$

剩下要决定 v_0，由上式得

$$1 \geqslant \sum_{j=0}^{\infty} v_j = v_0\left(1 + \frac{b_0}{a_1} + \frac{b_0 b_1}{a_1 a_2} + \cdots\right) = v_0(1 + b_0 e_1) \tag{42}$$

其中 $e_1 = \dfrac{1}{a_1} + \dfrac{b_1}{a_1 a_2} + \dfrac{b_1 b_2}{a_1 a_2 a_3} + \cdots$（见 5.1 节式(5)）.

由式(42) 可见：(i) 如果 $e_1 < \infty$，取 $v_0 = (1 + b_0 e_1)^{-1}$，由式(41) 得式(40) 的唯一解为

$$\begin{cases} v_0 = (1 + b_0 e_1)^{-1} \\ v_j = \dfrac{b_0 b_1 \cdots b_{j-1}}{a_1 a_2 \cdots a_j (1 + b_0 e_1)}, j > 0 \end{cases} \tag{43}$$

显然，由式(43) 定义的 $\{v_j\}(j \geqslant 0)$ 是 (p_{ij}) 的平稳分布. 注意，由 5.1 节系 2，此时 $Z=\infty$.

(ii) 如果 $e_1 = \infty$，式(42) 表示一切 $v_j = 0(j \geqslant 0)$.

现在再来考虑上述两种特殊情形.

在情形甲，有

$$1+b_0e_1=\sum_{n=0}^{\infty}\left(\frac{b}{a}\right)^n$$

若 $b \geqslant a$，则得 $v_j=0(j\geqslant 0)$. 若 $b<a$，则这时由式(43) 得

$$v_j=\left(1-\frac{b}{a}\right)\left(\frac{b}{a}\right)^j \quad (j\geqslant 0) \tag{44}$$

这个结果也可在式(22) 中(把 n 换为 j 后)，令 $t\to\infty$ 而得到.

在情形乙，有

$$1+b_0e_1=\sum_{n=0}^{\infty}\frac{1}{n!}\left(\frac{b}{a}\right)^n=\mathrm{e}^{\frac{b}{a}}$$

$$v_j=\frac{\mathrm{e}^{-\frac{b}{a}}\left(\frac{b}{a}\right)^j}{j!} \quad (j\geqslant 0) \tag{45}$$

如果在式(28) 中令 $t\to\infty$，那么也同样得到式(45).

总之，得到下述定理：

定理 4　(i) 设 $R=\infty$，则平稳分布唯一存在的充分与必要条件是 $e_1<\infty$，它由式(43) 给出①；(ii) 在情形甲，若 $b\geqslant a$，则 $v_j=0(j\geqslant 0)$，若 $b<a$，则 $v_j>0$ 由式(44) 给出；(iii) 在情形乙，$v_j>0$ 由式(45) 给出.

5.6　生灭过程的若干应用

(一) 产生生灭过程的现实模型如下：一个质点在 $E=(0,1,2,\cdots)$ 上作随机运动，它从任一状态 i 出发，

① 由 5.1 节系 2，此时 $Z=\infty$；又由 6.8 节定理 1，此时过程为遍历的.

下一步只能到达相邻的状态 $i+1$ 或 $i-1$，但从 0 出发则只能到 1. 如果时刻 t 它在 i，那么在时间 $(t,t+h)$ 内转移到 $i+1$ 的概率为 $b_ih+o(h)$，转移到 $i-1$（若 $i\geqslant 1$）的概率为 $a_ih+o(h)$，在 $(t,t+h)$ 内发生一次以上的转移的概率为 $o(h)$.

以 x_t 表示在时刻 t 质点所在的状态，$\{x_t,t\geqslant 0\}$ 构成直观意义下的一个随机过程，以 $p_{ij}(t)$ 表示它的转移概率，那么上一段话的数学表达是：当 $h\to 0$ 时，有

$$p_{ij}(h)=\begin{cases}b_jh+o(h)，当\ j=i+1\\ a_jh+o(h)，当\ j=i-1\\ 1-(a_j+b_j)h+o(h)，当\ j=i\end{cases}\qquad(1)$$

以下设 $R=\infty$，这条件在实际中容易满足.

在许多问题中，常常需要考虑无条件概率 $p_j(t)$，即

$$p_j(t)=P(x_t=j)\qquad(2)$$

我们来推导 $\{p_j(t)\}$ 所应满足的方程. 为了计算 $p_j(t+h)$，注意只有出现下列四种情况之一时，才能使质点在 $t+h$ 时位于 j：(i) 在 t 时位于 j 且在 $(t,t+h)$ 中不发生转移；(ii) 在 t 时位于 $j-1$，然后转移到 j；(iii) 在 t 时位于 $j+1$，然后转移到 j；(iv) 在 $(t,t+h)$ 中发生一次以上转移并到 j，这种情况的概率为 $o(h)$. 因此，由假定得

$$\begin{aligned}p_j(t+h)=&p_j(t)\{1-a_jh-b_jh\}+\\&b_{j-1}hp_{j-1}(t)+a_{j+1}hp_{j+1}(t)+\\&o(h)\quad(j\geqslant 1)\end{aligned}$$

把 $p_j(t)$ 移至左方，除以 h，再令 $h\to 0$，得

$$\begin{aligned}p_j'(t)=&-(a_j+b_j)p_j(t)+\\&b_{j-1}p_{j-1}(t)+a_{j+1}p_{j+1}(t)\end{aligned}\qquad(3)$$

类似得

$$p_0'(t) = -b_0 p_0(t) + a_1 p_1(t) \tag{4}$$

如果 $P(x_0 = i) = 1$,那么开始条件为

$$p_i(0) = 1, p_j(0) = 0 \quad (j \neq i) \tag{5}$$

反之,解式(3)(4) 和(5),就可求出无条件概率.

注意,式(3) 和(4) 在形式上与 5.5 节中向前方程组(2) 完全一样(如果把那里的 $p_{ij}(t)$ 看成 $p_j(t)$ 的话),因此,解向前方程组的理论也适用于解式(3) 和式(4). 特别地,我们来求式(3) 和式(4) 的一组常数解,即

$$p_j(t) = d_j \quad (j = 0, 1, \cdots, d_j \text{ 为常数})$$

这也就是要求过程的平稳分布(参看 4.2 节(四)),由式(3) 和式(4) 得

$$\begin{cases} a_{j+1} d_{j+1} = (a_j + b_j) d_j - b_{j-1} d_{j-1} \\ a_1 d_1 = b_0 d_0 \end{cases}$$

这与 5.5 节方程(40) 重合. 因此,若 $R = \infty$,则当且仅当 $e_1 < \infty$ 时,存在唯一的平稳分布 $\{d_j\}$,$d_j = v_j$ 由 5.5 节式(43) 给出.

生灭过程在许多领域如排队论、生物学、物理学、传染病学等中有重要应用,这里只举一些例子以见一般,详见 Bharucha-Reid[Ⅰ].

(二) **例 1**　在实际中大量出现排队问题. 顾客源源不断地来到某商店. 他们来到的时刻是随机的,以 τ_m 表示第 m 个顾客来到的时刻. 设商店共有 n 个售货员. 顾客来到以后,如果 n 个售货员都不空,他便需要排队等候. 以 β_m 表示第 m 个顾客等候的时间,β_m 也是随机的,显然,等候时间依赖于下列因素:

1) 顾客来到的时刻 $\tau_1, \tau_2, \cdots$(例如,如果 $\tau_m - \tau_{m-1}$

都很大，$\tau_0=0$，那么等候时间便短）；

2）为第 m 个顾客服务的时间 α_m（如果 α_m 都很小，那么等候时间短）；

3）售货员的个数 n.

用 x_t 表示在时刻 t 时顾客总数（包括正在被服务的和正在等候的），以 ξ_t 表示 t 时正在等候的顾客总数，$\{x_t,t\geqslant 0\}$ 和 $\{\xi_t,t\geqslant 0\}$ 是两个随机过程. 排队论中主要研究的问题是：x_t,ξ_t,β_m 的分布或极限分布，等等.

排队问题不仅出现在商店中，也出现在汽车站、飞机场、港口、电话局、机器修理站等场所.

先考虑第一个因素. 以 N_t 表示在时间 $(0,t]$ 中来到的顾客总数，我们假定：

(A) $\{N_t,t\geqslant 0\}$ 是简单型的；也就是说，它满足下列三个条件：

(A_1) 在任意 k 个不相交的区间 $(a_i,b_i]$，$i=1,2,\cdots,k$ 中，各自来到的顾客个数 $N(a_i,b_i]$ 是相互独立的随机变量；

(A_2) $N(a,a+t]$ $(t>0)$ 的分布与 a 无关；

(A_3) 令 $\varphi_i(t)=P(N(a,a+t)=i)$，则

$$\lim_{t\to\infty}\frac{\varphi_1(t)}{t}=b\quad(b>0)\tag{6}$$

$$\lim_{t\to\infty}\frac{1-\varphi_0(t)-\varphi_1(t)}{t}=0\tag{7}$$

对第二个因素，我们假定：

(B) $\{\alpha_m\}$ 是独立同分布的随机变量，即

$$P(\alpha_m>t)=\mathrm{e}^{-at}\quad(a>0)\tag{8}$$

在假设(A)和(B)下，分别考虑下述三种情形：

甲：售货员个数 $n=1$.

令 $p_j(t)=P(x_t=j)$. 这时的排队问题可以化归为上述模型. 只要把"顾客总数"看成"质点". 如果 $x_t=i$, 为了在 $(t,t+h)$ 中转移到 $i+1$,需要来到一个顾客,根据假设(A),它对应的概率是 $\varphi_1(h)=bh+o(h)$;为了转移到 $i-1$,需要有一个顾客被服务完毕,由假设(B),对应的概率为 $\frac{1-e^{-ah}}{h}=ah+o(h)(h\to 0)$;由式(7)和式(8),在 $(t,t+h)$ 中发生一次以上转移的概率为 $o(h)$. 因此,由式(3)和式(4),得 $p_j(t)$ 所应满足的方程组为

$$\begin{cases} p_j'(t)=-(a+b)p_j(t)+bp_{j-1}(t)+ \\ \qquad ap_{j+1}(t), j\geqslant 1 \\ p_0'(t)=-bp_0(t)+ap_1(t) \end{cases} \tag{9}$$

这恰好是 5.5 节情形甲中的方程组(6),于是完全可以应用上节与本节的结果. 特别地,$p_{in}(t)$ 由 5.5 节式(22)给出,v_j,d_j 由 5.5 节式(44)给出.

乙:$n=\infty$.

这是理想情形,它可看成 n 很大时的近似. 这时仍可化归为上述模型,理由是类似的,唯一的差别在于,如果 $x_t=i$,为了在 $(t,t+h)$ 中转移到 $i-1$,需要有一个顾客被服务完,由于 $n=\infty$,在 t 时的 i 个顾客都被服务. 因此,对应的概率为 ia. 换句话说,这时

$$a_i=ia, b_i=b$$

恰好是 5.5 节的情形乙,于是 $p_{in}(t)$ 及 v_j,d_j 分别由 5.5 节式(27)及式(45)给出.

丙:$n=m<\infty$.

同样的想法,可见这时

$$a_i=ia \quad (1\leqslant i<m)$$

$$a_i = ma \quad (m \leqslant i)$$
$$b_i = b \quad (i \geqslant 0)$$

故 $p_i(t) = P(x_t = j)$ 满足微分方程组

$$\begin{cases} p_0'(t) = -bp_0(t) + ap_1(t) \\ p_j'(t) = -(b + ja)p_j(t) + bp_{j-1}(t) + \\ \qquad a(j+1)p_{j+1}(t), 1 \leqslant j < m \\ p_j'(t) = -(b + ma)p_j(t) + bp_{j-1}(t) + \\ \qquad map_{j+1}(t), j \geqslant m \end{cases} \tag{10}$$

在开始条件 $p_j(0) = \delta_{ij}$ 下，这方程可以解出，方法与 5.5 节(二)中的相同(参看 Saaty[1]，第四章，110 页).

例 2 试讨论纯生过程在迁移理论中的应用. 设有两个不相交的区域 R_1 与 R_2，在 R_1 中有许多质点要随机地迁移到 R_2 中. 以 x_t 表示在 t 时已迁移到 R_2 中的质点数，如果 $x_t = i$，那么在 $(t, t+h)$ 中，有一质点迁移到 R_2 中的概率为 $b_i h + o(h)(h \to 0)$. 以 $p_j(t)$ 表示 $P(x_t = j)$，$\{p_j(t)\}$ 满足 5.5 节的方程组(31)，即

$$\begin{cases} p_j'(t) = -b_j p_j(t) + b_{j-1} p_{j-1}(t), j > 0 \\ p_0'(t) = -b_0 p_0(t) \end{cases} \tag{11}$$

如果质点还可以自 R_2 中回到 R_1 中来，那么类似地可以得到生灭过程的向前方程组.

例 3 宇宙射线主要有两种：硬射线与软射线. 前者能穿过一米厚的铅板，而后者经过 10 厘米厚的铅板已全部被吸收. 软射线由电子和光子构成. 一个重要的问题是：以 x_t 表示能到达厚度为 t 的铅板层的电子数，试求 x_t 的分布，这里厚度 t 起随机过程中的时间参数的作用.

原来，有两种放射蜕变：1) 一个光子穿过某种媒介质中长为 t 的路程后，按一定概率放出两个电子而

消失;2) 一个电子按一定的概率在失去能量后放出一个光子.

一个电子(或光子) 作为第一代,第二代由一个光子组成,这光子再产生第三代的两个电子,等等,从而构成电子 − 光子流.

上述问题的初步解答由 BhaBha 及 Heilter 给出,他们认为,作为一个电子的后代,通过厚度 t 而且能量大于 E 的电子数 x_t 等于 n 的概率 $p_n(E,t)$ 为

$$p_n(E,t)=\frac{(\lambda t)^n}{n!}\mathrm{e}^{-\lambda t},\lambda=\lambda(E)$$

于是

$$Ex_t=\lambda t$$

Furry 改进了上述解答. 他略去了光子代,并假定一个电子经过长为 h 的路程后变成两个电子的概率为 $bh+o(h)$,而且每个电子蜕变情况与其他电子无关,于是他得到了纯生过程. 如果 $x_t=i$,那么在 $(t,t+h)$ 得到 $i+1$ 个电子,必须这 i 个电子中恰有一个蜕变为两个,它的概率是 $ibh+o(h)$,这样便得到 Furry-Yule 过程 $b_i=ib$,从而 $p_j(t)=P(x_t=j)$ 应该满足 5.5 节式(36),解也由那里的式(37) 给出,即

$$p_j(t)=\mathrm{e}^{-bt}(1-\mathrm{e}^{-bt})^{j-1}$$
$$(j=1,2,\cdots,t>0) \tag{12}$$

(注意这时开始条件是 $p_1(0)=1,p_j(0)=0,j\neq 1$).

然而 Furry 的解答也有缺点,因为他没有考虑能量,更完满的理论后来由 Uhlenbeck, Arley 等人建立.

第6章 生灭过程的构造理论

6.1 Doob 过程的变换

（一）设 $X=\{x(t,\omega),t\geqslant 0\}$ 是定义在概率空间 $(\Omega,\mathscr{F},P)$ 上的生灭过程，取值于 $E=(0,1,2,\cdots)$，密度矩阵为 $\boldsymbol{Q}$，$\boldsymbol{Q}$ 具有 5.1 节中式(1)的形式，也就是说，$\boldsymbol{Q}$ 是生灭矩阵，考虑 5.1 节式(6)中的 R 与 S，由 5.2 节系 1，当且仅当 $R=\infty$ 时，以 $\boldsymbol{Q}$ 为密度矩阵的生灭过程唯一，亦即 $\boldsymbol{Q}$ 过程唯一（采用 2.3 节(二)中的术语）.

当 $R<\infty$ 时，情况就复杂了，这时 $\boldsymbol{Q}$ 过程不唯一，实际上这时存在无穷多个 $\boldsymbol{Q}$ 过程，于是出现正反两方面的问题.

正问题 既然这时 $\boldsymbol{Q}$ 不足以唯一决定 $\boldsymbol{Q}$ 过程，那么两个 $\boldsymbol{Q}$ 过程还在哪些方面不一样？或者说，还需要补加什么特征数才能唯一决定它？

以后会看到,这些补加的特征数紧密地联系于样本函数在第一个飞跃点后的行为.

反问题　设已给生灭矩阵 $\boldsymbol{Q}$,满足条件 $R<\infty$,试求出一切 $\boldsymbol{Q}$ 过程.

反问题已在2.3节(二)中叙述过,我们这里只重复一点,以说明研究反问题的意义:求出一切 $\boldsymbol{Q}$ 过程,等价于求出向后微分方程组

$$\boldsymbol{P}'(t)=\boldsymbol{Q}\boldsymbol{P}(t),\boldsymbol{P}(0)=\boldsymbol{I}$$

的全体 $\boldsymbol{Q}$ 转移矩阵解 $\boldsymbol{P}(t)$. 这里,如同2.3节(二)中所述,我们把 $\boldsymbol{Q}$ 转移矩阵 $\boldsymbol{P}(t)$ 与 $\boldsymbol{Q}$ 过程 X 看成是一一对应的.

在本章中,我们将彻底解决正、反问题,最后的结果见6.6节中的基本定理. 所用的方法是概率分析方法,它建立于对样本函数的深刻研究的基础上. 这种方法的基本思想类似于函数构造论:根据样本函数的性质,可以看出Doob过程的结构较为简单,然后用这种较简单的过程来逼近任一 $\boldsymbol{Q}$ 过程.

因此,我们的讨论从Doob过程开始.

我们知道,密度矩阵 $\boldsymbol{Q}$ 只决定在第一次飞跃 τ_1 以前质点运动的概率法则. 如果 $R<\infty$ 而 τ_1 以概率1有穷时,质点在有限时间内到达附加状态 ∞,至于如何从 ∞ 回到有限状态的概率法则则不是由 $\boldsymbol{Q}$ 给出,那么,它到底决定于什么呢? 在6.5节中,我们找到了一列特征数 $p,q,r_n,n\geqslant 0$,它们完满地解决了这个问题,给出了质点到达 ∞ 后如何继续运动的法则. 直观地说,q 可看成为自 ∞"连续流入"(6.2节)的概率,所谓"连续流入"可想象为遍历一切充分大的状态($\cdots,n+2,n+1,n$)而回到有限状态,$p=1-q$ 是非连续流入的概

率，而 r_n 则是非连续流入而且立即自 ∞ 到达状态 n 的可能性的一种测度(6.5 节定理 2)，任一 $\boldsymbol{Q}$ 过程被它的特征数列唯一决定. 读者不妨先看一遍.

6.5 节(三) 及 6.6 节可作为本章的内容提要，其中的结论可不依赖于前几节而直接阅读.

本章中恒作下列假定而不一一声明：1)$\boldsymbol{Q}$ 为生灭矩阵而且 $R<\infty$；2)$\boldsymbol{Q}$ 过程都是典范的，即可分、Borel 可测、右下半连续；3) 我们知道，转移概率 $p_{ij}(t)$ 不能唯一地决定 $\boldsymbol{Q}$ 过程的样本函数(例如，在一个 0 测集上任意改变样本函数的值并不影响转移概率)，虽然如此，为理论的完整起见，两个 $\boldsymbol{Q}$ 过程，只要它们的转移概率相同，我们就不加以区别而看成是同一 $\boldsymbol{Q}$ 过程.

由于Doob过程是构造论中的基石，我们的叙述就从 Doob 过程开始.

(二) 先改述一下 Doob 过程的定义，使它便于应用. 考虑生灭矩阵 $\boldsymbol{Q}$，$R<\infty$，在某概率空间$(\Omega,\mathscr{F},P)$上考虑一列相互独立的 $\boldsymbol{Q}$ 过程 $x^{(n)}(t,\omega)$，$t\geqslant 0(n=1,2,\cdots)$，它们可分，在跳跃点上右连续，又 $x^{(n)}(t,\omega)$ $(n\geqslant 2)$ 有共同的开始分布为 $\pi=(\pi_0,\pi_1,\cdots)$. $\boldsymbol{Q}$ 过程 $x^{(n)}(t,\omega)$ 的第一个飞跃点记为 $\tau^{(n)}(\omega)$，$P(\tau^{(n)}<\infty)=1$. 令 $\tau_0=0$，$\tau_n=\sum_{v=0}^{n}\tau^{(v)}$，定义

$$x(t,\omega)=x^{(n)}(t-\tau_{n-1}(\omega),\omega)$$
$$(\tau_{n-1}(\omega)\leqslant t<\tau_n(\omega))$$

并称$\{x(t,\omega),t\geqslant 0\}$为Doob过程. 由于此过程的转移概率完全由 $\boldsymbol{Q}$ 及 π 决定，故也称它为$(\boldsymbol{Q},\pi)$ 过程. 称

$$\{x^{(1)}(t,\omega),t<\tau^{(1)}(\omega)\}$$

为最小链，它是 $\boldsymbol{Q}$ 过程在第一个飞跃点前的那一段，它

的转移概率就是2.3节式(42)所定义的向后方程的最小解.

设 $y(t), t \geqslant 0$ 为取值于 $\bar{E}=(0,1,2,\cdots,\infty)$ 的普通(非随机的)函数,称点 τ 为它的飞跃点,如果对任意 $\varepsilon > 0$,那么在 $[\tau-\varepsilon, \tau]$ 中,它有无穷多个跳跃点.

对生灭矩阵 $\boldsymbol{Q}$,Doob 过程的样本函数是所谓 T 跳跃函数. 值域为 E 的函数 $y(t), t \geqslant 0$ 称为 T 跳跃的,如果:1) 在任一有穷区间中,只有有穷多个飞跃点 τ_i $(\tau_0=0, \tau_i < \tau_{i+1})$;2) 在任一飞跃区间 $[\tau_i, \tau_{i+1})$ 中,一切不连续点都是跳跃点 τ_{ij},其数可列 $(\tau_i=\tau_{i0} < \tau_{i1} < \tau_{i2} < \cdots, i=0,1,2,\cdots)$;3) 在任两个相邻的不连续点上,有

$$|y(\tau_{ij})-y(\tau_{ij+1})|=1 \quad (i, j=0,1,2,\cdots)$$

T 跳跃函数称为 T_n 跳跃的,如果在任一飞跃点 $\tau_i (i > 0)$ 上,有 $y(\tau_i) \leqslant n$.

注意,T 跳跃函数右连续,不以 ∞ 为值.

对于上述 Doob 过程 $x(t, \omega), t \geqslant 0$,由于 $R < \infty$,一切随机变量 $\tau_{ij}(\omega)$ 均以概率 1 有穷,又 $\pi_j=P(x(\tau_i, \omega)=j) (i=1,2,\cdots)$.

以后常要用到过程的一种变换.

称函数 $y(t), t \geqslant 0$ 自 $x(t), t \geqslant 0$ 经 $C(a_k, b_k)$ 变换得来,如果存在两列正数 (a_k),(b_k),使

$$0(=b_0) < a_1 \leqslant b_1 < a_2 \leqslant b_2 < \cdots$$

$$\sum_{k=0} (a_{k+1}-b_k)=\infty$$

而且 $y(t)$ 如下定义为

$$y(t)=x(t) \quad (\text{当 } 0 \leqslant t < d_1 \text{ 时})$$

$$y(d_k+t)=x(b_k+t) \quad (\text{当 } 0 \leqslant t < a_{k+1}-b_k \text{ 时})$$

其中

$$d_1=a_1, d_{k+1}=d_k+(a_{k+1}-b_k)$$

直观地说,抛去 $x(t)$ 对应于$[\alpha_i,\beta_i)$ 的那些段,剩下的第一段$[0,\alpha_1)$ 保留不动,其余的段向左移动,使$[0,\alpha_1)$,$[\beta_i,\alpha_{i+1})(i=1,2,\cdots)$ 按原序联结而不相交,所得函数即 $y(t)$.

现以 $x_n(t)$ 表示某 T_n 跳跃函数,用下列方法定义两列正数,这种迭代定义方法将多次引用.以

$$\tau_1 \text{ 表示 } x_n(t) \text{ 的第一个飞跃点} \tag{1}$$

$$\tau_{k_1}=\inf\{\tau \mid \tau \geqslant \tau_1, \tau \text{ 是飞跃点,而且 } x_n(\tau)<n\} \tag{2}$$

如果已定义 $\tau_{k_{i-1}+1}$,τ_{k_i},则令

$$\tau_{k_i+1}=\inf\{\tau \mid \tau>\tau_{k_i}, \tau \text{ 是飞跃点}\} \tag{3}$$

$$\tau_{k_{i+1}}=\inf\{\tau \mid \tau \geqslant \tau_{k_i+1}, \tau \text{ 是飞跃点}, x_n(\tau)<n\} \tag{4}$$

于是

$$0<\tau_1 \leqslant \tau_{k_1}<\tau_{k_1+1} \leqslant \tau_{k_2}<\cdots<\tau_{k_i+1} \leqslant \tau_{k_{i+1}}<\cdots$$

设以上各数均有穷,而且

$$\sum_{i=0}(\tau_{k_i+1}, \tau_{k_i})=\infty \quad (k_0=0, \tau_0=0) \tag{5}$$

对 $x_n(t)$ 施行 $C(\tau_{k_i+1},\tau_{k_{i+1}})$ 变换后,得到一个 T_{n-1} 跳跃函数 $x_{n-1}(t)$,记此关系为

$$f_{n,n-1}(x_n(t))=x_{n-1}(t) \tag{6}$$

故 $f_{n,n-1}$ 表示 T_n 跳跃函数到 T_{n-1} 跳跃函数的变换.注意式(6) 并不表示对固定的 t 双方相等.

现在考虑$(\boldsymbol{Q},\Phi^{(n)})$ 过程 $x_n(t,\omega)$,$t \geqslant 0(\omega \in \Omega)$.这里 $\Phi^{(n)}=(\varphi_0^{(n)},\varphi_1^{(n)},\cdots,\varphi_n^{(n)})$ 是集中在前 $n+1$ 个状态$(0,1,\cdots,n)$ 上的分布,使 $P(x_n(\tau_i,\omega)=j)=\varphi_j^{(n)}$.为简单起见,设 $\varphi_0^{(n)}>0$.利用(1) 和(2) 定义随机变量列

$\tau_{k_i+1}(\omega),\tau_{k_{i+1}}(\omega)(i\geqslant 0)$，则由于 $R<\infty$ 及 $\varphi_0^{(n)}>0$，它们均以概率 1 有穷而且式(5) 成立. 对过程 $x_n(t,\omega)$，$t\geqslant 0$ 施行 $C(\tau_{k_i+1}(\omega),\tau_{k_{i+1}}(\omega))$ 变换后，得到一个二元函数 $x_{n-1}(t,\omega)$，$t\geqslant 0(\omega\in\Omega)$，即

$$f_{n,n-1}(x_n(t,\omega))=x_{n-1}(t,\omega) \tag{7}$$

引理 1　$x_{n-1}(t,\omega)$，$t\geqslant 0$ 是$(\boldsymbol{Q},\Phi^{(n-1)})$过程，这里

$$\varphi_i^{(n-1)}=\frac{\varphi_i^{(n)}}{\sum_{i=0}^{n-1}\varphi_j^{(n)}}\quad(0\leqslant i<n) \tag{8}$$

证　对固定的 ω，由定义知 $x_{n-1}(t,\omega)$ 是 T_{n-1} 跳跃函数. 现证对每个固定的 t，$x_{n-1}(t,\omega)$ 是随机变量. 以 $\sigma_l(\omega)$ 表示 $x_{n-1}(t,\omega)$ 的第 l 个飞跃点($\sigma_0=0$)，并令

$$\eta_l(\omega)=\sum_{i=1}^{l}(\tau_{k_i}(\omega)-\tau_{k_{i-1}+1}(\omega))\quad(k_0=0) \tag{9}$$

(换言之，$\eta_l(\omega)$ 是在 $\tau_{k_l}(\omega)$ 以前，自 $x_n(t,\omega)$ 所抛去的区间的总长). 注意 $x_n(t,\omega)$ 是右连续过程，故是 Borel 可测的，因而

$$\begin{aligned}&(x_{n-1}(t,\omega)=i,\sigma_l(\omega)<t\leqslant\sigma_{l+1}(\omega))\\=&(x_n(t+\eta_l,\omega)=i,\tau_{k_l}(\omega)\\&<t+\eta_l(\omega)<\tau_{k_{l+1}}(\omega))\end{aligned}$$

是可测集，故

$$\begin{aligned}&(x_{n-1}(t,\omega)=i)\\=&\sum_{l=0}(x_{n-1}(t,\omega)=i,\sigma_l(\omega)<t\leqslant\sigma_{l+1}(\omega))\end{aligned}$$

也可测，再留意 $x_{n-1}(0,\omega)=x_n(0,\omega)$，即得证 $x_{n-1}(t,\omega)$，$t\geqslant 0$ 是一个随机过程. 它还是$(\boldsymbol{Q},\Phi^{(n-1)})$ 过程，因为对任意 $l\geqslant 1$，令 τ_m 为 $x_n(t,\omega)$ 的第 m 个飞跃点，由式(8) 得

$$P(x_{n-1}(\sigma_l)=j)$$

$$=P(x_n(\tau_{k_l})=j)$$
$$=\sum_{m=1}^{\infty}P(x_n(\tau_{k_l})=j\mid\tau_{k_l}=\tau_m)\cdot P(\tau_{k_l}=\tau_m)$$
$$=\sum_{m=l}^{\infty}\frac{(1-\varphi_n^{(n)})^{l-1}\cdot\varphi_j^{(n)}\cdot[\varphi_n^{(n)}]^{m-l}}{(1-\varphi_n^{(n)})^{l}\cdot[\varphi_n^{(n)}]^{m-l}}P(\tau_{k_l}=\tau_m)$$
$$=\varphi_j^{(n-1)}\sum_{m=l}^{\infty}P(\tau_{k_l}=\tau_m)$$

因为 $\varphi_0^{(n)}>0$,所以

$$P(\tau_l\leqslant\tau_{k_l}<\infty)=1$$

即

$$\sum_{m=l}^{\infty}P(\tau_{k_l}=\tau_m)=1$$

从而

$$P(x_{n-1}(\sigma_l)=j)=\varphi_j^{(n-1)}\quad(0\leqslant j\leqslant n-1)$$

最后,根据 Doob 过程的定义,还要证明 $x_{n-1}(t,\omega)$ 是由相互独立的最小链组成. $x_{n-1}(t,\omega)$ 是由最小链组成是显然的,故只要证独立性①. 以 τ_{ij},σ_{ij} 分别表示 $x_n(t,\omega)$ 及 $x_{n-1}(t,\omega)$ 第 i 个飞跃点后第 j 个跳跃点 $(j\geqslant 0)$, $f_u(x_1,y_1,x_2,y_2,\cdots)$ 表示任意无穷维 Borel 可测函数, $u=1,2,\cdots$. 令

$$F_{uv}^{(n-1)}(\omega)=f_u(x_{n-1}(\sigma_{v0}),\sigma_{v1}-\sigma_{v0},\\ x_{n-1}(\sigma_{v1}),\sigma_{v2}-\sigma_{v1},\cdots)$$
$$F_{uv}^{(n)}(\omega)=f_u(x_n(\tau_{v0}),\tau_{v1}-\tau_{v0},x_n(\tau_{v1}),\\ \tau_{v2}-\tau_{v1},\cdots)$$

设 l 为任意正整数, $c_1,\cdots,c_l$ 为任意 l 个实数,则

$$P(x_{n-1}(\sigma_v)=j_v,F_{uv}^{(n-1)}<c_v,v=1,\cdots,l)$$

① 此独立性也可由 6.3 节定理 1 推出.

$$= P(x_n(\tau_{k_v}) = j_v, F_{vk_v}^{(n)} < c_v, v = 1, \cdots, l)$$

$$= \sum P(k_v(\omega) = m_v, x_n(\tau_{mv}) = j_v,$$

$$F_{vm_v}^{(n)} < c_v, v = 1, \cdots, l)$$

$$= \sum P(x_n(\tau_{m_v}) = j_v, F_{vm_v}^{(n)} < c_v, v = 1, \cdots, l)$$

$$(x_n(\tau_i) = n, i \neq m_1, \neq m_2, \cdots, \neq m_l, i < m_l)$$

这里及以下的 $\sum$ 表示对正整数 $m_l > m_{l-1} > \cdots > m_1 \geqslant 1$ 求和. 由于 $x_n(t,\omega)$ 是 Doob 过程,故构成 $x_n(t,\omega)$ 的最小链是相互独立的. 因此,如果以 $\overline{P}_i$ 表示开始分布集中在 i 上时最小链所产生的测度,那么即得上式最右项

$$= \sum [\varphi_n^{(n)}]^{m_1-1} \cdot [\varphi_n^{(n)}]^{m_2-(m_1+1)} \cdot \cdots \cdot$$

$$[\varphi_n^{(n)}]^{m_l-(m_{l-1}+1)} \prod_{v=1}^{l} \overline{P}_{jv}(F_{vm_v}^{(n)} > c_v)$$

$$= \frac{\prod_{v=1}^{l} \overline{P}_{jv}(F_{vm_v}^{(n)} < c_v)}{1 - \varphi_n^{(n)}}$$

$$= \prod_{v=1}^{l} P(x_n(\tau_{k_v}) = j_v, F_{vk_v}^{(n)} < c_v)$$

$$= \prod_{v=1}^{l} P(x_{n-1}(\sigma_v) = j_v, F_{vv}^{(n-1)} < c_v) \tag{10}$$

然后对 j_v 自 0 到 $n-1$ 求和($v=1,\cdots,l$),即得

$$P(F_{vv}^{(n-1)} < c_v, v = 1, \cdots, l) = \prod_{v=1}^{l} P(F_{vv}^{(n-1)} < c_v)$$

这个公式即表示构成 $x_{n-1}(t,\omega)$ 的各个最小链的独立性.

类似于 $f_{n,n-1}$,定义另一种变换 $g_{n,n-1}$ 如下:对 T_n 跳跃函数 $x_n(t)$,仿照(1)～(4),令

$$\tau_1 \text{ 为 } x_n(t) \text{ 的第一个飞跃点} \tag{1'}$$

$$\beta_{k_1}=\inf\{t\mid t\leqslant\tau_1,x_n(t)<n\}\tag{2'}$$

$$\tau_{k_i+1}\text{ 为 }\beta_{k_i}\text{ 后的第一个飞跃点}\tag{3'}$$

$$\beta_{k_{i+1}}=\inf\{t\mid t\geqslant\tau_{k_i+1},x_n(t)<n\}\tag{4'}$$

仍设这里各数皆有穷而且有

$$\sum_{i=0}(\tau_{k_i+1}-\beta_{k_i})=\infty\quad(k_0=0,\beta_0=0)\tag{5'}$$

对 $x_n(t)$ 施行 $C(\tau_{k_i+1},\beta_{k_{i+1}})$ 变换后,得到一个 T_{n-1} 跳跃函数 $x_{n-1}(t)$,记此关系为

$$g_{n,n-1}(x_n(t))=x_{n-1}(t)\tag{11}$$

或者,为以后方便,记成

$$g_{n+1,n}(x_{n+1}(t))=x_n(t)\tag{12}$$

这表示变换 $g_{n+1,n}$ 把 T_{n+1} 跳跃函数变为 T_n 跳跃函数.

现考虑$(\boldsymbol{Q},V^{(n+1)})$过程 $x_{n+1}(t,\omega),t\geqslant0$,这里

$$V^{(n+1)}=(v_0^{(n+1)},v_1^{(n+1)},\cdots,v_{n+1}^{(n+1)})$$

表示某集中在$(0,1,\cdots,n+1)$上的分布,它的样本函数是 T_{n+1} 跳跃函数.由式(12),有

$$g_{n+1,n}(x_{n+1}(t,\omega))=x_n(t,\omega)\tag{13}$$

则类似地得到下述引理:

引理 2 $x_n(t,\omega),t\geqslant0$ 是$(\boldsymbol{Q},V^{(n)})$过程,这里

$$\begin{cases}v_j^{(n)}=\dfrac{v_j^{(n+1)}}{\sum\limits_{i=0}^{n}v_i^{(n+1)}+v_{n+1}^{(n+1)}c_{n+1,n}},j<n\\ v_n^{(n)}=\dfrac{v_n^{(n+1)}+v_{n+1}^{(n+1)}c_{n+1,n}}{\sum\limits_{i=0}^{n}v_i^{(n+1)}+v_{n+1}^{(n+1)}c_{n+1,n}}\\ \sum\limits_{i=0}^{n}v_i^{(n)}=\sum\limits_{i=0}^{n+1}v_i^{(n+1)}=1,n=1,2,\cdots\end{cases}\tag{14}$$

其中 $c_{kj}=q_k(j)$ 由 5.1 节式(25) 定义,它是自 k 出发,沿 $\boldsymbol{Q}$ 过程的轨道,经有穷次转移而到达 j 的概率.

证　证明仿照引理1,不同处在于证式(14).分别以$\sigma_l(\omega)$,$\tau_l(\omega)$表示$x_n(t,\omega)$与$x_{n+1}(t,\omega)$的第l个飞跃点,即

$$\begin{aligned} v_j^{(n)} &= P(x_n(\sigma_l)=j) \\ &= P(x_{n+1}(\beta_{kl})=j) \\ &= \sum_{m=l} P(x_{n+1}(\beta_{kl})=j \mid \tau_m \leqslant \beta_{kl} < \tau_{m+1}) \cdot \\ &\quad P(\tau_m \leqslant \beta_{kl} < \tau_{m+1}) \qquad (15) \end{aligned}$$

由于$R<\infty$,对$x_{n+1}(t,\omega)$,自k出发,经有穷步到达$j(\geqslant k)$的概率为1,到达$k-1$的概率为$c_{k,k-1}$,故

$$\Delta \equiv \sum_{i=0}^{n} v_i^{(n+1)} + v_{n+1}^{(n+1)} c_{n+1,n} > 0$$

是自任一飞跃点出发经有穷步[①]到达$(0,1,\cdots,n)$的概率.因而

$$P(x_{n+1}(\beta_{kl})=j \mid \tau_m \leqslant \beta_{kl} < \tau_{m+1})$$
$$= \frac{(1-\Delta)^{m-l}\Delta^{l-1}v^{(n+1)}}{(1-\Delta)^{m-l}\Delta^{l}} = \frac{v_j^{(n+1)}}{\Delta} \quad (0 \leqslant j \leqslant n)$$

类似地有

$$P(x_{n+1}(\beta_{kl})=n \mid \tau_m \leqslant \beta_{kl} < \tau_{m+1})$$
$$= \frac{v_n^{(n+1)} + v_{n+1}^{(n+1)} c_{n+1,n}}{\Delta}$$

把这两个式子代入式(15),并注意易证$P(\tau_1 \leqslant \beta_{kl} < \infty)=1$,且有

$$P(\lim_{i\to\infty} \tau_i = \infty) = 1$$

即得证式(14)中前两式.最后一个式子是显然的.

更一般地,对$n>m$,定义两个变换为

---

① 0步也算作有穷步.

$$f_{nm}=f_{m+1,m}\cdots f_{n-1,n-2}f_{n,n-1} \tag{16}$$

$$g_{nm}=g_{m+1,m}\cdots g_{n-1,n-2}g_{n,n-1} \tag{17}$$

它们都是把 T_n 跳跃函数变为 T_m 跳跃函数的单值变换,逆变换 f_{nm}^{-1},g_{nm}^{-1},则把 T_m 跳跃函数变为 T_n 跳跃函数,但后者一般是多值的.

（三）仍旧考虑($\boldsymbol{Q},\Phi^{(n)}$)过程 $x_n(t,\omega)$,$t\geqslant 0$.根据随机过程的表现理论①,可以取基本事件空间 $\Omega=\Omega_n$,这里 $\Omega_n=(\omega_n)$ 是全体 T_n 跳跃函数的集合,而且基本事件 ω 与样本函数 $x_n(t,\omega_n)$ 重合,即 $x_n(t,\omega_n)=\omega_n(t)(t\geqslant 0)$.这样取定的概率空间记为($\Omega_n$,$\mathscr{F}_n$,$P_n$),$P_n$ 完全由 $\boldsymbol{Q}$,$\Phi^{(n)}$ 及一个开始分布决定.现在若取由式(8)定义的分布 $\Phi^{(n-1)}$,则由式(7)及引理 1,定义在(Ω_n,$\mathscr{F}_n$,P_n)上的过程 $f_{n,n-1}(x_n(t,\omega_n))$ 是($\boldsymbol{Q}$,$\Phi^{(n-1)}$)过程,由此易见 $f_{nm}(x_n(t,\omega_n))$ 是定义在(Ω_n,$\mathscr{F}_n$,P_n)上的($\boldsymbol{Q}$,$\Phi^{(m)}$)过程($m<n$),这里

$$\varphi_i^{(m)}=\frac{\varphi_i^{(n)}}{\sum_{j=0}^{m}\varphi_j^{(n)}}\quad(0\leqslant i\leqslant m) \tag{18}$$

此式是式(8)的推广.

现设已给一列非负数(φ_i),使

$$0<\sum_{i=0}^{\infty}\varphi_i\leqslant\infty \tag{19}$$

(注意此级数可以发散),故至少有一个 $\varphi_i>0$.不失以下讨论的一般性,设 $\varphi_0>0$.由(φ_i)作集中在(0,1,…,n)上的分布为

$$\Phi^{(n)}=(\varphi_0^{(n)},\varphi_1^{(n)},\cdots,\varphi_n^{(n)})$$

---

① 见 Doob[1] 第一章 §6.

其中

$$\varphi_i^{(n)}=\frac{\varphi_i}{\sum_{i=0}^{n}\varphi_i} \tag{20}$$

显然，分布列$(\Phi^{(n)})$满足关系式(18).

引理 3　存在概率空间$(\Omega,\mathscr{F},P)$，在其上可以定义一列$(\Omega,\Phi^{(n)})$过程$x_n(t,\omega),t\geqslant 0(n=0,1,2,\cdots)$，使满足关系式(7). 这里$\Phi^{(n)}$由式(20)决定.

证　固定一个分布(v_i)作为开始分布. 如上所述，对每一$n\geqslant 0$，存在$(\Omega_n,\mathscr{F}_n,P_n)$及定义于其上的$(\boldsymbol{Q},\Phi^{(n)})$过程$x_n(t,\omega_n),t\geqslant 0$. 对任意$k(\geqslant 1)$个非负整数$n_1,\cdots,n_k$，任取$n\geqslant\max(n_1,\cdots,n_k)$，定义在$(\Omega_n,\mathscr{F}_n,P_n)$上的过程$z_{n_i}(t,\omega_n)=f_{nn_i}(x_n(t,\omega_n))$也是$(\boldsymbol{Q},\Phi^{(n_i)})$过程，故与$x_{n_i}(t,\omega_{n_i}),t\geqslant 0$有相同的有穷维分布. 现对$t_i\in[0,\infty)$及$j_i\in E(i=1,\cdots,k)$，定义$k$维分布

$$\begin{aligned}&F_{n_1t_1,\cdots,n_kt_k}(j_1,\cdots,j_k)\\&=P_n(z_{n_i}(t_i,\omega_n)=j_i,i=1,\cdots,k)\end{aligned} \tag{21}$$

易见此分布不依赖于n的选择，而且有穷维分布族$\{F_{n_1t_1,\cdots,n_kt_k}\}$是相容的. 故根据 Колмогоров 定理，存在概率空间$(\Omega,\mathscr{F},P)$，及定义于其上的过程$x_n(t,\omega)$，$t\geqslant 0(n=0,1,2,\cdots)$，使

$$\begin{aligned}&P(x_{n_i}(t_i,\omega)=j_i,i=1,\cdots,k)\\&=F_{n_1t_1,\cdots,n_kt_k}(j_1,\cdots,j_k)\end{aligned} \tag{22}$$

由此及式(21)，特别地，知$x_n(t,\omega)$与$z_n(t,\omega_n)$有相同的有穷维分布. 其次，按上面引理，可取$\Omega=(\omega)$，其中$\omega=\omega(n,t)$是取值于E的二元函数$(n=0,1,\cdots,t\in[0,\infty))$，并且$x_n(t,\omega)=\omega(n,t)$. 由于对一切$n\geqslant$

$m \geqslant 0, P_n(f_{nm}(z_n(t,\omega_n)) = z_m(t,\omega_n)) = 1, P_n(z_n(t,\omega_n)$ 是 T_n 跳跃函数$)=1$，故可自 Ω 中除去一个 0 测集，以使对每个 $\omega, x_n(t,\omega)$ 是 T_n 跳跃函数，而过程 $x_n(t,\omega)$，$t \geqslant 0$ 则成为$(\boldsymbol{Q},\Phi^{(n)})$ 过程，并且使式(7) 成立. 清洗(缩小) 后的概率空间仍记为$(\Omega,\mathscr{F},P)$，则此空间符合要求.

逐句重复引理 3 的证明，作显然的记号上及字面上的修改后，即可证明下面的引理：

引理 4 存在概率空间$(\Omega,\mathscr{F},P)$，在其上可以定义一列$(\boldsymbol{Q},V^{(n)})$ 过程 $x_n(t,\omega), t \geqslant 0(n=1,2,\cdots)$，使满足关系式(13)，这里 $V^{(n)}=(v_0^{(n)},v_1^{(n)},\cdots,v_n^{(n)})(n=1,2,3,\cdots)$ 是式(14) 的任一列非负解.

6.2 连续流入不可能的充要条件

(一) 设 $x(t,\omega), t \geqslant 0$ 为可分 $\boldsymbol{Q}$ 过程，由 3.1 节知，不影响转移概率，对每个 $i \in E$，可设 t 一集 $S_i(\omega)=\{t \mid x(t,\omega)=i\}$ 以概率 1 是有穷或可列多个左闭右开的不相交的 i 区间的和，而且在任一有界区间中，只含有穷多个 i 区间，在任一定点 t 后有第一个断点，它是跳跃点(a. s.).

定理 1 对任意可分 $\boldsymbol{Q}$ 过程 $x(t,\omega), t \geqslant 0$，$t$ 一集 $\Gamma(\omega)=\{t \mid t$ 是 $x(s,\omega), s \geqslant 0$ 的飞跃点$\}$ 是闭集(a. s.).

证 对固定的 ω，称 a 是 $\Gamma(=\Gamma(\omega))$ 的左极限点，如果 a 是 Γ 的极限点，那么存在 $\varepsilon > 0$，使 $x(t)$ 在 $[a-\varepsilon,a)$ 中为常数. 记 Γ 的左极限点集为 A，并令 $B=$

$\{b \mid x(t)$ 在 b 不连续，而且在某$[b-\delta,b)(\delta>0)$ 为常数$\}$. 显然 $A\subset B$. 但另一方面，因$[b-\delta,b)$ 必含于某 i 区间中，而且 B 中不同的 i 不能含于同一 i 区间中，故 B 是可列集(a. s.). 记 $B=(b_n)$，则 b_n 不是跳跃点的概率等于 0. 否则，存在 $r\in R$(可分 t－集)，使 $P(r\in[b_n-\delta,b_n)$ 而且 b_n 非跳跃点$)>0$. 于是 r 后第一个断点以正概率不是跳跃点，此如上所述是不可能的，故 B 由跳跃点构成；然而由 A 的定义，若 A 中的点均非跳跃点，故 $AB=\varnothing$，从而 $A=\varnothing$(a. s.).

若点 γ 是 Γ 的极限点，但 $\gamma\notin A$，则在任一$[b-\varepsilon,b)$ 中必有无穷多个跳跃点，故 $\gamma\in\Gamma$. 因而得证 $\Gamma(\omega)$ 是闭集(a. s.).

任意固定 $\varphi\geqslant 0$. 由定理 1，可定义

$$\tau_\varphi(\omega)=\max\{\gamma \mid \gamma\leqslant\varphi,\gamma\in\Gamma(\omega)\} \tag{1}$$

换言之，$\tau_\varphi(\omega)$ 是 φ 前的最后一个飞跃点(若右方括号中集是空的，则令 $\tau_\varphi(\omega)=0$). 它是随机变量. 易见几乎处处存在极限 $\lim\limits_{t\downarrow\tau_\varphi(\omega)} x(t,\omega)$. 实际上，如果说不然，那么必存在 $i\in E$，使

$$P(\overline{\lim_{t\downarrow\tau_\varphi(\omega)}}\, x(t,\omega)>\underline{\lim_{t\downarrow\tau_\varphi(\omega)}}\, x(t,\omega)=i)>0$$

由于 $P(\tau_\varphi(\omega)\leqslant\varphi)=1$，故上式表示以正的概率在 $[0,\varphi]$ 中有无穷多个 i 区间，这是不可能的.

定义 $x(\tau_\varphi,\omega)=\lim\limits_{t\downarrow\tau_\varphi} x(t,\omega)$. 若对任意 $\varphi\geqslant 0$，有 $P(x(\tau_\varphi,\omega)=\infty)=0$，则说质点不能自 ∞“连续地”流入有穷状态. 不久可证，其充要条件是 $S=\infty$，这里 S 由 5.1 节式(6) 定义.

(二) 设 $x(t,\omega),t\geqslant 0$ 是取值于 E 的典范链，对 $[0,\infty)$ 中任一子集 B，以 $\mathscr{B}_B$ 表示含 ω－集$(x(t,\omega)=$

$j)(t \in B, j \in E)$ 的最小 $\sigma-$ 代数. 设随机变量 $\zeta(\omega)$ $(\leqslant \infty)$ 为马氏时刻,记 $\Omega_\zeta = (\zeta(\omega) < \infty)$. 令

$$\mathscr{B}[0,\zeta] = \{A \mid A \subset \Omega_\zeta, \text{对任一 } t \geqslant 0, \\ A \cap (\zeta \leqslant t) \in \mathscr{B}[0,t]\} \tag{2}$$

则 $\mathscr{B}[0,\zeta]$ 是 Ω_ζ 中一个 $\sigma-$ 代数. 由强马氏性,对任意 $B \in \mathscr{B}[0,\infty)$,在 Ω_ζ 上,除去某零测度集外,有

$$P(\theta_\zeta B \mid \mathscr{B}[0,\zeta]) = P_{x(\zeta)}(B) \tag{3}$$

引理 1 设 $\xi(\omega)$ 为随机变量,满足条件:

(i) 对任意 $s \geqslant 0, t \geqslant 0, \omega-$ 集 $A_s = (\xi > s) \in \mathscr{B}[0,s]$,而且 $A_{s+t} \subseteq A_s \cap \theta_s A_t$;

(ii) 存在 $T > 0, \alpha > 0$, 使对一切 $k \in E$, 有 $P_k(A_T) < 1 - \alpha$.

则 $E\xi < \infty$.

证 因 $A_s \in \mathscr{B}[0,s], \theta_s A_T \in \mathscr{B}[s,\infty)$,故由马氏性得

$$\begin{aligned} P_k(A_{s+T}) &\leqslant P_k(A_s \cap \theta_s A_T) \\ &= \int_{A_s} P_{x(s)}(A_T) P_k(\mathrm{d}\omega) \\ &\leqslant (1-\alpha) P_k(A_s) \end{aligned} \tag{4}$$

从而

$$P_k(A_{nT}) \leqslant (1-\alpha)^n$$

并且

$$\begin{aligned} E_k\xi &= \int_0^\infty P_k(\xi > s)\mathrm{d}s \\ &= \sum_{n=0}^\infty \int_{nT}^{(n+1)T} P_k(\xi > s)\mathrm{d}s \\ &\leqslant T\sum_{n=0}^\infty P_k(\xi > nT) \\ &= T\sum_{n=0}^\infty P_k(A_{nT}) \leqslant \frac{T}{\alpha} < \infty \end{aligned}$$

由于 $k \in E$ 任意，因此 $E\xi < \infty$.

（三）**定理 2**　设 Q 满足 $S=\infty$，则对任意 Q 过程 $x(t,\omega), t \geqslant 0$，有

$$P(x(\tau_{\varphi},\omega)=\infty)=0$$

这里 $\varphi \geqslant 0$ 任意.

证　若 $R=\infty$，则因第一个飞跃点 $\tau(\omega)=\infty$ (a.s.)，故 $\tau_{\varphi}(\omega)=0$ (a.s.). 而定理显然正确.

设 $R<\infty$，令 $\eta_i(\omega)=\inf\{t \mid x(t,\omega)=i\}$，则 $P_0(\eta_i<\infty)=1$. 引进随机变量

$$\xi_k(\omega)=\inf\{t \mid x(t,\omega)=k, x(\tau_t,\omega)=\infty\} \quad (k \in E) \tag{5}$$

（若右方括号中集是空的，则令 $\xi_k(\omega)=\infty$）. 试证 $P(\xi_k(\omega)=\infty)=1$.

先证 $P(\xi_0(\omega)=\infty)=1$. 如果说不然，那么 $P(\xi_0<\infty)>0$，故至少有一个 $i \in E$，使 $P_i(\xi_0<\infty)>0$. 既然 $P(\xi_0(\omega) \geqslant \tau(\omega))=1$，那么

$$P_0(\xi_0<\infty)=P_0(\eta_i<\infty, \xi_0-\eta_i<\infty)$$

对 η_i 用强马氏性，即得

$$\begin{aligned}
&P_0(\xi_0<\infty)\\
&=\int_{(\eta_i<\infty)} P_0(\xi_0-\eta_i<\infty \mid \mathscr{B}_{[0,\eta_i]})P_0(\mathrm{d}\omega)\\
&=\int_{(\eta_i<\infty)} P_{x(\eta_i)}(\xi_0<\infty)P_0(\mathrm{d}\omega)
\end{aligned}$$

因为 $x(\eta_i)=i, P_0(\eta_i<\infty)=1$，所以由上式得

$$P_0(\xi_0<\infty)=P_i(\xi_0<\infty)>0$$

于是存在 $T>0, \alpha>0$，使 $P_0(\xi_0 \leqslant T) \geqslant \alpha$. 既然对任意 $k \in E$，有

$$\begin{aligned}
&P_0(\xi_0 \leqslant T)\\
\leqslant\ &P_0(\eta_k \leqslant T, \xi_0 - \eta_k \leqslant T)\\
=&\int_{(\eta_k \leqslant T)} P_0(\xi_0 - \eta_k \leqslant T \mid \mathscr{B}_{[0,\eta_k]}) P_0(\mathrm{d}\omega)\\
=\ &P_k(\xi_0 \leqslant T) P_0(\eta_k \leqslant T)
\end{aligned}$$

故

$$P_k(\xi_0 \leqslant T) \geqslant P_0(\xi_0 \leqslant T) \geqslant \alpha$$

即

$$P_k(\xi_0 > T) < 1 - \alpha \quad (k \in E)$$

从而引理 1 条件(ii) 满足；由 $\xi_0(\omega)$ 的定义，易见条件(i) 也满足，故得 $E\xi_0 < \infty$. 按 5.1 节定理 2 及假设，有

$$\lim_{n \to \infty} E\sigma_n = S = \infty$$

σ_n 为自 n 出发，经有穷步首达 0 的时间. 故存在 N，使

$$E\sigma_N > 2E\xi_0 \tag{6}$$

另一方面，用迭代法定义

$$\begin{aligned}
\alpha_1(\omega) &= \inf\{t \mid x(t,\omega) = N\}\\
\beta_1(\omega) &= \inf\{t \mid t > \alpha_1(\omega), x(t,\omega) = N+1\}\\
\alpha_k(\omega) &= \inf\{t \mid t > \beta_{k-1}(\omega), x(t,\omega) = N-1\}\\
\beta_k(\omega) &= \inf\{t \mid t > \alpha_k(\omega), x(t,\omega) = N+1\} \quad (k > 1)
\end{aligned}$$

由于$R<\infty$，易见①$P(\alpha_k<\infty, \beta_k<\infty, k=1,2,\cdots)=1$. 现保存区间$[\alpha_k(\omega), \beta_k(\omega))(k=1,2,\cdots)$ 而抛去其他区间，并将保留区间向左按原序平移，使 $\alpha_1(\omega)$ 重合于0，并使各区间相联结而不相交，所得为 $\boldsymbol{Q}_N$ 过程 $x_N(t,\omega)$，$t \geqslant 0$(见 5.1 节式(16))，$P(x_N(0,\omega)=N)=1$. 显然 $\sigma_N(\omega)=\inf\{t \mid x_N(t,\omega)=0\} \leqslant \xi_0(\omega)$，故$E\sigma_N \leqslant E\xi_0$. 此与式(6) 矛盾，故 $P(\xi_0(\omega)=\infty)=1$.

① 这也可从 6.3 节定理 2 证(i) 推出.

其次,由 $P(\xi_0<\infty)\geqslant P(\xi_k<\infty)\prod_{i=1}^{k}\frac{a_i}{a_i+b_i}$,得

$$P(\xi_k(\omega)=\infty)=1\quad(k\in E)\tag{7}$$

现在若说定理不真,即对某 $\varphi\geqslant 0$,有 $P(x(\tau_\varphi)=\infty)>0$,则必存在 $k\in E$,使 $P(x(\tau_\varphi)=\infty,x(\varphi)=k)>0$,故

$$P(\xi_k<\infty)\geqslant P(x(\tau_\varphi)=\infty,x(\varphi)=k)>0$$

此与式(7)矛盾.

系 1　若 $S=\infty$,则存在 Ω_0,$P(\Omega_0)=1$,使 $\omega\in\Omega_0$ 时,t 一集

$$H_\omega=\{t\mid\lim_{s\downarrow t}x(s,\omega)=\infty,\text{而且存在 }\varepsilon>0,\text{使在}(t,t+\varepsilon)\text{中没有飞跃点}\}$$

是空集.

证　只要令 $\Omega_0=\bigcap_k\{\omega\mid\xi_k(\omega)=\infty\}$.

反之,因 $S<\infty$,由下面 6.6 节系 2,知存在 $\boldsymbol{Q}$ 过程使定理 2 中结论不成立,故 $S=\infty$ 是不可能"连续"流入有穷状态的充要条件(参看 6.5 节中定理 2 及定理 3),这一结果在构造论中会起到重要作用.

6.3　一般 $\boldsymbol{Q}$ 过程变换为 Doob 过程

(一)是否可变任一 $\boldsymbol{Q}$ 过程为 Doob 过程?本节给出一般方法.此时 $\boldsymbol{Q}$ 不变而转移概率的变化则可控制得很小①.

① 参看 6.4 节定理 3 的证明.

设 $\boldsymbol{Q}$ 为保守矩阵(见 2.3 节式(12)),而且 $q_i > 0$,一切 $i \in E$. 称矩阵 $\boldsymbol{Q}$ 为原子的,如果满足

$$P(\xi_n = j \mid \xi_{n-1} = i) = \frac{q_{ij}}{q_i} \quad (i, j \in E) \tag{1}$$

的马氏链$(\xi_n)(n \geqslant 0)$ 具有性质:对任一集 $R \subset E$,不论开始分布如何,存在正整数 $N(=N(\omega))$,使

$$P(\xi_n \in R, n \geqslant N) = 0 \text{ 或 } 1 \tag{2}$$

那么称 $\boldsymbol{Q}$ 过程为原子的,即 $\boldsymbol{Q}$ 是原子的;而由式(1) 定义的马氏链(ξ_n) 则称为此 $\boldsymbol{Q}$ 过程的嵌入马氏链.

易见生灭过程是原子的. 实际上,以 A 表示式(2) 中左方括号中的 ω 一集,A 是(ξ_n) 的不变集,仿照 4.2 节式(16),得

$$P_i(A) = \frac{a_i}{c_i} P_{i-1}(A) + \frac{b_i}{c_i} P_{i+1}(A) \quad (i > 1)$$

$$P_0(A) = P_1(A)$$

解得 $P_i(A) \equiv c$,从而 $P_i(A) \equiv 0$ 或 $\equiv 1 (i \in E)$,故 $P(A) = 0$ 或 1.

现设 $x(t, \omega), t \geqslant 0$ 为可分的 Borel 可测齐次马氏链,τ 为其第一个飞跃点,又设 ζ 为马氏时刻,$P(\zeta < \infty) = 1$,$P(x(\zeta) = \infty) = 0$,$\tau_\zeta^{(n)}$ 为 ζ 后的第 n 个跳跃点,$\tau_\zeta = \lim\limits_{n \to \infty} \tau_\zeta^{(n)}$ 是 ζ 后的第一个飞跃点,易见 $\tau_\zeta^{(n)}$ 为马氏时刻.

定理 1 若 $\boldsymbol{Q}$ 过程 $x(t, \omega), t \geqslant 0$ 是原子的,且 $P(\tau < \infty) = 1$,则

$$P(\theta_{\tau_\zeta} B \mid \mathscr{B}_{[0, \tau_\zeta)}) = C \tag{3}$$

这里 $B \in \mathscr{B}_{[0, \infty)}$;又 $\mathscr{B}_{[0, \tau_\zeta)}$ 是含一切 $\mathscr{B}_{[0, \tau_\zeta^{(n)}]} (n \geqslant 0)(\tau_\zeta^{(0)} = \zeta)$ 的最小 σ 一代数;C 为不依赖于 ζ 的常数.

证 除去一 0 测集后,$\tau_\zeta^{(n)} < \tau_\zeta^{(n+1)}$,$\Omega_{\tau_\zeta^{(n)}} <$

$\Omega_{\tau_\zeta^{(n+1)}}$. 先证 $\mathscr{B}_{[0,\zeta_\zeta^{(n)}]} \subset \mathscr{B}_{[0,\tau_\zeta^{(n+1)}]}$. 任取 $A \in \mathscr{B}_{[0,\zeta_\zeta^{(n)}]}$，则 $A \subset \Omega_{\tau_\zeta^{(n+1)}}$，又①

$$
\begin{aligned}
&(A,\tau_\zeta^{(n+1)} \leqslant t)\\
&=(A,\tau_\zeta^{(n)} \leqslant t) \cap (\tau_\zeta^{(n+1)} \leqslant t,\tau_\zeta^{(n)} \leqslant t)\\
&=(A,\tau_\zeta^{(n)} \leqslant t) \cap \bigcup_{v=1}^{\infty}\bigcap_{u=v}^{\infty}\bigcup_{k=1}^{2^u-1}\left[\left(\frac{(k-1)t}{2^u} < \tau_\zeta^{(n)} \leqslant \frac{kt}{2^u}\right) \cap \right.\\
&\quad \left(\text{存在 } j,k<j\leqslant 2^u,\text{使 } x\left(\frac{jt}{2^u}\right) \neq \right.\\
&\quad \left. x\left(\left(\frac{kt}{2^u}\right)\right)\right] \in \mathscr{B}_{[0,t]}
\end{aligned}
$$

故 $A \in \mathscr{B}_{[0,\tau_\zeta^{(n+1)}]}$. 于是 $\mathscr{B}_{[0,\tau_\zeta^{(n)}]} \uparrow \mathscr{B}_{[0,\tau_\zeta]}$. 由强马氏性，得

$$
\begin{aligned}
P(\theta_{\tau_\zeta}B \mid \mathscr{B}_{[0,\tau_\zeta]}) &= \lim_{n\to\infty} P(\theta_{\tau_\zeta}B \mid \mathscr{B}_{[0,\tau_\zeta^{(n)}]})\\
&= \lim_{n\to\infty} P_{x(\tau_\zeta^{(n)})}(\theta_\tau B) \qquad (4)
\end{aligned}
$$

任意取实数 $\alpha > 0$，令 $R=\{i \mid P_i(\theta_\tau B) > \alpha\}$，由式(4)得

$$
\begin{aligned}
&P\{\omega \mid P(\theta_{\tau_\zeta}B \mid \mathscr{B}_{[0,\tau_\zeta)}) > \alpha\}\\
&=P\{\omega \mid \text{存在 } N(=N(\omega)),\\
&\quad \text{使 } n \geqslant N \text{ 时}, x(\tau_\zeta^{(n)}) \in R\}
\end{aligned}
$$

然而 $(x(\tau_\zeta^{(n)}))(n=0,1,2,\cdots)$ 是 $\boldsymbol{Q}$ 过程的嵌入马氏链，开始分布为

$$r_i = P(x(\zeta)=i) \quad (i \geqslant 0)$$

由原子性得

$$P\{\omega \mid P(\theta_{\tau_\zeta}B \mid \mathscr{B}_{[0,\tau_\zeta)}) > \alpha\} = 0 \text{ 或 } 1$$

由于 α 为任一正数，故以概率 1 为

$$P(\theta_{\tau_\zeta}B \mid \mathscr{B}_{[0,\tau_\zeta)}) = C(\zeta)$$

这里 $C(\zeta)$ 表示一个常数，它可能依赖于 ζ，更精确些，

---

① (A,B) 表示 $A \cap B$.

可能依赖于开始分布 $r_i=P(x(\zeta)=i)(i\in E)$. 利用马氏链理论中下列简单事实：设$(x_n)$为马氏链，$f$为实值函数，若对任意开始分布 $f(x_n)$，当 $n\to\infty$ 时以概率 1 收敛于常数，则此常数与开始分布无关[①]. 因此，在此事实中取 $x_n=x(\tau_\zeta^{(n)})$，$f(x_n)=P_{x_n}(\theta_\tau B)$，即得 $C(\zeta)$ 与 ζ 无关.

由此定理可见，事件$\theta_{\tau_\zeta}B$与$\mathscr{B}_{[0,\tau_\zeta)}$中的事件独立.

(二) 现在进一步设$\boldsymbol{Q}$为生灭矩阵而且$R<\infty$，用迭代法定义

$$\tau_1(\omega)(=\tau(\omega))\text{ 为 }x(t,\omega)\text{ 的第一个飞跃点}\tag{5}$$

$$\beta_1^{(n)}(\omega)=\inf\{t\mid t\geqslant\tau_1(\omega),x(t,\omega)\leqslant n\}\tag{6}$$

若 $\tau_{m-1}(\omega)$，$\beta_{m-1}^{(n)}(\omega)$ 已定义，则令

$$\tau_m(\omega)\text{ 为 }\beta_{m-1}^{(n)}(\omega)\text{ 后的第一个飞跃点}\tag{7}$$

$$\beta_m^{(n)}(\omega)=\inf\{t\mid t\geqslant\tau_m(\omega),x(t,\omega)\leqslant n\}\tag{8}$$

此外，令 $\beta_{mk}^{(n)}(\omega)$ 为 $\beta_m^{(n)}(\omega)$ 后的第 k 个跳跃点.

对$\boldsymbol{Q}$过程 $x(t,\omega)$，$t\geqslant0$ 施行 $C(\tau_m(\omega),\beta_m^{(n)}(\omega))$ 变换后，所得过程记为 $x_n(t,\omega)$，$t\geqslant0$.

定理 2　若$R<\infty$，则 $x_n(t,\omega)$ 为$(\boldsymbol{Q},V^{(n)})$过程，其中 $V^{(n)}=(v_0^{(n)},v_1^{(n)},\cdots,v_n^{(n)})$ 满足 6.1 节式(14).

证　为证此只需要证明下列结论：

(i) 对一切 $n,m=1,2,\cdots,P(\beta_m^{(n)}<\infty)=1$；

(ii) 对任意固定的 $n\geqslant1$，$x(\beta_m^{(n)})(m=1,2,\cdots)$ 独

---

① 实际上，先设开始分布 $u=(u_i)$ 满足 $u_i>0$，一切 i，则由 $P(f(x_n)\to c(u))=1$ 得 $P_i(f(x_n)\to c(u))=1$，$c(u)$ 为可能依赖于 u 的常数. 另一方面，由假定 $P_i(f(x_n)\to c(d_i))=1$，d_i 表示集中于单点 i 上的分布，故 $c(u)=c(d_i)$. 现设 u' 为任意分布，则至少存在一个 i，使 $u_i'>0$，重复上面推理得 $c(u')=c(d_i)=c(u)$.

立同分布，而且 $v_i^{(n)}=P(x(\beta_m^{(n)})=i)$ 满足 6.1 节式(14)；

(iii) 对任意固定的 $n\geqslant 1$，随机变量族

$$(x(\beta_{mk}^{(n)});(\beta_{m,k+1}^{(n)}-\beta_{mk}^{(n)}),k=0,1,2,\cdots)$$
$$(\beta_{m0}^{(n)}=\beta_m^{(n)})$$

不依赖于随机变量族

$$(x(\beta_{jk}^{(n)});\beta_{jk}^{(n)},j=0,1,\cdots,m-1;k=0,1,2,\cdots)$$

如果这些结论得以证明，那么由于 $x_n(t,\omega),t\geqslant 0$ 的密度矩阵是 $\boldsymbol{Q}$(这由 $\boldsymbol{Q}$ 中元的概率意义推出，见 2.2 节定理 5 和定理 6). 而且在飞跃点上的分布为

$$P(x(\beta_m^{(n)})=i)=v_i^{(n)}\quad(0\leqslant i\leqslant n)$$

故它是 $(\boldsymbol{Q},V^{(n)})$ 过程.

(i) ～ (iii) 的证明分成四步：

(A) 由 $R<\infty$，存在 $S>0$ 及 $l\in E$，使

$$P(\beta_1^{(l)}<\infty)\geqslant P(\tau_1<s,x(s)\leqslant l)>0\quad(9)$$

由此可见[①]存在 $T>0,\alpha>0$，使对任一 $k\in E$，有 $P_k(\beta_1^{(l)}\leqslant T)\geqslant\alpha$. 从而根据 6.2 节引理 1 即得 $E\beta_1^{(l)}<\infty$，故有 $P(\beta_1^{(l)}<\infty)=1$. 现考虑 $y(t,\omega)=x(\beta_1^{(l)}(\omega)+t,\omega),t\geqslant 0$，由关于 $\beta_1^{(l)}$ 的强马氏性，知它也是 $\boldsymbol{Q}$ 过程. 仿照式(6) 对此 $y(t,\omega)$ 定义的 $\beta_1^{(l)}(\omega)$ 记为 $\beta_{1y}^{(l)}(\omega)$，则由上面可知 $P(\beta_{1y}^{(l)}(\omega)<\infty)=1$. 于是由 $\beta_2^{(l)}(\omega)=\beta_1^{(l)}(\omega)+\beta_{1y}^{(l)}(\omega)$ 得 $P(\beta_2^{(l)}<\infty)=1$. 如此继续，得证 $P(\beta_m^{(l)}<\infty)=1(m\geqslant 1)$. 既然当 $n\geqslant l$ 时，有 $\beta_m^{(n)}(\omega)\leqslant$

---

① 实际上，由式(9) 至少有一个 $j\in E$ 使 $P_j(\beta_1^{(l)}<\infty)>0$，从而由 $R<\infty$ 知 $P_0(\beta_1^{(l)}<\infty)>0$. 故有 T,α 使 $P_0(\beta_1^{(l)}\leqslant T)\geqslant\alpha$，于是 $P_k(\beta_1^{(l)}\leqslant T)\geqslant P_0(\beta_1^{(l)}\leqslant T)\geqslant\alpha$.

$\beta_m^{(l)}(\omega)$,故(i) 对 $n \geqslant l$ 正确.

(B) 固定 $n(\geqslant l)$. 令 $\tau_0 \equiv 0$. 取 $B_i = (x(\beta_0^{(n)}) = i)$,并在定理 1 中令 $\zeta(\omega) = \beta_{m-1}^{(n)}(\omega)(m = 2,3,\cdots)$. 得知各事件

$$\theta_{\tau_m} B_i = (x(\beta_m^{(n)}) = i) \quad (i = 0,1,\cdots,n)$$

与 $\mathscr{B}_{[0,\tau_m)}$ 中的事件独立,特别与事件 $x(\beta_j^{(n)}) = i, j < m$, $i = 0,1,\cdots,n$ 及其交独立,从而各 $x(\beta_m^{(n)})(m \geqslant 1)$ 相互独立. 再在定理 1 中顺次令 $\zeta(\omega) = 0, \zeta(\omega) = \beta_1^{(n)}(\omega)$, $\zeta(\omega) = \beta_2^{(n)}(\omega),\cdots$,可见各事件 $\theta_{\tau_1} B_i = (x(\beta_1^{(n)}) = i)$, $\theta_{\tau_2} B_i = (x(\beta_2^{(n)}) = i)\cdots$ 有相同的概率.

(C) 为证(iii) 对 $n(\geqslant l)$ 成立,只需证$(x(\beta_{mk}^{(n)})$, $(\beta_{m,k+1}^{(n)} - \beta_{mk}^{(n)}), k = 0,1,2,\cdots)$ 与 $\mathscr{B}_{[0,\tau_m)}$ 中的事件独立. 对任一组整数 $k_1 < k_2 < \cdots < k_u, r_1 < r_2 < \cdots < r_v$,有

$$(x(\beta_{mk_1}^{(n)}) = i_1, \cdots, x(\beta_{mk_u}^{(n)}) = i_u; \beta_{m,r_1+1}^{(n)} - \beta_{mr_1}^{(n)} > t_1, \cdots, \beta_{m,r_v+1}^{(n)} - \beta_{mr_v}^{(n)} > t_v) = \theta_{\tau_m} B$$

其中

$$B = (x(\beta_{0k_1}^{(n)}) = i_1, \cdots, x(\beta_{0k_u}^{(n)}) = i_u; \beta_{0,r_1+1}^{(n)} - \beta_{0r_1}^{(n)} > t_1, \cdots, \beta_{0,r_v+1}^{(n)} - \beta_{0r_v}^{(n)} > t_v)$$

然后仿照(B) 利用定理 1 即可.

(D) 证(i)(ii)(iii) 中的结论对任一 $n(\geqslant 1)$ 成立. 只要证 $P(\beta_k^{(l)} < \infty) = 1$ 即可. 若 $v_1^{(l)} = P(x(\beta_1^{(l)}) = 1) > 0$. 则由(A) 及(B) 得

$$P(\beta_1^{(l)} < \infty) = v_1^{(l)} \sum_{n=0}^{\infty} (1 - v_1^{(l)})^n = 1$$

若 $v_1^{(l)} = 0$,则取 $k(\leqslant l)$,使 $v_k^{(l)} > 0$,于是有

$$P(\beta_1^{(1)} < \infty) = v_k^{(l)} c_{k1} \cdot \sum_{n=0}^{\infty} (1 - v_k^{(l)} c_{k1})^n = 1$$

然后利用(A) 中的方法得证

$$P(\beta_k^{(1)} < \infty) = 1 \quad (k \geqslant 1)$$

故(i) 完全得证. 为完全证明(ii) 和(iii),只要在(B) 和(C) 中以 1 换 l. 最后,注意 $g_{n+1,n}(x_{n+1}(t,\omega)) = x_n(t,\omega)$,故$(v_i^{(n)})$ 满足 6.1 节式(14).

对于 $R < \infty, S = \infty$ 的 $\boldsymbol{Q}$,尚可如下把 $\boldsymbol{Q}$ 过程变为 Doob 过程,代替(5) ~ (8),令

$$\tau_1(\omega) \text{ 为 } x(t,\omega) \text{ 的第一个飞跃点} \tag{10}$$

$$\alpha_1^{(n)}(\omega) = \inf\{t \mid t \geqslant \tau_1(\omega),\ t \text{ 为飞跃点}, x(t,\omega) \leqslant n\} \tag{11}$$

$$\tau_m(\omega) \text{ 为 } \alpha_{m-1}^{(n)}(\omega) \text{ 后的第一个飞跃点} \tag{12}$$

$$\alpha_m^{(n)}(\omega) = \inf\{t \mid t \geqslant \tau_m(\omega),\ t \text{ 为飞跃点}, x(t,\omega) \leqslant n\} \tag{13}$$

此外,令 $\alpha_{mk}^{(n)}(\omega)$ 为 $\alpha_m^{(n)}(\omega)$ 后的第 k 个跳跃点.

对 $\boldsymbol{Q}$ 过程 $x(t,\omega), t \geqslant 0$ 施行 $C(\tau_m(\omega), \alpha_m^{(n)}(\omega))$ 变换后,所得过程也记为 $x_n(t,\omega), t \geqslant 0$.

定理 3　设 $R < \infty, S = \infty$. 则 $x_n(t,\omega), t \geqslant 0 (n \geqslant l$, l 为某非负数) 为$(\boldsymbol{Q}, \Phi^{(n)})$ 过程,其中 $\Phi^{(N)} = (\varphi_0^{(n)}, \varphi_1^{(n)}, \cdots, \varphi_n^{(n)})$ 满足 6.1 节式(8).

证　取 $\varphi > 0$,使 $P(\tau_1 < \varphi) > 0$. 由 6.2 节定理 2, $P(x(\tau_\varphi) \neq \infty) = 1$,这里 $\tau_\varphi(\omega)$ 是 φ 以前的最后一个飞跃点. 故存在 $l \in E$,使

$$P(\tau_1 \leqslant \tau_\varphi, x(\tau_\varphi) = l) = P(\tau_1 < \varphi, x(\tau_\varphi) = l) > 0$$

从而

$$P(\alpha_1^{(l)} < \infty) \geqslant P(\tau_1 \leqslant \tau_\varphi, x(\tau_\varphi) = l) > 0$$

故得到了与式(9) 类似的式子,然后只要逐句重复上面定理的证明至(D) 以前,并作显然的改变即可.

6.4 $S<\infty$ 时 Q 过程的构造

(一) 固定任一生灭矩阵 $\boldsymbol{Q}$,使 $R<\infty$. 考虑 6.1 节中方程组(14),如果任意给定 $v_1^{(1)}$,$0\leqslant v_1^{(1)}\leqslant 1$,那么 $v_0^{(1)}$ 唯一决定;如果 $(v_0^{(n)},\cdots,v_n^{(n)})$ 已求出,那么任意给定 $v_{n+1}^{(n+1)}$,$0\leqslant v_{n+1}^{(n+1)}\leqslant 1$ 后,可唯一决定 $(v_0^{(n+1)},\cdots,v_{n+1}^{(n+1)})$. 因此给出一个数列 $(v_n^{(n)})$ 后(以后简记为 (v_n),即 $v_n=v_n^{(n)}$),可唯一决定 6.1 节中方程组(14) 的一组解. 为使此方程组解中每个 $(v_0^{(n)},\cdots,v_n^{(n)})(n=1,2,\cdots)$ 均是概率分布,不难看出,充要条件是 (v_n) 满足条件

$$1\geqslant v_1\geqslant 0$$

$$1\geqslant v_n\geqslant\frac{v_{n+1}(z-z_{n+1})}{(z-z_n)-v_{n+1}(z_{n+1}-z_n)}\geqslant 0\quad(n\geqslant 1)\tag{1}$$

由 6.3 节定理 2(ii),即得下述引理:

引理 1 设已给 $\boldsymbol{Q}$ 过程 $x(t,\omega)$,$t\geqslant 0$,使 $R<\infty$,则序列 (v_n) 有

$$v_n=P(x(\beta_1^{(n)})=n)\quad(n\geqslant 1)\tag{2}$$

满足式(1).

本节中,以下恒设 $R<\infty$,$S<\infty$.

重要的是,以后会证明:设已给满足式(1) 的序列 (v_n),则必存在 $\boldsymbol{Q}$ 过程 $x(t,\omega)(t\geqslant 0)$,满足式(2),而且此过程是唯一的. 为此要作相当准备.

设已给一列满足式(1) 的 (v_n),它决定 6.1 节方程组(14) 的一组解记为 $(V^{(n)})$,$V^{(n)}=(v_0^{(n)},\cdots,v_n^{(n)})$. 由 6.1 节引理 4,可在某空间 $(\Omega,\mathscr{F},P)$ 上作一列 $(\boldsymbol{Q},V^{(n)})$

过程 $x_n(t,\omega),t\geqslant 0(n\geqslant 1)$，并且

$$g_{nm}(x_n(t,\omega))=x_m(t,\omega)\quad(n\geqslant m)\tag{3}$$

换言之，对 $x_n(t,\omega)$ 施行 $C(\tau_i^{(n,m)}(\omega),\beta_i^{(n,m)}(\omega))$ 变换后即得 $x_m(t,\omega)$，这里 $\tau_i^{(n,m)}(\omega),\beta_i^{(n,m)}(\omega)$ 仿照 6.3 节中(5)～(8)对过程 $x_n(t,\omega)$ 定义，即

$$\tau_1^{(n,m)}(\omega)\text{ 为 }x_n(t,\omega)\text{ 的第一个飞跃点}\tag{4}$$

$$\beta_1^{(n,m)}(\omega)=\inf\{t\mid t\geqslant\tau_1^{(n,m)}(\omega),x_n(t,\omega)\leqslant m\}\tag{5}$$

$$\tau_i^{(n,m)}(\omega)\text{ 为 }\beta_{i-1}^{(n,m)}(\omega)\text{ 后第一个飞跃点}\tag{6}$$

$$\beta_i^{(n,m)}(\omega)=\inf\{t\mid t\geqslant\tau_i^{(n,m)}(\omega),x_n(t,\omega)\leqslant m\}\tag{7}$$

$$\tau_i^{(n)}(\omega)\text{ 为 }x_n(t,\omega)\text{ 的第 }i\text{ 个飞跃点}\tag{8}$$

$$\tau_{ij}^{(n)}(\omega)\text{ 为 }\tau_i^{(n)}(\omega)\text{ 后的第 }j\text{ 个跳跃点}\tag{9}$$

先考虑一个特殊情况，即 $v_n=1(n\geqslant 1)$ 时，这个 (v_n) 所决定的 6.1 节方程组(14)的解记为 $(\pi^{(n)})$，显然

$$\pi^{(n)}=(\pi_0^{(n)},\cdots,\pi_{n-1}^{(n)},\pi_n^{(n)})=(0,\cdots,0,1)\tag{10}$$

引理 2 对 $(\boldsymbol{Q},\pi^{(n)})$ 过程 $x_n(t,\omega),t\geqslant 0$，令 $\xi^{(n,m)}(\omega)$ 表示使 $\beta_i^{(n,m)}(\omega)<\beta_1^{(n,0)}(\omega)$ 的 i 的个数，则

$$E\xi^{(n,m)}(\omega)=\sum_{i=0}^{\infty}P(\beta_i^{(n,m)}<\beta_1^{(n,0)})=\frac{Z}{Z-Z_m}\tag{11}$$

这里 Z 及 Z_m 由 5.1 节式(7)定义.

证 定义 $\eta_i(\omega)=1$ 或 0，根据 $\beta_i^{(n,m)}<\beta_1^{(n,0)}$ 与否而定. 则

$$E\xi^{(n,m)}=\sum_{i=1}^{n}E\eta_i=\sum_{i=1}^{n}P(\beta_i^{(n,m)}<\beta_1^{(n,0)})$$

但因

$$P(\beta_i^{(n,m)} < \beta_1^{(n,0)}) = (1 - c_{m0})^{i-1}$$

故由 5.1 节式(25) 并回忆 $c_{m0} = q_m(0)$，得

$$E\xi^{(n,m)} = \sum_{i=1}^{n} (1 - c_{m0})^{i-1} = \frac{1}{c_{m0}} = \frac{Z}{Z - Z_m}$$

对 $(\boldsymbol{Q}, \pi^{(n)})$ 过程 $x_n(t,\omega), t \geqslant 0$，定义

$$T^{(n,r)}(\omega) = \beta_1^{(n,r)}(\omega) - \tau_1^{(n)}(\omega) \quad (n > r) \tag{12}$$

故 $T^{(n,r)}$ 是自 $\tau_1^{(n)}$ 算起，初次到达 r 的时间. 注意 $P(x_n(\tau_1^{(n)}) = n) = 1$，故 $ET^{(n,r)}$ 是在"质点自 n 出发，到达 ∞ 后立刻回到 n"的条件下，质点初次到达 r 的平均时间. 因此，它不超过在"自 n 出发，到达 ∞ 后'连续地'回到有穷状态"的条件下此时间的平均值 $\sum\limits_{k=r+1}^{n} e_k$（见 5.1 节式(5)）. 这个直观上明显的事实可见如下证明.

引理 3 对 $(\boldsymbol{Q}, \pi^{(n)})$ 过程，$ET^{(n,r)} \leqslant \sum\limits_{k=r+1}^{n} e_k \leqslant S(n > r \geqslant 0)$.

证 首先注意一个简单事实：设有差分方程

$$\mathscr{D}_k = \frac{1}{c_k}(1 - e^{-c_k \varepsilon}) + \frac{a_k}{c_k}\mathscr{D}_{k-1} + \frac{b_k}{c_k}\mathscr{D}_{k+1} \quad (0 < n < k < N) \tag{13}$$

其中 $c_k = a_k + b_k, a_k > 0, b_k > 0, 0 < \varepsilon \leqslant \infty$（若 $\varepsilon = \infty$，则令 $e^{-c_k \varepsilon} = 0$），在边值条件 $\mathscr{D}_n = 0, \mathscr{D}_N = c(c \geqslant 0)$ 下的解记为 $(\mathscr{D}_n^{(c)}, \mathscr{D}_{n+1}^{(c)}, \cdots, \mathscr{D}_N^{(c)})$，则

$$\mathscr{D}_k^{(c)} \geqslant \mathscr{D}_k^{(0)} \quad (n \leqslant k \leqslant N)$$

现以 f_i 表示对 $(\boldsymbol{Q}, \pi^{(n)})$ 过程自 i 出发初次回到 $i-1$ 的平均时间，仿照 5.1 节式(19) 得

$$f_i=\frac{a_i}{c_i}\cdot\frac{1}{c_i}+\frac{b_i}{c_i}\left(\frac{1}{c_i}+f_{i+1}+f_i\right)$$
$$(1\leqslant i\leqslant n)\tag{14}$$

或

$$f_i=\frac{1}{a_i}+\frac{b_i}{a_i}f_{i+1}\quad(1\leqslant i\leqslant n)$$

故若已知 f_{n+1}，则

$$f_i=\frac{1}{a_i}+\sum_{k=0}^{n-1-i}\frac{b_ib_{i+1}\cdots b_{i+k}}{a_ia_{i+1}\cdots a_{i+k}a_{i+k+1}}+\frac{b_ib_{i+1}\cdots b_n}{a_ia_{i+1}\cdots a_n}f_{n+1}\tag{15}$$

故若能证 $f_{n+1}\leqslant e_{n+1}$，则由式(15)及5.1节式(5)即得 $f_i\leqslant e_i$，而

$$ET^{(n,r)}\leqslant\sum_{i=r+1}^{\infty}f_i\leqslant\sum_{i=r+1}^{\infty}e_i=S$$

为证 $f_{n+1}\leqslant e_{n+1}$，考虑 $N>k>n$，以 $\overline{\mathscr{D}}_k^{(N)}$ 表示自 k 出发初次到达 n 的平均时间，但当到达 N 时，立刻回到 n（更精确些，$\overline{\mathscr{D}}_k^{(N)}$ 为对 $(\boldsymbol{Q},\pi_n)$ 过程，自 k 出发初次到达含两点的集 $\{n,N\}$ 的平均时间）；而 $\overline{\overline{\mathscr{D}}}_k^{(N)}$ 表示对 $\boldsymbol{Q}_{N^-}$ 过程（见5.1节式(16)）自 k 出发初次到达 n 的平均时间. 易见 $(\overline{\mathscr{D}}_k^{(N)})$ 与 $(\overline{\overline{\mathscr{D}}}_k^{(N)})$ $(n\leqslant k\leqslant N)$ 分别是式(13)，当 $\varepsilon=\infty$ 时在边界条件 $\mathscr{D}_n=0,\mathscr{D}_N=0$ 及 $\mathscr{D}_n=0$，$\mathscr{D}_N=c\left(\geqslant\dfrac{1}{a_N+b_N}\right)$ 下的解，故由上述事实 $\overline{\mathscr{D}}_{n+1}^{(N)}\leqslant\overline{\overline{\mathscr{D}}}_{n+1}^{(N)}$. 但 $\overline{\mathscr{D}}_{n+1}^{(N)}\uparrow f_{n+1}$，$\overline{\overline{\mathscr{D}}}_{n+1}^{(N)}\uparrow e_{n+1}$，$N\to\infty$（注意 $\overline{\overline{\mathscr{D}}}_{n+1}^{(N)}=e_{n+1}^{(N)}$，见5.1节式(20)上面一个式子），故 $f_{n+1}\leqslant e_{n+1}$.

对任一 ε，$0<\varepsilon\leqslant\infty$，考虑函数

$$\begin{cases}f_\varepsilon(x)=x,0\leqslant x<\varepsilon\\ f_\varepsilon(x)=\varepsilon,x\geqslant\varepsilon\end{cases}\tag{16}$$

设 $\xi(\geqslant 0)$ 是具有分布密度 $c\mathrm{e}^{-cy}(c>0)$ 的随机变量，则易见 $Ef_{\varepsilon}(\xi)=\frac{1}{c}(1-\mathrm{e}^{-c\varepsilon})$. 特别地，$Ef_{\infty}(\xi)=\frac{1}{c}$.

对 $(\boldsymbol{Q},\pi^{(n)})$ 过程及 $n>r$，定义

$$T_{\varepsilon}^{(n,r)}(\omega)=\sum_{\tau_1^{(n)}\leqslant\tau_{ij}^{(n)}<\beta_1^{(n,r)}} f_{\varepsilon}(\tau_{ij+1}^{(n)}(\omega)-\tau_{ij}^{(n)}(\omega)) \tag{17}$$

特别地，$T_{\infty}^{(n,r)}=T^{(n,r)}$. 直觉地说，将 $(\boldsymbol{Q},\pi^{(n)})$ 过程 $x_n(t,\omega),t\geqslant 0$ 的常数区间如下变形：若其长不小于 ε，则缩短区间使其长变为 ε，若长小于 ε，则保留不变. 于是 $T_{\varepsilon}^{(n,r)}(\omega)$ 是 $[\tau_1^{(n)}(\omega),\beta_1^{(n,r)}(\omega))$ 中变形后的区间的总长.

引理 4 对 $(\boldsymbol{Q},\pi^{(n)})$ 过程，有

$$ET_{\varepsilon}^{(n,r)}\leqslant\sum_{k=r+1}^{\infty}\left[\frac{1}{a_k}(1-\mathrm{e}^{-c_k\varepsilon})+\sum_{l=0}^{\infty}\frac{b_kb_{k+1}\cdots b_{k+l}}{a_ka_{k+1}\cdots a_{k+l}}\cdot\frac{(1-\mathrm{e}^{-c_{k+l+1}\varepsilon})}{a_{k+l+1}}\right]\leqslant S \tag{18}$$

证 $(\boldsymbol{Q},\pi^{(n)})$ 过程的 k 区间经过如上变形后，有平均长度为 $E_kf_{\varepsilon}(\beta)=\frac{1}{c_k}(1-\mathrm{e}^{c_k\varepsilon})$①，然后重复引理 3 的证明，只要换 $\frac{1}{c_k},\frac{1}{a_k}$ 为 $\frac{1}{c_k}(1-\mathrm{e}^{-c_k\varepsilon})$ 及 $\frac{1}{a_k}(1-\mathrm{e}^{-c_k\varepsilon})$ 即可.

由于式(3)，对固定 $\varepsilon>0$，有 $T_{\varepsilon}^{(n,0)}(\omega)\leqslant T_{\varepsilon}^{(n+1,0)}(\omega)$，令

$$T_{\varepsilon}(\omega)=\lim_{n\to\infty}T_{\varepsilon}^{(n,0)}(\omega)$$

---

① 注意 $P_k(\beta\leqslant t)=\begin{cases}1-\mathrm{e}^{-c_kt},t\geqslant 0\\0,t<0\end{cases}$，$\beta$ 为第一个跳跃点.

引理 5　对$(\boldsymbol{Q},\pi^{(n)})$过程，有

$$\lim_{\varepsilon\to 0}ET_{\varepsilon}(\omega)=0, P(\lim_{\varepsilon\to 0}T_{\varepsilon}(\omega)=0)=1$$

证　由

$$ET_{\varepsilon}^{(n,0)}\leqslant S_{\varepsilon}=\sum_{k=1}^{\infty}\left[\frac{1}{a_k}(1-\mathrm{e}^{-c_k\varepsilon})+\right.$$

$$\left.\sum_{l=0}^{\infty}\frac{b_k b_{k+1}\cdots b_{k+l}(1-\mathrm{e}^{-c_{k+l+1}\varepsilon})}{a_k a_{k+1}\cdots a_{k+l}a_{k+l+1}}\right)\leqslant S<\infty$$

得

$$ET_{\varepsilon}\leqslant S_{\varepsilon}, \lim_{\varepsilon\to 0}ET_{\varepsilon}\leqslant\lim_{\varepsilon\to 0}S_{\varepsilon}=0$$

又由$T_{\varepsilon}(\omega)$关于ε的单调性，存在$\lim_{\varepsilon\to 0}T_{\varepsilon}(\omega)=T(\omega)\geqslant 0$. 根据积分单调定理$ET(\omega)=\lim_{\varepsilon\to 0}ET_{\varepsilon}(\omega)=0$. 从而

$$P(T(\omega)=0)=1$$

现在令

$$\begin{cases}L_{nm}^{(i)}(\omega)=\beta_i^{(n,m)}(\omega)-\tau_i^{(n,m)}(\omega), \\ \qquad\qquad \beta_i^{(n,m)}(\omega)<\beta_1^{(n,0)}(\omega) \\ L_{nm}^{(i)}(\omega)=0, \beta_i^{(n,m)}(\omega)>\beta_1^{(n,0)}(\omega)\end{cases}\tag{17'}$$

故$\sum_{i=1}^{\infty}L_{nm}^{(i)}(\omega)$是经式(3)自$x_n(t,\omega)$得$x_m(t,\omega)$时，在$[\tau_1^{(n)}(\omega),\beta_1^{(n,0)}(\omega)]$中所抛去区间的总长. 由式(3)可见

$$\sum_{i=1}^{\infty}L_{nm}^{(i)}(\omega)\leqslant\sum_{i=1}^{\infty}L_{n+1,m}^{(i)}(\omega)$$

故存在

$$L_m(\omega)=\lim_{n\to\infty}\sum_{i=1}^{\infty}L_{nm}^{(i)}(\omega)$$

引理 6　对$(\boldsymbol{Q},\pi^{(n)})$过程，$\lim_{m\to\infty}EL_m(\omega)=0$，又$P(\lim_{m\to\infty}L_m(\omega)=0)=1$.

证 由$(\boldsymbol{Q},\pi^{(n)})$过程$x_n(t,\omega),t\geqslant 0$的构造，$\beta_i^{(n,m)}-\tau_i^{(n,m)}$不依赖[①]于事件$(\beta_i^{(n,m)}<\beta_1^{(n,0)})$，而且$\beta_i^{(n,m)}-\tau_i^{(n,m)}(i=1,2,\cdots)$同分布，故由引理 2 及$\tau_i^{(n,m)}(\omega)=\tau_1^{(n)}(\omega)$，得

$$\begin{aligned}\sum_{i=1}^{\infty}EL_{nm}^{(i)}&=\sum_{k=1}^{n}E(\beta_i^{(n,m)}-\tau_i^{(n,m)}\mid\beta_i^{(n,m)}<\beta_1^{(n,0)})\cdot\\&\quad P(\beta_i^{(n,m)}<\beta_1^{(n,0)})\\&=\sum_{i=1}^{\infty}E(\beta_i^{(n,m)}-\tau_i^{(n,m)})P(\beta_i^{(n,m)}<\beta_1^{(n,0)})\\&=E(\beta_1^{(n,m)}-\tau_1^{(n,m)})\sum_{i=1}^{\infty}P(\beta_i^{(n,m)}<\beta_1^{(n,0)})\\&=E(\beta_1^{(n,m)}-\tau_1^{(n)})\frac{Z}{Z-Z_m}\end{aligned}\tag{18'}$$

再由引理 3 及 5.1 节式(5)和式(7)，经简单计算后得

$$\begin{aligned}\sum_{i=1}^{\infty}EL_{nm}^{(i)}&\leqslant\sum_{k=m+1}^{\infty}e_k\cdot\frac{Z}{Z-Z_m}\\&\leqslant Z\sum_{k=m}^{\infty}\frac{b_1b_2\cdots b_k}{a_1a_2\cdots a_ka_{k+1}}\end{aligned}\tag{19}$$

注意$Z<b_0R<\infty,\sum_{k=1}^{\infty}\frac{b_1b_2\cdots b_k}{a_1a_2\cdots a_ka_{k+1}}<S<\infty$，故

$$\lim_{m\to\infty}EL_m(\omega)=\lim_{m\to\infty}\left(\lim_{n\to\infty}\sum_{i=1}^{\infty}EL_{nm}^{(i)}\right)=0$$

再由$L_m(\omega)\geqslant L_{m+1}(\omega)$，即得

$$P(\lim_{m\to\infty}L_m(\omega)=0)=1$$

由式(7)及式(3)，可见$\beta_i^{(n,0)}(\omega)\leqslant\beta_i^{(n+1,0)}(\omega)$，故

① 即对任意实数a，事件$(\beta_i^{(n,m)}-\tau_i^{(n,m)}<a)$，$(\beta_i^{(n,m)}<\beta_1^{(n,0)})$独立.

存在极限

$$\beta_i^{(0)}(\omega)=\lim_{n\to\infty}\beta_i^{(n,0)}(\omega)$$

由定义

$$P(\lim_{i\to\infty}\beta_i^{(n,0)}(\omega)=\infty)=1\quad(n\geqslant 1)$$

既然 $\beta_i^{(n,0)}(\omega)\leqslant\beta_i^{(0)}(\omega)$，故得

$$P(\lim_{i\to\infty}\beta_i^{(0)}(\omega)=\infty)=1\tag{20}$$

以下“几乎一切 t”是对 Lebesgue 测度而言.

定理 1　以概率 1，$(\boldsymbol{Q},\pi^{(n)})$ 过程的样本函数 $x_n(t,\omega)$，当 $n\to\infty$ 时几乎对一切 t 收敛.

证　除去一零测度集后，可设对每一 $\omega\in\Omega$，$x_n(t,\omega)$ 在任一有限区间中只有有限多个 i 区间($n\geqslant 0$，$i\in E$). 若向左平移使每个 $x_n(t,\omega)$ 为常数的区间，而且每个区间平移的距离不大于 ε，则在 $[0,\beta_1^{(n,0)}(\omega))$ 中使 $x_n(t,\omega)$ 不等于 $x_m(t,\omega)(n>m)$ 的点 t 所组成区间的总长不超过 $\varepsilon+T_\varepsilon^{(n)}(\omega)<\varepsilon+T_\varepsilon(\omega)$. 固定 k，取 $n>m>l(>k)$. 由于 $\beta_1^{(n,0)}(\omega)\geqslant\beta_1^{(k,0)}(\omega)$，得

$$L\{t\mid t\in[0,\beta_1^{(k,0)}(\omega)),x_n(t,\omega)\neq x_m(t,\omega)\}$$
$$\leqslant L_l(\omega)+T_{Ll}(\omega)\tag{21}$$

令 $\Omega_0=(L_l(\omega)+T_{Ll}(\omega)\downarrow 0)(l\to\infty)$，由引理 5 和引理 6 得 $P(\Omega_0)=1$. 固定 $\omega\in\Omega_0$. 由式(21) 知，$x_n(t,\omega)$ $(=x_n(t))$ 在 $[0,\beta_1^{(k,0)})$ 中依测度 L 收敛，故存在一列 $n_i\to\infty$，使 $x_{n_i}(t)$ 在 $[0,\beta_1^{(k,0)})$ 中对几乎一切 t 收敛. 固定一收敛点 t_0. 由于 Doob 过程的相空间为 E，故存在 $M\in E$，使 $x_{ni}(t_0)\to M(i\to\infty)$. 由于 E 离散，有正整数 L，使

$$x_{ni}(t_0)=M\quad(i\geqslant L)\tag{22}$$

现证存在正整数 L'，使 $n > L'$ 时，$x_n(t_0) = M$，从而 $\{x_n(t_0)\}$ 收敛. 因为，否则必存在一列 $m_i \to \infty$，使

$$x_{mi}(t_0) \neq M$$

由此式及式(22)，并根据 $g_{nm}(x_n(t,\omega)) = x_m(t,\omega)$，即知在$[0,t_0]$中，$x_M(t,\omega)$ 有无穷多个不同的 M 区间，这与证明开始时所说的矛盾.

于是得证在$[0,\beta_1^{(k,0)}(\omega))$ 中，定理结论成立；令 $k \to \infty$ 即得在$[0,\beta_1^{(0)}(\omega))$ 中也成立；同样得证在$[0,\beta_i^{(0)}(\omega))$ 中成立；再由式(20) 即得证定理.

（二）现考虑一般情况. 取 6.1 节方程组(14) 的任一非负解 $V^{(n)} = (v_0^{(n)},\cdots,v_n^{(n)})$，$n \geqslant 1$. 下面看到，在证$(\boldsymbol{Q},V^{(n)})$ 过程列的收敛时，$(\boldsymbol{Q},\pi^{(n)})$ 过程列将在一定意义下起控制作用.

定理 2 以概率 1，$(\boldsymbol{Q},V^{(n)})$ 过程的样本函数 $x_n(t,\omega)$，当 $n \to \infty$ 时几乎对一切 t 收敛.

证 若能证引理 5 及 6 对$(\boldsymbol{Q},V^{(n)})$ 过程也成立，则只需逐字重复定理 1 的证明即可.

像对$(\boldsymbol{Q},\pi^{(n)})$ 过程列定义 $L_{nm}^{(i)}(\omega)$，$T_\varepsilon^{(n,r)}(\omega)$ 等一样，对$(\boldsymbol{Q},V^{(n)})$ 过程列定义 $\overline{L}_{nm}^{(i)}(\omega)$，$\overline{T}_\varepsilon^{(n,r)}(\omega)$ 等，只于其上加一短横线以表示区别.

与推导式(18) 同样，得

$$E\left(\sum_{i=1}^{\infty}\overline{L}_{nm}^{(i)}\right) = E(\bar{\beta}_1^{(n,m)} - \bar{\tau}_1^{(n,m)}) \cdot \sum_i P(\bar{\beta}_i^{(n,m)} < \bar{\beta}_1^{(n,0)}) \tag{23}$$

然而

$$\begin{aligned} & P(\bar{\beta}_i^{(n,m)} - \bar{\beta}_1^{(n,0)}) \\ = & \sum_{\substack{d_j=1 \\ (j=1,\cdots,i-1)}}^{m} P((\bar{\beta}_i^{(n,m)} < \bar{\beta}_1^{(n,0)}) \mid x_n(\bar{\beta}_j^{(n,m)}) = d_j, \end{aligned}$$

$$
\begin{aligned}
&j=1,\cdots,i-1)\cdot\\
&P(x_n(\bar{\beta}_j^{(n,m)})=d_j,j=1,\cdots,i-1)\\
=&\sum_{\substack{d_j=1\\(j=1,\cdots,i-1)}}^{m}\bigcap_{j=1}^{i-1}(1-c_{d_j0})P(x_n(\bar{\beta}_j^{(n,m)})=d_j,\\
&j=1,\cdots,i-1)\\
\leqslant&(1-c_{m0})^{i-1}\sum_i P(\bar{\beta}_i^{(n,m)}<\bar{\beta}_1^{(n,0)})\\
\leqslant&\sum_{i=1}^{\infty}(1-c_{m0})^{i-1}\\
=&\frac{Z}{Z-Z_m} \qquad (24)
\end{aligned}
$$

如果能够证明下列直觉上显然正确的事实:质点自$(0,\cdots,n)$中的状态出发,每当到达∞时,立即回到$(0,\cdots,n)$,这样运动直到初次[①]到达$(0,\cdots,m)$ $(m<n)$的平均时间,不大于它自n出发,每当到达∞时,立即回到n,即是运动直到初次到达$(0,\cdots,m)$的平均时间.换言之,即

$$E(\bar{\beta}_1^{(n,m)}-\bar{\tau}_1^{(n,m)})\leqslant E(\beta_1^{(n,m)}-\tau_1^{(n,m)}) \qquad (25)$$

则由式(23)～(25)即得

$$E(\sum_{i=1}^{\infty}\bar{L}_{nm}^{(i)})\leqslant E(\beta_1^{(n,m)}-\tau_1^{(n,m)})\frac{Z}{Z-Z_m} \qquad (26)$$

从而式(18′)对$(\boldsymbol{Q},V^{(n)})$过程正确,故引理 6 对$(\boldsymbol{Q},V^{(n)})$过程也正确.

为严格证明上述事实,利用乘积空间的技巧,可构造Ω,使在其上同时定义$(\boldsymbol{Q},\pi^{(n)})$过程及一列独立随机变量$(y_n(\omega))$,有相同的分布$P(y_n(\omega)=i)=$

① 若自$(0,\cdots,m)$出发,则认为初次回到$(0,\cdots,m)$的时间为 0.

$v_i^{(n)}(i=0,\cdots,n)$. 将$(\boldsymbol{Q},\pi^{(n)})$过程的样本函数自第一个飞跃点起至初次出现状态 $y_1(\omega)$ 的时刻止的那一段抛去,再将自下一飞跃点(即出现 $y_1(\omega)$ 的时刻后的第一飞跃点)起至以后初次出现状态 $y_2(\omega)$ 的时刻①止的那一段抛去. 如此继续,经平移后所得即$(\boldsymbol{Q},V^{(n)})$过程. 因而已将$(\boldsymbol{Q},V^{(n)})$过程嵌入于$(\boldsymbol{Q},\pi^{(n)})$过程中. 对这两个过程,易见对几乎一切 $\omega\in\Omega$,有

$$\bar{\beta}_1^{(n,m)}(\omega)-\bar{\tau}_1^{(n,m)}(\omega)\leqslant\beta_1^{(n,m)}(\omega)-\tau_1^{(n,m)}(\omega)$$

甚至更一般地有

$$\overline{T}_\varepsilon^{(n,m)}(\omega)\leqslant T_\varepsilon^{(n,m)}(\omega)$$

因而得证式(25),并且

$$\overline{T}_\varepsilon^{(n,m)}(\omega)\leqslant T_\varepsilon^{(n,m)}(\omega),\overline{T}_\varepsilon(\omega)\leqslant T_\varepsilon(\omega)$$

由于

$$ET_\varepsilon(\omega)\to 0\quad(\varepsilon\to 0)$$

$$P(\lim_{\varepsilon\to 0}T_\varepsilon(\omega)=0)=1$$

即知引理 5 对$(\boldsymbol{Q},V^{(n)})$过程成立.

(三) 以 $x(t,\omega)$ 表示$(\boldsymbol{Q},V^{(n)})$过程列的极限. 由定理 2,对几乎一切 ω,存在 L(Lebesgue)0 测集 T_ω,当 $t\in T_\omega$ 时,$x(t,\omega)$ 无定义. 补定义

$$x(t,\omega)=\infty\quad(t\in T_\omega)\tag{27}$$

从而以概率 1,$x(t,\omega)$ 在$[0,\infty)$有定义. 由于$(\boldsymbol{Q},V^{(n)})$过程 $x_n(t,\omega),t\geqslant 0$ Borel 可测,故对 $i\in E$,有

$$\{(t,\omega)\mid x(t,\omega)=i\}\in\overline{\mathscr{B}_1\times\mathscr{F}}$$

这里 $\mathscr{B}_1$ 表示$[0,\infty)$中 Borel 集族,而$\overline{\mathscr{B}\times\mathscr{F}}$则表示 $\mathscr{B}_1\times\mathscr{F}$ 关于 $L\times P$ 的完全化σ 代数. 因此

---

① 易见这些时刻以概率 1 为穷.

$$\{(t,\omega) \mid x(t,\omega)=\infty\} \in \overline{\mathscr{B} \times \mathscr{F}}$$

由定理2，$L\{t \mid x(t,\omega)=\infty\}=0$ 对几乎一切 ω 成立，故由 Fubini 定理，存在 L 测度为0的集 T，使 $t \notin T$ 时，有

$$P\{\omega \mid x(t,\omega)=\infty\}=0 \tag{28}$$

试证式(28)对一切 $t \in [0,\infty)$ 成立.

实际上，由式(3)可见，对 $\omega \in \Omega$ 及一切 n，有

$$x(t,\omega)=x_n(t,\omega) \quad (t<\tau(\omega)) \tag{29}$$

这里 $\tau(\omega)=\tau_1^{(n)}(\omega)$ 是第一个飞跃点. 由此可见

$$P(x(t)=i \mid x(0)=i) \geqslant \mathrm{e}^{-(a_i+b_i)t} \to 1 \quad (t \to 0) \tag{30}$$

而且对任意给定的 $t>0,\eta>0$，存在 $\delta>0$，使 $\varepsilon<\delta$ 时，下面两个式子成立

$$\begin{aligned} &|P(x(t) \neq \infty \mid x(0)=i, x(\varepsilon)=i)- \\ &P(x(t) \neq \infty \mid x(\varepsilon)=i)|<\eta \end{aligned} \tag{31}$$

$$\begin{aligned} &|P(x(t) \neq \infty \mid x(\varepsilon)=i)- \\ &P(x(t-\varepsilon) \neq \infty \mid x(0)=i)|<\eta \end{aligned} \tag{32}$$

只要用到的条件概率有意义. 对 $t \in T$，有

$$\begin{aligned} &P(x(t)=j \mid x(0)=i) \\ \geqslant\ &P(x(t)=j \mid x(0)=i, x(\varepsilon)=i) \cdot \\ &P(x(\varepsilon)=i \mid x(0)=i) \end{aligned} \tag{33}$$

$$\begin{aligned} &P(x(t) \neq \infty \mid x(0)=i) \\ =\ &\sum_j P(x(t)=j \mid x(0)=i) \\ \geqslant\ &P(x(\varepsilon)=i \mid x(0)=i) \cdot \\ &P(x(t) \neq \infty \mid x(0)=i, x(\varepsilon)=i) \end{aligned} \tag{34}$$

现在因 $L(T)=0, 0 \notin T$，故对 $\eta>0$，存在 ε_1，使 $t-\varepsilon_1 \notin T$，同时使式(31)和式(32)对 ε_1 成立，而且

$$P(x(\varepsilon_1)=i \mid x(0)=i)>1-\eta$$

于是由式(34)即得

$$P(x(t) \neq \infty \mid x(0)=i) > (1-\eta)(1-2\eta)$$

由 η 的任意性,得

$$P(x(t) \neq \infty \mid x(0)=i)=1$$

或

$$P(x(t)=\infty)=0$$

定理 3 (i) $x(t,\omega), t \geqslant 0$ 是 $\boldsymbol{Q}$ 过程;(ii) 以 $P_{ij}^{(n)}(t)$ 及 $P_{ij}(t)$ 分别表示 $(\boldsymbol{Q}, V^{(n)})$ 过程 $x_n(t,\omega)$ 及 $x(t,\omega)$ 的转移概率,则

$$\lim_{n\to\infty} P_{ij}^{(n)}(t)=P_{ij}(t)$$

证 若能证 $x(t,\omega), t \geqslant 0$ 是齐次马氏链,则由式(29)及 $\boldsymbol{Q}$ 中元的概率意义知它是 $\boldsymbol{Q}$ 过程. 显然它的相空间是 $\bar{E}$. 由上述 $P(x(t,\omega)=\infty)=0$ 及定理 2,对任一组 $0 \leqslant t_1 < t_2 < \cdots < t_k$,随机向量 $(x_n(t_1), x_n(t_2), \cdots, x_n(t_k))$ 当 $n \to \infty$ 时以概率 1 收敛于 $(x(t_1), x(t_2), \cdots, x(t_k))$,故也依分布收敛,即

$$\begin{aligned} &\lim_{n\to\infty} P(x_n(t_1)=i_1, \cdots, x_n(t_k)=i_k) \\ &=P(x(t_1)=i_1, \cdots, x(t_k)=i_k) \end{aligned} \tag{35}$$

由此式并利用 $x_n(t,\omega), t \geqslant 0$ 是齐次马氏链,即知 $x(t,\omega)$, $t \geqslant 0$ 也是齐次马氏链,而且 $\lim\limits_{n\to\infty} P_{ij}^{(n)}(t)=P_{ij}(t)$.

过程 $x(t,\omega), t \geqslant 0$ 自然地称为 $(\boldsymbol{Q}, V)$ 过程,其中 $V=(v_n)$ 是满足式(1)的任一序列. 回忆 6.3 节式(6),有下述定理:

定理 4 $(\boldsymbol{Q}, V)$ 过程 $x(t,\omega), t \geqslant 0$,是满足

$$P(x(\beta_1^{(n)})=n)=v_n \quad (n \geqslant 0) \tag{36}$$

的唯一 $\boldsymbol{Q}$ 过程.

证 先证 $(\boldsymbol{Q}, V)$ 过程满足式(36). 设 $(v_0^{(n)}, \cdots,$

$v_n^{(n)}$),$n\geqslant 1$,是 6.1 节方程组(14)的任一非负解,利用 $c_{l+1,l}c_{l,l-1}=c_{l+1,l-1}$,用归纳法易见

$$v_i^{(n)}=\frac{v_i^{(n+k)}}{\sum_{j=0}^{n+k}v_j^{(n+k)}c_{jn}},\ v_n^{(n)}=\frac{\sum_{j=n}^{n+k}v_j^{(n+k)}c_{jn}}{\sum_{j=0}^{n+k}v_j^{(n+k)}c_{jn}} \tag{37}$$

$k,n=1,2,\cdots,i=0,1,\cdots,n-1$. 现考虑($\boldsymbol{Q},V^{(k)}$)过程 $x_k(t,\omega),t\geqslant 0$,对此过程用式(5)定义 $\beta_1^{(k,n)}$. 由式(3)知 $\beta_1^{(k,n)}(\omega)\leqslant\beta_1^{(k+1,n)}(\omega)(k>n)$. 容易看出,以概率 1 有

$$\lim_{k\to\infty}\beta_1^{(k,n)}(\omega)=\beta_1^{(n)}(\omega)$$
$$\lim_{n\to\infty}x_k(\beta_1^{(k,n)})=x(\beta_1^{(n)})$$

根据式(37)得

$$\begin{aligned}P(x(\beta_1^{(n)})=n)&=\lim_{k\to\infty}P(x_k(\beta_1^{(k,n)})=n)\\&=\lim_{k\to\infty}P(x_{n+k}(\beta_1^{(n+k,n)})=n)\\&=\lim_{k\to\infty}\frac{\sum_{j=n}^{n+k}v_j^{(n+k)}c_{jn}}{\sum_{j=0}^{n+k}v_j^{(n+k)}c_{jn}}=v_n^{(n)}=v_n\quad(n\geqslant 0)\end{aligned}$$

再证若 $\tilde{x}(t,\omega),t\geqslant 0$ 为满足式(36)的可分 Borel 可测的 $\boldsymbol{Q}$ 过程,则它与($\boldsymbol{Q},V$)过程有相同的转移概率. 实际上,利用 6.3 节式(5)～(8)对 $\tilde{x}(t,\omega)$ 定义(τ_m, $\beta_m^{(n)}$),$m\geqslant 1$,并对它进行 $C(\tau_m,\beta_m^{(n)})$ 变换,由 6.3 节定理 2,所得过程 $x_n(t,\omega),t\geqslant 0$ 是($\boldsymbol{Q},V^{(n)}$)过程. 由式(36), $v_n^{(n)}=v_n$. 根据定理 3,它们的转移概率 $p_{ij}^{(n)}(t)$ 收敛于($\boldsymbol{Q},V$)过程的转移函数 $P_{ij}(t)$.

另一方面,可证对任意固定的 $t\geqslant 0$,有

$$P(\lim_{n\to\infty}x_n(t,\omega)=\tilde{x}(t,\omega))=1$$

从而 $P_{ij}^{(n)}(t) \to \widetilde{P}_{ij}(t)$（$\widetilde{P}_{ij}(t)$ 是 $\widetilde{x}(t,\omega)$ 的转移函数），于是

$$\widetilde{P}_{ij}(t) = P_{ij}(t)$$

为证此令

$$S_{\infty}^{(b)}(\omega) = \{t \mid t \in [0,b], t \text{ 是 } \widetilde{x}(t,\omega) \text{ 的飞跃点}\}$$

$$S_{i}^{(b)}(\omega) = \{t \mid t \in [0,b], x(t,\omega) = i\}$$

则由 6.2 节定理 1 及 3.2 节系 4，以概率 1，$S_{\infty}^{(b)}(\omega)$ 是 L 测度为 0 的闭集，既然

$$[0,b] = S_{\infty}^{(b)}(\omega) \cup \bigcup_{i \neq \infty} S_{i}^{(b)}(\omega)$$

故以概率 1，有

$$\sum_{i \neq \infty} L(S_{i}^{(b)}(\omega)) = b \tag{38}$$

根据 $x_n(t,\omega)$ 的定义，在$[0,b]$中，它至少包含 $\widetilde{x}(t,\omega)$ 的对应于 $S_{i}^{(b)}(\omega)$，$i \leqslant n$ 的段. 由于

$$x_n(t,\omega) = \widetilde{x}(t + \tau_t^{(n)}, \omega) \quad (t \in [0,b]) \tag{39}$$

这里 $\tau_t^{(n)}(\omega)$ 是自 $\widetilde{x}(t,\omega)$ 变到 $x_n(t,\omega)$ 时，自$[0,b]$中所抛去的部分段的总长，故

$$\tau_t^{(n)}(\omega) \leqslant \sum_{\substack{i \geqslant n+1 \\ i \neq \infty}} L(S_{i}^{(b)}(\omega)) \quad (t \in [0,b])$$

由式(38) 得

$$\lim_{n \to \infty} \tau_t^{(n)}(\omega) \leqslant \lim_{n \to \infty} \sum_{\substack{i \geqslant n+1 \\ i \neq \infty}} L(S_{i}^{(b)}(\omega)) = 0$$

由此及式(39) 得知，$P(\lim\limits_{n \to \infty} x_n(t,\omega) = \widetilde{x}(t,\omega)) = 1$ 对任一固定点 $t \in [0,b]$ 成立，因为 t 以概率 1 是 $\widetilde{x}(s,\omega)$，$s \geqslant 0$ 的连续点. 由 $b > 0$ 的任意性即得所欲证.

总结以上主要结果，得下述定理：

定理 5 (i) 设已给可分、Borel 可测 $\boldsymbol{Q}$ 过程 $x(t,\omega)$，$t \geqslant 0$，若 $R < \infty$，则序列(v_n)，有

$$v_n = P(x(\beta_1^{(n)}) = n) \quad (n \geqslant 1) \tag{40}$$

满足关系式(1).

(ii) 反之,设已给 $\boldsymbol{Q}$ 使 $R < \infty, S < \infty$,则对满足式(1) 的序列(v_n),存在唯一 $\boldsymbol{Q}$ 过程 $x(t,\omega), t \geqslant 0$,使式(40) 成立. 它的转移概率 $P_{ij}(t) = \lim\limits_{n\to\infty} P_{ij}^{(n)}(t)$. 这里 $P_{ij}^{(n)}(t)$ 是$(\boldsymbol{Q}, V^{(n)})$ 过程的转移概率,而 $V^{(n)} = (v_0^{(n)}, v_1^{(n)}, \cdots, v_n^{(n)})$ 是 6.1 节方程组(14) 在条件 $v_n^{(n)} = v_n$ 下的解,$n \geqslant 1$.

实际上,由引理 1 得(i),(ii) 则自定理 3 及 4 推出.

6.5　特征数列与生灭过程的分类

(一)6.4 节中结果的深化有待于对 6.1 节中方程组(14) 的非负解的研究,本节中首先求出这个方程组的全部非负解,然后应用这个结果来进一步刻画全体 $\boldsymbol{Q}$ 过程. 以下恒设 $R < \infty$. 令

$$R_n = \sum_{i=0}^{n-1} v_i^{(n)} c_{i0}, S_n = v_n^{(n)} c_{n0}, \Delta_n = R_n + S_n$$

引理 1　设 $V^{(n)} = (v_0^{(n)}, \cdots, v_n^{(n)}), n \geqslant 1$ 是 6.1 节方程组(14) 的非负解,则

$$\lim_{n\to\infty} \frac{R_n}{\Delta_n} = p(\geqslant 0), \lim_{n\to\infty} \frac{S_n}{\Delta_n} = q(\geqslant 0), p + q = 1$$

当且仅当 $v_n^{(n)} = 1 (n \geqslant 1)$ 时,$q = 1, p = 0$.

证　改写 6.1 节方程组(14) 为

$$\begin{cases} v_j^{(n+1)} = v_j^{(n)}\left(1 - v_{n+1}^{(n+1)}\dfrac{z_{n+1}-z_n}{z-z_n}\right), j=0,1,\cdots,n-1 \\ v_n^{(n+1)} = v_n^{(n)}\left(1 - v_{n+1}^{(n+1)}\dfrac{z_{n+1}-z_n}{z-z_n}\right) - v_{n+1}^{(n+1)}\dfrac{z-z_{n+1}}{z-z_n} \\ \sum\limits_{i=0}^{n} v_i^{(n)} = \sum\limits_{i=0}^{n+1} v_i^{(n+1)} = 1 \end{cases} \tag{1}$$

并令

$$\delta_{n+1} = \sum_{i=0}^{n} v_i^{(n+1)} + v_{n+1}^{(n+1)} c_{n+1,n}$$
$$= 1 - v_{n+1}^{(n+1)}\frac{z_{n+1}-z_n}{z-z_n} > 0$$

由 6.1 节方程组(14)及 6.4 节式(37)经简单计算后得

$$\frac{R_{n+1}}{\Delta_{n+1}} = \frac{R_n}{\Delta_n} + \frac{v_n^{(n+1)} c_{n0}}{\Delta_n \delta_{n+1}}$$

故$\dfrac{R_n}{\Delta_n} \uparrow P, 0 \leqslant p \leqslant 1$. 由$\dfrac{R_n}{\Delta_n} + \dfrac{S_n}{\Delta_n} = 1$,得$\dfrac{S_n}{\Delta_n} \downarrow q, 0 \leqslant q \leqslant 1, p+q=1$. 若 $v_n^{(n)}=1\ (n \geqslant 1)$,则$R_n = 0, q = 1$. 反之,若 $q = 1$,则$\dfrac{S_n}{\Delta_n} = 1, n \geqslant 1, R_n = 0$,因 $c_{i0} > 0$,故 $v_i^{(n)} = 0, i < n$,从而 $v_n^{(n)} = 1 (n \geqslant 1)$.

引理 2 设$V^{(n)}, n \geqslant 1$为6.1节方程组(14)的非负解,若存在 k 使 $v_i^{(i)} = 1, i \leqslant k$,但 $v_{k+1}^{(k+1)} < 1$,则(i)$v_k^{(n)} > 0 (n \geqslant k)$;(ii) $\dfrac{v_j^{(n)}}{v_k^{(n)}}$ 不依赖于 $n (> \max(j,k))$;(iii) 任取一数 $r_k > 0$,并令 $r_j = \dfrac{v_j^{(n)}}{v_k^{(n)}} r_k (n > \max(j,k))$,则

$$0 < \sum_{m=0}^{\infty} r_m c_{m0} < \infty \tag{2}$$

证 因$(v_0^{(i)},\cdots,v_{i-1}^{(i)},v_i^{(i)}) = (0,\cdots,0,1)(i \leqslant k)$,

由式(1)得

$$v_j^{(n)}=0\quad(一切\ n>j,j=0,1,\cdots,k-1)\tag{3}$$

特别地，$v_j^{(k+1)}=0,j\leqslant k-1$. 由假定 $v_{k+1}^{(k+1)}<1$，$\sum_{j=0}^{k+1}v_j^{(k+1)}>0$，故 $v_k^{(k+1)}>0$，由式(1)得证(i). 任取 $n>m>\max(j,k)$，由 6.4 节式(37)得

$$\frac{v_j^{(m)}}{v_k^{(m)}}=\frac{v_j^{(n)}\Big/\sum_{l=0}^{n}v_l^{(n)}c_{lm}}{v_k^{(n)}\Big/\sum_{l=0}^{n}v_l^{(n)}c_{lm}}=\frac{v_j^{(n)}}{v_k^{(n)}}$$

此即(ii). 因 $r_k>0$ 而一切 $r_m\geqslant0$，故得(2)中前一个不等式. 取 $n>k$，由式(3)得 $v_1^{(n+1)}=\cdots=v_{k-1}^{(n+1)}=0$. 由 p 的定义及(ii)与 6.4 节式(37)得

$$p=\lim_{n\to\infty}\frac{\sum_{l=k}^{n}v_l^{(n+1)}c_{l0}}{v_k^{(n+1)}}\cdot\frac{v_k^{(n+1)}}{v_k^{(n+1)}c_{k0}+\left(\sum_{l=k+1}^{n+1}v_l^{(n+1)}c_{l,k+1}\right)c_{k+1,0}}$$

$$=\lim_{n\to\infty}\frac{1}{r_k}\left(\sum_{l=k}^{n}r_lc_{l0}\right)\frac{v_k^{(n+1)}}{v_k^{(n+1)}c_{k0}+v_{k+1}^{(k+1)}c_{k+1,0}}$$

因由式(3)，知 $r_l=0,l<k$，故得

$$\sum_{l=0}^{\infty}r_lc_{l0}=\frac{pr_k(v_k^{(k+1)}c_{k0}+v_{k+1}^{(k+1)}c_{k+1,0})}{v_k^{(k+1)}}<\infty$$

注 1　p,q 由解 $v^{(n)},n\geqslant1$ 唯一决定，(r_i) 则除一常数因子外唯一决定.

(二) **定理 1**　为使 $(v_0^{(n)},\cdots,v_n^{(n)}),n\geqslant1$ 是 6.1 节方程组(14)的一非负解，充要条件是存在非负数 $p,q,r_n,n\geqslant0$，满足关系式

$$p+q=1\tag{4}$$

$$0<\sum_{n=0}^{\infty} r_n c_{n0}<\infty \quad (p>0) \tag{5}$$

$$r_n=0 \quad (n\geqslant 0) \quad (p=0) \tag{6}$$

使$(v_0^{(n)},\cdots,v_n^{(n)})$可表示为：当 $p>0$ 时，有

$$v_j^{(n)}=X_n\frac{r_j}{A_n} \quad (j=0,\cdots,n-1) \tag{7}$$

$$v_n^{(n)}=Y_n+X_n\frac{\sum_{l=n}^{\infty} r_l c_{ln}}{A_n} \tag{8}$$

当 $P=0$ 时，有

$$v_j^{(n)}=0 \quad (j=0,\cdots,n-1) \tag{8'}$$

$$v_n^{(n)}=1$$

其中

$$0<A_n=\sum_{l=0}^{\infty} r_l c_{ln}<\infty$$

而

$$X_n=\frac{pA_n(Z-Z_n)}{pA_n(Z-Z_n)+qA_0 Z} \tag{9}$$

$$Y_n=\frac{qA_0 Z}{pA_n(Z-Z_n)+qA_0 Z}$$

此时 p,q 唯一决定，而 $r_n,n\geqslant 0$ 则除一常数因子外唯一决定.

证　充分性. 设已给满足式(4)～(6)的 p,q,r_n. 若 $p=0$，则由式(8′)得$(v_0^{(n)},\cdots,v_{n-1}^{(n)},v_n^{(n)})=(0,\cdots,0,1)$，$n\geqslant 1$，它显然是 6.1 节方程组(14)的一非负解. 若 $p>0$，则由式(5)及

$$A_n-A_{n+1}c_{n+1,n}=\left(\sum_{i=0}^{n} r_i\right)(1-c_{n+1,n}) \tag{10}$$

$$A_n\geqslant A_0 \tag{11}$$

可见 $0 < A_n < \infty, 0 < X_n < \infty$. 由式(7) 和式(8) 及 5.1 节式(25)，有

$$\sum_{i=0}^{n+1} v_i^{(n+1)} c_{in} = \frac{X_{n+1}}{A_{n+1}} A_n + Y_{n+1} c_{n+1,n} \qquad (12)$$

由式(9) 得

$$\frac{Y_{n+1}}{X_{n+1}} \cdot \frac{z - z_{n+1}}{z - z_n} A_{n+1} = A_n \frac{Y_n}{X_n}$$

利用 $X_n + Y_n = 1$ 及 5.1 节式(25) 有

$$\frac{X_n}{A_n} = \frac{\dfrac{X_{n+1}}{A_{n+1}}}{\dfrac{X_{n+1}}{A_{n+1}} A_n + Y_{n+1} c_{n+1,n}}$$

以式(12) 代入得

$$\frac{X_n}{A_n} = \frac{\dfrac{X_{n+1}}{A_{n+1}}}{\sum\limits_{i=0}^{n+1} v_i^{(n+1)} c_{in}}$$

以 $r_j (j = 0, 1, \cdots, n-1)$ 乘此式等号两边，并利用式(7) 和式(8) 得

$$v_j^{(n)} = \frac{v_j^{(n+1)}}{\sum\limits_{i=0}^{n+1} v_i^{(n+1)} c_{in}} \quad (j = 0, 1, \cdots, n-1) \qquad (13)$$

由式(7) 和式(8) 有

$$\sum_{j=0}^{n} v_j^{(n)} = \sum_{j=0}^{n+1} v_j^{(n+1)} = 1$$

按式(13) 及 $c_{jn} = 1 (j \leqslant n)$，有

$$v_n^{(n)} = 1 - \sum_{j=0}^{n-1} v_j^{(n)} = \frac{v_n^{(n+1)} + v_{n+1}^{(n+1)} c_{n+1,n}}{\sum\limits_{i=0}^{n+1} v_i^{(n+1)} c_{in}} \qquad (14)$$

因而充分性证完.

必要性. 设已给 6.1 节方程组(14) 的一非负解

$(v_0^{(n)},\cdots,v_{n-1}^{(n)},v_n^{(n)})$. 取引理 1 中的 p,q,此时若 $p=0$,则取 $r_n=0(n\geqslant 1)$ 而结论显然正确,否则由引理 1 必存在 $k(\geqslant 0)$,使满足引理 2 的条件,于是如引理 2 定义 $r_n(n\geqslant 1)$. 由这两个引理知式(4) ~ (6) 满足. 下证式(7) 和式(8) 成立. 为此定义

$$u_j^{(n)}=X_n\frac{r_j}{A_n}\quad(j=0,1,\cdots,n-1)$$

$$u_n^{(n)}=Y_n+X_n\frac{\sum_{l=n}^{\infty}r_lc_{ln}}{A_n}\tag{15}$$

其中 $A_n=\sum_{l=0}^{\infty}r_lc_{ln}>0$,而 X_n,Y_n 由式(9) 给出. 由充分性的证明知$(u_0^{(n)},\cdots,u_{n-1}^{(n)},u_n^{(n)})(n\geqslant 1)$是6.1节方程组(14) 的非负解,故为证$(v_0^{(n)},\cdots,v_n^{(n)})=(u_0^{(n)},\cdots,u_n^{(n)})$ $(n\geqslant 1)$,只要证

$$v_n^{(n)}=u_n^{(n)}\quad(n\geqslant 1)\tag{16}$$

注意,若 $n\leqslant k$,则由式(3) 得 $u_n^{(n)}=1=v_n^{(n)}$,而此时式(16) 成立. 故只要对 $n\geqslant k+1$ 证明式(16). 对 n 用归纳法,经过一些计算后,可证

$$u_k^{(n)}=v_k^{(n)}\quad(n\geqslant k+1)\tag{17}$$

由此式并注意

$$\frac{u_{k+i}^{(n)}}{u_k^{(n)}}=\frac{r_{k+i}}{r_k}=\frac{v_{k+i}^{(n)}}{v_k^{(n)}}\quad(k+i<n)$$

即得

$$\frac{1-\sum_{i=k}^{n-1}u_i^{(n)}}{u_k^{(n)}}=\frac{1-\sum_{i=k}^{n-1}v_i^{(n)}}{v_k^{(n)}}$$

即

$$1-\sum_{i=k}^{n-1}u_i^{(n)}=1-\sum_{i=k}^{n-1}v_i^{(n)}$$

现因

$$\sum_{i=0}^{n}u_i^{(n)}=\sum_{i=0}^{n}v_i^{(n)}=1$$

而且 $u_i^{(n)}=v_i^{(n)}=0$ 对一切 $i<k$ 成立，故得证 $u_n^{(n)}=v_n^{(n)}, n\geqslant k+1$.

唯一性. 现设有两组满足式(4) ～(6) 的非负数 $p,q,r_n,n\geqslant 0$, 及 $\bar{p},\bar{q},\bar{r}_n$, $n\geqslant 0$, 均使已给非负解 $(v_0^{(n)},\cdots,v_n^{(n)})$ 能表示成式(7) ～(9) 的形式. 若 $v_n^{(n)}=1\ (n\geqslant 1)$, 即 $v_j^{(n)}=0(n\geqslant 1,j<n)$,则此时显然

$$p=\bar{p}=0,r_n=\bar{r}_n=0,q=\bar{q}=1$$

若存在 k 使 $v_i^{(i)}=1,i\leqslant k,v_{k+1}^{(k+1)}<1$. 则由式(7)(9) 和式(5) 知

$$p>0,X_n>0,A_0>0$$

于是由式(7) 和式(8),得

$$\frac{\sum\limits_{k=0}^{n-1}v_k^{(n)}c_{k0}}{\sum\limits_{k=0}^{n}v_k^{(n)}c_{k0}}=\frac{\sum\limits_{k=0}^{n-1}r_kc_{k0}}{\sum\limits_{k=0}^{\infty}r_kc_{k0}+\dfrac{Y_n}{X_n}A_nc_{n0}}$$

$$=\frac{\sum\limits_{k=0}^{n-1}r_kc_{k0}}{A_0+\dfrac{q}{p}A_0}\uparrow p\quad(n\to\infty)\tag{18}$$

同样,上式右方也应收敛于 $\bar{p}$,故 $p=\bar{p}$,由式(4) 得 $q=\bar{q}$;其次,当 $j<k$ 时,由于 $v_j^{(k)}$ 等于0,而由式(7) 得 $r_j=0=\bar{r}_j$. 既然 $v_k^{(k+1)}>0$,故 $r_k>0,r'_k>0$,于是由式(7) 得知对 $j>k$,有

$$\frac{r_j}{r_k}=\frac{v_j^{(n)}}{v_k^{(n)}}=\frac{\bar{r}_j}{\bar{r}_k}\quad (n>\max(j,k))$$

（三）考虑任一 $\boldsymbol{Q}$ 过程 $x(t,\omega),t\geqslant 0$，$\boldsymbol{Q}$ 满足 $R<\infty$，以 $\tau_1(\omega)$ 表示它的第一个飞跃点，又

$$\beta_1^{(n)}(\omega)=\inf\{t\mid t\geqslant\tau_1(\omega),x(t,\omega)\leqslant n\}$$

$$v_i^{(n)}=P(x(\beta_1^{(n)})=i)\quad (i=0,1,\cdots,n)$$

则如 6.3 节定理 2 所述，$V^{(n)}=(v_0^{(n)},\cdots,v_n^{(n)})$ 满足 6.1 节方程组(14)，$n\geqslant 0$. 现在定义此过程的特征数列 p，$q,r_n,n\geqslant 0$ 如下，即

$$p=\lim_{n\to\infty}\frac{\sum_{i=0}^{n-1}v_i^{(n)}c_{i0}}{\sum_{i=0}^{n}v_i^{(n)}c_{i0}},q=\lim_{n\to\infty}\frac{v_n^{(n)}c_{n0}}{\sum_{i=0}^{n}v_i^{(n)}c_{i0}}\qquad(19)$$

如果一切 $v_n^{(n)}=1(n\geqslant 0)$，那么定义 $r_n=0(n\geqslant 0)$；如果存在 k，使 $v_i^{(i)}=1(i\leqslant k)$，但 $v_{k+1}^{(k+1)}<1$，那么按引理 2 来定义 $r_n(n\geqslant 0)$，即先任取定一正数 r_k，并定义

$$r_n=\frac{v_n^{(m)}}{v_k^{(m)}}r_k\quad (m>\max(n,k))\qquad(20)$$

由此可见：一个 $\boldsymbol{Q}$ 过程唯一决定一特征数列(由于 r_k 可任意选取，故$\{r_n\}$ 实际上是除一常数因子外唯一决定. 因此，如果 $p=p'$，$q=q'$ 而 $r_n=cr'_n$，$c>0$ 为常数，那么我们仍认为$\{p,q,r_n\}$ 与$\{p',q',r'_n\}$ 是相同的). 特征数列刻画了此过程的样本函数在第一个飞跃点后的无穷小近邻内的行为. 它们满足关系式(4) ～ (6)，而且使下面的定理 3 和定理 4 成立①. 在下节中我们将证明反面的结论：任给一组满足这些条件的非负数 p，

① 本节末会证明，式(5) 可由定理 4 推出.

$q, r_n, n \geqslant 0$,则存在唯一 $\boldsymbol{Q}$ 过程,它的特征数列与此组数重合.这样一来,特征数列将全体 $\boldsymbol{Q}$ 过程分类:在全体特征数列与全体 $\boldsymbol{Q}$ 过程间存在一一对应;也就是说,在全体满足式(4)～(6)和下面的定理3和定理4的非负数列与全体以 $\boldsymbol{Q}$ 为密度矩阵的转移概率 $p_{ij}(t)$ 之间存在一一对应,下节的基本定理还会指出如何根据特征数列和 $\boldsymbol{Q}$ 来求出对应的 $p_{ij}(t)$.

(四)试进一步研究特征数列的性质.考虑用6.3节中式(6)和式(8)定义的 $\beta_m^{(n)}$,因而 $\beta_1^{(0)}$ 是第一个飞跃点后首次到达0的时刻,以 η 表示 $\beta_1^{(0)}$ 前的最后一个飞跃点,即

$$\eta(\omega) = \sup\{u \mid u \leqslant \beta_1^{(0)}, u \text{ 是 } x(t,\omega) \text{ 的飞跃点}\}$$

下述定理更直接地说明特征数列的概率意义.

定理 2

$$P(x(\eta,\omega) = j) = \frac{p r_j c_{j0}}{A_0} \quad (j \neq \infty)$$

$$P(x(\eta,\omega) = \infty) = q$$

(当 $p=0$ 因而 $A_0=0$ 时,应理解 $P(x(\eta,\omega)=j)=0$).

证　因 $P(\lim\limits_{m\to\infty} \beta_m^{(n)} = \infty) = 1$,故对几乎一切 ω,存在唯一正整数 $m = m_n$,使

$$\beta_{m_n-1}^{(n)} < \eta \leqslant \beta_{m_n}^{(n)} \leqslant \beta_1^{(0)}$$

试证

$$(x(\beta_{m_n}^{(n)}) = j) = (x(\eta) = j) \quad (n > j) \tag{21}$$

$$(x(\beta_{m_n}^{(n)}) = n) \downarrow (x(\eta) = \infty) \quad (n \to \infty) \tag{22}$$

实际上,若 $x(\beta_{m_n}^{(n)}) = j < n$,则必有 $\beta_{m_n}^{(n)} = \eta$,否则由于在 $(\eta, \beta_{m_n}^{(n)})$ 中 $x(t) > n$,在 $\beta_{m_n}^{(n)}$ 上轨道的跃度将大于1,而这以概率1是不可能的.因此

$$(x(\beta_{m_n}^{(n)}) = j) \subset (x(\eta) = j)$$

反包含关系是明显的，因此得证式(21). 其次，显然

$$(x(\beta_{m_{n+1}}^{(n+1)})=n+1)\subset(x(\beta_{m_n}^{(n)})=n)$$

$$\beta_{m_n}^{(n)}\downarrow\bar{\eta}\geqslant\eta\quad(n\to\infty)$$

若 $\omega\in\bigcap\limits_n(x(\beta_{m_n}^{(n)})=n)$，则由 $x(t,\omega)$ 的右下半连续性得

$$x(\bar{\eta})=\lim_{n\to\infty}x(\beta_{m_n}^{(n)})=\lim n=\infty$$

但 η 是 $\beta_1^{(0)}$ 前最后一个飞跃点，故 $\bar{\eta}=\eta$，从而 $\omega\in(x(\eta)=\infty)$. 这得证

$$\bigcap_n(x(\beta_{m_n}^{(n)})=n)\subset(x(\eta)=\infty)$$

反包含关系是明显的，故式(22) 成立.

对 $0\leqslant j\leqslant n$，有

$$\begin{aligned}P(x(\beta_{m_n}^{(n)})=j)&=\sum_{m=1}^{\infty}P(x(\beta_m^{(n)})=j,m_n=m)\\&=\sum_{m=1}^{\infty}P(\beta_{m-1}^{(n)}<\beta_1^{(0)},x(\beta_m^{(n)})=j,\\&\qquad\beta_m^{(n)}\leqslant\beta_1^{(0)}<\tau_{m+1}^{(n)})\\&=\sum_{m=1}^{\infty}\Big[\sum_{k=1}^{n}v_k^{(n)}(1-c_{k0})\Big]^{m-1}v_j^{(n)}c_{j0}\\&=\frac{v_j^{(n)}c_{j0}}{\sum\limits_{k=0}^{n}v_k^{(n)}c_{k0}}\end{aligned}\tag{23}$$

其中 $\tau_{m+1}^{(n)}$ 是 $\beta_m^{(n)}$ 后的第一个飞跃点，由式(21) 和式(23)，并仿照式(18) 的推理即得证定理中的第一个结论. 第二个结论由式(22) 和式(23) 及引理 1 推出.

定理 3 若 $S=\infty$，则 $q=0$.

证 以 τ_t 表示 $t>0$ 前最后一个飞跃点，令

$$\xi_0=\begin{cases}\inf\{t\mid x(\tau_t)=\infty,x(t)=0\}\\\infty,\text{若上括号中 } t\text{ 一集空}\end{cases}$$

显然$(x(\eta)=\infty)\subset(\xi_0<\infty)$. 根据 6.2 节式(7)，有 $P(\xi_0<\infty)=0$，因而 $q=P(x(\eta)=\infty)=0$.

由定理 3 可见，对 $S=\infty$ 的 $\boldsymbol{Q}$ 过程，特征数列中 $p=1,q=0$，故少去一自由度. 因而 $S=\infty$ 的 $\boldsymbol{Q}$ 过程要比 $S<\infty$ 的 $\boldsymbol{Q}$ 过程少得多.

在证明下列定理前，先做一些准备.

设 $S=\infty$. 令

$$\alpha_1^{(n)}(\omega)=\inf\{t\mid t\text{ 为飞跃点},x(t,\omega)\leqslant n\}\tag{24}$$

由 6.3 节定理 3，存在 $l\geqslant 0$，当 $n\geqslant l$ 时，有 $P(\alpha_1^{(n)}<\infty)=1$. 令

$$s_k^{(n)}=P(x(\alpha_1^{(n)})=k)$$

因 $\sum_{k=0}^{n}s_k^{(n)}=1$，故至少有一 $s_k^{(n)}>0$，不失一般性，可假定 $s_0^{(n)}>0$. 显然有

$$P(\alpha_1^{(0)}<\infty)\geqslant s_0^{(n)}>0$$

故存在 $T>0$，使

$$P_0(\alpha_1^{(0)}<T)>0$$

于是由 6.2 节引理 1 即得

$$E\alpha_1^{(0)}<\infty\tag{25}$$

现对 $x(t,\omega),t\geqslant 0$，施行 $C(\tau_m,\beta_m^{(n)})$ 变换而得 $(\boldsymbol{Q},V^{(n)})$ 过程 $x_n(t,\omega)$(参看 6.3 节定理 2). 令

$$\gamma_0^{(n)}=\inf\{u\mid u\text{ 是 }x_n(t,\omega)\text{ 的飞跃点},x_n(u,\omega)=0\}\tag{26}$$

易见 $\gamma_0^{(n)}\leqslant\alpha_1^{(0)}$. 以 $\tau_i^{(n)}$ 表示 $x_n(t,\omega)$ 的第 i 个飞跃点，并对 $m<n$ 定义

$$\begin{cases}L_{nm}^{(i)}=\tau_{i+1}^{(n)}-\tau_i^{(n)},\text{若 }\tau_i^{(n)}\leqslant r_0^{(n)},\\ \qquad\text{而且 }n\geqslant x_n(\tau_i^{(n)})>m\\ L_{nm}^{(i)}=0,\text{若 }\tau_i^{(n)}>\gamma_0^{(n)},\text{或 }x_n(\tau_i^{(n)})\leqslant m\end{cases}\tag{27}$$

于是 $\sum_{i=1}^{\infty} L_{nm}^{(i)}$ 是在 $\gamma_0^{(n)}$ 以前的满足 $n \geqslant x_n(\tau_i^{(n)}) > m$ 的区间 $[\tau_i^{(n)}, \tau_i^{(n+1)})$ 的总长. 因此

$$\alpha_1^{(0)} \geqslant \gamma_0^{(n)} = \tau_1^{(n)} + \sum_{i=1}^{\infty} L_{n,-1}^{(i)} \tag{28}$$

令

$$C = (n \geqslant x_n(\tau_i^{(n)}) > m, \tau_i^{(n)} \leqslant \gamma_0^{(n)})$$

$$\Delta = \sum_{j=m+1}^{n} v_j^{(n)}$$

$$R_i = \sum_{j=i}^{\infty} m_j \quad (m_j \text{ 由 5.1 节式(4) 给出}) \tag{28'}$$

因而 $R_i = E_i \tau_1$ 是自 i 出发首次到达 ∞ 的平均时间，我们有

$$\begin{aligned}
E\left(\sum_{i=1}^{\infty} L_{nm}^{(i)}\right) &= \sum_{i=1}^{\infty} E(\tau_{i+1}^{(n)} - \tau_i^{(n)} \mid C) P(C) \\
&= \sum_{i=1}^{\infty} E(\tau_{i+1}^{(n)} - \tau_i^{(n)} \mid x_n(\tau_i^{(n)}) > m) P(C) \\
&= \sum_{i=1}^{\infty} \Big[\sum_{k=m+1}^{n} E(\tau_{i+1}^{(n)} - \tau_i^{(n)} \mid x_n(\tau_i^{(n)}) = k) \cdot \\
&\qquad P(x_n(\tau_i^{(n)}) = k \mid x(\tau_i^{(n)}) > m) \Big] P(C) \\
&= \sum_{i=1}^{\infty} \left[\sum_{k=m+1}^{n} R_k \frac{v_k^{(n)}}{\Delta} \right] P(C) \\
&= \left[\sum_{k=m+1}^{n} R_k \frac{v_k}{\Delta} \right] \sum_{l=m+1}^{n} \sum_{i=1}^{\infty} P(x_n(\tau_i^{(n)}) = l, \\
&\qquad \tau_i^{(n)} \leqslant \gamma_0^{(n)}) \\
&= \left[\sum_{k=m+1}^{n} R_k \frac{v_k^{(n)}}{\Delta} \right] \sum_{l=m+1}^{n} \sum_{i=1}^{\infty} v_l^{(n)} (1 - v_0^{(n)})^{i-1} \\
&= \left[\sum_{k=m+1}^{n} R_k \frac{v_k^{(n)}}{\Delta} \right] \frac{\Delta}{v_0^{(n)}}
\end{aligned}$$

$$= \sum_{l=m+1}^{n} \frac{v_k^{(n)}}{v_0^{(n)}} R_k \tag{29}$$

其中 $v_0^{(n)} > 0$，这是因为 $P(\gamma_0^{(n)} < \infty) = 1$，存在 k，使 $\delta = P(\gamma_0^{(n)} = \tau_k^{(n)}) > 0$，故

$$v_0^{(n)} = P(x_n(\tau_k^{(n)}) = 0) = \delta > 0$$

可以更直观地理解式(29). 实际上，若 $x_n(\tau_i^{(n)}) = k$，则$[\tau_i^{(n)}, \tau_{i+1}^{(n)})$ 的平均长度为 R_k. 然而在 $\gamma_0^{(n)}$ 前，这种区间的平均个数等于

$$\sum_{i=1}^{\infty} v_k^{(n)} (1 - v_0^{(n)})^{i-1} = \frac{v_k^{(n)}}{v_0^{(n)}}$$

由此即可得式(29) 中的结果.

定理 4[①]　$\sum_{i=0}^{\infty} r_i R_i < \infty$.

证　先设 $S=\infty$. 如上所述，不妨设 $s_0^{(n)} > 0$. 以式(7) 和式(8) 代入式(29)，并注意由定理 3 知，此时 $q=0$，因而 $Y_n = 0, X_n = 1$，即得

$$E\left(\sum_{i=1}^{\infty} L_{nm}^{(i)}\right) = \frac{1}{r_0}\left(\sum_{k=m+1}^{n-1} r_k R_k + R_n \sum_{l=n}^{\infty} r_l c_{ln}\right) \tag{30}$$

由式(25)(28) 和式(30) 即得

$$\frac{1}{r_0} \sum_{k=1}^{n-1} r_k R_k \leqslant E\alpha_1^{(0)} < \infty \tag{31}$$

再令 $n \to \infty$ 即得所欲证.

再设 $S < \infty$. 令

$$y_0 = \frac{1}{b_0}, y_1 = \frac{1}{a_1}, y_n = \frac{b_1 b_2 \cdots b_{n-1}}{a_1 a_2 \cdots a_{n-1} a_n} \tag{32}$$

① 由定理 2 并注意 $P(x(\eta) \in [0,1,\cdots,\infty]) = 1$，可见若 $q<1$，则必至少有一 $r_i > 0$，故此时 $\sum_{i=0}^{\infty} r_i R_i > 0$.

回忆 5.1 节(一) 中的 m_i,Z_i 及 Z,得

$$m_i=(Z_{i+1}-Z_i)\sum_{j=0}^{i}y_j$$

$$R_j=\sum_{i=j}^{\infty}m_i=\sum_{i=j}^{\infty}(Z_{i+1}-Z_i)\sum_{k=0}^{i}y_k$$

$$=(Z-Z_j)\sum_{k=0}^{j}y_k+\sum_{k=j+1}^{\infty}(Z-Z_k)y_k \tag{32'}$$

$$\leqslant(Z-Z_j)\sum_{k=0}^{\infty}y_k \tag{33}$$

由假设 $S<\infty$ 得 $\sum_{k=0}^{\infty}y_k<\infty$,于是由式(5) 并回忆 $c_{n0}=\frac{Z-Z_n}{Z}$,我们有

$$\sum_{j=0}^{\infty}r_jR_j\leqslant\sum_{j=0}^{\infty}r_j(Z-Z_j)\sum_{k=0}^{\infty}y_k<\infty$$

由式(33) 可见,$R_j\geqslant(Z-Z_j)y_0$,即有

$$\sum_{j=0}^{\infty}r_jR_j\geqslant\sum_{j=0}^{\infty}r_j(Z-Z_j)y_0=y_0Z\sum_{j=0}^{\infty}r_jc_{j0}$$

由此及定理 4 的后半证明即得下述引理:

系 1 若 $\sum_{j=0}^{\infty}r_jR_j<\infty$,则 $\sum_{j=0}^{\infty}r_jc_{j0}<\infty$;相反的结论在 $S<\infty$ 时成立.

由式(10) 可见,若 $A_0=\sum_{j=0}^{\infty}r_jc_{j0}<\infty$,则有一切

$$A_n=\sum_{j=0}^{\infty}r_jc_{j0}<\infty$$

6.6 基本定理

(一) 下述定理是生灭过程构造论中的主要结果.

基本定理　设已给生灭矩阵 $\boldsymbol{Q}$,满足条件 $R<\infty$,那么下列结论成立:

(i) 任一 $\boldsymbol{Q}$ 过程 $x(t,\omega),t\geqslant 0$ 的特征数列 p,q,r_n, $n\geqslant 0$,必满足关系式

$$p+q=1 \tag{1}$$

$$0<\sum_{i=0}^{\infty}r_iR_i<\infty \quad (若\ p>0) \tag{2}$$

$$r_n=0 \quad (若\ p=0) \tag{3}$$

$$q=0 \quad (若\ S=\infty) \tag{4}$$

(ii) 反之,设已给一列非负数 $p,q,r_n,n\geqslant 0$,满足式(1) ~ (4),则存在唯一 $\boldsymbol{Q}$ 过程 $x(t,\omega),t\geqslant 0$,它的特征数列重合于此已给数列;而且它的转移概率 $p_{ij}(t)$ 满足

$$p_{ij}(t)=\lim_{n\to\infty}p_{ij}^{(n)}(t) \tag{5}$$

这里 $p_{ij}^{(n)}(t)$ 是($\boldsymbol{Q}$,$V^{(n)}$) 过程的转移概率,而分布 $V^{(n)}=(V_0^{(n)},\cdots,V_n^{(n)})$ 如下给出:若 $p=0$,则令

$$v_j^{(n)}=0 \quad (0\leqslant j<n) \tag{6}$$

$$v_n^{(n)}=1$$

若 $p>0$,则令

$$v_j^{(n)}=X_n\frac{r_j}{A_n} \quad (0\leqslant j<n) \tag{7}$$

$$v_n^{(n)}=Y_n+X_n\frac{\sum\limits_{l=n}^{\infty}r_lc_{ln}}{A_n} \tag{8}$$

其中

$$0 < A_n = \sum_{l=0}^{\infty} r_l c_{ln} < \infty$$

$$X_n = \frac{pA_n(Z - Z_n)}{pA_n(Z - Z_n) + qA_0 Z} \tag{9}$$

$$Y_n = \frac{qA_0 Z}{pA_n(Z - Z_n) + qA_0 Z}$$

证 (i) 已在 6.5 节定理 1,3,4 中证明.

(ii) 在 $S < \infty$ 的情况下,只需综合 6.4 节定理 5 及 6.5 节定理 1 与系 1 即得证明.因此,剩下来只要在 $S = \infty$ 的情形下证明(ii) 中结论.

设 $S = \infty$,此时 $q = 0$,而式(7) 和式(8) 简化为

$$v_j^{(n)} = \frac{r_j}{A_n} \quad (0 \leqslant j < n)$$

$$v_n^{(n)} = \frac{\sum_{l=n}^{\infty} r_l c_{ln}}{A_n} \tag{10}$$

因 $A_n > 0$,故至少有一 $r_i > 0$,不失一般性,可设 $r_0 > 0$.下面的证明与 6.4 节定理 2 的证明一样.以 $x_n(t,\omega), t \geqslant 0$ 表示$(\boldsymbol{Q}, V^{(n)})$ 过程,$V^{(n)}$ 由式(10) 定义,用 6.4 节中式(17′) 和式(17) 对$(\boldsymbol{Q}, V^{(n)})$ 过程定义的量记为 $\sum_{i=1}^{\infty} \overline{L}_{nm}^{(i)}$ 与 $\overline{T}_{\varepsilon}^{(n,r)}(\omega)$,我们只要证明

$$\lim_{m \to \infty} \lim_{n \to \infty} E\left(\sum_{i=1}^{\infty} \overline{L}_{nm}^{(i)}\right) = 0 \tag{11}$$

$$\lim_{\varepsilon \to 0} \lim_{n \to \infty} E\overline{T}_{\varepsilon}^{(n,0)} = 0 \tag{12}$$

回忆 $\sum_{i=1}^{\infty} \overline{L}_{nm}^{(i)}$ 是从 $x_n(t,\omega)$ 经 $C(\tau_i^{(n,m)}, \beta_i^{(n,m)})$ 变换到 $x_m(t,\omega)$ 时在 $\beta_1^{(n,0)}$ 前所抛去的区间总长(见 6.4 节式

(4)～(7))，它显然不大于由6.5节式(27)的定义总长$\sum_{i=1}^{\infty} L_{nm}^{(i)}$.实际上，$\sum_{i=1}^{\infty} \overline{L}_{nm}^{(i)}$只是$\beta_1^{(n,0)}(\leqslant \gamma_0^{(n)})$前各如下区间$[\tau_i^{(n,m)},\beta_i^{(n,m)})$的总长，在这些区间中，$x_n(t,\omega)>m$.而$\sum_{i=1}^{\infty} L_{nm}^{(i)}$则是在$\gamma_0^{(n)}$前一切满足$x_n(\tau_i^{(n)})>m$的区间$[\tau_i^{(n)},\tau_{i+1}^{(n)})$的总长.既然每个$[\tau_i^{(n,m)},\beta_i^{(n,m)})$必然是后一种区间之一或几个之和的子集，故必有

$$\sum_{i=1}^{\infty} \overline{L}_{nm}^{(i)} \leqslant \sum_{i=1}^{\infty} L_{nm}^{(i)}$$

于是仿照6.5节式(30)得

$$E\left(\sum_{i=1}^{\infty} \overline{L}_{nm}^{(i)}\right) \leqslant \frac{1}{r_0}\left(\sum_{k=m}^{n-1} r_k R_k + R_n \sum_{l=n}^{\infty} r_l c_{ln}\right) \quad (13)$$

当$n\to\infty, m\to\infty$时，右方第一项根据假设(2)趋于0.又由6.5节式(32′)，易见

$$c_{ln} R_n < R_l$$

故右方第二项不超过$\frac{1}{r_0}\sum_{l=n}^{\infty} r_l R_l$.当$n\to m$时，它也趋于0，这样便证明了式(11).

其次，由6.4节式(17)并注意$\beta_1^{(n,0)}\leqslant\gamma_0^{(n)}$，易见

$$\overline{T}_\varepsilon^{(n,0)} \leqslant \sum_{\tau_1^{(n)}\leqslant\tau_{ij}^{(n)}<\gamma_0^{(n)}} f_\varepsilon(\tau_{ij+1}^{(n)}-\tau_{ij}^{(n)}) \equiv T_\varepsilon^{(n,0)} \quad (14)$$

令$F_\varepsilon^{(i)}=\sum_{j=0}^{\infty} f_\varepsilon(\tau_{ij+1}^{(n)}-\tau_{ij}^{(n)})$，则

$$R_k^{(\varepsilon)} \equiv E_k F_\varepsilon^{(i)} = \sum_{l=k}^{\infty}\left[\frac{1}{b_l}(1-e^{-c_l\varepsilon}) + \sum_{k=0}^{l-1}\frac{a_l a_{l-1}\cdots a_{l-k}(1-e^{-c_{l-k-1}\varepsilon})}{b_l b_{l-1}\cdots b_{l-k} b_{l-k-1}}\right] \quad (15)$$

此式的证明仿照6.4节引理4，像证明6.5节式(30)一

样，有

$$\lim_{n\to\infty} ET_{\varepsilon}^{(n,0)} = \lim_{n\to\infty}\frac{1}{r_0}\Big[\sum_{k=0}^{n-1} r_k R_k^{(\varepsilon)} + R_n^{(\varepsilon)}\sum_{l=n}^{\infty} r_l c_{ln}\Big]$$

$$= \frac{1}{r_0}\sum_{k=0}^{\infty} r_k R_k^{(\varepsilon)} \tag{16}$$

最后一级数被收敛级数 $\sum\limits_{k=0}^{\infty} r_k R_k$ 所控制，故当 $\varepsilon \to 0$ 时可在求和号下求极限，既然 $\lim\limits_{\varepsilon\to 0} R_k^{(\varepsilon)} = 0$，于是最后得证

$$\lim_{\varepsilon\to 0}\lim_{n\to\infty} E\overline{T}_{\varepsilon}^{(n,0)} \leqslant \lim_{\varepsilon\to 0}\lim_{n\to\infty} ET_{\varepsilon}^{(n,0)} = 0$$

（二）我们已知 $S=\infty$ 时 $q=0$. 另一极端是 $q=1$，这是很重要而有趣的特殊情形，考虑特征数列为 $p=0$，$q=1, r_n=0(n\geqslant 0)$ 的 $\boldsymbol{Q}$ 过程 $x(t,\omega), t\geqslant 0$，记它为 $(\boldsymbol{Q},1)$ 过程，它是 6.4 节中 $(\boldsymbol{Q},\pi^{(n)})$ 过程列 $x_n(t,\omega)$，$t\geqslant 0$ 的极限，$\pi^{(n)}=(0,\cdots,0,1)$，括号中共 $n-1$ 个 0. 容易想象，质点沿 $(\boldsymbol{Q},1)$ 过程的轨道运动时，每当到达状态"∞"后以概率 1 立即连续流入有穷状态. 在 6.4 节中已看到，当 $S<\infty$ 时，由 $(\boldsymbol{Q},\pi^{(n)})$ 过程列的收敛可推出其他 $(\boldsymbol{Q},V^{(n)})$ 过程列的收敛，在这个意义上它起了控制作用，就像级数论中控制级数所起的作用.

定理 1① $(\boldsymbol{Q},1)$ 过程 $x(t,\omega), t\geqslant 0$ 是既满足向后方程组 $\boldsymbol{P}'(t)=\boldsymbol{QP}(t), \boldsymbol{P}(0)=\boldsymbol{I}$ 又满足向前方程组 $\boldsymbol{P}'(t)=\boldsymbol{P}(t)\boldsymbol{Q}, \boldsymbol{P}(0)=\boldsymbol{I}$ 的 $\boldsymbol{Q}$ 过程.

证 因每个 $\boldsymbol{Q}$ 过程都满足向后方程组，故只要证它满足向前方程组. 为此由 2.3 节定理 2，只要证在任一固定的 $t_0>0$ 前，样本函数以概率 1 有最后一断点

① 其实 $(\boldsymbol{Q},\boldsymbol{I})$ 过程是唯一的满足两组方程的 $\boldsymbol{Q}$ 过程，证明见 Reuter[1].

$(t=0$ 也看作一个跳跃点$)$，而且是跳跃点，令 $\Omega_0=(x(t_0,\omega)\in E)$，则 $P(\Omega_0)=1$. 固定 $\omega\in\Omega_0$，设 $x(t_0,\omega)=k$. 由于 $x_n(t_0,\omega)\to x(t_0,\omega)$ 及 E 的离散性，存在 $N(=N(\omega))$，使 $n\geqslant N$ 时，$x_n(t_0,\omega)=k$. 取 $M>\max(N,k)$，由于在飞跃点 τ 上，$x_n(\tau,\omega)=n$，再注意 5.1 节式(2)，可见在 t_0 以前，$x_M(t,\omega)$ 必有最后一个断点，而且是跳跃点. 这个点是某 k 区间的闭包的左端点. 由于 6.4 节式(3)，此 k 区间保留在一切 $x_n(t,\omega)$，$n\geqslant M$ 中，故也保留在 $x(t,\omega)$ 中，从而得证 $x(t,\omega)$ 在 t_0 以前有最后一个断点为跳跃点$(\omega\in\Omega_0)$. 故$(\boldsymbol{Q},1)$过程满足向前与向后两组方程.

系 1　设 $\tau(\omega)$ 为$(\boldsymbol{Q},1)$ 过程的第一个飞跃点，则

$$P(\lim_{t\downarrow\tau}x(t,\omega)=\infty)=1$$

证　此由定理 1 及 3.2 节中定理 1 与系 4 推出[①].

系 2　对$(\boldsymbol{Q},1)$ 过程，$P(x(\tau_\varphi,\omega)=\infty)>0$，这里 τ_φ 由 6.2 节式(1) 定义，$\varphi>0$ 任意.

证　因第一个飞跃点的分布是连续的(见 2.3 节式(45))，故

$$P(\tau_\varphi>0)\geqslant P(\tau\leqslant\varphi)>0$$

由 3.2 节系 4，τ_φ 不可能是任一 i 区间的左端点，故由 3.2 节定理 1，有

$$P(x(\tau_\varphi)=\infty)=P(\tau_\varphi>0)>0$$

---

① 或参看 Chung[1]，第 227 页，Ⅱ.17 定理 5.

6.7 $S=\infty$ 时 Q 过程的另一种构造[①]

(一) 本节的目的是当 $R<\infty, S=\infty$ 时用另一种方法求出一切 Q 过程. 思路与 6.4 节相仿,故证明扼要. 考虑 Q 过程 $x(t,\omega), t\geqslant 0$ 以及 6.3 节式(11)中的 $\alpha_1^{(n)}$,并令 $s_i^{(n)}=P(x(\alpha_1^{(n)})=i)$. 由 6.3 节定理 3,存在 $l\geqslant 0$, 当 $n\geqslant l$ 时, $P(\alpha_1^{(n)}<\infty)=1$, 从而 $\sum\limits_{i=0}^{n} s_i^{(n)}=1$. 故至少有一个 $s_k^{(n)}>0$,再由 6.3 节定理 3 及 6.1 节式(8),有

$$s_j^{(n)}=\frac{s_j^{(n+1)}}{\sum\limits_{i=0}^{n} s_i^{(n+1)}}\quad (j\leqslant n)\tag{1}$$

因而 $s_k^{(m)}>0(m\geqslant k)$, 而且 $\dfrac{s_j^{(m)}}{s_k^{(m)}}$ 不依赖于 $m(\geqslant \max(j,k))$. 现任意取定 $s_k>0$ 而定义

$$s_i=s_k\frac{s_j^{(m)}}{s_k^{(m)}}\quad (\geqslant 0)\tag{2}$$

显然,除差一常数因子外,(s_j) 由过程唯一决定,$j\geqslant 0$.

称 (s_j) 为这个 Q 过程的第二组特征数列. 注意,它只对 $R<\infty, S=\infty$ 的 Q 过程有定义.

像证明 6.5 节定理 4 一样,可以证明

---

① 构造问题已由 6.6 节基本定理完全解决,故本节初读时可以不看.

$$0<\sum_{j=0}^{\infty}s_jR_j<\infty \tag{3}$$

为此，只要对 $x(t,\omega),t\geqslant 0$ 施行 $C(\tau_m,\alpha_m^{(n)})$（代替那里的 $C(\tau_m,\beta_m^{(n)})$）变换而得 $(\boldsymbol{Q},S^{(n)})$（代替那里的 $(\boldsymbol{Q},V^{(n)})$）过程 $x_n(t,\omega),t\geqslant 0,S^{(n)}=(s_0^{(n)},\cdots,s_n^{(n)})$，易见 6.5 节式(29) 仍成立，只要以 $s_k^{(n)}$ 换 $v_k^{(n)}$.

（二）考虑反面问题：设已给满足式(3) 的非负数列 $(s_j),j\geqslant 0$，不妨设 $s_0>0$. 按 6.1 节式(20) 作分布 $S^{(n)}=(s_0^{(n)},\cdots,s_n^{(n)})$，以 s_i 代替那里的 φ_i. 由 6.1 节定理 3 知，存在 $(\Omega,\mathscr{F},P)$，在其上可定义 $(\boldsymbol{Q},S^{(n)})$ 过程列 $x_n(t,\omega),t\geqslant 0(n\geqslant 0)$，满足 6.1 节式(7). 以 $\tau_i^{(n)}(\omega)$ 表示 $x_n(t,\omega)$ 的第 i 个飞跃点，并令

$$\beta_0^{(n)}=\min\{\tau_i^{(n)}\mid x_n(\tau_i^{(n)})=0\} \tag{4}$$

由于 $s_0>0$，因此 $P(\beta_0^{(n)}<\infty)=1$，定义

$$\begin{cases}L_{nm}^{(i)}(\omega)=\tau_{i+1}^{(n)}(\omega)-\tau_i^{(n)}(\omega),\text{若 }\tau_i^{(n)}(\omega)\leqslant\beta_0^{(n)}(\omega),\\ \qquad\qquad n\geqslant x_n(\tau_i^{(n)}(\omega))>m\\ L_{nm}^{(i)}(\omega)=0,\text{若 }\tau_i^{(n)}(\omega)>\beta_0^{(n)}(\omega)\\ \qquad\qquad\text{或 }x_n(\tau_i^{(n)},\omega)\leqslant m\end{cases} \tag{5}$$

则像 6.5 节式(29) 的证明一样，可证

$$E\left(\sum_{i=1}^{\infty}L_{mn}^{(i)}\right)=\sum_{k=m+1}^{n}\frac{s_k^{(m)}}{s_0^{(n)}}R_k=\frac{1}{s_0}\sum_{k=m+1}^{n}s_kR_k \tag{6}$$

当 $n\to\infty,m\to\infty$ 时，由式(3) 知右方项趋于0. 再仿照 6.4 节式(16) 定义

$$T_\varepsilon^{(n)}(\omega)=\sum_{\tau_1^{(n)}\leqslant\tau_{ij}^{(n)}<\beta_0^{(n)}}f_\varepsilon(\tau_{ij+1}^{(n)}(\omega)-\tau_{ij}^{(n)}(\omega))$$

不难证明

$$\lim_{n\to\infty} ET_{\varepsilon}^{(n)} = \frac{1}{s_0}\sum_{k=0}^{\infty} s_k R_k^{(\varepsilon)} \to 0 \quad (\varepsilon \to 0) \tag{7}$$

定理 1 若(s_j)满足式(3),则$(\boldsymbol{Q},S^{(n)})$过程的样本函数$x_n(t,\omega)$,当$n\to\infty$时对几乎一切t收敛.

证 只需利用式(6)和式(7)并重复6.4节定理1的证即可.

仿照6.4节补定义极限函数后,同样可证所得的为$\boldsymbol{Q}$过程$x(t,\omega),t\geqslant 0$,称为$(\boldsymbol{Q},S)$过程,其转移概率$p_{ij}(t)=\lim\limits_{n\to\infty} p_{ij}^{(n)}(t)$,而$p_{ij}^{(n)}(t)$是$(\boldsymbol{Q},S^{(n)})$过程的转移概率.

定理 2 $(\boldsymbol{Q},S)$过程$x(t,\omega),t\geqslant 0$是唯一的以已给$(s_j),j\geqslant 0$为特征数列的$\boldsymbol{Q}$过程.

证 用6.3节式(11)于$(\boldsymbol{Q},S)$及$(\boldsymbol{Q},S^{(l)})$过程而得$\alpha_1^{(n)}$及$\alpha_1^{(l,n)}$,由式(1)得

$$\begin{aligned}P(x(\alpha_1^{(n)})=i) &= \lim_{l\to\infty} P(x_l(\alpha_1^{(l,n)}))\\ &= \lim_{l\to\infty} P(x_{n+l}(\alpha_1^{(n+l,n)})=i)\\ &= \frac{\lim\limits_{l\to\infty} s_i^{(n+l)}}{\sum\limits_{j=0}^{n} s_j^{(n+l)}}\\ &= s_i^{(n)} \quad (i=0,1,\cdots,n)\end{aligned}$$

由此即知$x(t,\omega),t\geqslant 0$的特征数列为(s_j).

唯一性的证明仍仿照6.4节定理4,但要作下列修改.设$\tilde{x}(t,\omega),t\geqslant 0$,是以$(s_j)$为特征数列的$\boldsymbol{Q}$过程,对它用6.3节中式(10)~(13)定义$\tau_m,\alpha_m^{(n)},m\geqslant 1$,并施行$C(\tau_m,\alpha_m^{(n)})$变换而得$(\boldsymbol{Q},S^{(n)})$过程$x_n(t,\omega),t\geqslant 0$.由特征数列的定义

$$s_j^{(n)}=\frac{s_j}{\sum_{i=0}^{n}s_i}\quad(j=0,1,\cdots,n)$$

故 $x_n(t,\omega)$ 的转移概率 $P_{ij}^{(n)}(t)$，如上所述应收敛于 $(\boldsymbol{Q},S)$ 过程的转移概率 $p_{ij}(t)$.

现证 $p_{ij}^{(n)}(t)$ 也收敛于 $\widetilde{x}(t,\omega)$ 的转移概率 $\widetilde{p}_{ij}(t)$. 固定$(0,b)$ 而令

$$S_{\infty}^{(b)}(\omega)=\{t\mid t\in(0,b),t\text{ 是 }\widetilde{x}(t,\omega)\text{ 的飞跃点}\}$$

因 $S_{\infty}^{(b)}(\omega)$ 以概率1是闭集，故$(0,b)\backslash S_{\infty}^{(b)}(\omega)$ 至多是可列多个不相交的开区间 $T_j(\omega)=(\eta_j(\omega),\gamma_j(\omega))$ 的和，在每个 $T_j(\omega)$ 中，$\widetilde{x}(t,\omega)\neq\infty$. 定义

$$\widetilde{x}(\eta_j)=\lim_{S\downarrow\eta_j}\widetilde{x}(s)$$

试证

$$P(\widetilde{x}(\eta_i,\omega)=\infty)=0\tag{8}$$

否则，若说 $P(\widetilde{x}(\eta_j)=\infty)>0$，则必存在 $k\in E$，使

$$P(\widetilde{x}(\eta_j)=\infty;\text{对某 }t\in(\eta_j(\omega),\gamma_j(\omega)),$$
$$\widetilde{x}(t,\omega)=k)>0$$

于是，由上式得 $P(\xi_k(\omega)<\infty)>0$(这里 $\xi_k(\omega)$ 由6.2节式(5) 对 $\widetilde{x}(t,\omega)$ 定义)，这与6.2节式(7) 矛盾. 现令 t 一集

$$S_i^{(b)}(\omega)=\{\text{使 }\widetilde{x}(\eta_j)=i\text{ 的区间}(\eta_j(\omega),\gamma_j(\omega))\text{ 之和}\}$$

由式(8) 得

$$\bigcup_{i\neq\infty}S_i^{(b)}(\omega)=\bigcup_j(\eta_j(\omega),\gamma_j(\omega))=(0,b)\backslash S_{\infty}^{(b)}(\omega)$$

既然以概率1，$L(S_{\infty}^{(b)}(\omega))=0$，故 $\sum\limits_{i\neq\infty}L(S_i^{(b)}(\omega))=b$ 的概率为1. 然后自6.4节式(38) 起逐句重复6.4节定理4的证，并注意 $x(0,\omega)=x_n(0,\omega)$ 即可.

总结以上各结果便得下述定理：

定理 3 (i) 设已给 $\boldsymbol{Q}$ 过程 $x(t,\omega),t\geqslant 0$,使 $R<\infty,S=\infty$,则它的第二组特征数列 (s_j) 满足条件(3);(ii) 反之,设已给一列非负数 (s_j),满足条件(3),则存在唯一 $\boldsymbol{Q}$ 过程 $x(t,\omega),t\geqslant 0$,其第二组特征数列重合于此已给数列,而且此过程的转移概率为 $P_{ij}(t)=\lim\limits_{n\to\infty}p_{ij}^{(n)}(t)$,这里 $p_{ij}^{(n)}(t)$ 是 $(\boldsymbol{Q},S^{(n)})$ 过程的转移概率,而 $S^{(n)}=(s_0^{(n)},\cdots,s_n^{(n)})$ 由 6.1 节式(20)定义.

至此,我们已把生灭过程的构造问题叙述完毕.在此基础上,下节中将研究生灭过程的若干性质.

6.8 遍历性与 0－1 律

(一) 在 4.1 ～ 4.2 节中,我们对一般的马氏链讨论了 0－1 律、常返性与过分函数.下面看到,对生灭过程,可以得到更完整的结果.注意,由 4.1 节定理 2,生灭过程的无穷近 0－1 律恒成立,故只要考虑无穷远 0－1 律(本节内简称 0－1 律).

设 $X=\{x(t,\omega),t\geqslant 0\}$ 是定义在 $(\Omega,\mathscr{F},P)$ 上的生灭过程,不妨设它是完全可分,Borel 可测的,它的密度矩阵 $\boldsymbol{Q}$ 由 5.1 节式(1)给出.利用 5.1 节式(4) ～ (7),可以引进数字特征 m_i,e_i,R,S,Z_n,Z.

引进随机变量 $g_i(\omega)$,有

$$\begin{cases} g_i(\omega)=\inf\{t\mid t>\tau(\omega),x(t,\omega)=i\}, \\ \qquad\qquad \text{若右方 } t-\text{集非空} \\ g_i(\omega)=\infty,\text{反之} \end{cases} \tag{1}$$

这里 $\tau(\omega)$ 为 X 的第一个跳跃点,因而 $g_i(\omega)$ 是经过第一次跳跃后的首达 i 的时刻,而 E_ig_i 是自 i 出发,离开 i

后首次回到 i 的平均时间. 称过程 X 遍历, 若它常返, 而且对一切 $i \in E$, 则有

$$E_i g_i < \infty \tag{2}$$

定理 1　设 $R=\infty$, 则 X 常返的充要条件是 $Z=\infty$; X 遍历的充要条件是 $Z=\infty, e_1<\infty$.

证　由于 $R=\infty$, 第一个飞跃点以概率 1 等于 ∞, 故自 k 出发, 转移到 m 的概率, 重合于自 k 出发, 经有穷次跳跃而达到 m 的概率 $q_k(m)$. 由 5.1 节式(25) 可见: $q_k(m) \equiv 1$(一切 $k, m \in E$) 的充要条件是 $Z=\infty$. 因此由 4.2 节定理 2 得证前一个结论.

考虑首达 i 的时间, 即有

$$\begin{cases} \eta_i(\omega)=\inf\{t \mid t>0, x(t,\omega)=i\}, \text{若右方 } t-\text{集非空} \\ \eta_i(\omega)=\infty, \text{反之} \end{cases} \tag{3}$$

容易看出

$$\begin{aligned} E_i g_i &= E_i \tau + \frac{a_i}{a_i+b_i} E_{i-1} \eta_i + \frac{b_i}{a_i+b_i} E_{i+1} \eta_i \\ &= \frac{1}{a_i+b_i} + \frac{a_i}{a_i+b_i} m_{i-1} + \frac{b_i}{a_i+b_i} e_{i+1} \end{aligned} \tag{4}$$

由 5.1 节式(4) 有 $m_{i-1}<\infty$. 若 $e_1<\infty$, 则由 5.1 节式(5) 可见 $e_{i+1}<\infty$. 因而由式(4) 及式(2) 下的注意即得证后一个结论.

若 $R<\infty$, $\boldsymbol{Q}$ 过程不唯一, 例如$(\boldsymbol{Q},\pi)$ 过程(参看 6.1 节(二)) 就是其中的一种, π 为 E 上任一概率分布. 固定 $\boldsymbol{Q}$, 全体$(\boldsymbol{Q},\pi)$ 过程的集记为$\{D\}$, 全体 $\boldsymbol{Q}$ 过程的集记为$\{A\}$, 显然$\{D\} \subset \{A\}$.

定理 2　若 $R<\infty$, 则一切 $\boldsymbol{Q}$ 过程遍历(因而都常返).

证 考虑6.3节式(8)中定义的$\beta_1^{(0)}$，它是第一个飞跃点后首达状态0的时刻. 由$R<\infty$，存在$s>0$及$l\in E$，使$P(\tau_1<s, x(s)\leqslant l)>0$，这里$\tau_1$是第一个飞跃点. 从而

$$P(\beta_1^{(0)}<\infty)\geqslant P(\tau_1<s, x(s)\leqslant l, \quad s\text{ 后经有穷次跳跃到 }0)>0 \tag{5}$$

因此，存在$T>0, \alpha>0$，使对一切$k\in E$，有

$$P_k(\beta_1^{(0)}\leqslant T)\geqslant\alpha$$

(参看6.3节的注). 于是由6.2节引理1，有$E\beta_1^{(0)}<\infty$. 显然$g_0\leqslant\beta_1^{(0)}$，故①

$$m_{00}=E_0 g_0\leqslant E_0\beta_1^{(0)}<\infty$$

这得证状态0遍历. 由互通性，可得过程遍历.

(二) 以下所谓"任意生灭过程"是指"任意具有5.1节式(1)形式的$\boldsymbol{Q}$及任意$\boldsymbol{Q}$过程".

定理3 设X为任意生灭过程，$\{f_i\}$为X的任一过分函数，则必存在极限

$$\lim_{i\to\infty} f_i=f \tag{5'}$$

若$R<\infty$或$R=\infty, Z=\infty$，则$f_i\equiv f$(常数).

证 若对某$j, f_j=\infty$，则因$P_{ij}(t)>0$对一切$i, j\in E$及$t>0$成立，故由4.2节式(10)知$f_i\equiv\infty$. 因而不妨设$\{f_i\}$是有限的过分函数.

若$R<\infty$或$R=\infty, Z=\infty$，则由定理1及2，知X常返. 根据4.2节定理3，知$f_i\equiv f$.

剩下一种情形是$R=\infty, Z<\infty$. 这时X非常返，

① m_{ii}应理解为自i出发，离开i后首次回到i的平均时间，即$m_{ii}=E_i g_i$.

没有飞跃点. 以 $\mathcal{N}_t$ 表示由 $\{x_{u,0\leqslant u\leqslant t}\}$ 所产生的 σ 代数，则 $\{f_X,\mathcal{N}_t,P\}$ 是可分的半 Martingale，于是 P 几乎地存在极限

$$\lim_{t\to\infty} f_{x_t}(\omega)=f(\omega) \tag{6}$$

既然 X 没有飞跃点，非常返，故对几乎一切 ω 及任一正数 N，存在 $T(\omega)>0$，使当 $t\geqslant T(\omega)$ 时，有 $x_t(\omega)\geqslant N$，换句话说①

$$P(\lim_{t\to\infty} x_t(\omega)=\infty)=1 \tag{7}$$

由此并注意 X 无飞跃点，可见对 X 的嵌入马氏链 $\{y_n\}$，也有

$$P(y_n(\omega)\to\infty)=1$$

注意对生灭过程，自 i 出发，经一步跳跃后只能到 $i+1$ 或 $i-1$. 故对几乎一切 ω，$y_n(\omega)$ 必取一切正整数(除有穷多个外)而趋于 ∞. 于是由式(6) 知以概率 1

$$\lim_{n\to\infty} f_n=\lim_{n\to\infty} f_{y_n(\omega)}=\lim_{t\to\infty} f_{x_t(\omega)}=f(\omega) \tag{8}$$

这说明 $f(\omega)$ 以概率 1 等于某常数 f，而且式(5′) 成立.

(三) **定理 4**　对一切生灭过程 X，强 $0-1$ 律成立.

证　若 X 常返，则由 4.1 节定理 5 知对 X，$0-1$ 律成立.

设 X 非常返，即 $R=\infty$，$Z<\infty$. 此时式(7) 成立，不论开始分布如何. 任取不变集 A，由定义及马氏性知对任意 $t\geqslant 0$，有

$$P_i(A)=P_i(\theta_t A)=\int_\Omega p_i\left(\frac{\theta_t A}{\mathcal{N}_t}\right)P_i(\mathrm{d}\omega)$$

① 若换 P 为 P_i，则式(7) 和式(8) 同样正确.

$$=\int_{\Omega}P_{x_t}(A)P_i(\mathrm{d}\omega)$$

$$=\sum_{j\in E}p_{ij}(t)P_j(A) \tag{9}$$

所以作为 i 的函数 $\{P_i(A)\}$ 是 X 的过分函数，由定理 3 及式(8)，存在常数 f，使

$$f=\lim_{i\to\infty}P_i(A)=\lim_{t\to\infty}P_{x_t}(A) \tag{10}$$

注意 A 为不变集，$P_i(A\Delta\,\theta_tA)=0$，故上式右方等于

$$\lim_{t\to\infty}P_i\left(\frac{\theta_tA}{\mathcal{N}_t}\right)=\lim_{t\to\infty}P_i\left(\frac{A}{\mathcal{N}_t}\right)$$

$$=p_i\left(\frac{A}{\mathcal{N}_\infty}\right)=\chi_A(\omega)\quad(P_i-\text{几乎}) \tag{11}$$

$\chi_A(\omega)$ 是 A 的示性函数. 由式(10) 及式(11) 得

$$P_i(\chi_A(\omega)=f)=1$$

因而 $P_i(A)=0$ 或 1. 再由式(9) 并注意 $p_{ij}(t)>0$，知对 X 强 $0-1$ 律成立.

时间离散的马尔科夫链的过分函数

附录1

0.1 势与过分函数

近年来关于马氏过程与古典分析中的位势理论间紧密的关系引起了广泛的注意. 众所周知,联系于拉普拉斯算子有所谓半调和函数,这种函数在数理方程中起着重要的作用. 在马氏过程论中,与这种算子和函数相当的分别是所谓无穷小算子$\mathfrak{U}$和过分函数,而且对于 Wiener 过程,$\mathfrak{U}$恰好化为拉普拉斯算子,而对于具有离散参数的齐次马氏链,$\mathfrak{U}$则化为$P-I$(P的定义见下,I为恒等变换). 研究这两种理论的关系,无论是对用数学分析方法以解决概率问题,或是用概率方法以解决数学分析问题,都有很大的帮助.

上述关系开始由 J. L. Doob 和 G. A. Hunt 所研究，这里，我们偏重于讨论过分函数. 本节叙述它们的一般性质，下一节叙述极限性质. 在下节中要用到一些辅助知识，为节省篇幅起见，我们只指明出处而略去证明.

（一）设已给可列集 E 上一个广随机矩阵[①] $\boldsymbol{P}=(p(i,j))$，$i,j\in E$，E 的全体子集构成 E 中一个 σ 代数 $\mathscr{B}$，对 $A\in\mathscr{B}$，令 $p(i,A)=\sum_{j\in A}p(i,j)$，显然

$$0\leqslant p(i,A)\leqslant p(i,E)\leqslant 1 \tag{1}$$

用迭代法定义 $p^{(n)}(i,A)$ 为

$$\begin{cases}p^{(0)}(i,A)=\chi_A(i)\left(=\begin{cases}1,当\ i\in A\\0,当\ i\notin A\end{cases}\right)\\ p^{(n)}(i,A)=\int_E p^{(n-1)}(j,A)p(i,\mathrm{d}j)\end{cases} \tag{2}$$

上式中的积分实际上是级数 $\sum_{j\in E}p^{(n-1)}(j,A)p(i,j)$，不过写成积分的形式更方便. 由式(2) 可见

$p^{(1)}(i,A)=p(i,A)$，$p^{(n)}(i,j)$ 是 n 步转移概率

$p^{(n)}(i,A)$ 具有性质：当 i 固定时，它关于 A 是 $\mathscr{B}$ 上的不超过 1 的测度，显然，当 $A\in\mathscr{B}$ 固定时，它是 $i\in E$ 的函数.

由 1.1 节定理 1 知：可以在某概率空间 $(\Omega,\mathscr{F},P)$ 上定义一马氏链 $X=\{x_n,n\geqslant 0\}$，其状态空间为 $E\cup\{a\}(a\notin E)$. 它在 E 中的一步转移概率为 $p(i,j)$，而且 a 为吸引状态，于是有

---

① 即满足条件 $0\leqslant p(i,j)$，$\sum_{j\in E}p(i,j)\leqslant 1$ 的矩阵 $(i,j\in E)$. 注意 $p(i,j)$ 与 t 无关.

$$p(i,a)=1-p(i,E)\quad(i\in E)\tag{3}$$
$$p(a,a)=1$$

由 P 可产生两个变换，一个是把 E 上的非负函数 $u(=u(i))$ 变为 E 上的非负函数 $Pu:u\to Pu$，其中

$$Pu\cdot(i)=\int_E u(j)p(i,\mathrm{d}j)\tag{4}$$

这里 $Pu\cdot(i)$ 表示函数 Pu 在 i 点的值. 另一个是把 $\mathscr{B}$ 上的测度 v 变为 $\mathscr{B}$ 上的测度 vP 的变换：$v\to vP$，即有

$$vP\cdot(A)=\int_E p(i,A)v(\mathrm{d}i)\tag{5}$$

$p(i,A)$ 是这两个变换的核函数. 我们还需要一个重要的核函数 $G(i,A)$，即为

$$G(i,A)=\sum_{n=0}^{\infty}p^{(n)}(i,A)\tag{6}$$

当 $A=\{j\}$ 为单点集时，它化为 $G(i,j)=\sum_{n=0}^{\infty}p^{(n)}(i,j)$.
利用核函数 $G(i,A)$ 及 $p^{(n)}(i,A)$，类似地可以定义 Gu,vG 与 $P^{(n)}u,vP^{(n)}$.

（二）设 $u(i)(i\in E)$ 为非负函数. 可取 ∞ 为值. 称 u 为（关于 p 或关于 X 的）过分函数，若

$$Pu\leqslant u\tag{7}$$

则称 u 为（关于 P 或 X 的）调和函数，若 u 有限非负而且

$$Pu=u\tag{8}$$

则称 u 为势，如果存在非负函数 $f(i),i\in E$（j 可取 ∞ 为值），使

$$u=Gf\tag{9}$$

那么这时也称 u 为 f 的势.

显然，调和函数是有穷的过分函数，势也是过分

函数. 实际上，由式(9) 得

$$Pu = P[Gf] = P\left(\sum_{n=0}^{\infty} P^{(n)} f\right)$$

$$= \sum_{n=1}^{\infty} P^{(n)} f \leqslant Gf = u \tag{10}$$

特别地，由于 $G(i,A) = G\chi_A \cdot (i)$，故作为 i 的函数，$G(i,A)$ 是χ_A 的势，从而也是过分的.

以 $\mathscr{E}$ 表示关于 p 的全体过分函数的集.

引理 1 (i) 非负常数 $c \in \mathscr{E}$;

(ii) 若 $u, v \in \mathscr{E}, c_1, c_2$ 为非负常数，则

$$c_1 u + c_2 v \in \mathscr{E}, \min(u,v) \in \mathscr{E}$$

(iii) 若 $u \in \mathscr{E}, u_n \to u$，则 $u \in \mathscr{E}$;

(iv) 对任一 $u \in \mathscr{E}$，存在 $u_n \in \mathscr{E}$，u_n 有界，使 $u_n \uparrow u$.

证 (i) 及(ii) 中第一个结论明显. 为证第二个结论，令

$$h = \min(u,v)$$

则

$$Ph \leqslant Pu \leqslant u, Ph \leqslant Pv \leqslant v \tag{11}$$

故 $Ph \leqslant h$.

(iii) 由 Fatou 引理，有

$$Pu = P(\lim_{n\to\infty} u_n) \leqslant \varliminf_{n\to\infty} Pu_n \leqslant \lim_{n\to\infty} u_n = u \tag{12}$$

(iv) 只要取 $u_n = \min(n,u)$ 即可.

关于有穷的势有下列简单引理：

引理 2 设 $u = Gf < \infty$，则

(i) f 被 u 唯一决定；

(ii) $P^{(n)} u \downarrow 0 (n \to \infty)$.

证 由式(6) 得

$$G=P^{(n)}G+\sum_{j=0}^{n-1}P^{(j)} \tag{13}$$

取 $n=1$，得 $Gf=PGf+f$. 若 $Gf<\infty$，则 $PGf<\infty$，故

$$f=u-Pu \tag{14}$$

其次，由式(13)得

$$P^{(n)}u=P^{(n)}Gf=Gf-\sum_{j=0}^{n-1}P^{(j)}F\downarrow 0\quad (n\to\infty)$$

注1　由证明可见，为使(i)中结论即式(14)成立，只需 $PGf<\infty$ 即可. 若此条件不满足，则(i)可不成立，例如，设 E 只含一点 i，又 $P=P^{(0)}$，则 $G(i,i)=\infty$，故任一正函数 f 的势都恒等于 ∞.

称函数 v 为过分函数 u 的极大调和核，如果 $v\leqslant u$，v 是调和函数，而且对任一不大于 u 的调和函数 h 都有 $h\leqslant v$. 显然，若极大调和核存大，则必唯一.

设 $u\in\mathscr{E}$，由于

$$u\geqslant Pu\geqslant P^{(2)}u\geqslant\cdots \tag{15}$$

故存在极限

$$P^{(\infty)}u=\lim_{n\to\infty}P^{(n)}u\leqslant\infty \tag{16}$$

我们来证明：若 $P^{(\infty)}u<\infty$，则 $P^{(\infty)}u$ 是 u 的极大调和核. 因而特别地，有穷过分函数 u 必有极大调和核为 $P^{(\infty)}u$. 实际上，由式(15)得

$$P(P^{(\infty)}u)=P(\lim_{n\to\infty}P^{(n)}u)=\lim_{n\to\infty}P^{(n+1)}u=P^{(\infty)}u$$

若 $h\leqslant u$ 而且调和，则

$$h=P^{(n)}h\leqslant P^{(n)}u\downarrow P^{(\infty)}u$$

定理1(Riesz分解)　任一有穷过分函数 u 可唯一地表示为一个调和函数 v 与一个势 w 的和，即

$$u=v+w \tag{17}$$

$$v=P^{(\infty)}u,w=G(u-Pu) \tag{18}$$

证 因 u 有穷，故 $P^{(\infty)}u$ 为 u 的极大调和核，在

$$u=P^{(n+1)}u+\sum_{j=0}^{n}P^{(j)}(u-Pu)$$

中令 $n\to\infty$，即得

$$u=P^{(\infty)}u+G(u-Pu) \tag{19}$$

下证唯一性. 设 $u=v_1+w_1$ 为任一展式，v_1 调和，w_1 为势，因而 $w_1\leqslant u$ 有穷. 以 $P^{(n)}$ 作用于此展式两边，令 $n\to\infty$，再用引理 2(ii)，即得

$$P^{(\infty)}(u)=\lim_{n\to\infty}P^{(n)}u=\lim_{n\to\infty}P^{(n)}v_1+\lim_{n\to\infty}P^{(n)}w_1=v_1$$

注 2 由证明过程可见，定理 1 中有穷性假定可局部化如下：若在点 i 上 $u(i)<\infty$，则

$$u(i)=P^{(\infty)}u\cdot(i)+G(u-Pu)\cdot(i) \tag{20}$$

（三）什么样的过分函数是势？由定理 1 可见：若对有穷过分函数 u 有 $P^{(\infty)}u=0$，则 u 必是势. 这结果可以加强.

定理 2（势的判别法） 过分函数 u 是势的充分与必要条件是 $P^{(\infty)}u$ 至多只能取两个值 0 与 ∞.

证 必要性：令 $E_0=\{j\mid P^{(\infty)}u\cdot(j)<\infty\}$，因 $P^{(\infty)}u$ 过分，有

$$\int_E P^{(\infty)}u\cdot(j)p(i,\mathrm{d}j)\leqslant P^{(\infty)}u\cdot(i)$$

故若 $i\in E_0$，$k\notin E_0$，则必有 $p(i,k)=0$，否则左方积分等于 ∞ 而与 $i\in E_0$ 矛盾. 这表示 $p(i,E_0)=p(i,E)$，因而不妨设 $E=E_0$.

设 $u=Gw$，令 $B_m=\left\{i\mid w(i)\geqslant\frac{1}{m}\right\}$，则

$$\infty > P^{(\infty)}u \geqslant P^{(\infty)}\left[\int_{B_m} w(j)G(\cdot,\mathrm{d}j)\right]$$

$$\geqslant \frac{1}{m}P^{(\infty)}G(\cdot,B_m)$$

于是 $P^{(\infty)}G(\cdot,B_m) < \infty$. 由此推知. 对任一固定的 i,下式

$$P^{(n)}G(i,B_m) + \sum_{j=0}^{n-1} P^{(j)}(i,B_m) = G(i,B_m) \quad (21)$$

的左方当n充分大时有穷,故$G(i,B_m) < \infty$. 在上式中令 $n \to \infty$ 得

$$P^{(\infty)}G(i,B_m) = 0 \quad (22)$$

令

$$C_m = \left\{i \mid w(i) < \frac{1}{m}\right\}$$

$$P^{(\infty)}u = P^{(\infty)}\left[\int_{C_m} w(j)G(\cdot,\mathrm{d}j) + \int_{B_m} w(j)G(\cdot,\mathrm{d}j)\right]$$

第一积分等于

$$\lim_{n\to\infty} P^{(n)}\left[\int_{C_m} w(j)G(\cdot,\mathrm{d}j)\right]$$

$$= \lim_{n\to\infty}\int_{C_m} w(j)(P^{(n)}G)(\cdot,\mathrm{d}j)$$

$$= \int_{C_m} w(j)(P^{(\infty)}G)(\cdot,\mathrm{d}j)$$

类似计算并利用式(22) 得知第二积分等于

$$\int_{B_m} w(j)(P^{(\infty)}G)(\cdot,\mathrm{d}j) = 0$$

因此

$$\infty > P_u^{(\infty)} = \int_{C_m} w(j)(P^{(\infty)}G)(\cdot,\mathrm{d}j) \to 0$$

$$(m \to \infty)$$

充分性:定义函数 w 为

$$w(i)=\begin{cases}u(i)-P(u)\cdot(i),u(i)<\infty\\ \infty,u(i)=\infty\end{cases}\tag{23}$$

则 $u=Gw$. 实际上,若 $u(i)<\infty$,则由注 2 及假定,得

$$\begin{aligned}u(i)&=P^{(\infty)}u\cdot(i)+G(u-Pu)\cdot(i)\\&=Gw\cdot(i)\end{aligned}$$

若 $u(i)=\infty$,则由 $Gw\cdot(i)\geqslant w(i)=\infty$,得

$$u(i)=\infty=Gw\cdot(i)$$

由定理 2 直接推得:

系 1 有穷过分函数 u 是势的充分与必要条件是 $P^{(\infty)}u=0$.

至于一般过分函数与势的关系有下述定理:

定理 3 设 u 为有穷过分函数,而且对任一常返状态 i 有 $u(i)=0$,则 u 是一列不下降的势的极限.

证 以 D 表示全体非常返状态所组成的集. 任取一列 $D_n\subset D$, D_n 是有穷集, $D=\bigcup\limits_n D_n$ 定义

$$u_k=\min\left[u,kG(\cdot,\bigcup_{n=1}^k D_n)\right]\tag{24}$$

若 $j\in D$,当 k 充分大时, $j\in\bigcup\limits_{n=1}^k D_n$, $G(j,\bigcup\limits_{n=1}^k D_n)\geqslant 1$,则 $u_k\uparrow u$. 由式(10)下的说明及引理 1(ii) 知 u_k 是有穷过分函数. 又因 $G(i,j)\leqslant G(j,j)$,得

$$G(\cdot,\bigcup_{n=1}^k D_n)\leqslant\sum_{j\in\bigcup\limits_{n=1}^k D_n}G(j,j)<\infty\tag{25}$$

故由本节引理 2 得

$$P^{(\infty)}u_k\leqslant kP^{(\infty)}G(\cdot,\bigcup_{n=1}^k D_n)=0$$

由系 1 知 u_k 是势.

系 2 若每一状态都非常返,则任一有穷过分函数是一列不下降的势的极限.

证明与上面的证完全相同.

如果定理3或系2的条件不满足，则结论一般不正确. 仍然考虑注1中的例，那里 $G(i,i)=\infty$，故任一势或恒为0或恒为 ∞. 显然任一列势不能趋于过分函数 $u(i)\equiv C, 0<C<\infty$ 为常数.

（四）试给出上述各概念的一些概率解释. 考虑（一）中的马氏链 $X=\{x_n, n\geqslant 0\}$，$p^{(n)}(i,j)$ 是质点自 i 出发在第 n 步来到 j 的转移概率，$i,j\in E$，把 u 看成 $E\cup\{a\}$ 上的函数，补定义 $u(a)=0$，则

$$\begin{aligned}p^{(n)}u\cdot(i)&=\int_E u(j)p^{(n)}(i,\mathrm{d}j)\\&=\int_{E\cup(a)}u(j)p^{(n)}(i,\mathrm{d}j)\\&=E_iu(x_n)\end{aligned}\tag{26}$$

因而 $p^{(n)}u\cdot(i)$ 是开始分布集中在 i 时，$u(x_n)$ 的平均值，而式(7)和式(8)则分别化为

$$E_iu(x_1)\leqslant u(i)\quad(i\in E)\tag{27}$$

$$E_iu(x_1)=u(i)\quad(i\in E)\tag{28}$$

$G(i,A)$ 是自 i 出发的质点位于 $A(i\in E, A\subset E)$ 中的平均总次数，实际上，定义

$$\begin{cases}\eta_n(\omega)=1, x_n(\omega)\in A\\\eta_n(\omega)=0, x_n(\omega)\notin A\end{cases}$$

则 $\eta=\sum\limits_{n=0}^{\infty}\eta_n$ 是位于 A 中的总次数，而

$$E_i\eta=E_i\left(\sum_{n=0}^{\infty}\eta_n\right)=\sum_{n=0}^{\infty}p^{(n)}(i,A)=G(i,A)\tag{29}$$

直观地，设想某块土地采用第 i 种耕作方案时可获年产量 $u(i)$ 斤，$u(a)=0$，如果今年采用第 i 种方案，那么明年采用第 j 种的概率为 $p(i,j)$；于是在今年（第0

年）采用第 i 种方案的条件下，第 n 年的平均年产量为 $E_i u(x_n) = P^{(n)} u(i)$ 斤，而势

$$Gu(i) = \sum_{n=0}^{\infty} P^{(n)} u(i)$$

则是长久耕种下去历年平均年产量的总和. 如果 u 是过分函数，则式(27) 表示今年的年产量不小于明年的平均年产量，又

$$P^{(\infty)} u \cdot (i) = \lim_{n\to\infty} P^{(n)} u \cdot (i)$$

是经过多年以后的稳定的平均年产量，而 Riesz 分解式(19) 则表示今年年产量与稳定的平均年产量之差是 $G(u - Pu)$.

例 1 对任意集 $A \subset E$，以 $u_A(i)$ 表示自 i 出发的质点经有穷多步(包括 0 步) 终于来到 A 中的概率，即

$$u_A(i) = P_i(\bigcup_{n=0}^{\infty} (x_n \in A)) \tag{30}$$

显然 $0 \leqslant u_A(i) \leqslant 1$，$u_A(i) = 1 (i \in A)$. 以 $r_A(i)$ 表示自 i 出发从下一步起永不来到 A 的概率，即

$$r_A(i) = P_i(\overline{\bigcup_{n=1}^{\infty} (x_n \in A)}) = P_i(\bigcap_{n=1}^{\infty} (x_n \in \overline{A}))$$

则因

$$\begin{aligned} u_A(i) &= P_i(\bigcup_{n=1}^{\infty} (x_n \in A)) + \\ &\quad p^{(0)}(i,A) P_i(\overline{\bigcup_{n=1}^{\infty} (x_n \in A)}) \\ &= P u_A \cdot (i) + p^{(0)}(i,A) r_A(i) \end{aligned} \tag{31}$$

可见 $u_A(i)$ 是有穷的过分函数，而且

$$p^{(0)}(i,A) r_A(i) = u_A(i) - P u_A \cdot (i)$$

由式(17) 和式(18) 得 u_A 的 Riesz 展式为

$$u_A(i) = P^{(\infty)} u_A \cdot (i) + \int_E p^{(0)}(j,A) r_A(j) G(i, \mathrm{d}j) \tag{32}$$

这个式子的概率解释见下例.

例2　以 $v_A(i)$ 表示自 i 出发到达 A 无穷多次的概率,即

$$\begin{aligned} v_A(i) &= P_i\left(\bigcap_{m=0}^{\infty}\bigcup_{n=m}^{\infty}(x_n \in A)\right) \\ &= \lim_{n\to\infty} P_i\left(\bigcup_{n=m}^{\infty}(x_n \in A)\right) \\ &= \lim_{m\to\infty} P^{(m)} u_A \cdot (i) = P^{(\infty)} u_A \cdot (i) \end{aligned} \quad (33)$$

故 v_A 是 u_A 的极大调和核,当然是调和函数.

以 $w_A(i)$ 表示自 i 出发到达 A 有穷(>0)次的概率,则显然

$$u_A(i) = v_A(i) + w_A(i)$$

故由式(32)及 Riesz 展式的唯一性,得

$$\begin{aligned} w_A(i) &= \int_E p^{(0)}(j,A) r_A(j) G(i,\mathrm{d}j) \\ &= \int_A r_A(j) G(i,\mathrm{d}j) \end{aligned} \quad (34)$$

因而 w_A 是 $p^{(0)}(\cdot,A) r_A(\cdot)$ 的势.

注3　如果 u 是调和函数,那么显然式(17)化为 $u=v$. 特别地,若 $\boldsymbol{P}$ 为随机矩阵,又 $u_A(i)\equiv 1$(当任两个状态互通而且常返时此条件满足),则因 u_A 调和而得 $v_A(i)=u_A(i)$,一切 i.

(五)与过分函数、调和函数对偶的概念分别是过分测度与调和测度. 称非负数列 $v=\{v(i)\}(i\in E)$ 为(关于 P 的,或关于 X 的)过分测度,如

$$vP \leqslant v \quad (35)$$

其中 $vP\cdot(j)$ 的值由式(5)定义(当式(5)中 A 为单点集 $\{j\}$ 时). 如果式(35)取等号而且 $0\leqslant v(i)<\infty(i\in E)$,那么就称 v 为调和测度.

如果 $v(i)\equiv 0$,那么显然 v 是调和测度,我们以下自然不考虑这种平凡情形.

当 $\boldsymbol{P}$ 为随机矩阵而且至少存在一常返状态时,调和测度存在;如果存在两个不互通的常返状态,那么有无穷多个调和测度.[①]

我们知道,关于任何广转移矩阵 $\boldsymbol{P}$,过分函数总存在(任意常数 $C\geqslant 0$ 都是),但过分测度的存在性却有待研究.

定理 4 设 $\boldsymbol{P}$ 为随机矩阵,E 中任两个状态互通,则至少存在一个过分测度 v,而且 $0<v(j)<\infty$,一切 $j\in E$.

证 任意固定一个 $i\in E$. 对每个 $k\in E$ 定义 ${}_iN_{ik}$ 如下:

(i) 对 $k=i$,令 ${}_iN_{ii}=f_{ii}$,f_{ii} 为自 i 出发后终于回到 i 的概率,由互通性知 $f_{ii}>0$;

(ii) 对 $k\neq i$,令 ${}_iN_{ik}$ 为自 i 出发后在回到 i 以前到达 k 的平均次数.

对 $k\neq i$,以 ${}_if_{ik}$ 表示自 j 出发后在到达 i 以前到达 k 的概率. 则显然有

$$ {}_iN_{ik}=\sum_{n=1}^{\infty}n\cdot {}_if_{ik}({}_if_{kk})^{n-1}(1-{}_if_{kk})=\frac{{}_if_{ik}}{1-{}_if_{kk}} \tag{36}$$

由互通性知 ${}_if_{ik}>0$,${}_if_{kk}<1$,故

$$0<{}_iN_{ik}<\infty\quad(\text{一切 }k\in E) \tag{37}$$

以 ${}_iP_{ik}^{(n)}$ 表示自 i 出发于第 n 步来到 k 而且中间未回到 i

---

① 参看王梓坤[1]§2.5,并注意那里所谓平稳分布是一种特殊的调和测度.

的概率,我们有

$$ {}_iN_{ik}=\sum_{n=1}^{\infty}{}_iP_{ik}^{(n)} $$

简写 $p(i,j)=p_{ij}$,于是

$$ \begin{aligned} \sum_j {}_iN_{ij}\cdot p_{jk} &= f_{ii}p_{ik}+\sum_{j\neq i}\Big(\sum_{n=1}^{\infty}{}_ip_{ij}^{(n)}\Big)p_{jk} \\ &= f_{ii}p_{ik}+\sum_{n=1}^{\infty}{}_ip_{ik}^{(n+1)} \\ &\leqslant \sum_{n=1}^{\infty}{}_ip_{ik}^{(n)}={}_iN_{ik} \end{aligned} \tag{38} $$

故取 $v(j)={}_iN_{ij}\,(j\in E)$,即得所欲求.

可以把过分测度的研究化为对过分函数的研究.实际上,设关于广转移矩阵 $\boldsymbol{P}=(p_{ij})$ 存在过分测度 v,$0<v(i)<\infty$,令

$$ q_{ji}=p_{ij}\frac{v(i)}{v(j)} \tag{39} $$

显然 $\boldsymbol{Q}=(q_{ji})$ 是一广转移矩阵.如果 β 是关于 $\boldsymbol{P}$ 的过分测度,定义

$$ \alpha(i)=\frac{\beta(i)}{v(i)}\quad(i\in E) \tag{40} $$

则 $\alpha=\{\alpha(i)\}$ 是关于 $\boldsymbol{Q}$ 的过分函数.

0.2　过分函数的极限定理

(一)本节中,我们先将马氏链的位势理论作一简短介绍,然后应用此理论以研究马氏链的过分函数的极限定理.这节中的某些结果,由于篇幅所限,不能在此证明,只指明出处,以供查阅.

设状态空间 E 为可列集，$\boldsymbol{P}$ 为 E 上的广转移矩阵，$\boldsymbol{P}=(p(i,j))$ 给出一步转移的概率，矩阵 $\boldsymbol{P}$ 满足下列条件，即

$$p(i,j)\geqslant 0,\sum_{j\in E}p(i,j)\leqslant 1$$

回忆上节所述，称非负函数 $h(i)(i\in E)$ 为过分的，如果

$$Ph\cdot(i)=\sum_{j\in E}p(i,j)h(j)\leqslant h(i)\quad(i\in E)$$

如果此式取等号，而且 h 非负有限，那么就称 h 为调和的. E 上的测度 μ 若满足条件

$$\mu P\cdot(j)\equiv\sum_{i\in E}\mu(i)P(i,j)\leqslant\mu(j)\quad(j\in E)$$

则称为过分测度.

设 h 为过分函数，如果 $E^h=\{i\mid 0<h(i)<\infty\}$ 非空，定义

$$p^h(i,j)=\frac{p(i,j)h(j)}{h(i)}\quad(i,j\in E^h)\tag{1}$$

则 $\boldsymbol{P}^h=(p^h(i,j))$ 是 E^h 上的广转移矩阵，因而可以定义 h－过分函数(即定义在 E^h 上的关于 $\boldsymbol{P}^h$ 过分的函数)、h－调和函数，等等. 以 $\boldsymbol{P}^h$ 为转移概率矩阵，以 E^h 为相空间的马氏链$(x_n(\omega),\beta(\omega))$称为 h－链，$\beta(\omega)$ 为中断时刻(见 1.6 节)，$0\leqslant n\leqslant\beta(\omega)$(若 $\beta(\omega)=\infty$，则 $0\leqslant n<\infty$)，$\omega\in\Omega$. 若 $\beta(\omega)\equiv\infty$，则简记$(x_n(\omega),\beta(\omega))$为$\{x_n(\omega)\}$或$\{x_n\}$. 注意 1－链即以 $\boldsymbol{P}$ 为转移概率矩阵的马氏链.

以 $p^{(n)}(i,j)$ 表示 1－链的 n 步转移概率，$p^{(0)}(i,j)=\delta_{ij}$(Kronecker 符号)，令

$$G(i,j)=\sum_{n=0}^{\infty}p^{(n)}(i,j)\tag{2}$$

本节总假定1－链是非常返的，即

$$G(i,j)<\infty \quad (i,j\in E) \tag{3}$$

固定E上一测度γ，使满足

$$\gamma(i)>0 \quad (i\in E)$$

$$\sum_{i\in E}\gamma(i)=1$$

定义函数

$$K(i,j)=\frac{G(i,j)}{\zeta(j)} \quad (i,j\in E)$$

这里$\zeta(j)=\sum\limits_{i\in E}\gamma(i)G(i,j)$（若$\zeta(j)=0$，则可将$j$自$E$中除去，故不妨设$\zeta(j)>0$）. 在$E$中可引入距离$d$，使在此距离下，点列$\{j_n\}\subset E$是Cauchy基本列的充要条件是：或者$\{j_n\}$只含有穷多个不同元，或者$\{j_n\}$含无穷多个不同元而且$\{K(i,j_n)\}$对每一个固定的$i\in E$都是实数的Cauchy基本列. E关于d的完备化空间记为E^*. 称集$B=E^*\setminus E$为E的马亭边界，B依赖于P及γ. 以$\mathscr{F}$表示E^*中含一切开集的最小σ代数.

设$\xi\in B$，下式定义的函数$K(\cdot,\xi)$是过分的

$$K(i,\xi)=\lim_{\substack{j\to\xi\\ d}}K(i,j) \tag{4}$$

称过分函数h为极小的，若展式$h=h_1+h_2$（其中h_1,h_2均过分），则可推出h_1,h_2都与h成比例. 称边界点$\xi\in B$为极小的，如果$K(\cdot,\xi)$是极小调和函数，而且

$$\sum_{i\in E}\gamma(i)K(i,\xi)=1 \tag{5}$$

全体极小边界点所组成的集记为B_e.

我们要用到下列结果①：

(A) 设函数h过分而且对γ可积，则对h—链(x_n,β)，几乎处处或者β有穷，此时$x_\beta \in E$；或者$\beta=\infty$，此时x_n在E^*中拓扑下收敛于某点$x_\beta \in B_e$.

(B) 对(A)中h，存在$E \cup B_e$上唯一测度μ^h，使

$$h(i)=\int_{E\cup B_e} K(i,\xi)\mu^h(\mathrm{d}\xi) \tag{6}$$

μh有下列概率意义：设h—链(x_n,β)有开始分布γ^h，$(\gamma^h(i)=\gamma(i)h(i))$，则终极状态$x_\beta$的分布为$\mu^h$，即

$$\mu^h(C)=P(x_\beta \in C) \quad (C \in \mathscr{F}) \tag{7}$$

当且仅当h调和时，μ^h集中在B_e上.

(C) 适当选取基本空间Ω后，对$\xi \in B_e$，可以考虑在条件$x_\beta=\xi$下的(B)中的h—链，所得条件链记为$\{x_{n\xi}\}$，对μ^h—几乎一切ξ，$(\mu^h-\xi)$这个条件链是$K(\cdot,\xi)$—链（因而更是马氏链），有相空间为$E_\xi=\{i \mid K(i,\xi)>0\}$，开始分布为$\gamma^{K(\cdot,\xi)}$，又由于$K(\cdot,\xi)$调和，有

$$\frac{\sum_{j\in E_\xi} p(i,j)K(j,\xi)}{K(i,\xi)}=1 \quad (i \in E_\xi)$$

故此链是不断的，即它的中断时刻$\beta(\omega)\equiv\infty$.

引理 1 设$\xi \in B_e$，$\{x_n\}$为具有任意开始分布$\alpha\left(\sum_i \alpha(i)=1\right)$的$K(\cdot,\xi)$—链，则有$P(x_\beta=\xi)=1$.

证 概率P依赖于开始分布α，故最好记P为P_α. 当$\alpha=\gamma^{K(\cdot,\xi)}$时，由(C)及式(5)得

---

① 参看 Hunt[1].

$$1 = P_\alpha(x_\beta = \xi) = \sum_{i \in E_\xi} \gamma(i) K(i,\xi) P_i(x_\beta = \xi) \quad (8)$$

P_i 表示开始分布集中在点 i 的 $K(\cdot,\xi)$ 一链所产生的概率. 由于 $\gamma(i)K(i,\xi) > 0$,由式(5) 及式(8) 得 $P_i(x_\beta = \xi) = 1(i \in E_\xi)$,从而对任意开始分布 α(它必集中在 E_ξ 上),有

$$P_\alpha(x_\beta = \xi) = \sum_{i \in E_\xi} \alpha(i) P_i(x_\beta = \xi) = \sum_{i \in E_\xi} \alpha(i) = 1$$

以下简记

$$\mu_i^h(C) = P_i(x_\beta \in C) \quad (C \in \mathscr{F})$$

此即开始分布集中在 i 上的 h 一链的终极状态的分布. 由式(6) 和式(7) 已知 μ^h 有重要意义,但如何求出 μ_i^h 及 μ^h 的值? 在一个特殊情形即对 E^h 中的单点集 j,由 Hunt[1] 中(2.21),得

$$\begin{cases} \mu_i^h(j) = \dfrac{G(i,j)[h(j) - Ph\cdot(j)]}{h(i)}, i,j \in E^h \\ \mu^h(j) = \displaystyle\sum_{i \in E^h} \gamma(i) G(i,j)[h(j) - Ph\cdot(j)], j \in E^h \end{cases} \quad (9)$$

至于边界上的集 C,则有下列定理:

定理 1 设 $C \subset B_e$,$C \in \mathscr{F}$,则

$$\mu_i^h(C) = \frac{h_C(i)}{h(i)} \quad (i \in E^h)$$

$$\mu^h(C) = \sum_{i \in E^h} \gamma(i) h_C(i)$$

其中 $h_C(i)$ 表示 h 在 i 关于 C 的 Réduite. ①

证 任取一个不属于 E 的元 s,令 $p(s,i) = \gamma(i)$,

---

① 这里及下面用到的一些知识见 T. Watanabe[1] 与 Hunt[1].

$p(i,s)=0(i\in E)$，则$p(i,j)$的定义域自E扩大到$E\cup\{s\}$. 由于$\gamma(i)>0$，扩大后的P有一个中心s，故可引用 Watanabe[1] 中的公式(4.20)，即

$$h_C(i)=\int_C K(i,\xi)\mu^h(\mathrm{d}\xi) \tag{10}$$

由此得(参看 Hunt[1] 中式(2.19))

$$\mu_i^h(C)=\int_C \frac{K(i,\xi)}{h(i)}\mu^h(\mathrm{d}\xi)=\frac{h_C(i)}{h(i)} \quad (i\in E^h) \tag{11}$$

由式(7)及式(11)得

$$\mu^h(C)=\sum_{i\in E^h}\gamma^h(i)\mu_i^h(C)=\sum_{i\in E^h}\gamma(i)h_C(i)$$

关于极小性有下列简单结论，为完全起见仍给出证明.

引理 2 (i) 常数 1 是极小调和函数的充要条件是：存在不恒为 0 的有界调和函数，而且任一有界调和函数是常数.

(ii) 设$\xi\in B_e$，又h是$K(\cdot,\xi)$－调和、有界的函数，则h恒等于某一常数.

证 (i) 要用到下列事实：对任一极小调和函数h，必存在唯一$\xi\in B_e$，使μ^h集中在此点ξ上. 故如果 1 极小调和，μ^1集中在某点$\xi\in B_e$上，那么亦即有$P(x_\beta=\xi)=1$，这里x_β是 1－链的终极状态，而P是p及开始分布γ产生的概率. 既然$\gamma(i)>0$，故$P(i)(x_\beta=\xi)=1, i\in E$. 然而任一有界调和函数$u$可表示为$u(i)=E_i f(x_\beta)$，其中$f$是某个定义在$B_e$上的边界函数，而$E_i$是对$P_i$的期望. 因此

$$u(i)=E_i f(x_\beta)=f(\xi)$$

是与i无关的常数.

反之，任取一个不恒为 0 的有界调和函数u，由假

定若u恒等于某大于0的常数C,则C调和,从而常数1也调和.现在如果调和函数$v \leqslant 1$,那么仍由假设知v是一常数,因而与1成比例.由此容易推知1是极小调和函数.

(ii) 由于$\mu^{K(\cdot,\xi)}$集中在一点ξ上,仿照(i)的证即知任一$K(\cdot,\xi)$一调和、有界的函数h是常数.

(二) 过分函数的渐近性质.

先讨论极限的存在性.在过分函数渐近性质的研究中,F一收敛性起着重要作用.设$\xi \in B_e$,则称E的子集D为ξ的F一邻域,对以$\gamma^{K(\cdot,\xi)}$为开始分布的(因而由引理1,对以E_ξ上任一概率分布为开始分布的)$K(\cdot,\xi)$一链$\{x_n(\omega)\}$,存在正整数$N \equiv N(\omega)$使对几乎一切ω,$x_n(\omega) \in D$对一切$n \geqslant N$成立.

称函数$v(i)(i \in E)$在$\xi \in B_e$有F一极限b(可能无穷),并记为$F\lim\limits_{i \to \xi} v(i)=b$,对$b$在广义直线$[-\infty,\infty]$上的任一邻域$G$,存在$\xi$的$F$一邻域$D$,使当$i \in D$时,有$v(i) \in G$.

引理3　存在F一极限$F\lim\limits_{i \to \xi} v(i)=b$的充要条件是:对以$\gamma^{K(\cdot,\xi)}$为开始分布的(因而由引理1,对以$E_\xi$上任一概率分布为开始分布的)$K(\cdot,\xi)$一链$\{x_n\}$,有

$$\lim_{n \to \infty} v(x_n)=b \quad (\text{a. s.})$$

证　设$F\lim\limits_{i \to \xi} v(i)=b$,即对$b$的任一邻域$G$,存在$\xi$的$F$一邻域$D$,使$v(i) \in G$对一切$i \in D$成立.固定此$D$,由定义,对以$\gamma^{K(\cdot,\xi)}$为开始分布的$K(\cdot,\xi)$一链$\{x_n\}$,存在正整数$N \equiv N(\omega)$,使$n \geqslant N$时,几乎处处有$x_n \in D$,从而有$v(x_n) \in G$(a. s.).

反之,设几乎处处有$\lim\limits_{n \to \infty} v(x_n)=b$.在一0测集上

适当定义 b 的值后，可使 b 关于 $\{x_n\}$ 的不变 σ 一代数可测①. 但由引理 2(ii) 及 Chung[1]113 页，此 σ 一代数只含概率为 0 或 1 的集，故 b 几乎处处等于常数. 令 $\Omega_0 = \{\Omega \mid \lim\limits_{n\to\infty} v(x_n(\omega)) = b, b \text{为常数}\}$，则 $P(\Omega_0) = 1$. 对 b 的任一邻域 G，若 $\omega \in \Omega_0$，则存在正整数 $N \equiv N(\omega)$，使 $n \geqslant N$ 时有

$$v(x_n(\omega)) \in G \tag{12}$$

取 $D = \{x_n(\omega) \mid \omega \in \Omega_0, n \geqslant N(\omega)\}$，即 D 为满足括号中两条件的状态 $x_n(\omega)$ 的集，且有 $D \subset E$. 由定义，D 是 ξ 的 F 一邻域，由式(12)，当 $i \in D$ 时，有 $v(i) \in G$.

以下记号 $\lim\limits_{n\to\infty} v(x_n)$ 中，若 $\beta < \infty$，则我们总认为此极限存在而且等于 $v(x_\beta)$；测度 μ 在 B_e 上的限制记为 μ_B；"$\mu_B - \xi$" 表示"关于测度 μ_B 几乎一切的 ξ".

定理 2 设 (x_n, β) 为 1 一链，有开始分布 γ，如果几乎处处存在极限 $\lim\limits_{n\to\beta} v(x_n)$，那么存在极限

$$F \lim_{i\to\xi} v(i) = b(\xi) (\mu_B - \xi)$$

证 由引理 3，只要证明对 $\mu_B - \xi$，存在极限 $\lim\limits_{n\to\infty} v(y_n)$，其中 $\{y_n\}$ 是以 $\gamma^{K(\cdot,\xi)}$ 为开始分布的 $K(\cdot,\xi)$ 一链. 根据(一)中(C)，适当选择基本空间 Ω 后，只要证几乎处处存在 $\lim\limits_{n\to\infty} v(x_{n\xi})$，以 P^ξ 表示马氏链 $\{x_{n\xi}\}$ 所产生的概率，则由假定

$$\begin{aligned} 1 &= P(\text{存在} \lim_{n\to\beta} v(x_n)) \\ &= P(\beta < \infty) + P(\text{存在} \lim_{n\to\infty} v(x_n)) \\ &= \mu(E) + \int_{B_e} P^\xi (\text{存在} \lim_{n\to\infty} v(x_{n\xi})) \mu_B(\mathrm{d}\xi) \end{aligned}$$

① 见 K. L. Chung[1] § 1. 17.

由于

$$\mu(E)+\mu_B(B_e)=\mu(E\cup B_e)=1$$

故存在 $b(\xi)$ 使

$$P^{\xi}(\lim_{n\to\infty}v(x_{n\xi})=b(\xi))=1(\mu_B-\xi)$$

再讨论 F－极限的数值. 如何求出 $F\lim\limits_{i\to\xi}v(i)$ 的值? 当 v 为有限过分函数时,问题可以解决.

引理 4　设 1 对马氏链 $\{x_n\}$ 是极小调和函数,对应点 $\xi(\in B_e)$. 若 v 是此链的有限过分函数,则

$$F\lim_{i\to\xi}v(i)=\inf_{i\to E}v(i)$$

证　根据引理 3,只要证几乎处处

$$\lim_{n\to\infty}v(x_n)=\inf_{i\in E}v(i)$$

上式左方的极限由于 v 是有限过分函数而几乎处处存在并且有限(见上引 Hunt 文). 为证等式成立,先设 v 有界. 考虑 Riesz 分解式

$$v(i)=g(i)+h(i)$$

其中 g 是非负势而 h 是有界调和函数,由引理 2 知 $h(i)\equiv c$(常数). 不难证明①几乎处处 $\lim\limits_{n\to\infty}g(x_n)=0$. 既然 $g(i)\geqslant 0$,可见

$$\lim_{n\to\infty}v(x_n)=c=\inf_{i\in E}v(i)\quad\text{(a. s.)}$$

对一般的 v,令 $a(\omega)=\lim\limits_{n\to\infty}v(x_n(\omega))$. 如上所述,可取 $a(\omega)$ 有限. 定义函数

$$v_m(i)=\min(m,v(i))$$

则 v_m 有界过分,故

$$\lim_{n\to\infty}v_m(x_n(\omega))=\inf_{i\in E}v_m(i)$$

---

① 证明可仿 Е. Б. Дынкин[1] 定理 12.8.

由于$v_m \uparrow v$及$a(\omega)$的有限性，对几乎一切ω，存在正整数$N \equiv N(\omega)$，当$n \geqslant N$时，$v(x_n(\omega)) \leqslant a(\omega)+1$. 任取正整数$M \equiv M(\omega) \geqslant a(\omega)+1$，则当$m \geqslant M$时，有

$$v(x_n(\omega)) = v_m(x_n(\omega)) \quad (\text{一切 } n \geqslant N)$$

注意当$m \geqslant M_1$(M_1为某正整数)时，有

$$\inf_{i \in E} v_m(i) = \inf_{i \in E} v(i)$$

于是几乎处处有

$$\lim_{n \to \infty} v(x_n(\omega)) = \lim_{n \to \infty} v_{M+M_1}(x_n(\omega)) = \inf_{i \in E} v(i)$$

定理 3 设u是有限过分函数，则对$\mu_B - \xi$，有

(i)
$$F \lim_{i \to \xi} \frac{u(i)}{h(i)} = \inf_{i \in H} \frac{u(i)}{h(i)} \tag{13}$$

其中$\xi \in B_e$，而h为对应于ξ的不恒为0的极小调和函数，又$H = \{i \mid h(i) > 0\}$；

(ii) 若h有界，则

$$F \lim_{i \to \xi} u(i) = \sup_{i \in H} h(i) \cdot \inf_{i \in H} \frac{u(i)}{h(i)} \tag{14}$$

(iii) 设v也是有限过分函数，h有界，而且$F \lim\limits_{i \to \xi} v(i) > 0$，则

$$F \lim_{i \to \xi} \frac{u(i)}{v(i)} = \frac{\inf\limits_{i \in H}\left(\dfrac{u(i)}{h(i)}\right)}{\inf\limits_{i \in H}\left(\dfrac{v(i)}{h(i)}\right)} \tag{15}$$

证 因h对P极小调和，故1对P^h极小调和，由于h－链的终极分布集中在h所对应的点ξ上，因而作为h－链的极小调和函数，1也对应于点ξ. 既然$\dfrac{u}{h}$为h－过分，在H中有限，由引理4得式(13).

在式(13)中令$u \equiv 1$，得

$$F \lim_{i \to \xi} h(i) = \sup_{i \in H} h(i) > 0 \tag{16}$$

若 h 有界,则此极限是有限的,代入式(13)得

$$F\lim_{i\to\xi}u(i)=F\lim_{i\to\xi}h(i)\cdot F\lim_{i\to\xi}\frac{u(i)}{h(i)}$$
$$=\sup_{i\in H}h(i)\cdot\inf_{i\in H}\frac{u(i)}{h(i)}$$

此即式(14).应用式(14)于 v,将所得式除式(14),由假定 $F\lim\limits_{i\to\xi}v(i)>0$ 得式(15).

注1　对已给边界点 $\xi\in B_e$,定理3中 h 的一种取法为 $K(\cdot,\xi)$,根据等式(见 Hunt[1] 式(2.19))

$$P_i(x_\beta=\xi)=K(i,\xi)\mu\{\xi\} \tag{17}$$

可见,若 $\mu\{\xi\}>0$,则 $K(\cdot,\xi)$ 必有界.由于对应于 ξ 的任一极小调和函数 h 必与 $K(\cdot,\xi)$ 成比例,故若 $K(\cdot,\xi)$ 有界,则 h 也有界.

再考虑原子核情形.

迄今对有限过分函数的 $F-$收敛性已研究清楚,然而何时 $F-$收敛化为通常的收敛?试给出一简单的充分条件,它概括了常见的实用情况,为此要引进原子核的概念.

设 $\{x_n\}$ 是以 γ 为开始分布的、不中断的马氏链.考虑状态空间 E 关于此链的 Blackwell 分解,即

$$E=E_0\cup E_1\cup E_2\cup\cdots \tag{18}$$

各 E_i 互不相交,E_0 为完全非原子几乎闭集,而 $E_j(j>0)$ 为原子几乎闭集(见 Chung[1] §1.17).称 $\xi_j(\in B_e)$ 为原子边界点,如果 $\mu\{\xi_j\}>0$,那么可证①全体原子几乎闭集 $\{E_j,j\geqslant1\}$ 与全体原子边界点集 $\{\xi_j\}$ 间存在一一对应.下设 E_j 与 ξ_j 对应.

① 见 Chung:Acta mathematica,110,1－2(1963),19－77.

设 ε_j 为 E_j 的子集($j\geqslant 1$). 称 ε_j 是一原子核，如果

$$P(\mathscr{L}(E_j))=P(\mathscr{L}(\varepsilon_j)) \tag{19}$$

而且对 ε_j 的任一无限子集 A 有

$$P(\mathscr{L}(\varepsilon_j-A))=0 \tag{20}$$

这里 $\mathscr{L}(\varepsilon)=\bigcup\limits_{m=1}^{\infty}\bigcap\limits_{n=m}^{\infty}(x_n\in\varepsilon)$.

引理 5 对任一无界点列[①] $\{j_n\}\subset\varepsilon_j$，当 $n\to\infty$ 时，$\{j_n\}F-$收敛于 ξ_j.

证 若任取 ξ_j 的 $F-$邻域 C，则对 $K(\cdot,\xi_j)-$链 $\{y_n\}$，存在正整数 $N\equiv N(\omega)$ 及 $\omega-$集 Ω_0，$P(\Omega_0)=1$，使对任一 $\omega\in\Omega_0$，对一切 $n\geqslant N$，有 $y_n(\omega)\in C$. 令

$$Y=\{y_n(\omega)\mid\omega\in\Omega_0,n\geqslant N(\omega)\}\subset C$$

有必要时可放大 $N(\omega)$ 后，可设 $Y\subset E_j$；再由式(19)可设 $Y\subset\varepsilon_j$. 由此即可推知一切(除有穷多个外) $j_n\in Y$；否则存在 $\{j_n\}$ 的一无限子集 A，使

$$\begin{aligned}P(\mathscr{L}(\varepsilon_j-A))&\geqslant P(\mathscr{L}(Y-A))\\&=P(\mathscr{L}(Y))\\&=\mu\{\xi_j\}>0\end{aligned}$$

这与式(20)矛盾，于是存在正整数 M，对 $n\geqslant M$ 有

$$j_n\in Y\subset C$$

定理 4 设 $\{x_n\}$ 是以 γ 为开始分布的马氏链，u 为此链的有限过分函数，如果 ε_j 是一原子核，$\{j_n\}$ 为 ε_j 的任意一个无界的子列，那么存在有限极限 $\lim\limits_{n\to\infty}u(j_n)$，而且

$$\lim_{n\to\infty}u(j_n)=\sup_{i\in H}h(i)\cdot\inf_{i\in H}\frac{u(i)}{h(i)} \tag{21}$$

---

① 称点列 $\{j_n\}$ 为无界的，如果对 E 中任意有限子集 D，存在正整数 N，当 $n\geqslant N$ 时，有 $j_n\notin D$.

这里 h 是对应于 ξ_j 的极小调和函数，并且有

$$H=\{i \mid h(i)>0\}$$

证　因 ξ_j 对应于原子几乎闭集 E_j，故 $\mu\{\xi_j\}>0$. 由注 1 知 h 有界. 由式(14) 得知式(21) 右方值等于 $F\lim\limits_{i\to\xi_j} u(i)$. 然而由引理 5，得

$$\lim_{n\to\infty} u(j_n)=F\lim_{i\to\xi_j} u(i)$$

由此得证式(21).

最后叙述过分测度的极限定理. 利用对偶性，不难得到过分测度的相应的结果. 设对转移矩阵 $\boldsymbol{P}$ 存在严格为正的过分测度 $\alpha(i)>0(i\in E)$（当 $\boldsymbol{P}$ 满足不可分条件时，即 E 中任两状态互通时，如此的 α 必存在，见附录 1 中 0.1 节定理 4). 令

$$q_{ji}=\frac{p(i,j)\alpha(i)}{\alpha(j)} \tag{22}$$

设 β 是对 $\boldsymbol{P}$ 的有限过分测度，定义

$$\beta^*(i)=\frac{\beta(i)}{\alpha(i)}$$

则 β^* 是对 $\boldsymbol{Q}=(q_{ji})$ 的有限过分函数. 以 ξ^* 表示 $\boldsymbol{Q}-$链的极小边界点，F^* 表示它的 $F-$收敛，由式(13) 得

$$F^*\lim_{i\to\xi^*}\frac{\beta(i)}{\alpha(i)h^*(i)}=\inf_{i\in H^*}\frac{\beta(i)}{\alpha(i)h^*(i)}$$

其中 h^* 为 $\boldsymbol{Q}-$ 链的极小调和函数，对应于 ξ^*，而$H^*=\{i \mid h^*(i)>0\}$.

（三）对具有连续参数马氏链的应用.

考虑连续时间参数情形. 设 $X=\{x(t,\omega),0\leqslant t<\tau(\omega)\}$ 为可列齐次马氏链，其转移概率矩阵$(p_{ij}(t))$ 满足条件

$$\lim_{t\to 0} p_{ii}(t)=1 \quad (i\in E) \tag{23}$$

设此过程的样本函数右连续，以 $\boldsymbol{Q}=(q_{ij})$ 表示密度矩阵，其中

$$q_{ij}=\lim_{t\to 0}\frac{p_{ij}(t)-\delta_{ij}}{t}$$

以下设

$$0<q_i\equiv -q_{ii}=\sum_{j\neq i}q_{ij}<\infty \quad (i\in E) \qquad (24)$$

以 $\tau_n(\omega)$ 表示样本函数的第 n 个跳跃点，即

$$\tau_0(\omega)\equiv 0$$

$$\tau_n(\omega)=\inf\{t \mid t>\tau_{n-1}(\omega),$$
$$x(t,\omega)\neq x(\tau_{n-1}(\omega),\omega)\}$$

我们假定中断时刻 $\tau(\omega)$ 为第一个飞跃点，即

$$\tau(\omega)=\lim_{n\to\infty}\tau_n(\omega) \qquad (25)$$

因而 $X\equiv\{x(t,\omega),0\leqslant t<\tau(\omega)\}$ 是最小链. 考虑嵌入马氏链

$$y_n(\omega)=x(\tau_n(\omega),\omega) \quad (n=0,1,2,\cdots) \qquad (26)$$

以下总设 $\{y_n(\omega)\}$ 的转移矩阵满足条件(3)，于是可以定义 $\{y_n\}$ 的马亭边界，以下记号 $F\lim\limits_{i\to\xi}$ 是指对此边界而言.

设非负函数 $u(i)(i\in E)$ 为关于 X 的过分函数，简称为 X－过分. 因而对任意 $t\geqslant 0$，有

$$\sum_{j\in E}p_{ij}(t)u(j)\leqslant u(i) \quad (i\in E) \qquad (27)$$

在 Watanabe[1] 中证明了：函数 $u(i)$ 是 X－过分的充要条件是它关于嵌入链 $\{y_n\}$ 过分. 这样一来，对有限 X－过分函数完全可以运用第(二)段中结果.

设已给函数 $f(i)\geqslant 0, i\in E$，满足

$$u(i)\equiv E_i\int_0^{\tau}f(x(t,\omega))\mathrm{d}t<\infty \quad (i\in E) \qquad (28)$$

容易验证由此式定义的函数 u 对 X 一 过分、有限.

设嵌入链 $\{y_n\}$ 的开始分布的 γ, ε 是此链的一原子核,对应于边界点 ξ,于是必有 $\mu\{\xi\}>0$. 由式(17) 知函数

$$\mu_i\{\xi\}\equiv P_i(y_\beta=\xi)$$

是 $\{y_n\}$ 的对应于 ξ 的一个极小调和函数. 任取一无界子列 $\{j_n\}\subset\varepsilon$, 由式(21) 得

$$\lim_{n\to\infty}E_{j_n}\int_0^\tau f(x(t,\omega))\mathrm{d}t$$
$$=\sup_{i\in H}\mu_i\{\xi\}\cdot\inf_{i\in H}\frac{E_i\int_0^\tau f(x(t,\omega))\mathrm{d}t}{\mu_i\{\xi\}}\tag{29}$$

其中 $H=\{i\mid\mu_i(\xi)>0\}$.

特别地,先在式(29) 中取 $f(i)=\delta_{li}$,再取 $f(i)=\delta_{mi}(l\in E,m\in E)$. 将所得两式相除,如果

$$M_m=\inf_{i\in H}\frac{\int_0^\infty p_{im}(t)\mathrm{d}t}{\mu_i\{\xi\}}>0\tag{30}$$

即得最小链的转移概率的积分比的公式

$$\lim_{n\to\infty}\frac{\int_0^\infty p_{j_nl}(t)\mathrm{d}t}{\int_0^\infty p_{j_nm}(t)\mathrm{d}t}=\frac{M_l}{M_m}\tag{31}$$

现考虑双边生灭过程 X 的特殊情形,这时 F 一 收敛化为通常的收敛.

称可列马氏链 X 为双边生灭过程,如果它的密度矩阵 $\boldsymbol{Q}=(q_{ij})$ 满足条件

$$q_{ij}=0\quad(|i-j|>1)$$

$$q_{ii-1}=a_i>0, q_{ii+1}=b_i>0, q_i=-q_{ii}=a_i+b_i$$

$i,j\in E=(\cdots,-1,0,1,\cdots)$, E 为全体整数集. 引入特

征数

$$x_i=-b_0\left(1+\frac{b_{-1}}{a_{-1}}+\cdots+\frac{b_{-1}b_{-2}\cdots b_{i+1}}{a_{-1}a_{-2}\cdots a_{i+1}}\right)\quad(i<-1)$$

$$x_{-1}=-b_0,x_0=0,x_1=a_0$$

$$x_i=a_0\left(1+\frac{a_1}{b_1}+\cdots+\frac{a_1a_2\cdots a_{i-1}}{b_1b_2\cdots b_{i-1}}\right)\quad(i>1)$$

$$Z_1=\lim_{i\to-\infty}x_i,Z_2=\lim_{i\to\infty}x_i$$

杨超群[1]中证明了:对嵌入链$\{y_n\}$,以C_{in}表示自i出发经有穷多次跳跃到达n的概率,则

$$C_{in}=\begin{cases}\dfrac{Z_2-x_i}{Z_2-x_n},当\ n<i\\[2ex]\dfrac{x_i-Z_1}{x_n-Z_1},当\ n>i\end{cases}\tag{32}$$

$\left(理解\dfrac{\infty}{\infty}=1\right)$;式(3)对$\{y_n\}$不满足的充要条件是$Z_1=-\infty,Z_2=\infty$,故只要考虑至少有一个$Z_i$有穷的情形①.

a. 设$Z_1=-\infty,Z_2<\infty$,这时只有一个原子几乎闭集$E,\varepsilon=(n,n+1,\cdots)$是原子核

$$\begin{aligned}K(i,j)&=\frac{G(i,j)}{\sum\limits_{v\in E}\gamma(v)G(v,j)}\\&=\frac{C_{ij}G(j,j)}{\sum\limits_{v\in E}\gamma(v)G_{vj}G(j,j)}\\&=\frac{C_{ij}}{\sum\limits_{v\in E}\gamma(v)G_{vj}}\end{aligned}\tag{33}$$

---

① 若$Z_1=-\infty,Z_2=\infty$,则$\{y_n\}$常返,故$\{y_n\}$的(或最小链X的)每一个过分函数u为一常数.注意u或处处有限,或恒等于∞,这因为$p_{ij}(t)>0(t>0,i,j\in E)$.

当 $j > i$ 时,由式(32)知 $C_{ij} = 1$,故

$$K(i,j) = \frac{1}{\sum_{v<j}\gamma(v) + \sum_{v\geqslant j}\gamma(v)C_{vj}} \tag{34}$$

以 ∞ 表示 ε 所对应的最小边界点,由于 $\sum_{v\in E}\gamma(v) = 1$,因此

$$K(i,\infty) = \lim_{j\to\infty} K(i,j) = 1 \tag{35}$$

由引理2(i)的证可见 $\mu\{\infty\} \equiv P(y_\beta = \infty) = 1$.

除 ∞ 外还有一个边界点 $-\infty$,类似计算得

$$K(i,-\infty) = \frac{Z_2 - x_i}{\sum_{v\in E}\gamma(v)(Z_2 - x_v)}$$

但因 $\mu\{-\infty\} = 0$,故此边界点无关紧要.

设 u 为最小过程的有限过分函数,由式(21)得

$$\lim_{i\to\infty} u(i) = \inf_{i\in E} u(i)$$

b. 设 Z_1, Z_2 都有穷,此时有两个原子几乎闭集,各有原子核为

$$\varepsilon_1 = (\cdots, -n-1, -n), \varepsilon_2 = (n, n+1, \cdots)$$

它们分别对应的最小边界点记为 $-\infty, \infty$. 仿照上面计算得

$$K(i,-\infty) = \frac{Z_2 - x_i}{\sum_{v\in E}\gamma(v)(Z_2 - x_v)}$$

$$K(i,\infty) = \frac{x_i - Z_1}{\sum_{v\in E}\gamma(v)(x_v - Z_1)}$$

对最小链 X 的任一有限过分函数 u,有

$$\lim_{i\to-\infty} u(i) = (Z_2 - Z_1) \cdot \inf_{i\in E} \frac{u(i)}{Z_2 - x_i}$$

$$\lim_{i\to\infty} u(i) = (Z_2 - Z_1) \cdot \inf_{i\in E} \frac{u(i)}{x_i - Z_1}$$

附录2 $\lambda-$系与$\mathscr{L}-$系方法

我们来叙述测度论中若干引理，它们在随机过程中很有用.

设$\mathscr{A}$为基本空间$\Omega=(\omega)$的某子集系，它是Ω中某些子集的集合. 包含$\mathscr{A}$的一切σ代数的交$\mathscr{F}\{\mathscr{A}\}$显然也是$\sigma$代数，而且是含$\mathscr{A}$的最小$\sigma$代数. 于是得下述引理：

引理 1 若σ代数$\mathscr{K}\supset\mathscr{A}$，则$\mathscr{K}\supset\mathscr{F}\{\mathscr{A}\}$.

然而在许多问题中，要验证$\mathscr{K}$是σ代数，常常很不容易. 于是 Е. Б. Дынкин 将对$\mathscr{K}$的条件放宽，而对$\mathscr{A}$稍加条件，从而引进了$\lambda-$系与$\pi-$系的概念.

Ω中的子集系Π称为$\pi-$系，如果$A_1\in\Pi$，$A_2\in\Pi$，那么$A_1A_2\in\Pi$.

Ω中的子集系Λ称为$\lambda-$系，如果

(1)$\Omega\in\Lambda$；

(2) 由$A_1\in\Lambda$，$A_2\in\Lambda$，$A_1A_2=\varnothing$，可得$A_1\cup A_2\in\Lambda$；

(3) 由$A_1 \in \Lambda, A_2 \in \Lambda, A_1 \supset A_2$,可得$A_1 \backslash A_2 \in \Lambda$;

(4) 由[①] $A_n \in \Lambda, A_n \uparrow A, n=1,2,\cdots$,可得$A \in \Lambda$.

引理2 (i)Ω的子集系$\mathscr{M}$若既是π一系,又是λ一系,则必是σ一代数;

(ii) 若λ一系Λ包含π一系Π,则$\Lambda \supset \mathscr{F}\{\Pi\}$.

证 (i) 由(1),$\Omega \in \mathscr{M}$,由此及(3)知,若$A \in \mathscr{M}$,则$\overline{A} \in \mathscr{M}$. 若$A_1 \in \mathscr{M}, A_2 \in \mathscr{M}$,则由$\pi$一系的定义,知$A_1 A_2 \in \mathscr{M}$. 由(3)知,$A_2 \backslash A_1 A_2 \in \mathscr{M}$,再由(2)知$A_1 \cup A_2 = A_1 \cup (A_2 \backslash A_1 A_2) \in \mathscr{M}$,由归纳法知,若$A_1, \cdots, A_n$均属于$\mathscr{M}$,则$\bigcup\limits_{i=1}^{n} A_i \in \mathscr{M}$,再由(4)知

$$\bigcup_{i=1}^{\infty} A_i = \lim_{n \to \infty} \bigcup_{i=1}^{\infty} A_i \in \mathscr{M}$$

(ii) 包含π一系Π的一切λ一系的交$\mathscr{F}'$显然是含Π的最小λ一系,故若能证$\mathscr{F}'$也是π一系,则由(i)即得证所需结论. 令

$$\mathscr{F}_1 = \{A \mid AB \in \mathscr{F}' \text{ 对一切 } B \in \Pi \text{ 成立}\}$$

由于$\mathscr{F}'$是一λ一系,易见$\mathscr{F}_1$也是λ一系. 既然$\mathscr{F}_1 \supset \Pi$,故$\mathscr{F}_1 \supset \mathscr{F}'$. 这表示若$A \in \mathscr{F}', B \in \Pi$,则$AB \in \mathscr{F}'$. 令

$$\mathscr{F}_2 = \{B \mid AB \in \mathscr{F}' \text{ 对一切 } A \in \mathscr{F}' \text{ 成立}\}$$

由于$\mathscr{F}'$是λ一系,易见$\mathscr{F}_2$也是λ一系. 如上所述,$\mathscr{F}_2 \supset \Pi$,因而$\mathscr{F}_2 \supset \mathscr{F}'$. 这表示若$A, B \in \mathscr{F}'$,则$AB \in \mathscr{F}'$,于是得证$\mathscr{F}'$为$\pi$一系.

现在来考虑函数,设$\mathscr{L}$为定义在Ω上的一族函数,满足条件:

(A) 若$\xi(\omega) \in \mathscr{L}$,又

---

① $A_n \uparrow A$表示$A_n \subset A_{n+1}, A = \bigcup\limits_{n=1}^{\infty} A_n$.

$$\eta(\omega)=\begin{cases}\xi(\omega)\text{，当 }\xi(\omega)\geqslant 0\text{ 时}\\0\text{，当 }\xi(\omega)<0\text{ 时}\end{cases}$$

则 $\eta(\omega)$ 及 $\eta(\omega)-\xi(\omega)$ 均属于 $\mathscr{L}$.

函数集 L 称为 $\mathscr{L}-$ 系，如果它满足条件：

$(A_1)1\in L$(1 表示恒等于 1 的函数)；

$(A_2)L$ 中任两个函数的线性组合仍属于 L；

(A_3) 若 $\xi_n(\omega)\in L, 0\leqslant\xi_n(\omega)\uparrow\xi(\omega)$，而且 $\xi(\omega)$ 有界或属于 $\mathscr{L}$，则 $\xi(\omega)\in L$.

引理 3 若 $\mathscr{L}-$ 系 L 包含某一 $\pi-$ 系 Π 中任一集 A 的示性函数 $\chi_A(\omega)$，则 L 包含一切属于 $\mathscr{L}$ 中的关于 $\mathscr{F}\{\Pi\}$ 可测的函数.

证 使 $\chi_A(\omega)\in L$ 的全体集 A 构成 $\lambda-$ 系 Λ. 既然 $\Lambda\supset\Pi$，那么由引理 2，知 $\Lambda\supset\mathscr{F}\{\Pi\}$；换言之，$\chi_A(\omega)\in L$ 对任意集 $A\in\mathscr{F}\{\Pi\}$ 成立.

设 $\xi(\omega)$ 为 $\mathscr{L}$ 中非负、关于 $\mathscr{F}\{\Pi\}$ 可测的函数. 令

$$\Gamma_{kn}=\left\{\frac{k}{2^n}\leqslant\xi(\omega)<\frac{k+1}{2^n}\right\}\in\mathscr{F}\{\Pi\}$$

$$\xi_n=\sum_{k=0}^{2^{2n}}\frac{k}{2^n}\chi_{\Gamma_{kn}}$$

则由 $\chi_{\Gamma_{kn}}\in L$ 及 (A_2)，$\xi_n\in L$. 因 $0\leqslant\xi_n\uparrow\xi$，故由 (A_3) 即得 $\xi\in L$.

按照(A)，任一 $\mathscr{F}\{\Pi\}$ 可测函数 $\eta\in\mathscr{L}$ 可以表示为 $\mathscr{L}$ 中两个非负 $\mathscr{F}\{\Pi\}$ 可测函数的差，而已证明后两者属于 L，故由 (A_2)，有 $\eta\in L$.

引理 2，3 非常有用，典型用法如下：有时需要证明某一集系 S 具有某性质 A_0，为此令 Λ 为具有 A_0 的一切集的集，然后证明 Λ 包含某一集系 Π，实际中常常容易看出 Λ 是一 $\lambda-$ 系，而 Π 是一 $\pi-$ 系，并且 $\mathscr{F}\{\Pi\}\supset S$. 于

是由引理2(ii)，有$\Lambda \supset S$，即证明了S中的集都有性质A_0．这种方法称为λ－系方法．

另外一些时候需要证明某一函数集F具有某性质$\widetilde{A}_0$．为此引入满足(A)的函数集$\mathscr{L}$，使全体具有$\widetilde{A}_0$的函数集L是一$\mathscr{L}$－系；再引进一π－系Π，使$\mathscr{F}\{\Pi\}$可测函数集包含F．于是根据引理3，只要证明$\chi_A(\omega) \in L$对一切$A \in H$成立就够了．这种方法称为$\mathscr{L}$－系方法．

关于各节内容的历史的注

第1章

1.1　本书采用的概率论公理结构以及随机过程的存在定理(定理1)均溯源于Колмогоров的著作中.

1.2　可分性定义及定理1,2属于Doob,这里的叙述略有改进.本节中可分性定义等价于Doob[1]中的“关于闭集可分”的定义,证明见王梓坤[1]§3.1定理3.

1.3　定理1,2分别取材于Doob[1]与Chung[1].

1.4　条件概率与条件数学期望的近代定义属于Колмогоров的著作.

1.5～1.6　马尔科夫链最初由A. A. Марков(1856—1922)年1906年研究,一般马氏过程理论的奠基工作见Колмогоров的著作.马尔科夫性的严格定义(即定理1中的(D))由Doob[1]给出,更一般的马氏过程的定义见Дынкин[1][2],各种定义间的关系见王梓坤[1]189页.关于连续参数马氏链的基本文献见Doob[2][3],Lévy[1],Добрушин[1],Reuter[1],Kendall and Reuter[1],等等,特别是Chung[1],这是一部系统的优秀著作,过去一些直观的论断在其中得到严格的证明;侯振挺、郭青峰的专著[1]也很有特色,其中发展和建立了一些新方法. Гихман,Скороход的著作[2]中有些章节对马氏链作了很好的叙述.

第 2 章

2.1 定理 4 由 Lévy 提出,这里的证明取材于 Chung[1];本节其他的定理都属于 Doob[2].

2.2 转移概率($p_{ij}(t)$)在标准条件 $p_{ij}(t)\to\delta_{ij}$ 下的可微性,最初由 Колмогоров 于 1951 年的著作中当作预言提出. 后来在附加条件 $q_i<\infty$ 或 $q_j<\infty$ 下,Austin[1][2],Юшкевич[1],Chung 给出证明. 最后由 Ornstein[1]于 1960 年彻底证实,这里所述的定理 2 的证明即取自该文,但原证相当简略. 定理 3,4,5,6 见 Doob[3][1].

2.3 定理 1,2,4 及引理 2 见 Doob[3][1],引理 2 是强马尔科夫性的前奏. 定理 5 是 Feller[2]中一结果在可列状态空间情况下的特殊化.

第 3 章

3.1 引理 2 中第二结论由朱成熹[1]得到. 定理 2 中(i)的证见 Chung[1],(ii)由 Lévy 给出.

3.2 定理 1 由 Doob[2]得到,定理 2 属于 Lévy,定理 4 的叙述仿照 Chung[1],定理 5 由 Chung[1]给出.

3.3 本节结果及证明属于 Chung[1],II.9,那里对强马氏性研究的历史有简要叙述. 关于一般马氏过程的强马氏性见 Дынкин[1][2].

第 4 章

4.1 本节结果属于王梓坤[6],那里对一般的马氏过程讨论了 0—1 律.

4.2 除定理[1]见 Chung[1]外,其他结果取材于王梓坤[7].

4.3 定理 1,2 来源于吴立德[1],定理 3,4 来源于杨超群[1].

4.4 嵌入问题最初由 Elfving 于 1937 年提出. 定理 1,2,3 由吴立德[2]得到,定理 2,3 与系 2 也为王梓坤于 1956 年获得,D. G. Kendall 亦曾证明系 2. 本节中连续扩充不唯一的例 1 由孟庆生、郭冠英构造出,例 2 见 Speakman[1]. 其他结果见 Johansen[1].

第 5 章

5.1 定理 1 见 Добрушин[1],定理 2,3 见王梓坤[2][5].

5.2 本节大部分结果来源于王梓坤[4],其他是新证明的,但引理 3 取自 Reuter[1].

5.3 引理 1 见 Ledermann and Reuter [1]. 定理 2 改进了 Гнеденко[1]中的一结果,其余定理是新

结果.

5.4　定理 2 来源于 Гихман-Скороход[1],其余是新结果.

5.5　定理 1,2 的证明取材于 Saaty[1].

5.6　关于生灭过程的应用可参看 Feller[1], Bharucha-Reid[1].

第 6 章

6.1～6.7　全部结果来源于王梓坤[2][3][5],杨向群做了显著的改进,参看王梓坤、杨向群[1].关于生灭过程的构造问题,几乎同时于 1958 年左右由好几位作者所研究. Feller 用分析方法研究了比较一般的马氏链的构造,并深入地讨论了生灭过程,见他的文章[3]. Karlin 及 McGregor 发表了一系列关于生灭过程的论文,其中的[1]用积分形式表达了转移概率,并研究了过程的性质. Юшкевич[2]用半群的方法构造 Q 过程.本章所叙述的概率方法,由作者所发展,并由杨超群、侯振挺、郭青峰等继续深入,他们并吸取了其他方法的优点,见杨超群[2][3].

6.8　本节源于王梓坤[9].关于生灭过程性质更多的研究,可参看杨超群[4].

附录 1

0.1　马尔科夫链的势与过分函数,最初由 Doob

[4]及 Hunt[1]所研究，这里的叙述主要参考 Doob[4].

0.2 本节中关于马亭边界的叙述见 Hunt[1]及 Watanabe[1]；过分函数的极限定理则属于王梓坤[8].

附录 2

λ—系与 $\mathscr{L}$—系方法的明确叙述首见于 Е. Б. Дынкин[2].

参 考 文 献

王梓坤:[1]随机过程论[M]. 北京:科学出版社,1965.

[2] Классификация всех процессов размножения и гибели [J]. Научные доклады высшей школы, Физ.-Матем. Науки, 1958 (4): 19-25.

[3] On a birth and death process[J]. Science record(科学记录), New Ser., 1959, 3(8): 331-334.

[4] On distributions of functionals of birth and death processes and their applications in theory of queues[J]. Scientia Sinica(中国科学), 1961, 10(2): 160-170.

[5] 生灭过程构造论[J]. 数学进展, 1962, 5(2): 137-179.

[6] 马尔科夫过程的零一律[J]. 数学学报, 1965, 15(3): 342-353.

[7] 常返马尔科夫过程的若干性质[J]. 数学学报, 1966, 16(2): 166-178.

[8] The Martin boundary and limit theorems for excessive functions[J]. Scientia Sinica(中国科学), 1965, 14(8): 1118-1129.

[9] 生灭过程的遍历性与零一律[J]. 南开大学学报(自然科学版), 1964, 5(5): 93-102.

王梓坤,杨向群:[1] 中断生灭过程的构造[J]. 数学学报,1978,21(1):66-71.
刘文:[1] 可列齐次马氏链转移概率的频率解释[J].河北工学院学报,1976(1):69-74.
[2] 关于可列齐次马氏链转移概率的强大数定律[J].数学学报,1978,21(3):231-242.
朱成熹:[1] 非齐次马尔科夫链样本函数的性质[J].南开大学学报(自然科学版),1964,5(5):95-104.
[2] 非齐次马尔科夫链转移函数的分析性质[J].数学进展,1965,8(1):34-54.
许宝騄:[1] 欧氏空间上纯间断的时齐马尔科夫过程的概率转移函数的可微性[J].北京大学学报(自然科学版),1958(3):257-270.
孙振祖:[1] 一类马氏过程的一般表达式[J].郑州大学学报,1962(2):17-23.
吴立德:[1] 齐次可数马尔科夫过程积分型泛函的分布[J].数学学报,1963,13(1):86-93.
[2] 关于连续参数的马尔科夫链的离散骨架[J].复旦大学学报(自然科学版),1964,9(4):483-489.
[3] 可数马尔科夫过程状态的分类[J].数学学报,1965,15(1):32-41.
李志阐:[1] 半群与马尔科夫过程齐次转移函数的微分性质[J].数学进展,1965,8(2):153-160.
李漳南:[1] 一类相依变数的强大数定律[J].南开大学学报(自然科学版),1964,5(5):41-50.
李漳南,吴荣:[1] 可列状态马尔科夫链可加泛函的某些极限定理[J]. 南开大学学报，1964：121-140.

杨超群：[1] 可列马氏过程的积分型泛函和双边生灭过程的边界性质[J]. 数学进展，1964，7(4)：397-424.

[2] 一类生灭过程[J]. 数学学报，1965，15(1)：9-31.

[3] 关于生灭过程构造论的注记[J]. 数学学报，1965，15(2)：174-187.

[4] 生灭过程的性质[J]. 数学进展，1966，9(4)：365-380.

[5] 柯氏向后微分方程组的边界条件[J]. 数学学报，1966，16(4)：429-452.

[6] 双边生灭过程[J]. 南开大学学报(自然科学版)，1964，5(5)：9-40.

[7] 可列马尔科夫过程的不变换[J]. 湘潭大学学报，1978：29-43.

施仁杰：[1] 可列马尔科夫过程的随机时间替换[J]. 南开大学学报(自然科学版)，1964，5(5)：51-88.

[2] 马尔科夫过程对于随机时间替换的不变性质[J]. 南开大学学报(自然科学版)，1964，5(5)：199-204.

郑曾同：[1] 测度的弱收敛与强马氏过程[J]. 数学学报，1961，11(2)：126-132.

梁之舜：[1] Об условных Марковских процессах[J]. Теория вероятностей и её применения，1960，5(2)：227-228.

[2] Инвариантность строго Марковского свойства при преобразования Дынкина [J]. Теория вероятностей и её применения, 1961, 6(2): 228-231.

[3] Интегральное представление одного класса эксцессивных случайных величин [J]. Вестник Московского Университета, 1961 (1): 36-37.

胡迪鹤:[1] 抽象空间中的 q—过程的构造理论[J]. 数学学报,1966,16(2):150-165.

[2] 质量空间中的转移函数的强连续性、Feller 性和强马尔科夫性,数学学报,1977,20(4): 298-300.

[3] 可数的马尔科夫过程的构造理论[J]. 北京大学学报(自然科学版),1965(2):111-143.

[4] 关于某些随机阵的调和函数[J]. 数学学报, 1979,22(3):276-290.

侯振挺:[1] Q 过程的唯一性准则[J]. 中国科学,1974 (2):115-130.

[2] 齐次可列马尔科夫过程中的概率—分析法 [J]. 科学通报,1973,18(3):115-118.

[3] 齐次可列马尔科夫过程的样本函数的构造 [J]. 中国科学,1975(3):259-266.

侯振挺,郭青峰:[1] 齐次可列马尔科夫过程[M]. 北京:科学出版社,1978.

[2] 齐次可列马尔科夫过程构造论中的定性理论 [J]. 数学学报,1976,19(4):239-262.

侯振挺,汪培庄:[1] 可逆的时齐马尔科夫链—时间离散情形，北京师范大学学报(自然科学版)，1979(1)：23-44.

钱敏平：[1] 平稳马氏链的可逆性[J]. 北京大学学报(自然科学版)，1978(4)：1-9.

墨文川：[1] 齐次可列马尔科夫过程的可加泛函[J]. 山东大学学报，1978(2)：1-10.

Austin D. G. ：[1] Some differentiation properties of Markoff transition probability functions[J]. Proc. Amer. Math. Soc. ，1956(7)：756-761.

[2] Note on differentiating Markoff transition functions with stable terminal states[J]. Duke Math. J. ，1958，25：625-629.

Bharucha-Reid A. T. ：[1] Elements of the Theory of Markov Proccesses and Their Applications [M]. McGraw-Hill，1960.

Chung K. L. ：[1] Markov Chains with Stationary Transition Probabilities [M]. Berlin：Springer，1960.

[2] On the Boundasy Theory for Markov Chains [J]. Acta Mathematica，1963，110(1-2)：19-77；1966，115(1-2)：111-163.

Гихман И. И. ，Скороход А. Н. ：[1] Введение в теорию случайных процессов，1965

[2] Теория случайных процессов，Ⅰ，1971；Ⅱ，1973；Ⅲ，1975.

Гнеденко Б. В. ，Беляев Ю. К. ，Соловьев А. Д. ：

[1] Математические методы в теория надежности，1965.

Добрушин Р. Л. ：[1] Об условиях регулярности

однородных по времени Марковских процессов со счетным числом возможных состояний[J]. Успех Матем. Наук, 1952, 7 (6): 185-191.

[2] Некоторые классы однородных счетных Марковских процессов[J]. Теория Вероят. и её ирпм. , 1957, 2(3): 377-380.

Doob J. L. : [1] Stochastic processes, 1953.

[2] Topics in the theory of Markoff chains[J]. Trans. Amer. Math. Soc. , 1942, 52: 37-64.

[3] Markoff chains — denumerable case [J]. Trans. Amer. Math. Soc. , 1945, 58: 455-473.

[4] Discrete potential theory and boundaries[J]. Journ. Math. Mech. , 1959, 8: 433-458.

[5] State spaces for Markov chains[J]. Trans. Amer. Math. Soc. , 1970, 149: 279-305.

Дынкин Е. Б. : [1] Марковские процессы, 1963.

[2] Основания теории Марковских процессов, 1959(汉译本:马尔科夫过程论基础,王梓坤译)

Dynkin E. B. , Yushkevich A. A. : [1] Markov Processes: Theorems and Problems [J]. Plenum Press, 1969.

Feller W. : [1] An Introduction to Probability Theory and Its Applications, vol. 1 (1957); vol. 2 (1971).

[2] On the integro-differential equations of

purely discontinuous Markoff processes [J]. Trans. Amer. Math. Soc., 1940, 48: 488-575; Errata, 1945, 58: 474.

[3] The birth and death processes as diffusion processes[J]. Journ. Math. Pures. Appl., 1959, 9: 301-345.

Hunt G. A.: [1] Markoff chains and Martin boundaries[J]. Illinois J. Math., 1960(4): 313-340.

Johansen S.: [1] Some results on the Imbedding Problem For Finite Markov Chains[J]. J. Lond. Math. Soc., 1974, 8(2): 345-351.

Karlin S., McGregor J. L.: [1] The elassification of birth ann death processes, Trans. Amer. Math. Soc., 1957(86): 366-400.

[2] Linear growth birth and death processes[J]. J. Math. Mech., 1958, 7: 643-662.

Keilson J.: [1] Log-concavity anl log-convexity in passage time densities of Birth and death processes [J]. Journal of Applied Probability, 1971(8): 391-398.

Kendall D. G.: [1] On the Generalized birth and death process [J]. Ann. Math. Statist., 1948, 19: 1-15.

[2] Some recent developments in the theory of denumerable Markov processes[J]. Trans. Fourth Prague Conference, 1967: 1-17.

[3] On the behaviour of a standard Markov

transition function near t = 0[J]. Zs. f. Wahrsch. ,1965,3:276-278.

Kingman J. F. C. : [1] Markov Transition Probabilities[J]. Zs. f. Wahrsch. ,(Ⅰ)1967(7):248-270;(Ⅱ)1967(9):1-9;(Ⅲ)1968(10):87-101;(Ⅳ)1969(11):9-17.

Lamb C. : [1] Decomposition and construction of Markov chains[J]. Zs. f. Wahrsch. , 1971, 19:213-224.

Ledermann W. , Reuter G. E. H. : [1] Spectral theory for the differential equations of simple birth and death processes[J]. Phil. Trans. Roy. Soc. London, ser. A, 1954, 246: 321-369.

Lévy P. :[1] Systémes Markoviens et stationnaires. Cas dénombrable[J]. Ann. Sci. école norm. Super. ,1951,69:327-381.

Ornstein D. : [1] The differentiability of transition functions [J]. Bull. Amer. Math. Soc. , 1960,66:36-39.

Reuter G. E. H. :[1] Denumerable Markov Process and the assoclated contration Semi-groups on 1, Acta. Math. ,1957,97:1-46.

[2] Denumerable Markov processes (Ⅳ), on C. T. Hou's uniqueness theorem for Q-semigroups[J]. Zs. F. Wahrsch. , 1976, 33:309-315.

Сарымсаков Т. А. : [1] Основы теории процессов

Маркова,1954.

Saaty T. L.:[1] Elements of queueing theory with applications [J]. NewYork: McGraw-Hill,1961.

Smith G.: [1] Instantaneous states of Markov processes[J]. Trans. Amer. Math. Soc., 1964,110:185-95.

Soloviev A. D.:[1] Asymptotic distribution of the moment of first erossing of a high level by a birth and death process[J]. Proc. Sixth Berkeley Symp. Math Stat. and Probability,1972:71-86.

Speakman: [1] Two Markov chains with a common skeleton, Zs. f. Wahrsch.,1967,7:224.

Юшкевич А. А.: [1] Некоторые замечания о граничных условиях для процессов размножения и гибели[J]. Trans. Fourth Prague Conference,1965:381-388.

[2] О дифференцируемости переходных вероятностей однородного Марковского процесса со счетным числом состояний, Уч. Зап. Мгу., 186,Математика,1959,9:141-160.

Walsh J.:[1] The Martin Boundary and Completion of Markov chains[J]. Zs. f. Wahrsch., 1970,14:169-188.

Watanabe T.: [1] On the theory of Martin boundaries induced by countable Markov processes[J]. Mem. Coll. Sci. Univ. Kyoto,

Series A, Math. , 1960, 33: 39-108.

William D. : [1] On the construction problem for Markov chains[J]. Zs. f. Wahrsch. , 1964, 3: 227-246; 1966, 5: 296-299.

[2] Fictitionus states couplel laws and local time [J]. Zs. f. Wahrsch. , 1969, 11: 288-310.

名 词 索 引

三—四画

五—六画

---

① 这表示此名词首次出现于 1.1 节.

七—八画

九—十画

十一—十二画

十二画以上